实用天然香料手册

刘绍华　韦云伊　周昕仪　何　娇　等　著

科学出版社

北京

内 容 简 介

本书是一部主要介绍中西部地区实用天然香料资源的图书，共含 171 种中西部地区实用天然香料植物，并进行了全面的检索和整理，主要包括实用天然香料植物名称、别名、英文名称、植物学名、植物科属、品种来源、形态特征、主要分布、利用部位、理化特征、理化参数、香气成分、感官特性、应用情况、管理及参照标准等。

本书的信息量大，内容丰富，为中西部地区实用天然香料植物资源的开发研究和应用提供参考，是广大天然香料爱好者的良师益友，为实用天然香料的加工生产、理化检验、实际应用、商业贸易、医用医疗、教学科研等提供具有重要应用价值的参考。

图书在版编目(CIP)数据

实用天然香料手册 / 刘绍华等著. -- 北京 : 科学出版社，2025. 6.
ISBN 978-7-03-082315-1

Ⅰ. TQ654-62

中国国家版本馆 CIP 数据核字第 2025BP8302 号

责任编辑：霍志国 / 责任校对：杜子昂
责任印制：徐晓晨 / 封面设计：东方人华

科学出版社出版
北京东黄城根北街 16 号
邮政编码：100717
http://www.sciencep.com
北京华宇信诺印刷有限公司印刷
科学出版社发行 各地新华书店经销
*
2025 年 6 月第 一 版 开本：720×1000 1/16
2025 年 6 月第一次印刷 印张：19 1/4
字数：401 000

定价：168.00 元

（如有印装质量问题，我社负责调换）

本 书 著 者

刘绍华　韦云伊　周昕仪

何　娇　康　超　李莉莉

林如玉　周　莹

前　言

天然香料是从天然植物或动物中精制出具有香味的物质，广泛应用于日用化工、食品工业、医药工业及烟草工业中。近年来，随着人们生活水平的不断提高，生活用品越来越趋向于绿色天然产品，天然香料越来越受到人们的青睐。

天然香料品种很多，香味成分复杂，主要为脂肪族类化合物、芳香族类化合物等中的醇、醛、酮、酯、酚、酸和一些萜类化合物等，分布在香料植物的果、籽、皮、花、根、叶、茎、枝和生理性或病理性的分泌物中。人们常通过水蒸气蒸馏法、干馏、溶剂萃取法、超临界二氧化碳萃取法、冷榨法、压榨法、分子蒸馏法以及同时蒸馏等方法对天然香料的香味精制，获得天然精油或天然香料精提物等天然香料。

中国西部是雨量充沛的山地、丘陵地带，适宜天然香料植物的生长和发育，特别是中西部地区的桂油、茴油、桂花浸膏、松香、柠檬油、山苍子油、姜油、茉莉花浸膏等形成了当地的特色拳头产品，总产值超百亿，其中桂油、茴油产品量占全国总产量的半壁江山；广西茉莉花发展形成了以茉莉花浸膏、精油生产的工艺技术产品，为国际市场提供了优质的香料基质；茉莉花发展集茶的科研、生产为一体的经济实体，形成了东南亚天然香料植物发展“一带一路”的产业链，为东南亚经济发展奠定了扎实的基础。

天然香料不仅在日化、食品、医药领域中有应用，而且在SPA休闲、美容保健、芳香疗法、灭菌、加香饲料、空气清新等方面的应用也很广泛。

食用天然香料，对彰显食品的特色风格、丰富食品烹调种类、提升饮食口感具有很好的效果。例如，广西特产品罗汉果在茶饮中，对提高发酵红茶的香气浓度、增加甜润感、提高舒适度、突显红茶的特色风格具有很好的效果；壮乡“三月三”的“五色糯米饭”，是应用天然香料和天然色料红蓝草——橙红色、密蒙花——黄色、紫蓝草——紫色、香枫叶——黑色和蝶豆花——蓝色与糯米烹制而成，色香味浓郁，脆香柔软，回味润香，象征着吉祥如意、五谷丰登的寓意，深受壮乡人们的青睐。

南宁学院食品与质量工程学院食品营养与健康科研技术团队在实用天然香料开发研究领域积累了一些研究成果和应用经验，结合中西部地区丰富实用天然香料资源，撰写了本书。全书共含171种实用天然香料，主要包括实用天然香料植物名称、别名、英文名称、植物学名、植物科属、品种来源、形态特征、主要分布、利用部位、理化特征、理化参数、香气成分、感官特性、应用情况、管理及参照标准等内容。本著作撰写的信息量大，内容丰富，亦为实用天然香料的生产应用、理化检验、商业贸易、医用医疗、教学科研等提供具有重要应用价值的参考。

南宁学院对本著作的出版给予了大力的支持，对撰写工作提出了宝贵的意见，在此表示衷心的感谢！

由于时间有限，著者水平有限，难免有疏漏，敬请读者批评指正。

著　者
2025 年 3 月

目　录

球花毛麝香

英文名称 Adenosma Indianum。

植物学名 *Adenosma indianum*(Lour.)Merr. 。

植物科属 玄参科 毛麝香属。

品种来源 球花毛麝香 *Adenosma indianum*(Lour.)Merr. 的全草。

形态特征 球花毛麝香是玄参科毛麝香属一年生草本植物，株高约40～50cm，密被乳白色长毛。茎直立，多分枝。叶柄长约3mm；叶片呈卵形至椭圆形，头不尖，长约32mm，宽约10mm，锯齿状边缘；正面被长细柔毛；背面脉上被细长柔毛，褐色，密被具腺点。无花梗，众花密集成球形或圆柱形穗状花序；长约12mm，宽约10mm；苞片呈椭圆形，花序基部集成总苞状；条形小苞片，长约3mm；萼长约4mm；萼齿呈长椭圆状(披针形)，长约2mm，先端钝尖；蓝紫色花冠，长约6mm，喉部具细柔毛，上唇先端稍凹或浅二裂，下唇3裂片，似圆形，近相等，长约1mm，宽约1mm；雄蕊前方一对较长，花药一室成熟，另一室很小或不成熟，后方一对较短，药室均成熟或仅一室成熟；子房呈长卵形，基部具一杯状花盘所托；花柱顶端扩大，具狭翅，柱头状；长珠形蒴果，长约3mm，纵沟2条。种粒多数，淡黄色，具网纹，花果期约10～11月。

主要分布 我国广西、云南、广东等地有分布。多生于海拔近500m的山坡、瘠地、溪旁、荒地等地区。

利用部位 全草。

理化特性 球花毛麝香精油为黄色液体。油的理化参数如下表所示。

表 球花毛麝香精油理化参数

理化参数	球花毛麝香精油
相对密度(20℃)	0.922
折光指数(20℃)	1.471
旋光度(20℃)	-42°

香气成分 球花毛麝香精油的香气成分为：

α-蒎烯(α-pinene)、β-蒎烯(β-pinene)、3-蒈烯(3-carene)、莰烯(camphene)、α-松油烯(α-terpinene)、α-雪松烯(α-cedrene)、α-古巴烯(α-copaene)、β-榄香烯(β-elemene)、罗汉柏烯(thujopsene)、石竹烯(caryophyllene)、β-红没药烯(β-bisabolene)、δ-愈创木烯(δ-guaiene)、香橙烯(aromadendrene)、别香橙烯(alloaromadendrene)、松油醇-4(terpineol-4)、橙花醇(nerol)、α-松油醇(α-terpineol)、百里香酚(thymol)、芳樟醇(1inalool)、香芹醇(carveol)、反式-香芹醇(*trans*-carveol)、叔丁基苯(tertbutylbenzene)、草蒿脑(estragole)、马鞭草烯酮(verbenone)、D-香芹酮(D-carvone)、吗吖酮(mayurone)、邻甲基茴香醚(*o*-methylanisole)、二氢香芹酮(dihydrocarvone)、二酸二氢香芹酯(dihydrocarveyl acetate)、绿叶醇(patchoulialcohol)、α-葎草烯(α-humulene)和榄香醇(elemol)等，其中主要成分是柠檬烯(limonene)、1,8-桉叶素(1,8-cineole)、葑酮(fenchone)和对伞花烃(*p*-cymene)等[1-2]。

感官特性　球花毛麝香精油具清凉的药香，香气稳定且留香持久。

应用情况　在医药上具有散热解毒、消肿止痛等功效。

参考文献

[1] 纪晓多，濮全龙．球花毛麝香挥发油的成分研究[J]．Journal of Integrative Plant Biology，1985(1)：80-83.

[2] 牙启康，卢文杰，陈家源，等．GC-MS分析壮药大头陈中的挥发油成分[J]．药物分析杂志，2011(3)：544-546.

下田菊

别　　名　白龙须油、风气草油、水胡椒油、汗苏麻油。

英文名称　Adenostemma lavenia。

植物学名　*Adenostemma lavenia*(Linn.)O. Kuntze。

植物科属　菊科　下田菊属。

品种来源　下田菊 *Adenostemma lavenia*(Linn.)O. Kuntze 的地上部分。

形态特征　下田菊是菊科下田菊属一年生的草本植物，全株被腺毛或无毛，叶对生，三出脉，边缘具锯齿。头状花序偏小或中等，多数或少数在假轴分枝的顶端排列成伞房状或伞房状圆锥花序；总苞呈半圆形或钟状；总苞片草质，2层，等长，分离或全长结合；花托光滑无托毛，呈扁平状；全部为结实的两性花。乳白色花冠，呈管状，辐射对称，短管部，檐部钟状，顶端有5个裂齿。花药顶端截形，无附片，基部钝，近截形。花柱具细长分枝，扁平，顶端钝，无附片。顶端钝圆瘦果，具4棱，有腺点或乳突。冠毛毛状，约4个，坚硬，棒槌状，果期交叉，基部结合成短环状。

主要分布　主要分布于菲律宾南部、朝鲜北部、中南半岛、日本、澳大利亚以及中国的广西、浙江、四川、广东、福建、贵州、安徽、江西、云南、江苏、湖南等地。

利用部位　全草。

理化特性　下田菊精油为黄色透明油状体。

香气成分　下田菊精油的香气成分是：

荜澄茄烯(cubebene)、β-石竹烯(β-caryophyllene)、2-甲基-5-甲基乙基-双环[3.1.0]-己-2-烯(2-methyl-5-methylethyl-bicyclo[3.1.0]-hex-2-ene)、α-蒎烯(α-pinene)、莰烯(camphene)、香桧烯(sabinene)、β-蒎烯(β-pinene)、月桂烯(myrcene)、α-水芹烯(α-phellandrene)、α-松油烯(a-terpinene)、1-甲基-2-(1-甲基乙基)-苯[1-methyl-2-(1-methylethyl)-benzene]、柠檬烯(limonene)、3,7-二甲基-(*E*，*Z*，*E*)-1,3,6-辛三烯[3,7-dimethyl-(*E*，*Z*，*E*)-1,3,6-octatriene]、γ-

松油烯(γ-terpinene)、2-蒈烯(2-carene)、乙酸龙脑酯(bornylacetate)、α-花柏烯(α-chamigrene)、古巴烯(copaene)、双环[4.3.0]-7-亚甲基-2,4,4-三甲基-2-乙烯基-壬烷(bicyclo[4.3.0]-7-methylene-2,4,4-trimethyl-2-vinyl-nonane)、双环[3.1.1]-2,6-二甲基-6-(4-甲基-3-戊烯基)-庚-2-烯(bicyclo[3.1.1]-2,6-dimethyl-6-(4-methyl-3-pentenyl)-hept-2-ene)、(+)-表-双环倍半水芹烯[(+)-epi-bicyclosesquiphellandrene]、7,11-二甲基-3-亚甲基-1,6(*E*),10(*E*)-十二碳三烯[7,11-dimethyl-3-methylene-1,6(*E*),10(*E*)-dodecatriene]、吉玛烯D(germacrene D)、α-石竹烯(α-caryophyllene)、十氢化-1,1,7-三甲基-4-亚甲基-1*H*-环丙[*e*]薁{decahydro-1,1,7-trimethyl-4-methylene-1*H*-cycloprop[*e*]azulene}、γ-依兰烯(γ-muurolene)、γ-榄香烯(γ-elemene)、4,7-二甲基-1β-(1-甲基乙基)-2,4aβ,5,6,8aα-六氢-萘[4,7-dimethyl-1β-(1-methylethyl)-1α,2,4aβ,5,6,8aα-hexahydro-naphthalene]、吉玛烯B(germacrene B)、吉玛烯D-4-醇(germacrene D-4-ol)、石竹烯氧化物(caryophyllene oxide)、表蓝桉醇(epiglobulol)、杜松醇(cadinol)、α-杜松醇(α-cadinol)、异薄荷醇(isomenthol)等，其中主要香气成分是荜澄茄烯(cubebene)和β-石竹烯(β-caryophyllene)等[1]。

感官特性 下田菊精油具清香、凉感。

应用情况 用于感冒高热、支气管炎、咽喉炎、扁桃体炎、黄疸型肝炎，外用可治痈疖疮疡、蛇咬伤。

管理及参照标准 下田菊[*Adenostemma lavenia*(Linn.)O. Kuntze]的管理及标准参见 *Adenostemma lavenia*(L.)O. Kuntze, Rev. Gen. Pl. 304, 1891; Ling in Contr. Bot. Nat. Acad. Peip. 3: 210, 1935; Chang in Sunyat. 3: 277, 1935; Kitam. in Act. Phytotax. Geobot. 10: 70, 1941; *Verbesina lavenia* L., Sp. Pl. 902, 1735.; *Adenostemma viscosum* Forst., Char. Gen. Pl. 90, 1776; Forbes et Hemsl. in Journ. Linn. Soc. Bot. 23: 403, 1888. ; *Spilanthes tinctorius* Lour., Fl. Cochinch, 484, 2790, ed. Willd. 590, 2793.; *Adenostemma tinctorius* (Lour.) Cass. in Dict. Sci. Nat. 25: 364, 1882.; *Anisopappus candelabrum* Levl. in Fedde, Repert., Sp. Nov. 81: 451, 1910.; *Myriactis candelabrum* Levl. in Fedde, Repert. Sp. Nov. 11: 303, 1912. 。

参考文献

[1] 杨永利，郭守军，马瑞君，等. 下田菊挥发油化学成分的研究[J]. 热带亚热带植物学报，2007，15(4)：355-358.

藿香蓟

别　　名 霍香蓟、一枝香、胜红蓟。

英文名称 Ageratum conyzoides。

植物学名 *Ageratum conyzoides* L. 。

植物科属 菊科 藿香蓟属。

品种来源 藿香蓟 *Ageratum conyzoides* L. 的叶片、花、全草。

形态特征 藿香蓟是菊科藿香蓟属一年生草本植物，株高约 80～90cm。约 18 个头状花序在茎顶集成紧密的伞房状花序；花序径约 3cm，偶有部分排成不紧密松散的伞房花序式。花梗长约 13mm，被尘状短细柔毛。总苞呈钟状或半圆形，宽约 5mm，总苞片 2 层，椭圆形或披针状椭圆形，长约 4mm，外面光滑，边缘撕裂。花冠长约 2.0～2.5mm，外面无毛或顶端有尘状细微柔毛，檐部 5 裂，浅紫色。棕褐色瘦果长约 1.5mm，具 5 棱，被乳白色稀疏细柔毛。约 6 个椭圆形冠毛膜片，顶端急狭，长约 3mm。

主要分布 在我国广东、广西、云南、四川、贵州、江西、福建等地有栽培。

利用部位 叶片、花、全草。

香气成分 藿香蓟花精油的香气成分是：

α-蒎烯(α-pinene)、β-蒎烯(β-pinene)、莰烯(camphene)、β-月桂烯(β-myrcene)、柠檬烯(limonene)、4-蒈烯(4-carene)、α-水芹烯(α-phellandrene)、异松油烯(terpinolene)、乙酸冰片酯(bornyl acetate)、α-荜澄茄烯(α-cubebene)、胡椒烯(copaene)、D-大根香叶烯(D-germacrene)、α-佛手柑油烯(α-bergamotene)、β-广藿香烯(β-patchoulene)、γ-依兰油烯(γ-muurolene)、α-石竹烯(α-caryophyllene)、β-金合欢烯(β-farnesene)、α-依兰油烯(α-muurolene)、β-荜澄茄烯(β-cubebene)、β-倍半水芹烯(β-sesquiphellandrene)和石竹烯氧化物(caryophyllene oxide)等，其中主要香气成分是石竹烯(caryophyllene)等[1-3]。

感官特性 藿香蓟花精油具膏甜香和花香。

应用情况 藿香蓟在医药上具有清热解毒、消炎杀菌、镇痛、止血等功效。

参考文献

[1] 郭占京，黄宏妙，刘雄民，等．超临界 CO_2 萃取藿香蓟精油的化学成分研究[J]．中国实验方剂学杂志，2012(12)：120-123.

[2] 张橡楠，张一冰，张勇，等．HS-SPME-GC-MS 分析藿香蓟花中的挥发性成分[J]．中国实验方剂学杂志，2014，20(9)：99-101.

[3] 郭占京，黄宏妙，卢汝梅，等．桂产藿香蓟的挥发油化学成分分析[J]．广西中医药，2009，32(3)：55-56.

树　兰

别　　名 米兰、米仔兰、碎米兰、兰花米、木珠兰、鱼子兰。

英文名称 Aglaia。

植物学名 *Aglaia odorata* Lour. 。

植物科属 楝科　米仔兰属。

品种来源 树兰 *Aglaia odorata* Lour. 的花。

形态特征 树兰是楝科米仔兰属常绿小乔木植物，株高约 3～4m。多枝，伞形树冠。羽状复叶互生，长约12cm，叶柄具黑色腺点，叶轴具翅；小叶4片，革质有光泽，先端1片，在两侧小叶较小，基部小叶更小，无柄，长椭圆形至窄椭圆披针形，长约6cm，先端渐尖，全缘，基部呈楔形。单性、两性花同株，圆锥花序腋生疏散，长约10cm；花呈球形，小而多，花径约2mm，短梗，芬芳；萼片5片，淡绿色；花瓣近5片，浅黄色；雄蕊近5片，花丝聚生成筒状，花药潜筒内；雌蕊一个，约2室，胚珠约4粒。卵形浆果，长约12mm，表面具散生星状鳞片。花期在8~9月。

主要分布 主要分布在我国广东、广西、四川、云南、福建、台湾等地。

利用部位 花、叶。

理化特性 用水蒸气蒸馏法提取花或叶精油，用浸提法提取浸膏。鲜花得率约为0.3%，干花得率约为0.7%。树兰叶得率约为1.0%。花精油为黄色液体。

理化参数 树兰花精油的理化常数亦因产地而异，油的理化参数如下表所示。

表 不同产地树兰花精油理化参数

理化参数	漳州产	福州产	重庆产
相对密度(30℃)	0.9072	0.9134	0.9163
折射率(30℃)	1.5012	1.5162	1.5074
旋光度(30℃)	-13.1°	—	-9.4°
酸值	-2.46	—	1.97
酯值	11.27	13.89	22.71

香气成分 树兰花精油的香气成分是：

α-石竹烯(α-caryophyllene)、β-石竹烯(β-caryophyllene)、芳樟醇(linalool)、壬醇(nonanol)、杜松醇(cadinol)、水芹烯(phellandrene)、β-榄香烯(β-elemol)、葎草烯(humulene)、葎草烯醇(humulol)、顺式-氧化芳樟醇(*cis*-linalooloxide)、反式-氧化芳樟醇(*trans*-linalooloxide)、α-荜澄茄烯(α-cubebene)、古巴烯(copaene)、β-波旁烯(β-bourbonene)、α-佛手柑油烯(α-bergamotene)、α-葎草烯(α-humulene)、别香橙烯(alloaromadendrene)、α-姜黄烯(α-curcumene)、长叶烯(longifolene)、白菖烯(calarene)、绿叶烷(patchoulane)、塞瑟尔烯(seychellene)、β-金合欢烯(β-farnesene)、γ-依兰烯(γ-muurolene)、雪松烯(cedrene)、刺柏烯醇(junenol)、斯巴醇(spathulenol)、吉玛烯D(germacrenen D)、8,9-环氧新异长叶烯(8,9-epoxyneoisolongifolene)、喇叭茶醇(ledol)、β-榄香烯(β-elemene)、S-杜松烯(S-cadinene)、茉莉酮酸甲酯(methyljasmonate)、别香橙烯氧化物(alloaromadendrene oxide)、反式-橙花叔醇(*trans*-nerolidol)、石竹烯氧化物(caryophyllene oxide)、白菖烯环氧化物(calarene epoxide)、丁香酚乙酯(eugenol acetate)、库贝醇(cubenol)、红没药烯环氧化物(bisabolene epoxide)、环

氧异香橙烯(isoaromadendrene epoxide)、6,10,14-三甲基-2-十五酮(6,10,14-trimethyl-2-pentadecanone)、棕榈酸甲酯(methyl palmitate)、棕榈酸(palmitic acid)、邻苯二甲酸二丁酯(dibutyl phthalate)、棕榈酸乙酯(ethyl palmitate)、亚油酸甲酯(methyl linoleate)、亚麻酸甲酯(methyllinolenate)、油酸甲酯(methyl oleate)、β-葎草烯-7-醇(β-humulene-7-ol)、亚油酸乙酯(ethyl linoleate)、亚麻酸乙酯(ethyl linolenate)、油酸乙酯(ethyl oleate)、硬脂酸乙酯(ethyl octadecanoate)、十一烷(hendecane)、3-癸醛(3-decanal)、古巴烯(copaene)、β-芹子烯(β-selinene)、十三酸甲酯(methyl tridecanoate)、十七烷(heptadecane)、深谷醇乙酸酯(khusol acetate)、十八烷(octadecane)、十九烷(nonadecane)、二十烷(eicosane)、二十一烷(heneicosane)和二十二烷(docosane)等。其中主要的香气成分是α-石竹烯(α-caryophyllene)等[1-4]。

感官特性 树兰花精油具花甜香，香气穿透力强且留香持久。

应用情况 树兰花精油是精油中之上品，可广泛用于高档日用香精，是很好的定香剂。此外鲜花可供熏茶。花精油与浸膏可用于食品香精中。花、叶、枝供药用，具有活血散瘀、消肿止痛、行气解郁功效。

管理及参照标准 树兰花油(*Agtaia odorata* Lour)的管理及参照标准见 ZBY 40005—869 及 QB 1800—1993。

参考文献

[1] 张峻松，姚二民，王建民，等．树兰花挥发性成分的提取及鉴定[J]．色谱，2007，25(3)：422-424.
[2] 苏克曼，周永传．超临界 CO_2 流体萃取的树兰净油的化学成分[J]．香料香精化妆品，1997(1)：3-5.
[3] 林正奎，华映芳，谷豫红．树兰叶精油化学成分的研究[J]．Journal of Integrative Plant Biology，1984(1)：76-81.
[4] 刘布鸣，莫建光．实用芳香精油手册[M]．南宁：广西科学技术出版社，2011.

芦荟

别　　名 中华芦荟、白夜城。

英文名称 Aloe。

植物学名 *Aloe vera* var. *chinensis*(Haw.)Berg.。

植物科属 百合科　芦荟属。

品种来源 芦荟 *Aloe vera* var. *chinensis*(Haw.)Berg. 的鲜茎。

形态特征 芦荟是百合科芦荟属多年生草本植物，全株常绿，有主茎和较多支茎，多汁并有齿，支茎上有疏列的乳白色斑，主茎上斑高约0.6m，支茎上斑约为0.3m；花穗生，花序长约15～25cm，有疏离排列的淡黄色小花；蒴果种粒多。

主要分布 原产于南非，现在我国各地均有栽培，如广西、云南、海南、广东、四川和贵州等均有种植。

利用部位 绿茎叶。

理化特性 从芦荟茎叶中得到的芦荟汁，约含 1.5% 的芦荟精油。芦荟精油是一种液态的淡黄色油状体。

理化参数 芦荟精油的理化参数如下表所示。

表 芦荟精油理化参数

理化参数	芦荟精油
相对密度(25℃)	0.890～0.912
沸点(℃)	262～265
熔点(℃)	46～50
碘值	85～100
皂化值	183～192

香气成分 芦荟精油中脂肪酸的成分是：

主要是饱和、不饱和脂肪酸：癸酸(capric acid)、月桂酸(lauric acid)、豆蔻酸(myristic acid)、十五烷酸(pentadecanoic acid)、棕榈酸(palmitic acid)、十七烷酸(margaric acid)、硬脂酸(stearic acid)、棕榈油酸(palmitaleic acid)、十六碳二烯酸(hexadecadienoic acid)、α-油酸(α-oleic acid)、β-亚油酸(β-lonoleic acid)、γ-亚麻酸(γ-linolenic acid)。另外还含有琥珀酸(succinic acid)、苹果酸(malic acid)、乳酸(lactic acid)、对香豆酸(*p*-coumaric acid)等有机酸。芦荟精油中还含有 β-胡萝卜素(β-carotene)等[1-3]。

感官特性 芦荟精油香气具青、柔的凉感，但味涩。

应用情况 芦荟精油广泛用于食品、医药、化妆品、化工等领域，对各种皮肤质，尤其对油脂性皮肤和易发炎皮肤具有很好的保健作用。新鲜的芦荟茎叶中的凝液，对灼伤、皮伤以及日晒后肌肤水分的收复具有很好地修复效果。

新鲜的茎叶芦荟制成的饮料，香柔口润，深受消费者喜爱。

管理及参照标准 芦荟[*Aloe vera var. chinensis*(Haw.)Berg.]精油的管理及参照标准参见：FDA l72.510；FEMA 2047；COE 28；IOFl；GB 2；Nat 1；CAS 8001—97-60 等。

参考文献

[1] 倪同汉. 芦荟化学成分的研究[J]. 中国民族民间医药杂志, 1999, 37(2): 71-77.
[2] 万金志, 乔悦昕. 芦荟的化学成分及其研究[J]. 中草药, 1999, 30(2): 151-153.
[3] 张承曾. 天然香料手册[M]. 北京: 中国轻工业出版社, 1989.

草 果

别　　名 草果仁、草果子。

英文名称 Amomum tasoko。

植物学名　*Amomum tsaoko Crevost et Lemarie*。

植物科属　姜科 豆蔻属。

品种来源　草果 *Amomum tsaoko Crevost et Lemarie* 干燥成熟的果实。

形态特征　草果，姜科豆蔻属多年生草本，株高 2m。茎基膨大，直径约 6cm。叶两列，无叶柄，共约 12 片；叶舌淡紫色，膜质，长约 2cm，被疏细柔毛；叶鞘有条纹，叶舌与叶鞘边缘近革质。叶片长圆状披针形，长约 50cm，宽约 15cm，先端钝尖，基部楔形，全缘，正面、背面光滑。花葶自茎基伸出，长约 25cm，基部楔形，全缘，无毛。总花梗长约 10cm；鳞片阔卵形，长约 5cm。穗状花序长约 13cm；苞片显粉红色，椭圆形，长约 3.5cm，宽约 8mm，外被短细柔毛。管状小苞片长约 1.5cm，2 浅裂，外被疏短细柔毛。淡黄色花，长约 6cm；小花梗长约 5mm。花萼长约 2.5cm，3 齿裂，一侧浅裂，无毛或疏被短细柔毛。花冠管长约 2.6cm，被短细柔毛，裂片椭圆形，长约 2.3cm，宽约 6mm。唇瓣椭圆状倒卵形，长约 3.2cm，宽约 1.5cm，边缘多皱，中脉两侧具粉红色条纹。雄蕊长约 2.3cm，花丝长约 1cm，花药长约 1.4cm，药隔附属体长约 5mm，牙齿啮蚀状。花柱被短毛，柱头三角状。子房光滑。蒴果成熟时呈球形，深紫色，长约 4cm，直径约 2cm，干时椭圆形，棕褐色，先端有花被管残留，基部具短柄，含多种子。花期 5 ~ 6 月，果期 9 ~ 10 月。

主要分布　分布于我国广西、贵州、云南、四川等地区。

利用部位　果实。

理化特性　草果精油淡黄色油状体，可采用水蒸气蒸馏法提取。

香气成分　草果精油的香气成分是：

1,8-桉叶素(1,8-cineole)、庚醛(heptanal)、α-侧柏烯(α-thujene)、α-蒎烯(α-pinene)、β-水芹烯(β-phellandrene)、β-蒎烯(β-pinene)、月桂烯(myrcene)、δ-3-蒈烯(δ-3-carene)、对伞花烃(*p*-cymene)、β-顺式-罗勒烯(β-*trans*-ocimene)、γ-松油烯(γ-terpinene)、樟脑(camphor)、α-松油醇(α-terpineol)、松油醇-4(terpineol-4)、辛二烯酸酯(octadienoate)、乙酸辛酯(octyl acetate)、柠檬醛(citral)、2-癸烯醛(2-decenal)、香叶醇(geraniol)、2,6-二甲氧基苯酚(2,6-dimethoxy-phenol)、3-甲基-3-苯基-2-丙烯醛(3-methyl-3-phenyl-2-propenal)、乙酸香叶酯(geranyl acetate)、癸醇醋酸酯(decanol acetate)、原儿茶酸(protocatechuic acid)、2-十二烯醛(2-dodecenal)、萘(naphthalene)、橙花叔醇(nerolidol)、榄香醇(elemol)、1-十二碳烯乙酸酯(1-dodecenol acetate)、2-十四烯-1-醇乙酸酯(2-tetradecen-1-ol acetate)、十四酸(tetradecanoic acid)、棕榈酸(palmitic acid)、十八酸(octadecanoic acid)、亚油酸(linoleic acid)、油酸(oleic acid)、1,2-邻苯二甲酸-2-乙基辛酯(2-ethyloctyl-1,2-phthalate)、α-水芹烯(α-phellandrene)、4-丙基苯甲醛(4-propyl-benzaldehyde)、莰烯(camphene)、2-丙基苯甲醛(2-propyl-benzaldehyde)、丙酸芳樟酯(linalyl propionate)、香芹薄荷醇(carvomenthenol)、松油烯(terpinene)、芳樟醇(linalool)、6-壬炔酸(6-nonynoic acid)、2-环戊烯-1-酮(2-cyclopenten-1-one)、异龙脑(isoborneol)、2-甲基戊醛(2-methyl pentanal)、乙酸-2-十一烯酯(dodecanyl acetate)、葑醇(fenchol)、茚-3-

甲醛(indene-3-carboxaldehyde)、巴豆醛(crotonaldehyde)、十六烷醛(palmitaldehyde)、金合欢醇(farnesol)、古巴烯(copaene)、间伞花烃(*m*-cymene)、A-环氧水芹烯(A-phellandrene epoxide)、香叶醇(geraniol)、3-苯基戊烷(3-phenylpentane)、保幼激素(juvenile bormone)、2-苯基丁烯醛(2-phenyl-butenal)、乙酸金合欢酯(farnesyl acetate)、十三碳烯二乙酸酯(tridecen diacetate)、邻苯二甲酸二丁酯(dibutyl phthalate)、邻苯二甲酸二异丁酯(diisobutyl phthalate)、花生酸(arachidic acid)、2-甲基-1-丙烯(2-methyl-1-propene)、2-正丁基呋喃(2-n-butyl-furan)、辛醛(octanal)、5-乙烯基-二氢-2(3*H*)-呋喃酮[5-vinyl-dihydro-2(3*H*)-furanone]、1-辛醇(1-octanol)、芳樟醇氧化物(linalool oxide)、二氢橙花醛(dihydroneral)、樟脑烯乙醛(campholenicaldehyde)、2-龙脑烯(2-bornene)、丙酸芳樟酯(linalyl propanoate)和苯甲醛(benzenaldehyde)等。其中主要的香气成分是1,8-桉叶素(1,8-cineole)等[1-3]。

感官特性 草果精油具浓郁辛香、味润、口感舒适。

应用情况 草果有特异香气，味辛、微苦，是一种调味香料，具有特殊浓郁的辛辣香味。其干燥的果实被用作中餐调味料和中草药，日常生活中被广泛用于食品调味品、化妆品、香精香料的生产。

管理及参照标准 草果(*Amomum tsaoko* Crevost et Lemarie)油的管理及参照标准见 CAS 35474688。

参考文献

[1] 吴燕飞，葛发欢．超临界 CO_2 萃取草果挥发油成分研究[J]．中药材，1997，20(5)：240-241.

[2] 吴惠勤，黄晓兰，黄芳，等．草果挥发油的气相色谱-质谱指纹图谱[J]．质谱学报，2004，25(2)：92-95.

[3] 赵怡，邱琴，张国英，等．桂产、滇产草果挥发油化学成分的研究[J]．中草药，2005，25(11)：1225-1227.

砂 仁

别　　名 阳春砂仁、长泰砂仁、小豆蔻。

英文名称 Amomum villosum。

植物学名 *Amomum villosum* Lour. 。

植物科属 姜科　豆蔻属。

品种来源 砂仁 *Amomum villosum* Lour. 的干燥成熟果实。

形态特征 砂仁，属于姜科豆蔻属的多年生草本植物，株高约 2.0～3.0m，茎部散生。其根茎沿地面伸展，节上覆盖有棕褐色的膜质鳞片。中部叶片形态为长披针形，长度约为 35cm，宽度约为 5cm；上部叶片则为直线形，长约 23cm，宽约 4cm。叶片的顶端尖锐，基部呈椭圆形，两面光滑无毛，叶柄近乎缺失。叶舌形态近似伞形，长度约为 4mm。叶鞘上分布有方格状网纹。花序为长圆形穗状，总花梗长度约为5cm，表面被有棕褐色的短细绒毛。鳞片为膜质，椭圆形，颜色为棕褐色或淡绿色。苞片同样为膜质，披针形，长约1.5mm，宽约0.4mm。小苞片为膜质管状，无毛，长约为10mm，一侧开有斜口。花萼管长度接近1.5cm，顶端具三齿，乳白色，基部被有稀疏的细柔毛。花冠管长近1.6cm。乳白色裂片，形状为倒卵状椭圆形，长约1.6cm，宽约0.5cm。乳白色唇瓣，椭圆形，长宽均约2cm，顶端有淡黄色的尖头，中脉突起，颜色为淡黄色并带有浅紫色晕染，基部有两个紫色的痂状斑点，附有瓣柄。花丝长约为5.4mm，花药长约为5mm。具两粒圆柱形腺体，长约为3.5mm。子房表面被具乳白色细柔毛。蒴果为椭圆形，长约为1.5cm，宽约为1.3cm，成熟时颜色为淡紫色，干燥后变为棕褐色。

主要分布　主要分布于广西、福建、广东、云南等地区。喜肥沃、疏松、保水的砂壤土；更喜湿度大有水源常绿林地和排灌方便的山坡、山谷、平地。

利用部位　果实。

理化特性　子可榨油，出油率约为2.5%，该油为黄色澄清液体，油的理化参数如下表所示。

表　砂仁精油理化参数

理化参数	砂仁精油
混溶度	在75%（*V/V*）乙醇中易溶，在水中微溶
相对密度(20℃)	0.925～0.953
旋光度(20℃)	−15°～+11°

香气成分　砂仁精油的香气成分是：

乙酸龙脑酯（bornyl acetate）、樟脑（camphor）、柠檬烯（limonene）、莰烯（camphene）、α-蒎烯（α-pinene）、β-蒎烯（β-pinene）、龙脑（borneol）、β-榄香烯（β-elemene）、β-石竹烯（β-caryophyllene）、β-佛手柑油烯（β-bergamotene）、α-侧柏烯（α-thujene）、月桂烯（myrcene）、α-水芹烯（α-phellandrene）、芳樟醇（linalool）、α-金合欢烯（α-farnesene）、β-金合欢烯（β-farnesene）、葎草烯（humulene）、β-红没药烯（β-bisabolene）、γ-杜松烯（γ-cadinene）、棕榈酸（palmitic acid）、1,5,5-三甲基-4-乙烯基-环戊烯（1,5,5-trimethyl-4-vinyl-cyclopentene）、2,6,6-三甲基-双环[3.1.1]庚-2-烯{2,6,6-trimethyl-bicyclo[3.1.1]hept-2-ene}、7,7-二甲基-2-亚甲基-双环[2.2.1]庚烷{7,7-dimethyl-2-methylene-bicyclo[2.2.1]heptane}、1-甲基-4-(1-甲基乙基酮)环己烯[1-methyl-4-(1-methylethyl keton)cyclohexene]、3,7-二甲基-1,6-辛二烯-3-醇(3，7-dimethyl-1,6-octadien-3-ol)、(*Z*)-3,7-二甲基-2,6-辛二烯[(*Z*)-3，7-dimethyl-2,6-octadiene]、(*E*)-3,7-二甲基-2,6-辛二烯[(*E*)-3,7-dimethyl-2,6-octadiene]、古巴烯（copaene）、石竹烯（caryophyllene）和α-杜松醇（α-cadinol）等。其中主要的香气成分是乙酸龙脑酯（bornyl acetate）等[1-3]。

感官特性　砂仁精油具浓郁的辛香香气、香气强烈且辛味柔和、口感舒适。

应用情况 果实供药用，油可制肥皂；也是食用香精的香原料之一。

管理及参照标准 砂仁(*Amomum villosum* Lour.)油的管理及参照标准见 CAS 142-83-6。

参考文献

[1] 林敬明，吴忠．超临界 CO_2 流体萃取砂仁挥发油成分分析[J]．中药材，2000，23(1)：37-39.

[2] 马洁，张丽霞，彭建明，等．西双版纳不同种质阳春砂仁挥发油的化学成分比较[J]．中药材，2008，30(12)：1489-1491.

[3] 付琛，周日水，周光雄．不同产地品种阳春砂仁挥发油化学成分的气相色谱-质谱联用分析[J]．时珍国医国药，2010，21(10)：2534-2536.

当　归

别　　名 圆叶当归、秦归、云归。

英文名称 Angelica。

植物学名 *Angelica sinensis*(Oliv.)Diels.。

植物科属 伞形科 当归属。

品种来源 当归 *Angelica sinensis*(Oliv.)Diels. 的根。

形态特征 当归，伞形科当归属多年生草本植物，株高约 1.0～1.5m。圆柱形根，有分枝，呈棕黄色，药甜香，香气浓郁。直立茎，白绿色或蓝紫色，纵深沟纹，光滑无毛。

主要分布 主产于甘肃、云南两省，以甘肃岷县产量多、质量佳。四川、陕西、湖北、贵州和广西等地亦产。喜低温长日照作物，适高寒凉爽气候，宜海拔约 2000m 种植。

利用部位 籽粒和根。

理化特性 德国用 7 月中旬收获的圆叶当归籽粒，经水蒸气蒸馏法所得的精油，得率约为 1.5%，是一种淡黄色液体，其理化参数如下表所示。

表 当归精油理化参数

理化参数	当归精油
颜色	淡黄色液体
相对密度(25℃)	0.854～0.875
折射率(20℃)	1.4801～1.4881
旋光度	+5°～+17°
酯值	11～65
酸值	<7

香气成分　当归精油的香气成分是：

α-蒎烯(α-pinene)、月桂烯(myrcene)、香芹酚(carvacrol)、苯酚(phenol)、邻甲苯酚(*o*-cresol)、对甲苯酚(*p*-cresol)、愈创木酚(guaiacol)、2,3-二甲基苯酚(2,3-dimethylphenol)、对乙苯酚(*p*-ethylphenol)、间乙苯酚(*m*-ethylphenol)、4-乙基间苯二酚(4-ethylresorcinol)、2,4-二羟基苯乙酮(2,4-dihydroxyacetophenone)、异丁香酚(isoeugenol)、香草醛(vanillin)、β-罗勒烯(β-ocimene)、别罗勒烯(alloocimene)、6-正丁基-1,4-环庚二烯(6-*n*-butyl-1,4-cycloheptadiene)、2-甲基-5-十二烷酮(2-methyl-5-dodecone)、双环榄香烯(bicycloelemene)、苯乙烯(acetophenone)、β-红没药烯(β-bisabolene)、菖蒲二烯(acoradiene)、异菖蒲二烯(isoacoradiene)、反式-β-金合欢烯(*trans*-β-farnesene)、γ-榄香烯(γ-elemene)、花侧柏烯(cuparene)、α-雪松烯(α-cedrene)、洋川芎内酯(senkyunolide)、正丁基苯酚(n-butylphthalide)、当归酮(angelicone)、樟脑酸(camphoric acid)、茴香酸(anisic acid)、壬二酸(azelaic acid)、癸二酸(decanedioic acid)、肉豆蔻酸(myristic acid)、邻苯二甲酸酐(phthalic anhydride)、马鞭草烯酮(verbenone)、黄樟脑(safrole)、对乙基苯甲醛(*p*-ethylbenzaldehyde)、3,4-二甲基苯甲醛(3,4-dimethylbenzaldehyde)、优香芹酮(eucarvone)、1,1,5-三甲基-2-甲酰基-2,5-环己二烯-4-酮(1,1,5-trimethyl-2-formyl-2,5-cyclohexadien-4-one)、古巴烯(copaene)、2,4,6-三甲基苯甲醛(2,4,6-trimethylbenzaldehyde)、β-芹子烯(β-selinene)、佛手柑油烯(bergamotene)、β-杜松烯(β-cadinene)、γ-杜松烯(γ-cadinene)、壬烷(nonane)、莰烯(camphene)、β-蒎烯(β-pinene)、柠檬烯(limonene)、反式-β-罗勒烯(*trans*-β-ocimene)、十一碳烯(undecene)、蒈烯(carene)、α-异松油烯(α-terpinolene)、罗勒烯(ocimene)、α-松油醇(α-terpineol)、金合欢醇(farnesene)、喇叭烯(ledene)、1,2,2-三甲基-1-对甲苯基环丙烷(1,2,2-trimethyl-1-p-tolyl cyclopropane)、蓝桉醇(globulol)、(+)-斯巴醇[(+)-spathulenol]、3-亚丁基-1(3*H*)-异苯并呋喃酮[3-butylidene-1(3*H*)phthalide]、洋川芎内酯A(senkyunolide A)、二氢藁本内酯(dihydroligustilide)、洋川芎内酯F(senkyunolide F)、顺式-罗勒烯(*cis*-ocimene)、4-乙烯基-2-甲氧基苯酚(4-vinyl-2-methoxy-phenol)、双环吉玛烯(bicyclogermacrene)、棕榈酸甲酯(methyl hexadecanoate)、棕榈酸(palmitic acid)、甲基-9,12-十八碳二烯酸(methyl-9,12-octadecadienoic acid)、乙基亚油酸(ethyl linoleate)、亚油酸(linoleic acid)、1,1-二乙氧基丁烷(1,1-diethoxybutane)、3-蒈烯(3-carene)、吡咯基甲基甲酮(pyrrole-methyl methanone)、吉玛烯B(germacrene B)、2,4*a*,5,6,7,8-六氢-3,5,5,9-四甲基-1*H*-苯环庚烯(2,4*a*,5,6,7,8-hexahydro-3,5,5,9-tetramethyl-1*H*-benzocycloheptene)、1-甲基-4-(5-甲基-1-亚甲基-4-己烯)-环己烯[1-methyl-4-(5-methyl-1-methylene-4-hexen)cyclohexene]、别香橙烯(alloaromadendrene)、(-)-斯巴醇[(-)-spathulenol]、正丁基四氢酞内酯(butylphthalide)、2-甲基苯噁唑(2-methyl phenyl oxazole)、2-甲氧基苯酚(2-methoxyphenol)、落叶松皮素(larixinic acid)、1,5,5,5-四甲基-1,3-环己二烯(1,5,5,5-tetramethyl-1,3-cyclohexadiene)、4-乙基苯酚(4-ethylphenol)、2,4-二甲基苯酚(2,4-dimethylphenol)、3-甲基-2,5-哌嗪二酮(3-methyl-2,5-piperazinedione)、1,4-甲氧基苯(1,4-methoxy-benzene)、*N*-氨基吡咯烷(*N*-amino pyrrolidine)、对乙烯基愈创木酚(*p*-vinylguaiacol)、2,3-二氢噻吩(2,3-dihydro-thiophene)、5-羟甲基呋喃己醛(5-hydroxymethyl furanhexanal)、4-乙基-2-甲氧基苯酚(4-ethyl-2-methoxyphenol)、1,4-环己二烯-1,2-二羧基酐(1,4-cyclohexadien-1,2-dicarboxylic dianhydride)、1-苯基戊酮(1-phenyl pentanone)、2-甲氧基-4-(1-丙烯基)-苯酚[2-methoxy-4-(1-propenyl)-phenol]、7,11-二甲基-3-亚甲基-1,6,10-十二碳三烯(7,11-dimethyl-3-methylene-1,6,10-dodecatriene)、β-雪松烯(β-cedrene)、4-甲氧基苯丙醇(4-methoxy phenyl-propanol)、环十五烷(cyclopentadecane)、环十四烷(cyclotetradecane)、2,5-二甲基丙烷苯酚(2,5-dimethyl propane phenol)、十六烷(hexadecane)、十五烷酸乙酯(ethyl pentadecanoate)、7-羟基-3-羰基-6-甲氧基二氢香豆素(7-hydro-3-carbonyl-6-methoxydihydro-coumarin)、十七烷酸(heptadecanoic acid)、1,2,3,3*a*,4,5-六氢嵌二萘(1,2,3,3*a*,4,5-hexahydropyrene)、9,12-十八碳二烯酸(9,12-octadecadienoic acid)、1-环戊烯基苯(1-cyclopentenyl-benzene)、7-苯基异喹啉(7-phenyl-isoquinoline)、(1-乙基-7-甲基)1,8-萘乙酯[(1-ethyl-7-methyl)1,8-naphthalene acetate]、5,7,8-三甲基色氨酸-二氢香豆素(5,7,8-trimethyl-tryptophan-dihydrocoumarin)、5-十二炔(5-dodecyne)、反式-罗勒烯(*trans*-ocimene)、6-十一酮(6-undecanone)、3-甲氧基苯乙酮(3-methoxyphenylethanone)、*E*-7,11-二甲基-3-亚甲基-1,6,10-十二碳三烯(*E*-7,11-dimethyl-3-methylene-1,6,10-dodecatriene)、1,2-二亚甲基-环己烷(1,2-dimethylene-cyclohexane)、反式-乙基桂皮酸酯(*trans*-ethyl cinnamate)、二丁基羟基甲苯(dibutylated hydroxytoluene)、对乙基苯乙酮(*p*-ethylphenyl-ethanone)、2-甲基-3-戊炔-2-醇(2-methyl-3-pentyn-2-ol)、异丁烯基酞内酯(isobutydenephthalide)、*E*-藁本内酯(*E*-ligustilide)、3-(4-羟基-3-甲氧基)-2-丙烯酸[3-(4-hydroxy-3-methoxy)-2-propenoic acid]、对甲氧基桂皮酸乙酯(ethyl *p*-methoxycinnamate)、4-乙烯基联苯(4-vinyl biphenyl)、2-乙氧基-4-茴香醛(2-ethoxy-4-anisaldehyde)、(*Z*, *Z*)-9,12-十八烷二烯酸甲酯[(*Z*, *Z*)-9,12-octadecadienoic acid methyl ester]、(*Z*)-9-十八碳烯酸甲酯[(*Z*)-9-octadecenoic acid methyl ester]、9,12-十八碳二烯酸甲酯(9,12-octadecadienoic acid methyl ester)、亚油酸乙酯(linoleic acid ethyl ester)、1,13-十四碳二烯(1,13-tetradecadiene)、丁基十六烷酸(butyl hexadecanoic acid)、5,7-二乙基-5,6-癸二烯-3-炔(5,7-diethyl-5,6-decadien-3-yne)、α-1-丙烯基苯甲醇(α-1-propenyl-benzenemethanol)、异丙基亚油酸酯(isopropyl linoleate)、丁醛(butanal)、己醛(hexanal)、糠醛(furfural)、庚醛(heptanal)、4-辛酮(4-octanone)、辛醛(octanal)、3,7-二甲基-1,3,6-辛三烯(3,7-dimethyl-1,3,6-octatriene)、γ-松油烯(γ-terpinene)、8-甲基-3,7-壬二烯-2-酮(8-methyl-3,7-nonadien-2-one)、4-十一烯(4-undecene)、十一烷(undecane)、1-(3,4-二甲苯基)-丙酮[1-(3,4-dimethylphenyl)-propone]、壬醛(nonanal)、葑醇(fenchol)、2,6-二甲基-2,4,6-辛三烯(2,6-dimethyl-2,4,6-octatriene)、(*E*, *Z*)-2,6-二甲基-2,4,6-辛三烯[(*E*, *Z*)-2,6-dimethyl-2,4,6-octatriene]、(*E*)-4-乙基-3-壬烯-5-炔[(*E*)-4-ethyl-3-nonen-5-yne]、龙脑(borneol)、薄荷烯-3-醇

(menthene-3-ol)、3,5-二甲基苯甲醛(3,5-dimethylbenzaldehyde)、α,α,4-三甲基环己烯-3-甲醇(α,α,4-trimethyl-cyclohexen-3-methanol)、癸醛(decanal)、(*E*)-桂皮醛[(*E*)-cinnamaldehyde]、6-十一醇(6-undecanol)、十三烷(tridecane)、2-甲氧基-4-乙烯基苯(2-methoxy-4-vinylphenol)、α-雪松烯(α-cedrene)、十四烷(tetradecane)、十二醛(dodecanal)、新丁香三环烯(β-neoclovene)、香橙烯(aromadendrene)、罗汉柏烯(thujopsene)、1,10-二去氢土青木香烷(1,10-didehydroaristolane)、长叶烯(longifolene)、γ-依兰烯(γ-muurolene)、斯巴醇(spathulenol)、石竹烯(caryophyllene)、桉叶醇(eudesmol)、对二甲氨基苯甲醛(*p*-dimethylamino-benzaldehyde)、异长叶烯-5-醇(isolongifolene-5-ol)、正丁烯基苯酞内酯(*n*-butyl-denephthalide)和2-异丙基苯甲醛(2-isopropylbenzaldehyde)等[1-5]。

感官特性 当归精油具龙涎香、琥珀香和鸢尾样甜香，并带有木香、膏香、麝香和强烈的药膏气息，香气透发、持久，香味甜柔。

应用情况 当归精油有提调作用，可用于多种香型的日用香精，有良好的定香作用；根及其衍生物常用于酒用香精，特别是在杜松子酒、味美思及苦酒中，同时也可用于软饮料、冰制品及糖果的加香。

籽油也可用于日用香精中以及酒类，软饮料、糖果、焙烤食品的加香干籽与根常用于蒸馏酒中。

我国白芷 *A. dahurica*(Fisch) Bentn. et Hook. f. 常与当归合用于驱风的芳香中药；白芷酊有坚果仁的酸甜辛香，味甘甜，香味强而持久。

管理及参照标准 当归(*Angelica* spp.)根和籽及其精油，提取物：FEMA 2087；2088；COE 56；Nat 1；FDA 182.10，182.20；IOFI；GB 2；CAS 8015-54-3；FCC Ⅲ；RIFM；EOA 96；IFRA R。

参考文献

[1] 张承曾．天然香料手册[M]．北京：中国轻工业出版社，1989.
[2] 李桂生，马成俊，刘志峰，等．超临界 CO_2 萃取法与水蒸气蒸馏法提取当归挥发油的比较[J]．中草药，2001，32(7)：581-583.
[3] 李菁，葛发欢．超临界 CO_2 萃取当归挥发油的研究[J]．中药材，1996，19(4)：187-189.
[4] 刘琳娜，梅其炳，程建峰．当归挥发油的化学成分分析[J]．中成药，2005，27(2)：204-206.
[5] 李伟东，杨光明，蔡宝昌，等．三种方法提取当归挥发油的气相色谱-质谱比较[J]．广州中医药大学学报，2004，21(3)：206-210.

白　芷

别　　名 杭白芷、川白芷。

英文名称 Angelica dahurica。

植物学名 *Angelica dahurica* (Fisch. ex Hoffm.) Benth. et Hook. f. ex Franch. et Sav.。

植物科属 伞形科 当归属。

品种来源 白芷 *Angelica dahurica* (Fisch. ex Hoffm.) Benth. et Hook. f. ex Franch. et Sav cv. Qibaizhi 的干燥根。

形态特征 白芷，伞形科当归属多年生草本植物，高约 1.5～2.5m，圆柱形根，茎基径约 3.5cm，基生叶一回羽状分裂，复伞形花序顶生或侧生，椭圆形至卵圆形果实。

主要分布 主产于我国东北及华北地区。

利用部位 根。

理化特性 用水蒸气蒸馏法将根蒸馏所得的精油是一种浅棕色油状液体。

理化参数 白芷精油的理化参数如下表所示。

表 白芷精油理化参数

理化参数	白芷精油
相对密度(20℃)	0.949～0.977
折光指数(20℃)	1.499～1.500

香气成分 白芷精油的香气成分是：

十二醇(dodecyl alcohol)、甲基环癸烷(methyl-cyclodecane)、2-羟基丙烯酸乙酯(2-hydroxyethyl acrylate)、3-甲基丁酸(3-methyl butyric acid)、巴豆酸乙酯(ethyl crotonate)、松油醇-4(terpineol-4)、α-松油醇(α-terpineol)、2,6-二甲基-2-辛烯(2,6-dimethyl-2-octene)、癸醇(decanol)、壬醛(nonaldehyde)、4-四氢-4-甲基-2-(2-甲基-1-丙烯基)-2*H*-吡喃[4-tetrahydro-4-methyl-2-(2-methyl-1-propenyl)-2*H*-pyrane]、α-吡咯烷酮羧酸乙酯(ethyl α-pyrrolidone carboxylate)、芍药醇(paeonol)、十二醛(dodecanal)、2,4*a*,5,6,7,8-六氢-3,5,5,9-四甲基-1*H*-苯基环庚烯(2,4*a*,5,6,7,8-hexahydro-3,5,5,9-tetramethyl-1*H*-benzocycloheptene)、8-异丙烯基-1,5-二甲基-1,5-环癸烯(8-isopropenyl-1,5-dimethyl-1,5-cyclodecylene)、十四醇(tetradecanol)、十五醇(pentadecyl alcohol)、十二烷基醋酸酯(dodecyl acetate)、芹子烯-4-醇(selinen-4-ol)、*Z*-11-十四碳烯酸(*Z*-11-tetradecenic acid)、4-羟基-3-甲氧基苯乙酮(4-hydroxy-3-methoxyphenyl ethanone)、十三醇(tridecyl alcohol)、月桂醇醋酸酯(lauryl acetate)、十六醇(hexadecyl alcohol)、*Z*-11-十五碳烯醇(*Z*-11-pentadecenol)、1-十六醇乙酸酯(1-hexadecyl acetate)、表蓝桉醇(epiglobulol)、2-十九醇(2-nonadecyl alcohol)、3-甲基-丁酸-十六烷基酯(3-methyl-hexadecyl butylate)、*Z*-11-十四碳烯酸(*Z*-11-tetradecenoic acid)、十八醇(octadecyl alcohol)、棕榈酸(palmitic acid)、棕榈酸乙酯(ethyl palmitate)、丁酸-3-甲基十六烷基酯(3-methyl-hexadecyl butyrate)、花椒毒酚(xanthotol)、花椒毒素(xanthotoxin)、油醇(ocenol)、亚油酸(linoleic acid)、亚油酸乙酯(ethyl linoleate)、油酸乙酯(ethyl oleate)、*Z*-十八碳-1-醇醋酸酯(*Z*-octadecyl-1-ol acetate)、硬脂酸乙酯(ethyl stearate)、5,8,11-十七碳三炔酸甲酯(methyl 5,8,11-heptadetricynoate)、香柑内酯(bergapten)、6-乙酰基-2,5-二羟基-1,4-萘醌(6-

acetyl-2,5-dihydroxy-1,4-naphthoquinone)、欧芹酚甲醚(osthole)、帕布列诺(pabuleno)、异氧化前胡素(isooxypeucedanin)、异欧前胡素(isoimperatorin)、氧化前胡素(oxypeucedanin)、比克白芷内酯(byakangelicin)、棕榈酸十二烷基酯(dodecyl palmitate)、丙二醇油酸酯(propyleneglycolmonoleate)、棕榈酸十四烷基酯(tetradecyl palmitate)、月桂烯(myrcene)、(−)-β-蒎烯[(−)-β-pinene]、3,3-二甲基-1-辛烯(3,3-dimethyl-1-octene)、γ-异香叶醇(γ-isogeraniol)、芳樟醇(linalool)、(−)-薰衣草醇[(−)-lavandulol]、1-甲基-4-(1-异丙基)-苯[1-methyl-4-(1-isopropyl)-benzene]、γ-松油烯(γ-terpinene)、甲基-(1-异丙基)-苯[methyl-(1-isopropyl)-benzene]、(−)-α-蒎烯[(−)-α-pinene]、3,7-二甲基-1,3,6-辛三烯(3,7-dimethyl-1,3,6-octatriene)、α-异松油烯(α-terpinolene)、3-辛酰乙酸酯(3-octanyl acetate)、1,5,5,6-四甲基-1,3-环已二烯(1,5,5,6-tetramethyl-1,3-cyclohexadiene)、别罗勒烯(alloocimene)、4-甲基-1-(1-甲基)-3-环已烯-1-醇[4-methyl-1-(1-methyl)-3-cyclohexen-1-ol]、1-乙基-3,5-二甲基-苯(1-ethyl-3,5-dimethyl-benzene)、1-十一烷醇(1-undecanol)、2-甲基-5-(1-异丙基)-苯酚[2-methyl-5-(1-isopropyl)-phenol]、3,7,11,15-四甲基-1-十六烷醇(3,7,11,15-tetramethyl-1-palmityl alcohol)、1-乙基-2-庚基-环丙烷(1-ethyl-2-heptyl-cyclopropane)、1-乙炔基-环已醇(1-ethynyl-cyclohexanol)、乙酸桃金娘烯酯(myrtenyl acetate)、3,3-二甲基-已醛(3,3-dimethyl-hexanal)、3-甲氧基-2,2-二甲基-1-丙醇(3-methoxy-2,2-dimethyl-1-propanol)、榄香烯(elemene)、顺式-石竹烯(*cis*-caryophyllene)、十三碳醛(tridecanal)、反式-石竹烯(*trans*-caryophyllene)、(*Z*, *E*)-α-金合欢烯[(*Z*, *E*)-α-farnesene]、1,1-二甲氧基-十二碳烷(1,1-dimethoxy-dodecane)、α-葎草烯(α-humulene)、(*Z*)-β-金合欢烯[(*Z*)-β-farnesene]、2,3,4,7,8,8*a*-1*H*-3*a*,7-甲醇薁(2,3,4,7,8,8*a*-1*H*-3*a*,7-methanoazulene)、反式-5,6-二乙烯基-环辛烯(*trans*-5,6-diethenyl-cyclooctene)、环十四烷(cyclotetradecane)、环十二烷(cyclododecane)、1-十六碳烯(1-hexadecylene)、5-癸烯(5-decene)、辛基-环丙烷(octyl-cyclopropane)、1,1-二甲氧基-十二碳烷(1,1-dimethoxy-dodecane)、十八碳醛(octadecanal)、*p*-薄荷-1-(7),8(10)-二烯-9-醇[*p*-mentha-1-(7),8(10)-dien-9-ol]、2-乙基-6-甲基-1,5-庚二烯(2-ethyl-6-methyl-1,5-heptadiene)、丙基环戊烷(propyl cyclopentane)、2-甲基-2-已烷醇(2-methyl-2-hexanol)、(*E*)-2-已烯醛[(*E*)-2-hexenal]、2-甲氧基烯丙基-溴化物(2-methoxy-allyl bromide)、(*E*)-3-二十碳烯[(*E*)-3-eicosene]、(*E*)-9-十八碳烯[(*E*)-9-octadecene]、2-氢氧基-环十五烷酮(2-hydroxy-cyclopentadecanone)、1,4-环壬二烯(1,4-cyclononadiene)、十八烷醇(octadecanol)、(*E*)-5-十八碳烯[(*E*)-5-octadecene]、(*Z*)-2-十二碳烯[(*Z*)-2-dodecene]、(*E*)-9-二十碳烯[(*E*)-9-eicosene]、顺式-1,4-二甲基-环辛烷(*cis*-1,4-dimethyl-cyclooctane)、1-十二碳烯(1-docecene)、8-甲基-1,8-壬二醇(8-methyl-1,8-nonanediol)、三十六烷(hexatriacontane)、1,2-二甲基-环辛烷(1,2-dimethyl-cyclooctane)、三十烷(triacontane)、丁酸-1-甲辛酯(1-methyloctyl butylate)、1-十七烷醇(1-heptadecanol)、17-三十五碳烯(17-pentatriacontene)、棕榈酸甲酯

(methyl hexadecanoate)、1-二十六烷醇(1-hexacosanol)、1-次乙氧基十八烷(1-ethenyloxy-octadecane)、2-甲基-3-双环[2.2.1]庚烷{2-methyl-3-bicyclo[2.2.1]heptane}、油酸(oleic acid)、2,3-二甲基-戊烯(2,3-dimethyl pentene)、四十三烷(tritetracontane)、1,3-二甲基丁基-环已烷(1,3-dimethylbutyl-cyclohexane)、3,7-二甲基壬烷(3,7-dimethyl nonane)、四十四烷(tetratetracontane)、十五烷(pentadecane)、十四醇环氧乙烷(tetradecyl oxirane)、2,4-二甲基环戊酮(2,4-dimethyl-cyclopentanone)、十九烷(nonadecane)、2-甲基十三碳烷(2-methyl-tridecane)、6-异丙基-3-甲基-2-环己烯(6-isopropyl-3-methyl-2-cyclohexene)、1-氯-十八烷(1-chloro-octadecane)、二十五烷(pentacosane)、十六烷(hexadecane)、二十一碳环戊烷(heneicosyl cyclopentane)、(*Z*)-9-十八碳烯-1-醇[(*Z*)-9-octadecen-1-ol]、十七烷(heptadecane)、十二碳醛(dodecanal)、1-三十二烷醇(1-dotriacontanol)、二十烷(eicosane)、十四碳醛(tetracdecanal)、十四烷(tetradecane)、二十六烷(hexacosane)和1,14-十四烷烯二醇(1,14-tetradecandiol)等。其中主要香气成分是十二醇(dodecyl alcohol)和甲基环癸烷(methyl-cyclodecane)等[1-3]。

感官特性 白芷精油具强烈的药草香气；味辛、香柔绵长。

应用情况 白芷可用于治疗多种疼痛，治疗鼻炎、治疗烧伤、治疗白癜风、治疗灰指甲、治疗痔疮、治疗银屑病等，同时具有美容、祛斑、减肥的美容美体功能；白芷还可作调味品，香料等运用；另外，白芷在除虫杀菌，抗菌消毒等方面有广泛应用。

参考文献

[1] 王梦月，贾敏如．白芷的化学成分研究进展[J]．中药材，2002，25(6)：446-449.

[2] 弥宏，曲莉莉，任玉林，等．超临界萃取中药白芷的化学成分的气相色谱–质谱分析[J]．分析化学，2005，3(3)：366-370.

[3] 姚川，周成明，崔国印，等．白芷挥发油化学成分的鉴定[J]．中药材，1990，13(12)：34-36.

苦　艾

别　　名 中亚苦蒿。

英文名称 Artemisia、Wormwood。

植物学名 *Artemisia absinthium* Linn.。

植物科属 菊科　苦蒿属。

品种来源 *Artemisia absinthium* Linn. 的花穗和叶。

形态特征 苦艾，菊科苦蒿属多年生草本植物，株高1.0~1.5m；其根和茎具多个分支。叶子在基部互生，带有叶柄，且基部叶片覆盖有细绒毛。花朵呈淡黄色，花期常在8~9月。植株整体呈现疏散平卧或斜升丛生的状态。多花，茎长于根出条叶丛和根状茎上，长约为23cm，直立或斜升，纤细，基部不分支。

短柄苞叶群在叶腋处生长，上部带花序枝，被有白色绢状、蛛丝状或棉状细茸毛。叶片直立或展开，密集或稀疏，形状为直线形或线状锥形，长约为20mm，宽约为1mm，顶端细长尖锐，基部狭窄无柄，质地为草质，边缘反卷。叶片正面覆盖有蛛丝状毛或长细柔毛，或近光滑无毛，而背面则被有白色细茸毛。顶生叶和根出条相对较短，顶端呈钝形，正背面被有较密的长细柔毛。

主要分布　我国蒿属植物资源丰富，品种繁多，我国贵州、广西、新疆、四川、湖南等地均有生长。国外分布于欧洲南部以及哈萨克斯坦、乌克兰、亚美尼亚等地。

理化特性　苦艾精油是瞩水蒸气蒸馏所得，该油是一种具特征性涩辣味的深绿至黄棕色液体，有时由于碘的存在会呈蓝色。苦艾精油理化参数如下表所示。

表　苦艾精油理化参数

理化参数	苦艾精油
外观、色状	深绿色至黄棕色液体
香气	具独特的苦香味
相对密度(20℃)	0.919～0.942
酯值	15～36
酸值	<5.7
溶解度(90%乙醇)	1∶0.5～1

香气成分　苦艾精油的香气成分是：

月桂烯(myrcene)、芳樟醇(linalool)、2-甲基-5-(1-甲基乙烯基)-2-环己烯-1-酮[2-methyl-5-(1-methylvinyl)-2-cyclohexen-1-one]、反式-石竹烯(*trans*-caryophyllene)、1,2-二氢-1,4,6-三甲基萘(1,2-dihydro-1,4,6-trimethyl-naphthalene)、榄香醇(elemol)、6-甲基-2,2-联吡啶-*N*-氧化物(6-methyl-2,2-dipyridine-*N*-oxide)、香桧烯(sabinene)、1,8-桉叶素(1,8-cineole)、青蒿酮(artemisia ketone)、α-侧柏酮(α-thujone)、β-侧柏酮(β-thujone)、反式-环氧罗勒烯(*trans*-epoxyocimene)、反式-马鞭草烯醇(*trans*-verbenol)、香芹酮(carvone)、*E*-香桧烯乙酸酯(*E*-sabinyl acetate)、姜黄烯(curcumene)、丁酸橙花酯(neryl butyrate)、橙花-2-甲基丁酸酯(neryl-2-methyl butyrate)、橙花-3-甲基丁酸酯(neryl-3-methyl butyrate)和蓝香油奠(chamazulene)等。其中主要的香气成分是月桂烯(myrcene)等[1-2]。

感官特性　苦艾精油药香丰富、口感微苦。

应用情况　苦艾精油一般用在配制食品香精中，也用于日用香精。酊剂、流浸膏以及其干品在味美零和苦酒配方中主要利用它们的药酒样苦味。蒿属植物在医药上有广泛用途，具散寒除湿、温经止血作用。蒿属植物加工后的残渣是良好的造纸原料。

管理及参照标准　苦艾(*Artemisia absinthium* L.)及其衍生物的管理及参照标

准见：FEMA 3115，3116，3114；FDA 172.510；COE61；Nat 1；IOFI；GB 2；CAS 8008-93-3；RIFM；EOA 114。

参考文献

[1] 符继红，张丽静．维吾尔医用药材苦艾挥发油的 GC-MS 分析[J]．中国现代应用药学，2008，24(6)：493-495.

[2] 阿娜姑，托合提．维药苦艾化学成分及其生活活性的初步研究[D]．乌鲁木齐：新疆大学，2012.

黄花蒿

别　　名　草蒿、黄蒿、青蒿、犼蒿。

英文名称　Artemisia Annua。

植物学名　*Artemisia annua* Linn.。

植物科属　菊科　蒿属。

品种来源　黄花蒿 *Artemisia annua* Linn. 的全草。

形态特征　黄花蒿，菊科蒿属一年生草本植物，株高约 1.5～2.0m，圆柱形、直立茎，基部直径约1.1cm，带有纵棱，茎在幼嫩时为淡绿色，随后逐渐变为棕褐色或紫褐色，且具多分支。叶片为绿色纸质，茎下部的叶子为宽卵形或卵形三角状，长约5.5cm，宽约4.2cm，淡绿色。叶子的正反面均分布有细小且易脱落的乳白色腺点及细小凹点，其中正面腺点稍隆起，中轴两侧带有无小栉齿的狭翅，叶柄长约为1.6cm，基部具有半抱茎的假托叶。茎中部叶子呈二回栉齿状的羽状深裂，小裂片为栉齿状三角形。茎上部叶子与苞片叶则为一回栉齿状羽状深裂，无叶柄。植株上分布多数球形头状花序，直径约2mm，具短梗且近下垂。花序基部伴有线形小苞叶，整体呈总状或复总状排列于茎上，成尖状圆锥花序。总苞片约有4层，内层与外层长度近相等。外层总苞片为长椭圆形，具淡绿色的中肋和膜质边缘；中层和内层总苞片则为卵形，共同构成半球状花序。淡黄色花朵，其中包含约16朵雌花，雌花花冠为管状，具有2裂齿和腺点，花柱呈直线形并向外伸展，先端二叉、叉端尖锐。此外，还有约25朵两性花，其花冠同样为管状，花药呈直线形，上端带有三角形附属物，基部稍短且呈尖形，花柱长与花冠相当，先端同样二叉、叉端截形，并附有短睫毛。瘦果较小，形状为卵形或长椭圆形。花果期接近10～11月。

主要分布　我国广西、四川、广东、贵州、湖南等地均有分布。

利用部位　全草。

理化特性　黄花蒿精油为黄色液体。

香气成分　黄花蒿精油的香气成分是：

1,8-桉叶素(1,8-cineole)、β-蒎烯(β-pinene)、樟脑(camphor)、2,5-二甲基-4-己烯-3-醇(2，5-dimethyl-4-hexen-3-ol)、2-癸烯-1-醇(2-decen-1-ol)、2,6-二甲基-3,5,7-辛三烯-2-醇(2,6-dimethyl-3,5,7-octatrien-2-ol)、6,6-二甲基-2-亚

甲基-双环[2.2.1]庚烷-3-酮(6,6-dimethyl-2-methylene-bicyclo[2.2.1]heptan-3-one)、β-蒎烯氧化物(β-pinene oxide)、松油醇-4(terpinol-4)、苯甲基异丁基酮(methylbenzyl isobutanone)、1,3-二异丙基-6-甲基-环己烯(1,3-diisopropyl-6-methyl-cyclohexene)、桉叶-4(14),11-二烯[eudesma-4(14),11-diene]、异长叶薄荷醇乙酸酯(isopulegol acetate)、δ-杜松烯(δ-cadinene)、异龙脑基丙烯酸酯(isobornyl acrylate)、异石竹烯(isocaryophyllene)、α-葎草烯(α-humulene)、β-金合欢烯(β-farnesene)、吉玛烯D(germacrene D)、反式-橙花叔醇(*trans*-nerolidol)、α-愈创木烯(α-guaiene)、α-红没药烯环氧化物(α-bisabolene epoxide)、香橙烯氧化物(aromadendrene oxide)、雪松烯醇(cedrenol)、4,4-二甲基四环[6.3.2.0(2.5).0(1,8)]-十三烷-9-醇{4,4-dimethyl tetracyclo-[6.3.2.0(2.5).0(1,8)]-tridecan-9-ol}、雅槛蓝-1-(10),11-二烯[eremophila-1-(10),11-diene]、雪松-8-(15)-烯-9-醇[cedr-8-(15)-en-9-ol]、绿叶烷(patchoulane)、表蓝桉醇(epiglobulol)、长三环烯(longicyclene)、8,9-环氧新异长叶烯(8,9-epoxy-neoisolongifolene)、4-莰基-丁烷-2-酮(4-camphenyl-butan-2-one)、1,4-二苯基-2-丁酮(1,4-diphenyl-2-butanone)、十四碳酸(tetradecanoic acid)、十五碳酸(pentadecanoic acid)、反式-植醇(*trans*-phytol)、二十四碳烷(tetracosane)、二十五烷(pentacosane)、(*S*)-2-甲基-5-(1-甲基乙烯基)-2-环己烯-1-酮[(*S*)-2-methyl-5-(1-methylvinyl)-2-cyclohexen-1-one]、胡椒酮(piperitone)、芹子烯(selinene)、1*R*, 3*Z*, 9*S*-4,11,11-三甲基-8-亚甲基-双环[7.3.0]-3-十-碳烯{1*R*, 3*Z*, 9*S*-4,11,11-trimethyl-8-methylene-bicyclo[7.3.0]-3-undecene}、圣亚麻三烯(santolina triene)、斯巴醇(spathulenol)、顺式-香芹醇(*cis*-carveol)、7,11-二甲基-3-亚甲基-1,6,10-十二碳三烯(7,11-dimethyl-3-methyl-ene-1,6,10-dodecatriene)、石竹烯(caryophyllene)、月桂烯(myrcene)、桉叶醇(eudesmol)和2,5-二氢-3-甲基呋喃(2,5-dihydro-3-methylfuran)等，其中主要成分是蒿酮(artemisia ketone)等[1-5]。

感官特性 黄花蒿精油具药甜香和花香，口感清凉舒适。

应用情况 黄花蒿精油用于饮料、酒类、食品、日化产品、化妆品的加香。在医药方面具有清热解毒、抗菌等功效。

管理及参照标准 黄花蒿(*Artemisia annua* Linn.)精油的管理及参照标准参见CAS 8000-42-8。

参 考 文 献

[1] 彭洪，郭振德．黄花蒿挥发油的成分研究[J]．中药材，1996，19(9)：458-459.
[2] 赵进，孙晔，田丽娟．不同产地黄花蒿挥发油成分的GC-MS研究[J]．陕西中医学院学报，2009(5)：72-74.
[3] 董岩，刘洪玲．青蒿与黄花蒿挥发油化学成分对比研究[J]．中药材，2004，27(8)：568-571.
[4] 廖华卫，王定勇，李晓蒙．湖南雪峰山地区野生黄花蒿挥发油化学成分的研究[J]．中药材，2006，29(6)：562-564.
[5] 张燕，张继，姚健，等．新疆产黄花蒿挥发油成分研究[J]．西北师范大学学报(自然科学

版），2004，40(1)：67-69.

艾 叶

别　　名　艾蒿、家艾、蕲艾、白艾、香艾、大叶艾、灸草。

英文名称　Artemisia argyi。

植物学名　*Artemisia argyi* Lévl. et Vant.。

植物科属　菊科　艾属。

品种来源　艾 *Artemisia argyi* Lévl. et Vant. 的干燥茎叶。

形态特征　艾叶，菊科艾属，多年生草本或略成半灌木状植物。纸质叶、略厚，叶正面被具灰色细柔毛，乳白色腺点，叶背面密被乳白色网状细绒毛；长柄基生叶；茎下部叶呈椭圆状，羽形裂，裂片约3片，裂片呈长圆状或长卵形，每个裂片有小裂齿，干后背面脉均呈棕色或浅棕色，叶柄长约0.6cm；茎中部叶呈长方形或长卵形状，叶长约6.5cm，叶宽约5.5cm，羽状或深裂或半裂，每侧裂片约3片，裂片呈长卵形或呈长卵披针形，长约3cm，宽约2cm，每侧具约2颗缺齿，叶基部呈锥形，叶脉背面具凸起，干时呈深红色，叶柄长约为0.3cm，基部无假托叶；上部叶片与苞片叶呈羽状，半裂或浅裂或不裂，具长圆形或椭圆状披针形等。

主要分布　在我国各地分布很广，如广西、四川、广东、贵州、湖南、云南等地均有生长，但在极干旱与高寒地区无。

利用部位　茎叶。

理化特性　用水蒸气蒸馏法所得的艾叶精油是一种蓝色油状物。

香气成分　艾叶精油的香气成分是：1,8-桉叶素(1,8-cineole)、樟脑(camphor)、蒿醇(artemisol)、2-甲基丁醇(2-methyl butanol)、2-己烯醛(2-hexenal)、顺式-3-己烯-1-醇(*cis*-3-hexen-1-ol)、三环烯(tricyclene)、α-侧柏烯(α-thujene)、α-蒎烯(α-pinene)、莰烯(camphene)、β-蒎烯(β-pinene)、香桧烯(sabinene)、1-辛烯-3-醇(1-octen-3-ol)、6-甲基-5-庚烯-2-酮(6-methyl-5-hepten-2-one)、月桂烯(myrcene)、3-辛醇(3-octanol)、α-水芹烯(α-phellandrene)、2,4-(8-对薄荷二烯)[2,4-(8-*p*-menthadiene)]、对伞花烃(*p*-cymene)、柠檬烯(limonene)、β-罗勒烯(β-ocimene)、苯乙醛(phenylacetaldehyde)、γ-松油烯(γ-terpinene)、蒿酮(artemisia ketone)、芳樟醇氧化物(linalool oxide)、α-松油烯(α-terpinene)、二甲基苯乙烯(dimethyl styrene)、芳樟醇(linalool)、丁酸己烯酯(hexenyl butyrate)、乙酸辛烯酯(octenyl acetate)、侧柏酮(thujone)、异侧柏酮(isothujone)、异龙脑(isoborneol)、龙脑(borneol)、松油醇-4(terpineol-4)、对伞花-α-醇(*p*-cymen-α-ol)、顺式-胡椒醇(*cis*-piperitol)、桃金娘烯醛(myrtenal)、桃金娘烯醇(myrtenol)、反式-胡椒醇(*trans*-piperitol)、橙花叔醇(nerolidol)、马鞭草烯酮(verbenone)、反式-香芹醇(*trans*-carveol)、顺式-香芹醇(*cis*-carveol)、顺式-3-己烯醇丙酸酯(*cis*-3-hexenyl propionate)、对异丙基苯甲醛(*p*-isopropyl benzaldehyde)、香芹醇(carveol)、胡椒酮(piperitone)、香芹酮(carvone)、异胡椒酮

(isopiperitenone)、紫苏醛(perilla aldehyde)、乙酸龙脑酯(bornyl acetate)、紫苏醇(perilla alcohol)、香芹酚(carvacrol)、丁香酚(eugenol)、古巴烯(copaene)、β-波旁烯(β-bourbonene)、β-榄香烯(β-elemene)、甲基丁香酚(methyl eugenol)、α-古芸烯(α-gurunene)、反式-石竹烯(*trans*-caryophyllene)、β-荜澄茄烯(β-cubebene)、顺式-β-金合欢烯(*cis*-β-farnesene)、葎草烯(humulene)、香橙烯(aromadendrene)、β-马阿里烯(β-maaliene)、反-β-金合欢烯(*trans*-β-farnesene)、β-芹子烯(β-selinene)、γ-依兰烯(γ-muurolene)、α-金合欢烯(α-farnesene)、丙酸橙花酯(neryl propionate)、γ-杜松烯(γ-cadinene)、δ-杜松烯(δ-cadinene)、石竹烯氧化物(caryophyllene oxide)和喇叭茶醇(ledol)等。其中主要香气成分是1,8-桉叶素(1,8-cineole)和樟脑(camphor)等[1-3]。

感官特性 艾叶精油具药香和清柔香、口感清凉舒适且喉部显润滑。

应用情况 主要用于香料、日用品、医药等方面，也用于治疗哮喘、疮疡、湿疹、皮炎等病症，还用于制作杀菌剂、防腐剂及兴奋剂。民间广泛用艾叶制成汁与糯米粉制成一种具地方特色的糕点，称“艾粑”，是人们喜爱的糕点之一。

参考文献

[1] 姚发业，邱琴，刘廷礼，等．艾叶挥发油的化学成分[J]．分析测试学报，2001,20(3)：42-45.

[2] 刘向前，陈素珍，倪娜．湖南产艾叶挥发油成分的GC-MS研究[J]．中药材，2006，28(12)：1069-1071.

[3] 徐新建，宋海，韩玉琦，等．艾叶挥发油化学成分的气相色谱-质谱联用分析[J]．时珍国医国药，2007，18(11)：2657-2658.

茵陈蒿

别　　名 茵陈、绵茵陈、绒蒿。

英文名称 Artemisia capillaries。

植物学名 *Artemisia capillaris* Thunb.。

植物科属 菊科 艾属。

品种来源 茵陈蒿 *Artemisia capillaris* Thunb. 的幼苗。

形态特征 茵陈蒿，菊科艾属多年生草本或半灌木状植物，株高70～80cm。木质化基部，表面棕黄色，具纵条纹，分枝多，嫩株有棕黄色丝状细毛，长成后光滑。叶柄长约1.5cm，叶片两三回，呈羽状裂或掌状裂，小裂片呈线形或卵形，密被乳白色绢毛；花枝上的叶无柄，呈羽状全裂，裂片呈线状或毛管形，基部抱茎，绿色，无毛。多数为头状花序，集成圆锥形；球形总苞，苞片约3层，表面光滑，外层小，卵圆状，内层呈椭圆形，背面中央为绿色，边缘膜质；花杂性，紫红色，均为管状花；雌花长约1mm，雌蕊1枚，柱头2裂，呈叉状；两性花梢长，前端膨大，5裂，裂片呈三角形，下部收缩呈倒卵形；雄蕊具5枚，聚药，先端尖，基部具钝尖，雌蕊具1枚，不分裂，柱头状。光滑瘦果、呈椭圆形。花期9~10月，果期11~12月。

主要分布 主要分布于华东、西南地区，如贵州、四川、浙江、云南、广西等地均有分布。

利用部位 枝叶。

理化特性 茵陈蒿精油是一种具有特殊香味的黄绿色油状液体。由水蒸气蒸馏的精油得率约为1.3%。

香气成分 茵陈蒿精油的香气成分是：

邻二甲苯(*o*-xylene)、1,3,5-环庚三烯(1,3,5-cycloheptatriene)、茵陈二炔(capillene)、β-石竹烯(β-caryophyllene)、吉玛烯D(germacrene D)、β-金合欢烯(β-farnesene)、十四烷(tetradecane)、2-己基辛醇(2-hexyl-octanol)、石竹烯(caryophyllene)、2,4-戊二炔苯(2,4-pentadiynyl-benzene)、吉玛烯B(germacrene B)、1-环丙基-乙酮(1-cyclopropyl-ethone)、3-甲基环戊酮(3-methyl-cyclopentanone)、2,3-二氢-4-甲基呋喃(2,3-dihydro-4-methyl furan)、γ-松油烯(γ-terpinene)、月桂烯(myrcene)、顺式-5-甲基-2-异丙基-2-己烯-1-醇(*cis*-5-methyl-2-isopropyl-2-hexen-1-ol)、α-杜松醇(α-cadinol)、柠檬烯(limonene)、2-乙基呋喃(2-ethyl furan)、2-甲基-1,3-环戊烯二酮(2-methyl-1,3-cyclopentanedione)、莰烯(camphene)、α-蒎烯(α-pinene)、苯甲醛(benzaldehyde)、β-蒎烯(β-pinene)、3-(4-甲基-3-戊烯基)-呋喃[3-(4-methyl-3-pentenyl)-furan]、2,2,3-三甲基-3-环戊烯-乙醛(2,2,3-trimethyl-3-cyclopentenyl-acetaldehyde)、2-乙基-1,4-二甲基苯(2-ethyl-1,4-dimethyl benzene)、1,8-桉叶素(1,8-cineole)、δ-3-蒈烯(δ-3-carene)、苯乙酮(acetophenone)、6,6-二甲基-2-亚甲基-双环[3.1.1]庚烷-3-醇{6,6-dimethyl-2-methylene-bicycle [3.1.1]heptan-3-ol}、α-松油醇(α-terpineol)、2,2,4-三甲基-3-环己烯-1-醇(2,2,4-trimethyl-3-cyclohexen-1-ol)、6,6-二甲基-双环[3.1.1]庚-2-烯-2-甲醇{6,6-dimethyl-bicyclo [3.1.1]heptan-2-en-2-methanol}、反式-2-甲基-5-(1-甲基乙烯基)-2-环己烯-1-醇[*trans*-2-methyl-5-(1-methylvinyl)-2-cyclohexen-1-ol]、2-甲基-5-(1-甲基乙烯基)-2-环己烯-1-酮[2-methyl-5-(1-methylvinyl)-2-cyclohexen-1-one]、4-(1-甲基乙烯基)-环己烯-1-甲醇[4-(1-methylvinyl)-cyclohexen-1-methanol]、2-甲氧基-4-(2-丙烯基)-苯[2-methoxy-4-(2-propenyl)-benzene]、1,2-二甲氧基-4-(2-丙烯基)-苯[1,2-dimethoxy-4-(2-propenyl)-benzene]、2,6-二甲基-6-(4-甲基-3-戊烯基)-双环[3.1.1]庚烷-2-烯{2,6-dimethyl-6-(4-methyl-3-pentenyl)-bicyclo [3.1.1]heptan-2-ene}、1-(1,5-二甲基-4-己烯基)-4-甲基-苯[1-(1,5-dimethyl-4-hexenyl)-4-methyl-benzene]、茵陈二炔酮(capillin)、1-甲基-4-(1-甲基乙基)-1,4-(1-甲基乙基)-1,4-环己二烯[1-methyl-4-(1-methylethyl)-1,4-(1-methylethyl)-1,4-cyclohexadiene]、4-甲基-(1-甲基乙基)-双环[3.1.0]己烷-3-醇{4-methy-(1-methylethyl)-bicyclo[3.1.0]hexan-3-ol}、(1*S*, α)-双环[2.2.1]庚烷-2-醇-1,7,7-三甲基乙酯{(1*S*, α)-bicyclo[2.2.1]heptan-2-ol-1,7,7-trimethyl-acetate}、香叶醇(geraniol)、1-十五碳烯(1-pentadecene)、斯巴醇(spathulenol)、棕榈酸(palmitic acid)、植醇(phytol)、亚油酸(linoleic acid)、紫罗兰酮(ionone)和1,2,

3,4-四氢-1,6-二甲基-4-(1-甲基乙基)-(1*S*-顺式)-萘[1,2,3,4-tetrahydro-1,6-dimethyl-4-(1-methylethyl)-(1*S*-*cis*)-naphthalene]等。其中主要的香气成分是邻二甲苯(*o*-xylene)、1,3,5-环庚三烯(1,3,5-cycloheptatriene)、茵陈二炔(capillene)和β-石竹烯(β-caryophyllene)等[1-5]。

感官特性 茵陈蒿精油具药香和清香，味微苦，咽喉部清凉舒适且有润滑感。

应用情况 茵陈酊剂用于酿制品，与精油一起可用于酒类和罐装食品，也适用于素心兰等香型中。

管理及参照标准 茵陈蒿(*Artemisa scoparia* Waldst. et Kit.)油的管理及参照标准见 CAS 8016-88-4。

参考文献

[1] 杨书斌，关家锐．茵陈蒿挥发油成分研究[J]．中草药，1996，27(5)：269-270.
[2] 陈驰．茵陈蒿和白莲蒿挥发油成分比较研究[J]．时珍国医国药，2000，11(5)：380.
[3] 杭太俊，张正行，相秉仁，等．茵陈挥发油毛细管气相色谱指纹分类[J]．中草药，2001,32(9)：796-798.
[4] 郭方遒，梁逸曾，黄兰芳，等．茵陈挥发油 GC-MS 指纹图谱分析[J]．高等学校化学学报，2005，26(11)：2027-2030.
[5] 张知侠，杨亚婷，张兴．茵陈挥发油成分的 GC-MS 分析[J]．咸阳师范学院学报，2007，21(6)：25-26.

苍 术

别　　名 山刺菜、青术、赤术、枪头菜、仙术。

英文名称 Atractylodes。

植物学名 *Atractylodes lancea*（Thuab.）DC.。

植物科属 菊科　苍术属。

品种来源 苍术 *Atractylodes lancea*（Thuab.）DC. 的根。

形态特征 苍术，菊科苍术属植物。北苍术，根、茎粗肥，结节形，茎直、分枝少、高约 40～50cm。卵形革质无柄叶，叶长约 6cm、宽约 2cm，基部圆形，不开裂，顶呈锥形，锯齿状叶缘，上部叶呈狭长椭圆形。具顶生花序，花径约 1.2cm，长约 1.6cm，基部具披针形叶状苞片，长度与顶状花序相似，裂片为羽形锯齿状；杯形总苞，苞片约 9，具细绒毛，椭圆形外层，圆柱形中层和内层；乳白色、柱状花。南苍术，根、茎粗肥，结节形，高约 60～70cm，具深棕色长须根节，香气厚实，横断面棕色斑点。柱状茎，上部不分枝。叶互生，底部具柄，脱叶后，将是花期，中部叶常呈椭圆状，长约 3cm，宽约 1.3cm，锯齿状叶缘，叶正面绿色，背面白色粉状。花两性。北苍术与南苍术相近，但是北苍术叶较宽、长卵状、无柄，头状花序略宽。

主要分布 苍术主要分布在华东的浙江，华南地区广西、广东等地，其他各地也有栽培。

利用部位 根。

理化特性 干根粉碎，用水蒸气蒸馏提取精油，得率约7%；在常温时，油呈深黄色蜡状固体。

理化参数 苍术精油的理化参数如下表所示。

表 苍术精油理化参数

理化参数	苍术精油
相对密度(20℃)	1.043～1.056
折光指数(20℃)	1.4981～1.4950
旋光度	+6°～+7°
溶解度	溶于0.5体积的75%乙醇中

香气成分 苍术精油的香气成分是：

丁香烯(caryophyllene)、榄香烯(elemene)、2-蒈烯(2-carene)、1,3,4,5,6,7-六氢-2,5,5-三甲基-2*H*-2,4α-桥亚乙基萘(1,3,4,5,6,7-hexahydro-2,5,5-trimethyl-2*H*-2,4α-ethanonaphthalene)、β-马榄烯(β-maalinene)、芹子烯(selinene)、糠醛(furladehyde)、色氨酸(tryptophane)、广藿香烯(patchoulene)、1,9-马兜铃二烯(1,9-aristolodiene)、愈创薁醇(guaiol)、茅术醇(hinesol)、β-桉叶醇(β-eudesmol)、花柏烯(chamigrene)、葎草烯(humulene)、榄香醇(elemol)、苍术酮(atractylone)、芹子二烯酮[selina-4(14)、7(11)-diene-8-one]、苍术呋喃烃(atractylodin)、3β-羟基苍术酮(3β-hydroxyatracetylone)、2-(1,4α-二甲基-3-葡萄糖氧基-2-酮基-2,3,4,4α,5,6,7,8-八氢萘-7-基)异丙醇葡萄糖苷[2-(1,4α-dimethyl-3-glucosyloy-2-oxo-2,3,4,4α,5,6,7,8-octahydronaphthalen-7-yl)-isopropanolglucoside]、白术内酯(butenoliede)、3β-乙酰氧基苍术酮(3β-acetoxyatractylone)、3,5-二甲氧基-4-葡萄糖氧基苯基烯丙醇(3,5-dimethoxy-4-glucosyloxy phenylallylalcohol)、2-[8-甲基-2,8,9-三羟基-2-羟甲基双环[5.3.0]癸-7-基]异丙醇葡萄糖{2-[8-methyl-2,8,9-trihydroxy-2-hydroxymethyl-bicyclo[5.3.0]decan-7-yl]isopropanogllucoside}、2-[8-甲基-2,8-二羟基-9-酮基-2-羟甲基双环[5,3,0]癸-7-基]异丙醇葡萄糖苷{2-[8-methyl-2,8-dihydroxy-9-oxo-2-hydroxymethylbicyclo[5,3,0]decan-7-yl]isopropanolglucoside}、2-(1,4α-二甲基-2,3-二羟基十氢萘-7-基)醇葡萄糖苷[2-(1,4α-dimethyl-2,3-dihydroxydecahydroxynaphthalen-7-yl)isopropanol glucoside]等。其中主要香气成分是苍术呋喃烃(atractylodin)等[1-2]。

感官特性 苍术精油药草香气浓厚，略带青滋香。

应用情况 苍术精油是很好的定香剂。可用于紫丁香、东方香、素心兰等多种日用香精的加香。还可用于水仙、薰衣草型等香精的配香等。

管理及参照标准 苍术精油的管理及参照标准参见《中国药典》。

参考文献

[1] 刘树芬，黄惠云，曲涛，等．气相色谱-质谱法测定苍术挥发油包合前后的成分与含量[J]．中国医院药学杂志，1993，13(5)：22-24.

[2] 吉力，敖平，潘炯光，等．苍术挥发油的气相色谱-质谱联用分析[J]．中国中药杂志，2001,26(3)：38-41.

滇荆芥

别　　名　香蜂花、土荆芥、鼻红草、蜜蜂花、红活美、小薄荷。

英文名称　Balm。

植物学名　*Melissa officinalis* L.。

植物科属　唇形科　蜜蜂花属。

品种来源　滇荆芥 *Melissa officinalis* L. 的花和叶。

形态特征　滇荆芥，唇形科蜜蜂花属，多年生草本植物，茎直立，有分枝，有4棱和4槽，高约0.7~1.0m，正面具柔毛。叶卵形，长约5cm，宽约2cm，顶端尖，边缘具锯齿状，绿色叶面，短柔毛，背面呈浅绿色，中脉两侧呈紫色，近无毛；叶柄细。

主要分布　原产中东地区，随后移植亚洲各国。我国的广西、安徽、广东、江西、江苏、山东、四川等地有引种。多生于海拔约2200m的路旁、山坡、林下等地。

利用部位　花和叶。

理化特性　滇荆芥茎、叶用水蒸气蒸馏得精油，得率约为0.2%。

理化参数　滇荆芥精油的理化参数如下表所示。

表　滇荆芥精油理化参数

理化参数	滇荆芥精油
相对密度(15℃)	0.9025~1.002
折光指数(20℃)	1.4981~1.4952
旋光度	−7°50′
酸值	1.18~2.10
皂化值	44.53~49.20
乙酰化后皂化值	181.22~185.32
含醛量(以柠檬醛%计)	31.61~35.11

香气成分　滇荆芥精油的香气成分是：

β-水芹烯(β-phellandren)、6-辛烯-3-醇(6-octen-3-ol)、6-甲基-5-庚烯-2-醇(6-methyl-5-hepten-2-ol)、6-甲基-5-庚烯-2-酮(6-methyl-5-hepten-2-one)、罗勒

烯(ocimene)、丁酸芳樟酯(linalyl butyrate)、β-松油醇(β-terpineol)、α-葎草烯(α-humulene)、麝香草酚(thymol)、反式-马鞭草烯醇(*trans*-verbenol)、1,3,4-三甲基-3-环己烯-1-吲哚(1,3,4-trimethyl-3-cyclohexene-1-carboxaldehyde)、橙花醛(neral)、苯乙醛(benzeneacetaldehyde)、安息香醛(benzaldehyde)、异胡椒薄荷醇((+)-isopulegol)、反式-香芹醇(*trans*-carneol)、香叶醛(gerznial)、(*E*)-3,7-二甲基-2,6-辛二烯酸甲酯十五烷[(*E*)-3,7-dimethylocta-2,6-dienoate-pentadecane]、苯乙酸香叶酯(geranyl phenylacetate)、马鞭草烯基乙基醚(verbenyl ethyl ether)、β-石竹烯(β-caryophyllene)、(+)-表双环倍半水芹烯((+)-epibicyclosesquiphellandrene)、三十二烷醇(dotriacontanol)、角鲨烷(squalane)、1,3-二-正丙基金刚烷(1,3-di-n-propyladamantane)、顺式-2-甲基-3-氧代-正丁醛基环己烷(*cis*-cyclohexanebutanal, 2-methyl-3-oxo-)、丁子香酚(eugenol)、乙酸橙花酯(neryl acetate)、檀香醇(santalol)、三十六烷(hexatriacontane)、植酮(6,10,14-trimethyl-2-pentadecanon)、棕榈酸(palmitic acid)、棕榈酸酐(palmitic anhydride)、邻苯二甲酸二丁酯(dibutyl phthalate)、二十一烷(heneicosane)、异石竹烯(isocarophyllene)、三十烷(triacontane)、硬脂酸(octadecanoic acid)、维他命A醛(vitamin A aldehyde)、花生酸(eicosanoic acid)、新植二烯(neophytadiene)、长叶烯[(+)longifolene]、三十二烷(dotriacontane)、五十四烷(patchoulene)、1,14-二十二碳二醇(1,14-docosanediol)等，其中主要香气成分为橙花醛(neral)、香叶醛(gerznial)和β-石竹烯(β-caryophyllene)等[1-3]。

感官特性　滇荆芥精油具强烈的青滋香和药香，香气清凉舒适。

应用情况　滇荆芥精油在饮料中作香料添加具有特别的清甜香；入药用于清热解毒。

管理及参照标准　滇荆芥(*Melissa officinalis* L.)精油的管理及参照标准参见：FEMA 2111, 2112, 2113；Nat 1；IOFI；FDA 182.10, 182.20；GB 2；COE 280；CAS 8014-71-9；GRAS(Ⅰ)、(Ⅱ)等。

参 考 文 献

[1] 张承曾. 天然香料手册[M]. 北京：中国轻工业出版社，1989.
[2] 刘璐. 香蜂花离体培养及其挥发油成分的GC-MS分析[D]. 福州：福建农林大学，2008.
[3] 杨娟，哈木拉提，吾甫尔，等. 维药香蜂花挥发油的GC-MS分析[J]. 天然产物研究与开发，2012，24(9)：1235-1238.

艾 纳 香

别　　名　大骨风、大黄草、冰片艾、大风艾、牛耳艾、再风艾、冰片叶、真金草、土冰片、艾粉、叶下香、山大艾。

英文名称　Balsamiferou Blumea Herb。

植物学名　*Blumea balsamifera*(Linn.)DC.。

植物科属　菊科　艾纳香属。

品种来源　艾纳香 *Blumea balsamifera*(Linn.)DC. 的干燥茎叶。

形态特征　艾纳香，菊科艾纳香属，多年生草本或亚灌木，高约 1.3～1.8m。茎粗壮，茎皮灰褐色，具纵条棱，木质部白色，松软质地，具髓部，节间长约 4cm，被黄褐色柔毛。下部叶宽椭圆形或长圆状披针形，长约 23cm，宽约 9cm，先端短尖或锐，基部渐狭，具柄，柄两侧有 4 对狭线形的附属物，边缘有细锯齿，正面被柔毛，背面被淡褐色或黄白色的密绢状棉毛；中脉在下面凸起，侧脉约 12 对；上部叶长圆状披针形或卵状披针形，长约 9.5cm，宽约 2cm，先端渐尖，基部略尖，无柄或有短柄，柄的两侧常有 1～3 对狭线形的附属物，全缘或具细锯及羽状齿裂。头状花序较多，排成开展具叶的大圆锥花序；花序梗被黄色密柔毛；总苞为钟形，总苞片约 6 层，外层椭圆形，背面被密柔毛，中层线形，内层长于外层 4 倍；花托为蜂窝状。花呈黄色，雌花多数，花冠檐部约 3 齿裂；两性花花冠檐部 5 齿裂，被短柔毛。圆柱形瘦果，具棱 5 条，被密柔毛；冠毛红褐色，糙毛状。全年均为花期。

主要分布　国外在印度、巴基斯坦、中南半岛、马来西亚、缅甸、泰国、印度尼西亚和菲律宾均有分布。我国主要分布在广西、广东、云南、贵州、福建和台湾等地。

利用部位　全草。

理化特性　将艾纳香茎和叶用水蒸气蒸馏法所得的精油是一种黄色至黄棕色油状液体。

香气成分　艾纳香精油的香气成分是：

龙脑(borneol)、樟脑(camphor)、丁香酚(eugenol)、δ-古芸烯(δ-gurjunene)、百里香氢醌二甲醚(thymohydroquinone dimethyl ether)、α-石竹烯(α-caryophyllene)、香橙烯(aromadendrene)、橙花叔醇(nerolidol)、γ-桉叶醇(γ-eudesmol)、β-桉叶醇(β-eudesmol)、α-桉叶醇(α-eudesmol)、石竹烯氧化物(caryophyllene oxide)、1-辛烯-3-醇(1-octen-3-ol)、3-辛醇(3-octanol)、芳樟醇(linalool)、反式-β-罗勒烯(*trans*-β-ocimene)、紫苏醛(perillaldehyde)、乙酸龙脑酯(bornyl acetate)、α-古芸烯(α-gurjunene)、β-石竹烯(β-caryophyllene)、喇叭茶醇(1edol)、榄香醇(elemol)、愈创木醇(guaiol)、α-蒎烯(α-pinene)、莰烯(camphene)、β-蒎烯(β-pinene)、γ-雪松烯(γ-cedrene)、10-表-γ-桉叶醇(10-epi-γ-eudesmol)、丁二醛(succinicaldehyde)、1,3-二甲基环戊醇(1,3-dimethylcyclopentanol)、2-甲醇-四氢吡喃(2-methanol-tetrahydropyrane)和 2,2,3,4-四甲基-5-己烯-3-醇(2,2,3,4-tetramethyl-5-hexen-3-ol)等。其中主要香气成分是龙脑(borneol)、樟脑(camphor)等[1-4]。

感官特性　艾纳香精油具药香和青滋香，口感微苦。

应用情况　主要用于日用香精、香料，医药卫生等行业，民间还常用艾纳香治疗感冒发烧和各种风湿性疾病等。

参考文献

[1] 周欣，杨小生，赵超．艾纳香挥发油化学成分的气相色谱-质谱分析[J]．分析测试学报，

2001,20(5)：76-78.
[2] 王治平，孟祥平，樊化，等．滇桂艾纳香挥发油化学成分的 GC-MS 分析[J]．中草药，2005，36(8)：1138-1139.
[3] 郝小燕，余珍．黔产艾纳香挥发油化学成分研究[J]．贵阳医学院学报，2000，25(2)：121-122.
[4] 杜萍，张先俊，孙晓东．滇产艾纳香叶挥发油化学成分的 GC-MS 分析[J]．林产化学与工业，2009，29(2)：115-118.

香　蕉

别　　名　金蕉、弓蕉。

英文名称　Banana。

植物学名　*Musa nana* Lour.。

植物科属　芭蕉科 芭蕉属。

品种来源　香蕉 *Musa nana* Lour. 的果肉。

形态特征　香蕉，芭蕉科芭蕉属，是一种多年生草本植物，株高约 2.5～3.5m，丛生，其茎部为墨绿色，表面覆盖有乳白粉。长椭圆形叶片，长约 1.1m，宽约 25～35cm，先端钝圆，基部近圆形，两侧均对称，叶片的正面为淡绿色，背面则为浅绿色，同样覆盖有乳白粉。叶柄结实且短粗，长度约为 15cm，叶翼展开，边缘呈现红褐色。

花序为穗状，下垂生长，表面覆盖淡褐色细绒毛，苞片外淡紫色，被乳白粉，内面紫红色，基部颜色较淡，具光泽，雄花苞片不脱落，每苞片内具花 2 列。花朵颜色为乳白色或略带浅紫色花，离生、花被片椭圆形，全缘，先端有三角状锐尖，合生花被片中间二侧具小裂片长，是中央裂片长的一半。果柱状弓形弯曲，幼果直立、向上，熟后趋于平展，果长约 21cm，果径约 3.5cm，具棱，先端渐狭，果柄短，淡青色果皮，果肉乳白色、松软、味甜、无子，香蕉味浓郁。

主要分布　我国海南、广东、广西等地。

利用部位　果肉。

香气成分　香蕉精油的香气成分是：

反-2-壬烯醛(*trans*-2-nonenel)、己醛(hexanal)、己烯醛(*trans*-2-hexenal)、顺-2-壬烯醇(*cis*-2-nonenol)、乙酸己酯(hexylacetate)、乙酸丁酯(butylactate)和丁酸戊酯(pentyl butyrate)等。其中，乙酸异戊酯(isoamylacetate)是主要的香气成分[1-2]。

感官特性　香蕉精油具浓厚的果甜蜜香，香气浓郁且丰富，果肉具甜润、滑感。

应用情况　香蕉营养丰富，具有清肺润肠、降血压、安神助睡眠等功效。

参 考 文 献

[1] 谢建英，宋文东，张翠荣．气相色谱-质谱法分析香蕉叶挥发油化学成分[J]．湛江海洋大

学学报，2004，24(3)：61-64.
[2] 朱虹，陈玉芬，李雪萍，等．顶空固相微萃取气-质联用分析香蕉的香气成分[J]．园艺学报，2007，34(2)：485-488.

柏　木

别　　名　沙木、沙树。

英文名称　Banya Pine。

植物学名　*Cupressus funebris* Endl. 。

植物科属　柏科 柏木属。

品种来源　柏木 *Cupressus funebris* Endl. 树干渗出的油脂。

形态特征　柏木，柏科柏木属，为绿色乔木，株高约 10～15m，茎径约 40～90cm。树皮呈浅灰色、光滑，嫩枝垂生，叶呈绿色，交互对生、呈椭圆状三角形鳞片状；老枝上的叶呈线形或锥状，幼树枝上的叶也呈锥状，锥状开展。小花同株、顶生、呈单性；雄花序为淡黄色，呈长圆形对生成，雄蕊有 8 个。短柄木质果呈球形，果径约 10mm，浅灰色，盾状鳞片 8 片，短尖凸体，每个鳞片具卵形种子 3 粒。

主要分布　柏木为我国特产树种，分布于西南部地区及陕西、浙江、江西、甘肃、福建、湖北、广东、广西、湖南等地，江苏南部也有栽培，四川、贵州及湖北西部较多。

利用部位　树干渗出的油脂。

理化特性　柏木精油无色澄清液体。

香气成分　柏木精油的香气成分是：

莰烯(camphene)、1,2,4,6-四甲基-1,3-环己二烯(1,2,4,6-tetramethyl-1,3-cyclohexadiene)、α-蒎烯(α-pinene)、α-松油烯(α-terpinene)、月桂烯(myrcene)、δ-3-蒈烯(δ-3-carene)、侧柏酮(thujone)、松油烯(terpinene)、对伞花烃(*p*-cymene)、柠檬烯(limonene)、葑醇(fenchol)、别罗勒烯(alloocimene)、δ-罗勒烯(δ-ocimene)、樟脑(camphor)、龙脑(borneol)、α-松油醇(α-terpineol)、3,4-二甲氧基甲苯(3,4-dimethoxytoluene)、α-雪松烯(α-cedrene)、2-甲氧基-4-乙基苯酚(2-methoxy-4-ethyl-phenol)、2-甲氧基-4-丙基苯酚(2-methyoxy-4-propyl-phenol)、α-古巴烯(α-copaene)、(+)-香橙烯[(+)-aromadendrene]、β-榄香烯(β-elemene)、γ-依兰烯(γ-muurolene)、β-金合欢烯(β-farnesene)、α-长叶蒎烯(α-longipinene)、γ-芹子烯(γ-selinene)、γ-姜黄烯(γ-curcumene)、芳姜黄烯(ar-curcumene)、β-芹子烯(β-selinene)、日耳曼烯 B(cermacrene B)、α-依兰烯(α-muurolene)、δ-杜松烯(δ-cadinene)、姜烯(zingiberene)、α-白菖考烯(α-calacorene)、α-雪松醇(α-cedrol)。其中主要的香气成分是 α-雪松烯(α-cedrene)和 β-雪松烯(β-cedrene)等[1-2]。

感官特性　柏木精油具浓郁的木香，香气稳定且留香持久。

应用情况　柏木精油是各种化妆品及香皂用香精、食品香精、饮料香精的定香剂。

管理及参照标准 柏木(*Cupressus funebris* Endl.)精油：CAS 8023-85-6。

参考文献

[1] 曹双喜，杨兵．柏木油化学成分的分析研究[J]．湖南化工，1998，28(5)：43-44.
[2] 刘家欣，蒋剑波．气相色谱-质谱法在柏木油生产中的应用[J]．化学世界，1999，7(7)：49-51.

丁香罗勒

别　　名 臭草、毛叶丁香罗勒。

英文名称 Basil Oil Eugenol Type 或 Basil Sweetscented。

植物学名 *Ocimum gratissimum* Linn.。

植物科属 唇形科 罗勒属。

品种来源 丁香罗勒 *Ocimum gratissimum* Linn. 的全草。

形态特征 丁香罗勒，唇形科罗勒属一年生至多年生植物，半灌木或灌木，极稀乔木或藤本，表皮含芳香油，具柄，星状毛或树枝状毛，四棱茎，枝条对生或轮生，根呈纤维状纺锤形，单生叶，全缘或锯齿，具裂，稀轮生或部分互生。单生花较少，聚伞式花序，穗状，锥状，头状复合花序甚少，花为粉红色，互生而成总状花序，种子约3天发芽。

主要分布 我国南方，如广西、四川、贵州、广东、湖南多地均有引种。

利用部位 花、叶、茎秆。

理化特性 黄色液体。

理化参数 丁香罗勒精油理化参数如下表所示。

表　丁香罗勒精油理化参数

理化参数	丁香罗勒精油
相对密度(15℃)	0.996～1.141
折光指数(20℃)	1.544～1.541
旋光度	-12.6°～-14.11°

香气成分 丁香罗勒精油的香气成分是：

丁香酚(eugenol)、3-侧柏烯(3-thujene)、月桂烯(myrcene)、(*E*)-β-罗勒烯[(*E*)-β-ocimene]、对伞花烃(*p*-cymene)、苯乙醇(phenylethylalcohol)、新别罗勒烯(neoalloocimene)、α-罗勒烯(α-ocimene)、γ-松油烯(γ-terpinene)、(-)-β-蒎烯[(-)-β-pinene]、β-芳樟醇(β-plinalool)、别罗勒烯(alloocimene)、异长叶薄荷醇(isopulegol)、异薄荷酮(isomenthone)、乙酸苯甲酯(phenylmethylacetate)、松油醇-4(terpineol-4)、丙酸芳樟酯(linalylpropionate)、α-松油醇(α-terpineol)、香茅醇(citronellol)、α-荜澄茄烯(α-cubebene)、香草醛(vanillin)、石竹烯

(caryophyllene)、β-荜澄茄烯(β-cubebene)、α-石竹烯(α-caryophyllene)、γ-依兰烯(γ-muurolene)、吉玛烯 D(germacrene D)、白菖烯(calarene)、古巴烯(copaene)、α-金合欢烯(α-farnesene)、(-)-β-杜松烯[(-)-β-cadinene]、γ-杜松烯(γ-cadinene)、δ-杜松烯(δ-cadinene)、异丁香酚(isoeugenol)、(+)-α-依兰烯[(+)-α-muurolene]、邻苯二甲酸乙酯(diethylphthalate)、金刚烷(adamantane)、茉莉醛(jasmi-naldehyde)、3-亚甲基-7-甲基-1,6-辛二烯(3-methylene-7-methyl-1,6-octadiene)、2-甲基-壬烯-1(2-methyl-nonene-1)等，其中丁香酚(eugenol)是主要的香气成分[1-3]。

感官特性 丁香罗勒精油具辛甜的丁香香气、味辛辣、麻舌感。

应用情况 丁香罗勒精油是漱口水、清凉油和祛风膏等产品开发研究的主要原料；乳膏可用于治疗寻常型银屑病、异位性皮炎等。

是制备异丁香酚或合成香草醛的原料。

可作调料、调制意大利菜，混在蒜、番茄中味道独特，增加口感。

用于化妆品及牙膏、肥皂的加香。

叶可用驱赶蚊虫、肠寄生虫等的原材料之一。

管理及参照标准 丁香罗勒(*Ocimum gratissimum* Linn.)油的管理及参照标准参见《中华人民共和国药典》2010 版第一部及 QB/T 1509—2007《食品添加剂 丁香酚》等。

参考文献

[1] 叶飞云，凌大奎．丁香罗勒油气相色谱及气相红外联用分析[J]．药物分析杂志，1993，13(5)：346-348.

[2] 李玲玲，赖东美．丁香罗勒油的气相色谱分析[J]．中国中药杂志，2000，25(4)：229-230.

[3] 李玲玲，赖东美，叶飞云．丁香罗勒油气相色谱与气质联用分析[J]．中国现代应用药学，2002，19(3)：225-227.

白 千 层

别　　名 玉树、千层皮、纸树皮。

英文名称 Cajeput。

植物学名 *Melaleuca leucadendron* Linn.。

植物科属 桃金娘科 白千层属。

品种来源 白千层 *Melaleuca leucadendron* Linn. 的叶或枝。

形态特征 白千层是桃金娘科白千层属的乔木，株高约 10～15m；树皮灰白色，厚而松软，呈薄层状剥落；嫩枝灰白色。叶互生，叶片革质，披针形或狭椭圆形，长约7cm，宽约1.5cm，两端尖，基出脉约5条，多油腺点，香气浓郁；叶柄极短。花白色，密集于枝顶成穗状花序，长达15cm，花序轴常有短毛；萼管卵形，长3mm，有毛或无毛，萼齿5个，圆形，长约1mm；花瓣5个，卵形，长约2.5mm，宽3mm；雄蕊约长1cm，常约6枚成束；花柱为线形，比雄蕊略长。蒴果近球形，直径约6mm，花期一年多次。

主要分布 主要分布于摩洛哥、马来亚、北澳大利亚、昆士兰、新瓦勒南部和美国(佛罗里达)。我国主要产于广西、福建、台湾、海南、广东等地。

利用部位 枝条和鲜叶。

理化特性 由枝叶经水蒸气蒸馏所得精油几乎是无色、绿或黄色的液体。

理化参数 白千层精油理化参数如下表所示。

表 白千层精油理化参数

理化参数	白千层精油
相对密度(25℃)	0.911~0.918
折光指数(20℃)	1.467~1.470
旋光度(20℃)	+4°~+14°
1,8-桉叶素含量	50%~65%
溶解度	1:1于80%乙醇

香气成分 白千层精油的香气成分是：

1,8-桉叶素(1,8-cineole)、侧柏烯(thujene)、罗勒烯(ocimene)、香桧烯(sabinene)、3-蒈烯(3-carene)、月桂烯(myrcene)、α-水芹烯(α-phellandrene)、α-松油烯(α-terpinene)、柠檬烯(limonene)、β-水芹烯(β-phellandrene)、γ-松油烯(γ-terpinene)、松油醇-4(terpineol-4)、α-松油醇(α-terpineol)、α-古芸烯(α-gurjunene)、石竹烯(caryophyllene)、β-古芸烯(β-gurjunene)、α-桉叶醇(α-eudesmol)、吉玛烯B(germacrene B)、γ-杜松烯(γ-cadinene)、α-杜松烯(α-cadinene)、愈创木醇(guaiol)、α-杜松醇(α-cadinol)、γ-杜松醇(γ-cadinol)、δ-杜松醇(δ-cadinol)、δ-杜松烯(δ-cadinene)、榄香烯(elemene)、绿花白千层烯(viridiflorene)、2-甲基丙醛(2-methyl propanal)、3-己烯-1-醇(3-hexen-1-ol)、对伞花烃(*p*-cymene)、顺式-胡椒(*cis*-piperitol)、α-蒎烯(α-pinene)、反式-胡椒醇(*trans*-piperitol)、波旁烯(bourbonene)、长叶烯(longifolene)、喇叭茶醇(1edol)、愈创木醇(guaiol)、(+)-喇叭烯[(+)-ledene]、甲基丁香酚(methyl eugenol)和蓝桉醇(globulol)等。其中主要香气成分是1,8-桉叶素(1,8-cineole)等[1-2]。

感官特性 白千层精油具有淡淡的木香香气，辛香味丰富、微具辛凉舒适感。

应用情况 白千层油作为香料主要用于卫生用品和医药领域，一般广泛用于糖果、香肠、口香糖、牙膏、饮料和焙烤食品的加香，亦可用于日用品香精。在医药上可作兴奋、防腐和祛痰剂。

管理及参照标准 白千层(*Melaleuca leucadendron* Linn.)油：IOFI；GB 2；CAS 8008-98-8；FEMA 2225；FDA 172.510；COE 276；Nat 1；RIFM；EOA 22。

参 考 文 献

[1] 刘布鸣，彭维．白千层挥发油化学成分分析[J]．分析测试学报，1999，18(6)：70-72.
[2] 董晓敏，刘偲翔，刘布鸣．广西产白千层挥发油的化学成分研究[J]．广西中医药，2009，32(5)：56-58.

白菖蒲

别　　名　臭蒲子根、水剑草、臭蒲、菖蒲、沙姜、野枇杷、水菖蒲、泥菖蒲、大叶菖蒲。

英文名称　Calamus。

植物学名　*Acorus calamus* Linn.。

植物科属　天南星科　菖蒲属。

品种来源　白菖蒲 *Acorus calamus* Linn. 的全草。

形态特征　白菖蒲，天南星科菖蒲属多年生水生草本植物，原产于印度，现在广泛分布于各地，我国大部分地区均有生长。株高约1m，根茎为圆柱形、根系带结有分枝；叶为鞘生直立，叶脉平行，中脉较明显；小佛焰苞花序，淡绿色花，花期约在8月。

主要分布　主要分布于广西、云南、广东、四川等地。

利用部位　根。

理化特性　干根经水蒸气蒸馏而得精油(平均得率2%~3%)，由于其来源不同，理化常数有变化。欧洲精油为黄棕色带有温暖、樟脑样香气和尖锐的灼热感。主要组成包括白菖蒲烯、莰烯、桉叶素、白菖蒲醇、樟脑、丁香酚和甲基丁香酚等。不同产地白菖蒲精油理化参数如下表所示。

表　不同产地白菖蒲精油理化参数

理化参数	欧洲精油	印度精油
颜色	黄棕色	黄棕色
相对密度	0.961~0.973(15℃)	1.061~1.081(25℃)
折光指数(20℃)	1.5044~1.5071	1.5501~1.5524
旋光度	+15°40′~+18°24′	—
溶解度	1∶0.5溶于90%乙醇	—
酸值	—	<4
酯值	—	4~20

香气成分　白菖蒲精油的香气成分有：

α-蒎烯(α-pinene)、莰烯(camphene)、β-水芹烯(β-phellandrene)、β-蒎烯(β-pinene)、3-辛酮(3-octanone)、月桂烯(myrcene)、菖蒲吉玛酮(acoragermacrone)、

异菖蒲烯二醇(isocalamendiol)、菖蒲混烯(calamene)、芳樟醇(1inalool)、樟脑(camphor)、龙脑(borneol)、α-松油烯(α-terpinene)、古巴烯(copaene)、β-榄香烯(β-elemene)、甲基丁香油酚(methyleugenol)、β-古芸烯(β-gurjunene)、β-荜澄茄烯(β-cubebene)、白菖烯(calarene)、β-细辛脑(β-asarone)、α-细辛脑(α-asarone)、顺式-甲基异丁香酚(*cis*-methylisoeugenol)、水菖蒲酮(acolamone)、异水菖蒲酮(isoacolamone)、表水菖蒲酮(epishyobunone)、反式-甲基异丁香酚(*trans*-methylisoeugenol)、β-愈创木烯(β-guaiene)、荜澄茄烯(cubebene)、菖蒲新酮(acolamone)、异菖蒲新酮(isoacolamone)、白菖考烯(calacorene)、榄香醇(elemol)、δ-杜松醇(δ-cadinol)、1,4,9-卡拉达三烯(1,4,9-calada-triene)、菖蒲烯二醇(calamendiol)、菖蒲螺酮(acorone)、菖蒲螺烯酮(acorenone)、前异菖蒲烯二醇(preisocalamendiol)、三甲氧基丙烯基苯(calamol)、白菖酮(calacone)、环氧异菖蒲吉玛酮(epoxyisoacoragermacrone)、γ-细辛脑(γ-asarone)、细辛醛(asarylaldehyde)、高良姜素(galangin)、2,5-二甲氧基苯醌(2,5-dimethoxybenzoquinone)、顺式-3-(2,4,5-三甲氧基苯基)-2-丙烯醛[*cis*-3-(2,4,5-trimethoxyphenyl)-2-propenal]、2,3-二氢-4,5,7-三甲氧基-1-乙基-2-甲基-3-(2,4,5-三甲氧基苯基)-茚[2,3-dihydro-4,5,7-trimethoxy-1-ethyl-2-methyl-3-(2,4,5-trimethoxyphenyl)-indene]、姜黄素(curcumin)、己醛(hexanal)、异戊酸乙酯(ethyl isovalerate)、三环烯(tricyclene)、β-松油烯(β-terpinene)、柠檬烯(1imonene)、3-蒈烯(3-carene)、γ-松油烯(γ-terpinene)、α-异松油烯(α-terpinolene)、别罗勒烯(alloocimene)、香茅醛(citronellal)、松油醇-4(terpineol-4)、正癸醛(n-decanal)、1-辛基乙酯(1-octyl acetate)、β-香茅醇(β-citronellol)、橙花醛(neral)、柠檬醛(citral)、乙酸龙脑酯(bornyl acetate)、δ-榄香烯(δ-elemene)、乙酸香茅酯(citronellyl acetate)、α-古巴烯(α-copaene)、丁香酚(eugenol)、γ-杜松烯(γ-cadinene)、γ-依兰烯(γ-muurolene)、α-佛手柑油烯(α-bergamotene)、(+)-β-柏木萜烯[(+)-β-funebrene]、反式-β-金合欢烯(*trans*-β-farnesene)、红没药烯(bisabolene)、(−)-β-菖蒲二烯[(−)-β-acoradiene]、γ-姜黄烯(γ-curcumene)、芳姜黄烯(ar-curcumene)、吉玛烯D(germacrene D)、正十五烷(n-pentadecane)、3-乙烯基-3-甲基-2-(1-甲基乙烯基)-6-(1-甲基乙基)-环己酮[3-ethenyl-3-methyl-2-(1-methylvinyl)-6-(1-methylethyl)-cyclohexanone]、双环吉玛烯(bicyclogermacrene)、α-金合欢烯(α-farnesene)、反式-γ-红没药烯(*trans*-γ-bisabolene)、α-雪松烯(α-cedrene)、2-β-异丙烯基-6-α-异丙烯基-3-β-甲基-3-α-乙烯基环己酮(2-β-isopropenyl-6-α-isopropenyl-3-β-methyl-3-α-vinyl-cyclohexanone)、β-倍半水芹烯(β-sesquiphellandrene)、2-α-异丙烯基-6-α-异丙烯基-3-β-甲基-3-α-乙烯基环己酮(2-α-isopropenyl-6-α-isopropenyl-3-β-methyl-3-α-vinylcyclohexanone)、罗汉柏烯(thujopsene)、β-波旁烯(β-bourbonene)、勒力烯[(−)-1epidozene]、β-绿叶烯(β-patchoulene)、雪松醇(cedrol)、顺式-细辛脑(*cis*-asarone)、T-依兰醇(T-muurolol)、1,8-二甲基-4-(1-甲基乙基)-螺[4.5]癸-7-酮{1,8-dimethyl-4-(1-methylethyl)-spiro[4.5]decan-7-one}、α-杜松醇(α-cadinol)、1,4-顺式-1,7-反式-菖蒲烯酮(1,4-*cis*-1,7-*trans*-acorenone)、4,8-二甲

基-1-(1-甲基乙基)-螺[4.5]-8-烯-7-羟基十烷{4,8-dimethyl-1-(1-methylethy1)-spiro[4.5]dec-8-en-7-ol}、1,4-顺式-1,7-顺式-菖蒲螺烯酮(1,4-*cis*-1,7-*cis*-acorenone)、9,9-二甲基-9,10-二氢蒽(9,9-dimethyl-9,10-dihydroanthracene)、表圆线藻烯(epizonarene)、十八烷(octadecane)、2-(3,3,6-三甲基)-双环[3.1.1]辛烯{2-(3,3,6-trimethyl)bicyclo[3.1.1]octane}、7-(1-甲基乙烯基)-双环[4.1.0]庚烷{7-(1-methylvinyl)bicyclo[4.1.0]heptane}、1-β-蒎烯(1-β-pinene)、别罗勒烯-3-醇(alloocimen-3-ol)、樟脑(camphor)、(-)-β-榄香烯[(-)-β-elemene]、(-)-石竹烯[(-)-caryophyllene]、α-石竹烯(α-caryophyllene)、异丁香烯甲醛(isoeugen methanal)、γ-榄香烯(γ-elemene)、1-甲氧基-4-苯乙炔基-苯(1-methoxy-4-ethynyl benzene)、香树醇(aromadendro1)、2-甲基-6-亚甲基-1,7-辛二烯酮(2-methyl-6-methylene-1,7-octadienone)、3,7-二甲基-6-辛烯-1-醇(3,7-dimethyl-6-octen-1-ol)、红没药醇(bisabolol)[1-2]。

感官特性　白菖蒲精油药草香浓郁，香气持久，味觉温辛，微苦、带尖刺后味。

应用情况　欧洲品种可少量用于香薇、素心兰、木香-东方香型、草香型、龙涎香、幻想型等。曾用在酒类饮料中。

我国或日本的品种药气重，在香精中稍过量就会突出，甚至覆盖一切，故仅宜微量应用，用量最好勿逾1%。

根茎在医药上有健胃祛风功效。

管理及参照标准　白菖蒲(*Acorus calamus* L.)油：COEl3，Nat 1；IOFI；CAS 8015-79-0；RIFM；EOA 101。

参考文献

[1] 赵德仁，田作霖．白菖蒲精油化学成分的初步研究[J]．长春光学精密机械学院学报，1990，3(3)：25-28.

[2] 赵超，杨再波，肖利强，等．固相微萃取技术/气相色谱/质谱分析水菖蒲挥发性化学成分[J]．中华中医药杂志，2009，24(4)：464-467.

芳　樟

别　　名　香樟、大叶樟、油樟、本樟、芳樟、牛樟、黄樟、脑樟、白樟、马樟。

英文名称　Camphor Tree。

植物学名　*Cinnamomum camphora*(Linn.)Presl.。

植物科属　樟科 樟属。

品种来源　樟科植物芳樟 *Cinnamomum camphora*(Linn.)Presl. 的根、茎、叶。

形态特征　芳樟，樟科樟属，是高大雄伟的乔木，品种多，名称易混，原产于中国和日本。油樟主要分布在我国四川，多为野生，也有种植，约5年后可采收提油。不同品种樟树所蒸出的樟脑油根据其组分可分以下几类：

黄樟、本樟种(日本)，该树所有部分制取的精油含有丰富的樟脑。由叶、木和树干取得的精油含有樟脑，自根部取得的油含丰富的黄樟素。

黄樟(中国台湾)精油含有丰富的黄樟素。叶油中黄樟素的平均含量约为80%，根油中黄樟素的含量不低于95%。

油樟，中国樟脑油，亦称香叶子树或香樟。叶油含有60%桉叶素，树干油含50%桉叶素，根或木的精油中均不含游离的樟脑结晶。

芳樟 *C. camphora var. Linaloolifera Fujita.*，是香樟的变种，其精油在国际市称为 ho oil 或 shiu oil，我国出口品种为芳油。主要分布于我国长江以南。芳樟叶精油可含高达80%的芳樟醇。

芳樟，是从中国台湾省和日本种的本樟蒸馏取得的真樟脑油(true camphor oil)，其来自木、树干和支干的粗制精油，含有粗结晶樟脑，可用压滤法除掉，滤出油经真空分馏，可再得些樟脑和三个馏分，商品名为：①白樟脑油：轻馏分或称为白樟脑油860～880。②a. 棕樟脑油：中段重馏分，至少含有80%黄樟素，或称为樟脑油1070；b. 黄樟脑油：是棕樟脑油除去黄樟素后的余油，或称为黄樟脑油960～980。③蓝樟脑油：重馏分，主要含有倍半萜。棕樟脑油1070是工业上最重要的黄樟素来源。蓝樟脑油因其用途有限，是次要产品。蓝樟脑油的香气酷似黄樟素。

主要分布 主要分布在我国台湾、江西、福建等地，广东、广西、四川等地也有种植。

利用部位 木、树干、枝、叶。

理化特性 从木质中用水蒸气蒸馏法取得，无色至淡黄色油状液体，具有芳樟醇、樟脑、桉叶油素相杂的舒适花香香气。不同品种芳樟精油理化参数如下表所示。

表 不同品种芳樟精油理化参数

理化参数	白樟脑油	棕樟脑油	黄樟脑油	蓝樟脑油
颜色	无色液体	淡黄至棕色液体	黄色至棕色液体	黏稠的深蓝或蓝棕色液体
相对密度	0.854～0.874	1.063～1.073	0.953～0.981	<1.000(15℃)
折射率	1.4671～1.4721	1.512～1.551	1.495～1.500	1.504(25℃)
旋光度	16°～28°	0°～3°	5°～10°	—
溶解度	1∶1 溶于95%乙醇	1∶2 溶于95%乙醇	1∶0.5 溶于90%乙醇	—

香气成分 芳樟精油①主要成分：芳樟醇(linalool)、樟脑(camphor)。

②其他成分：α-侧柏烯(α-thujene)、甲苯(toluene)、莰烯(camphene)、己醛(hexaldehyde)、β-蒎烯(β-pinene)、β-水芹烯(β-phellandrene)、乙苯(ethyl benzene)、薄荷烯(menthene)、4-甲基-3-戊烯-2-酮(4-methyl-3-penten-2-one)、对二甲苯(1,4-dimethylbenzene)、月桂烯(myrcene)、α-水芹烯(α-phellandrene)、 α-松油烯(α-terpinene)、柠檬烯(limonene)、1,8-桉叶素(1,8-cineole)、2-己烯醛(2-hexenal)、β-反式-罗勒烯(β-*trans*-ocimene)、ζ-松油烯(ζ-terpinene)、罗勒烯(ocimene)、3-己烯酸甲酯(methyl hexenoate-3)、苯乙烯(phenylethylene)、对伞花烃(*p*-cymene)、(+)-4-蒈烯[(+)-4-carene]、3-羟基-2-丁酮(3-hydroxy-2-butanone)、1-羟基-2-丙酮(1-hydroxy-2-propanone)、己醇(hexanol)、1,2,4-三甲基苯(1,2,4-trimethylbenzene)、1,2-二甲基环己烯(1,2-dimethyl cyclohexene)、2-环戊烯-1-酮(2-cyclopenten-1-one)、3-己烯-1-醇(3-hexen-1-ol)、2-甲基-2-环戊烯-1-酮(2-methyl-2-cyclopenten-1-one)、α-甲基-α-(4-甲基-3-戊烯基)缩水甘油[α-methyl-α-(4-methyl-3-pentenyl)glycidol]、对二甲基苯乙烯(*p*-dimethyl styrene)、乙酸(acetic acid)、β-松油醇(β-terpineol)、反式-芳樟醇氧化物(*trans*-linalool oxide)、糠醛(furfural)、1,5,5-三甲基-6-亚甲基-环己烯(1,5,5-trimethyl-6-methylene-cyclohexene)、依兰烯(muurolene)、α-荜澄茄烯(α-cubebene)、乙酰呋喃(acetylfuran)、β-波旁烯(β-bourbonene)、β-松油醇(β-terpineol)、反式-1-甲基-4-(1-甲基乙基)-2-环己烯-1-醇[*trans*-1-methyl-4-(1-methylethyl)-2-cyclohexen-1-ol]、α-檀香烯(α-santalene)、乙酸龙脑酯(bornyl acetate)、5-甲基-糠醛(5-methyl-furfural)、β-榄香烯(β-elemene)、3,7-二甲基-1,5,7-辛三烯-3-醇(3,7-dimethyl-1,5,7-octatriene-3-ol)、松油醇-4(terpineol-4)、石竹烯(caryophyllene)、ζ-荜澄茄烯A(ζ-cubebene A)、别香橙烯A(alloaromadendrene A)、α-古芸烯(α-gurjunene)、β-愈创木烯(β-guaiene)、4-辛酮(4-octanone)、异喇叭烯(isoledene)、别香橙烯B(alloaromadendrene B)、3-呋喃甲醇(3-furanmethanol)、α-石竹烯(α-caryophyllene)、(+)-α-松油醇[(+)-α-terpineol]、龙脑(borneol)、吉玛烯D(germacrene D)、β-芹子烯(β-selinene)、ζ-芹子烯(ζ-selinene)、δ-荜澄茄烯(δ-cubebene)、ζ-荜澄茄烯B(ζ-cubebene B)、萘(naphthalene)、3-己烯-2-酮(3-hexen-2-one)、(*E*)2,6-二甲基-3,5,7-辛三烯-2-醇[(*E*)2,6-dimethyl-3,5,7-octatriene-2-ol]、己酸(hexanoic acid)、吉玛烯B(germacrene B)、2-甲氧基苯酚(2-methoxyphenol)、尼古丁(nicotine)、杜松-1(10),6,8-三烯[cadina-1(10),6,8-triene]、2,6-二甲基-3,7-辛二烯-2,6-二醇(2,6-dimethyl-3,7-octadien-2,6-diol)、ζ-荜澄茄烯C(ζ-cubebene C)、2-己烯酸(2-hexenoic acid)、1,4-二甲氧基苯(1,4-dimethoxybenzene)、石竹烯氧化物(caryophyllene oxide)、苯酚(phenol)、(±)-反式-橙花叔醇[(±)-*trans*-nerolidol]、榄香醇(elemol)、愈创木醇(guaiol)、雅槛蓝油烯(eremophilene)、二氢香橙烯(dihydroaromadendrene)、β-马榄烯(β-maaliene)、斯巴醇A(spathulenol A)、芹子-6-烯-4-醇(seline-6-ene-4-ol)、布黎醇(bulnesol)、斯巴醇B(spathulenol B)、β-桉叶醇(β-eudesmol)、胡椒醛(piperonal)、(*Z*, *E*)-金合欢醇[(*Z*, *E*)-farnesol]、2, 3-二氢-苯并呋喃(2, 3-dihydrobenzofuran)、植醇(phytol)、α-蒎烯(α-pinene)、香桧烯(sabinene)、6-甲基-5-庚烯-2-酮(6-methyl-5-hepten-2-one)、顺式-芳樟醇氧化物(*cis*-linalool oxide)、α-佛手柑油烯(α-bergamotene)、β-檀香烯(β-santalene)、β-红没药烯(β-bisabolene)、β-香茅醇(β-citronellol)、反式-香叶醇(*trans*-geraniol)、黄樟脑(safrole)、异丁香酚甲醚(isoeugenol methyl ether)和

异丁香酚(isoeugenol)等[1-2]。

感官特性 芳樟精油，具有芳樟醇样甜香、花香的优雅香气、木香持久。

应用情况 天然芳樟醇在精油单体中占有重要的位置，具有广泛的应用前景；天然樟脑是杀虫剂、防蛀剂等产品的重要原料；龙脑是迷迭香、薰衣草等香型香精的主要香原料之一。

樟脑油还可作为染料和漆的重要溶剂。樟脑油也是单离桉叶素、黄樟素、芳樟醇的优质原料之一。因香气较杂，有樟脑凉气，直接用于日用香精中的量较少。白樟脑油在日本还用于食品香料中。

芳樟的根、木材、树皮、叶及果实均可入药，具祛风散寒、理气活血、止痛止痒功效；樟脑在医药上有通窍辟秽、温中止痛、利湿杀虫效能。

管理及参照标准 日本白樟[*Cinnamomum camphora*(L.)Nees. *et* Eberm.]精油：FEMA 2231；FDA 172.510；Nat 13；IOFI；COE 130；GB 23；CAS 8008-51-33；EOA 98。

棕樟脑油(*Cinnamomum camphora* L.)CAS 8008-51-33；RIFM；EOA 690。

黄樟脑油(*Cinnamomum camphora* L.)CAS 8008-51-3；RIFM；EOA 99；ISO 590。

参考文献

[1] 刘亚，李茂昌，张承聪，等．香樟树叶挥发油的化学成分研究[J]．分析试验室，2008，27(1)：88-92.

[2] 梁鸣，翁若荣，冯劲华，等．毛细管柱气相色谱法分析芳油中芳樟醇及其杂质[C]．泰安：第十三次全国色谱学术报告会，2001.

栀子花

别　　名 黄栀子、山栀、栀子、白蟾、水横枝、白蝉花、红枝子。

英文名称 capejasmine。

植物学名 *Gardenia jasminoides* Ellis。

植物科属 茜草科　栀子属。

品种来源 栀子 *Gardenia jasminoides* Ellis 的花。

形态特征 栀子是茜草科栀子属的四季常绿的小灌木，株高约 100～120cm，茎多且分枝，细枝绿色，叶对生，革质呈椭圆形状，叶面具光泽。花腋生，有白色短梗，白色肉质。果实呈卵状或椭圆状，约 8 条翅状直棱，1 室；多种子，嵌生于肉质胎座上，种子呈深黄色。约 4～5 月开花，花呈乳白色，香气芬芳。根、果实皆可入药，有利尿、凉血、泻火、清热、解毒之功效。

主要分布 栀子花原产我国，主要分布于浙江、江苏、江西、福建、湖北、四川、贵州、云南、广东、广西、湖南等地，均有野生。多生于温暖湿润和阳光充足环境，耐寒、耐阴，喜疏松、肥沃和酸性的沙壤土生长。

利用部位 花。

理化特性 栀子花精油用水蒸气蒸馏得，得率约为 0.5%，呈棕黄色液状体。

理化参数 栀子花精油理化参数如下表所示。

表 栀子花精油理化参数

理化参数	栀子花精油
相对密度(15℃)	0.964～1.011
旋光度(20 ℃)	+2°50′～+3°10′

香味成分 栀子花精油的香气成分是：

(*Z*)-乙酸叶醇酯(3-hexen-1-ol，acetate)、丙酸正己酯(propanoic acid hexyl ester)、丁酸己基酯(butanoic acid hexyl ester)、(*Z*)-丙酸-3-己烯酯[propanoate-(*Z*)]、异丁酸叶醇酯(*cis*-3-hexenyl iso-butyrate)、(*Z*)-3-己烯基丁酯[butanoic acid，3-hexenyl ester-(*Z*)]、正戊酸-(*Z*)-3-己烯酯(n-valeric acid *cis*-3-hexenyl ester)、环丁基酸正己酯(cyclobutane-carboxylic acid hexyl ester)、亚硫酸酯(sulfurous acid，2-ethylhexyl iso-hexyl ester)、butanoic acid、2-甲基丁酸正已酯(2-methyl-，hexyl ester)、苯甲酸甲基酯(benzoic acid methyl ester)、(*Z*)-己酸-3-己烯酯[hexanoic acid 3-hexenyl ester-(*Z*)]、乙酸苄酯(acetic acid phenylmethyl ester)、3-甲基丁酸苯甲酯(3-methyl butanoic acid phenylmethyl ester)、苯甲酸己基酯(benzoic acid hexyl ester)、(*E*)-2-甲基-2-丁烯酸苯甲酯[2-butenoic acid(2-methyl-phenylmethyl ester)]、(*Z*)-苯甲酸-3-己烯-1-醇酯(苯甲酸叶醇酯)[3-hexen-1-ol benzoate-(*Z*)]、5-丙基-5-羟基戊酸内酯(δ-propyl-δ-valerolactone)、3，7-二甲基-1,6-辛二烯-3-醇丙酸酯(1,6-octadien-3-ol-3，7-dimethyl)、甲基丁酸-3-己烯酯(*cis*-3-hexenyl isovalerate)、乙基苯甲酸甲酯(ethyl-3-methylbenzoate)、柠檬烯(limonene)、β-月桂烯(ethanone，1-cyclopropyl-2-(4-pyridinyl)]、罗勒烯(1,3,6-octatriene，3,7-dimethyl)、石竹烯(caryophyllene)、α-法呢烯(α-farnesene)、(*E*，*Z*)-2,6-二甲基-2,4,6-辛三烯[2,6-dimethyl-(*E*，*Z*)]、1,3,8-对薄荷三烯(1,3,8-*p*-menthatriene)、3,7-二甲基壬烷(nonane 3,7-dimethyl)、1-(2-甲基苯基)-乙酮[ethanone，1-(2-methylphenyl)]、2,6-二甲基-5-庚烯醛(5-heptenal，2,6-dimethyl)、异丙基环已烷(cyclohexane，1-methylethyl)、1,3-二(1-甲基乙基)-1,3-环戊二烯[1,3-cyclopentadiene，1,3-bis(1-methylethyl)]、1,3,3-三甲基-1,2-二氢化茚(1*H*-indene，2,3-dihydro-1,1,3-trimethyl-3-phenyl)、2-甲氧基-4-(1-丙烯基)苯酚[phenol，2-methoxy-4-(1-propenyl)]、苯甲基乙酮[ethanone，1-(2-methylphenyl)]等。其中主要香成分为3,7-二甲基-1,6-辛二烯-3-醇丙酸酯(1,6-octadien-3-ol，3,7-dimethyl)、罗勒烯(1,3,6-octatriene，3,7-dimethyl)、α-法呢烯(α-farnesene)和异丙基环已烷(cyclohexane，1-methylethyl)等[1-3]。

感官特性 栀子花精油具清鲜的果甜香韵，浓郁而甜美，透发力强且持久。

应用情况 栀子花精油常用修饰剂，常用于高档的香水、香皂、化妆品等香精的配方中。花常被人们用于煮汤或凉拌食用，是一道佳肴味美好菜，栀子果常被人们用于糕点的着色，如糍粑的着色，是广西、湖南及四川等地的特色糕点，称“栀子粑”，具有清热下火之效果。栀子花果实可药用，有解热、消炎功效。

参 考 文 献

[1] 刘百战，高芸．固相微萃取气相色谱/质谱分析栀子花的头香成分[J]．色谱，2000，5(5)：452-455.

[2] 蔡杰，赵超，程力，等．黔产栀子花挥发油化学成分 SPME-GC-MS 分析[J]．贵州科学，2008(3)：49-51.

[3] 谭谊谈，薛山，唐会周．不同花期栀子花的香气成分分析[J]．食品科学，2012，33(12)：223-227.

辣 椒

别　　名 辣子、红海椒、海椒。

英文名称 *Capsicum*。

植物学名 *Capsicum annuum* L.。

植物科属 茄科 辣椒属。

品种来源 辣椒 *Capsicum annuum* L. 的果实。

形态特征 辣椒，茄科辣椒属是一种小灌木。生长期约 1 年，株高约 1m，花朵簇生，为绿黄色，有椭圆形深红色果，长约 3cm，成熟果实每年约 9～11 月采收。

主要分布 辣椒(*C. annuum* L.)原产南美，中国、印度、西班牙等都是驰名的辣椒产地。我国湖南、云南、贵州、四川、广西等地有大量的引种栽培。广西桂林老“三宝”就有“桂林辣椒酱”这一宝，深受广大游客的喜爱。

利用部位 果实。

理化特性 从 *C. annuum* L. 中提取的辣椒油树脂是一种清红色或深红色黏质液体，带有特色的香气，味辣。

辣椒油树脂的辣度用 Scoville(辣单位)来表示。

理化参数 辣椒油理化参数如下表所示。

表 辣椒油理化参数

理化参数	辣椒油
辣度	约为 500000
色值	≤4000
溶解度	能部分溶于乙醇，部分分层或沉淀

辣椒成分 辣椒中的化学成分主要有萜类、生物碱类、甾类、黄酮类、酚类、不饱和脂肪酸等，其中辣椒素是研究开发的热点。

辣椒中的主要成分有：辣椒红素(capsanthin)、辣椒玉红素(capsorubin)、玉米黄素(zeaxanthin)、β-胡萝卜素(β-carotenone)、隐辣椒素(cryptocapsin)、α-辣椒黄素(α-acryptoxanthin)、β-辣椒黄素(β-cryptoxanthin)、新叶黄素(neoxanthin)、叶黄素(lutein)、辣椒醇(capsanthol)、堇菜黄素(violaxanthin)、环氧玉米黄素(antheraxanthin)、异堇菜黄素(auroxanthin)、辣椒酮(capsanthone)、5,6-环氧辣椒红素(5,6-epoxide capsanthin)、辣椒红呋喃素(capsochrome)、葫芦黄素-A(cucurbitaxanthin-A)、葫芦黄素-B(cucurbitaxanthin-B)、葫芦铬黄素(cucurbitachrome)、环紫黄素(cycloviolaxanthin)、叶黄素(luteoxanthin)、玉米呋喃黄素(mutatoxanthin)、3,6-环氧辣椒红素(3,6-epoxide capsanthin)等[1-2]。

感官特性 辛香丰富、口感微辣至极辣。

应用情况 干辣椒粉用作辣味料；有的调味师也使用其油树脂和辣椒粉来配制供调味品、食品香料。辣椒油树脂还可以用于无醇饮料、糖果、焙烤食品、口香糖、调味品、肉类品的调味品。

以辣椒果实入药，具温中散寒、健胃消食、胃寒疼痛、胃肠胀气、消化不良，外用治冻疮、风湿痛、腰肌痛、活血消肿的功效。

辣椒果肉用以制备辣椒酱和其他食品使用的辣椒调味品。其中桂林辣椒酱闻名遐迩。

管理及参照标准 辣椒(*C. annuum* L.)及其提取物、油树脂：FDA 182.10，182.20；COE 108；FEMA 2233，2234，2849；Nat 1；GB 2；CAS 8023277-6，99999-23-8；FCC Ⅲ；EOA 244；IOFI；GRAS(Ⅰ)、(Ⅱ)。

参考文献

[1] 曹雁平，张东．固相微萃取-气相色谱质谱联用分析辣椒油树脂挥发性成分[J]．食品工业科技，2011(1)：108-111.

[2] 朱晓兰，刘百战，宗若雯，等．辣椒油化学成分的气相色谱-质谱分析[J]．分析测试学报，2003，22(1)：67-70.

小 防 风

别　　名 黄蒿、马缨子、藏茴香、葛缕子、青海防风、野胡萝卜，藏医称“羔鸟”。

英文名称 Caraway。

植物学名 *Carum carvi* L.。

植物科属 伞形科　葛缕子属。

品种来源 小防风是 *Carum carvi* L. 的果实。

形态特征 小防风，伞形科葛缕子属，是二年生或多年生草本植物，株高约60～70cm，茎为皱状。全株无毛。柱形根，多肉，长约20cm，径约0.8cm。上部多分枝。

枝叶及茎下部叶柄与叶片近等长，叶片轮廓呈椭圆状，长约10cm，宽约3cm，裂片呈线形，长约0.5cm，宽约3cm，叶鞘宽，呈乳白色或粉红色。长卵形果实，长约0.5cm，宽约0.2cm，呈黄棕色，果棱明显，果期8~9月。

主要分布 小防风主要分布在欧洲、美洲、亚洲及非洲等地。我国的四川、贵州、青海、广西、湖南等地有引种，多生长于高海拔区域的山坡、田边、路旁或灌丛处。

利用部位 果实。

理化特性 小防风精油用水蒸气蒸馏得，得率约为0.5%，呈黄色液体，具有辛香香气。

理化参数 小防风精油理化参数如下表所示。

表 小防风精油理化参数

理化参数	小防风精油
相对密度(20℃)	0.914~0.935
折光指数(20℃)	1.4851~1.4916
旋光度(20℃)	+65°~+81°

香味成分 小防风精油的香气成分是：

虾青素(astaxanthin)、1-(1,5-二甲基-4-己烯基)-4-甲基-苯[1-(1,5-dimethyl4-hexenyl)-4-methyl-benzene)]、5-(1,5-二甲基-4-己烯基)-2-甲基[*S*-(*R**,*S**)]-1,3-环已二烯{5-(1,5-dimethyl-4-hexenyl)-2-methyl[*S*-(*R**,*S**)]-1,3-cyclohexadiene}、丁基化羟基甲苯(butylatedhydroxytoluene)、十二烷酸甲酯(dodecanoic acid methyl ester)、3-羟基-1-(4-{13-[4-(3-羟基-3-苯丙烯酰基)苯基]十三烷}-苯基)-3-苯丙基-2-烯-1-酮{3-hydroxy-1-(4-{13-[4-(3-hydroxy-3-phenylacryloyl)phenyl]tridecyl}-phenyl)-3-phenylprop-2-en-1-one}、1,2,4a,5,8,8a-六氢-4,7-二甲基-1-(1-甲基乙基)-[1*S*-(1, 4a,8a)]-萘{1,2,4a,5,8,8a-hexahydro-4,7-dimethyl-1-(1-methylethyl)-[1*S*-(1, 4a,8a)]-naphthalene}、α-蛇床烯(芹子烯)(α-selinene)、1,1′,2,2′-四氢-1,1′-二甲氧基-1-类胡萝卜素[1,1′,2,2′-tetrahydro-1,1′-dimethoxy-1-psi-carotene)、2,2-二甲基-1-(4-苯甲基)-1,4-戊二酮[2,2-dimethyl-1-(4-methylphenyl)-1,4-pentanedione]、5,6,6-三甲基-5-(3-氧丁-1-乙烯-)-1-氧螺甾[2.5]辛烷-4-酮{5,6,6-trimethyl-5-(3-oxobut-1-enyl)-1-oxaspiro[2.5]octan-4-one}、2,2-二[4-[[4-氯-6-(3-乙炔基苯氧基)-1,3,5-三嗪-2-]氧]苯基]丙烷{2,2-bis[4-[[4-chloro-6-(3-ethynylphenoxy)-1,3,5-triazin -2-yl]oxy] phenyl]propane}、12-甲基-三十烷酸甲酯(12-methyl-tridecanoicacidmethyl ester)、8-乙酰基-5,5-二甲基-壬基-2,3,8-三烯酸甲酯(8-acetyl-5,5-dimethylnona-2,3,8-trienoicacid methyl ester)、1,8-二甲基-8,9-环氧-4-异丙基-[4.5]螺甾癸烷-7-酮{1,8-dimethyl, 8,9-epoxy -4-isopropyl-spiro[4.5]decan-7-one}、4-十八烯酸甲酯(4-octadecenoic acid methyl ester)、6-十八烯酸甲酯(6-octadecenoic acid methyl ester)、12-甲基-十四烷酸甲酯(12-methyl-tetradecanoic acid methyl ester)、7,10-十六碳二烯酸甲酯(7,10-hexadecadienoic acid methyl ester)、(*Z*)-9-十六烯酸甲酯[(*Z*)-9-hexadecenoic acid methyl ester]、9-苯基-3-吖啶醇(9-phenyl-3-

acridino)、二丁基邻苯二甲酸酯(dibutylphthalate)、7,7′,8,8′,11,12-六氢-类胡萝卜素(7,7′,8,8′,11,12-hexahydro-psi-carotene)、5,8,11-十七碳三炔酸甲酯(5,8,11-heptadecatriynoic acid methyl ester)、十七烷酸甲酯(heptadecanoic acid methyl ester)、7,11,18-三乙酰基氧-3-甲氧基-3,9-环氧孕烷基-16-烯-14,20-二醇(7,11,18-triacetoxy-3-methoxy-3,9-epoxypregn-16-ene-14,20-diol)、十八烷酸甲酯(octadecanoic acid methyl ester)、10,13-十八碳二炔酸甲酯(10,13-octadecadiynoic acid methyl ester)、5,8,11-十七碳三炔酸甲酯(5,8,11-heptadecatriynoic acid methyl ester), 2,3-二氢-1,1-二甲基-1*H*-茚-4-羧酸甲酯(2,3-dihydro-1,1-dimethyl-1*H*-Indene-4-carboxylic acid methyl ester)、10,12-二羟基-1,3,7,8-四甲基-四环[6.2.2.2(4,10).0(4,9)]十四烷-2-酮{10,12-dihydroxy-1,3,7,8-tetramethyl tetracyclo[6.2.2.2(4, 10).0(4,9)] tetradecan-2-one}、9,12,15-十八碳三烯酸甲酯(9,12,15-octadecatrienoic acid methyl ester)、二十烷酸甲酯(eicosanoic acid methyl ester)、2-丁基-3-己基-1*H*-茚(2-butyl-3-hexyl-1*H*-indene)、2-壬基-7-醇-4-色酮(2-nonylchrom-7-ol-4-one)、二十一烷酸甲酯(heneicosanoic acid methyl ester)、4-*O*-甲基大戟二萜醇(佛波醇)-12,13-二癸烷(4-*O*-methylphorbol-12,13-didecanoate)、二十二烷酸甲酯(docosanoic acid methyl ester)、二十三烷酸甲酯(tricosanoic acid methyl ester)、二十四烷酸甲酯(tetracosanoic acid methyl ester)、二十五烷酸甲酯(pentacosanoic acid methyl ester)、豆甾醇(stigm asterol)、3,5-二烯-豆甾烷(stigmastan-3,5-dien)等。其中，主要香气成分为二丁基邻苯二甲酸酯(dibutyl phthalate)、十八烷酸甲酯(octadecanoic acid methyl ester)、二十烷酸甲酯(eicosanoic acid methyl ester)和二十一烷酸甲酯(heneicosanoic acid methyl ester)等[1-4]。

感官特性 小防风精油具药甜香气，留香持久，渗透力强。

应用情况 小防风精油是牙膏香精及皂用香精的香原料之一。

管理及参照标准 小防风(*Carum carvi* L.)及其精油的管理标准参见：FDA182.10，182.20；Nat 1；IOFI；GB 2；CAS 8000-42-8；FEMA 2236，2238；COE 112；FCC Ⅲ；RIFM 等。

参考文献

[1] 窦红霞，高玉兰．防风的化学成分和药理作用研究进展[J]．中医药信息，2009，26(2)：15-17.
[2] 王建华，楼之岑．防风挥发油的化学成分研究[J]．中国药学杂志，1987，6(6)：335-338.
[3] 肖永庆，李丽，杨滨，等．防风化学成分研究[J]．中国中药杂志，2001(2)：45-47.
[4] 王建华，李硕．防风果实中挥发油成分的研究[J]．中国药学杂志，1991，26(8)：465-467.

胡萝卜

别　　名 南鹤虱、鹤虱、野胡萝卜。

英文名称 Carrot。

植物学名 *Daucus carota* L.。

植物科属 伞形科 胡萝卜属。

品种来源 胡萝卜 *Daucus carota* L. 的根和籽。

形态特征 胡萝卜，伞形科胡萝卜属，是二年生草本植物。株高约 80 ~ 100cm，表面具白色粗毛。根圆锥形，乳白色。基生叶呈椭圆形、薄膜质，2 ~ 3 回呈羽状全裂，末回裂片呈线形，长约 1cm，宽约 0.2cm，端具尖头，粗硬毛；叶柄长约 10cm；茎生叶具叶鞘，末回裂片细长。花序顶生、梗长约 50cm，粗硬毛；苞片多数，叶呈羽状分裂，线形裂片，长约 0.2cm；小总苞片约为 6 片，呈线形，不分裂，边缘膜质，纤毛；花有白色、黄色、粉色或紫红色，籽为淡绿色。双悬果长卵形，长约 0.3cm，宽约 0.2cm，棱上具白色刺毛。花期在 6 ~ 7 月，果期在 8 ~ 9 月。

主要分布 野胡萝卜主要分布于我国四川、贵州、广西、江苏、安徽、浙江、江西、湖北、湖南等地，多生长于山坡路旁、田间或旷野等区域。

利用部位 根和籽。

理化特性 胡萝卜籽精油用水蒸气蒸馏得，籽的得率约为 2.0%，呈淡黄色油状体，具有愉悦的辛香香气。

理化参数 胡萝卜籽精油理化参数如下表所示。

表 野胡萝卜籽精油理化参数

理化参数	野胡萝卜籽精油
相对密度(20℃)	0.879 ~ 0.948
折光指数(20℃)	1.484 ~ 1.495
旋光度(20℃)	−8°50′ ~ −38°
酸值	2 ~ 5
酯值	19 ~ 50
溶解度	1∶0.5 于 90% 乙醇中

香味成分 胡萝卜籽精油的香气成分为：

三环萜(tricyclene)、α-蒎烯(α-pinene)、莰烯(camphene)、桧烯(sabinene)、β-蒎烯(β-pineae)、月桂烯(myrcene)、α-松油烯(α-terpinene)、4-异丙基甲苯(4-isopropyltoluene)、柠檬烯(limonene)、β-水芹烯(β-phellandrene)、反式–罗勒烯(*trans*-ocimene)、γ-萜品烯(γ-terpinene)、α-萜品油烯(α-terpinolene)、芳樟醇(linalool)、别罗勒烯(alloocimene)、异薄荷酮(isomenthone)、胡薄荷酮(menthone)、4-萜烯醇(terpineol-4)、丙酸芳樟酯(linalyl propionate)、树兰烯(aglaiene)、β-石竹烯(β-caryophyllene)、α-反式香柠檬(α-*trans*-bergamotene)、(*E*)-β-金合欢烯[(*E*)-β-farnesene]，(+)-柏木萜烯[(+)-β-funebrene]、α-葎草烯(α-humulene)、大根香叶烯(germacrene)、β-瑟林烯(β-selinene)、α-芹子烯(α-selinene)、β-红没药烯(β-bisabolene)、+(−)δ-杜松烯[+(−)δ-cadinene]、β-倍半水芹烯(β-sesquiphellandrene)、顺-α-红没药烯(*cis*-α-bisabolene)、α-细辛脑

(α-asarone)、β-细辛脑(β-asarone)等。其中主要香气成分为α-蒎烯(α-pinene)、月桂烯(myrcene)、柠檬烯(limonene)、β-红没药烯(β-bisabolene)和β-细辛脑(β-asarone)等[1-2]。

感官特性 胡萝卜籽精油具有果甜香香气，香气温和甜润。

应用情况 在烹调中，野胡萝卜籽精油是一种重要的食品辛味香料。还可用于酱油、咸肉及其他食品的香味料配方中；也用于日用香精。

从胡萝卜籽精油中单离胡萝卜脑，用于香料新品种的开发合成。

管理及参照标准 胡萝卜(*Daucus carota* L.)精油的管理及参照标准见：IOFI；GB 1；FCC Ⅲ；FDA 182.20；EOA 136；FEMA 2244；COE 173；Nat 1；RIFM；GRAS(Ⅱ)等。

参考文献

[1] 党俊伟，张彩云，赵继飚．野胡萝卜净油化学成分的研究[J]．安徽农学通报(下半月刊)，2009，15(10)：222-239.

[2] 李美，邵邻相，徐玲玲，等．野胡萝卜花挥发油成分分析及生物活性研究[J]．中国粮油学报，2012，27(9)：112-115.

肉　桂

别　　名 筒桂、阴桂、牡桂、连桂。

英文名称 Cassia 或 Chinese Cinnamon。

植物学名 *Cinnamomum cassia* Presl.。

植物科属 樟科 樟属。

品种来源 樟科植物肉桂 *Cinnamomum cassia* Presl. 的干燥枝、叶或皮。

形态特征 肉桂，樟科樟属乔木植物；株高约8～10m，树皮呈棕褐色，桂皮厚约10mm。初年生枝条呈圆柱形，棕黑色，肉桂内层有纵向细条纹，被短细柔毛。叶呈互生和对生，近长椭圆状，长约15cm，宽约5cm，叶先端急尖，基部急尖，叶革质，软骨质边缘，内套卷，表面呈绿色，无毛具光泽，背面呈淡绿色，覆盖稀疏的黄色短绒毛，离基三出脉，侧脉近对生，自叶基约8mm处长出，稍曲向上伸至叶端之下消失，与中脉在上面凹陷，背面明显凸起，向叶缘一侧有多数支脉，支脉在叶缘内弯形相结，横脉近平行、呈波状，脉距约3mm，中间有小脉相接；叶柄壮实，长约2cm，腹面平、下部弯，被黄色短细绒毛。腋生圆锥花序，长约15cm，多级分枝，枝末端为3花的伞花序，花序长约总梗长的2倍。乳白色花，花长约4mm；花梗长约5mm，被黄棕色短细绒毛。花被内外密被黄棕色短绒毛，倒锥形花被筒，长约2mm，花被裂片呈椭圆形，近似，长约2mm，宽约1mm，先端锐尖。雄蕊9，细柔毛花丝被，首轮雄蕊长约2mm，扁平花丝，长约1.5mm，花药长约0.9mm，呈卵圆状椭圆形，先端平，药室约4个，室内向，上2室小，扁平花丝，长约2mm，上方有一对肾形圆状腺体，花药呈椭圆形卵圆状，药室约4蕊，长约2.5m，上2室小，外向，下2室大，外向。退化雄蕊3，位于最内层，约2mm，柄细，扁，长1.5mm，被细柔毛，先端正三角形似箭头状。子房呈卵球形，长约1.8mm，光滑无毛，花柱细，长度与子房相等，不明显，柱头小。果呈椭圆形，长约1cm，宽约8mm，成熟时棕黑色，光滑无毛；果浅杯状托出，长约4mm，顶端宽约7mm，边缘具齿裂。花期8~9月，果期10~11月。

主要分布 主要分布在我国广东、广西、云南、福建等地，国外主产地为斯里兰卡(*C. zeylanicum Nces*)、塞舌尔群岛等，越南、印度亦有产。

利用部位 树皮、枝叶。

理化特性 从叶、枝(一般比例是叶2，枝1)或树皮或籽用水蒸气蒸馏法提取精油(中国多数喇枝叶蒸油)，干枝叶含油量为1%~1.5%，但由于肉桂油在水中的溶解度达0.3%，简单的水蒸气蒸馏得率只能达到0.3%~0.6%，树皮为1%~2%，籽是1.5%。肉桂精油理化参数如下表所示。

表 肉桂精油理化性质

理化参数	肉桂精油
颜色	浅棕色液体
相对密度(20℃)	1.051~1.071
折光指数(20℃)	1.6021~1.6141
溶解度	1∶3溶于70%乙醇
酸值	≤15mg KOH/g
肉桂醛含量	≥85%

香气成分 肉桂精油的香气成分是：

反式-桂皮醛(*trans*-cinnamaldehyde)、反式-桂皮酸(*trans*-cinnamic acid)、苯甲醛(benzaldehyde)、β-苯乙酸乙酯(β-phenylethyl acetate)、乙酸桂皮酯(cinnamal acetate)、甲氧基桂皮醛(methoxycinnamaledhyde)、柠檬烯(limonene)、β-水芹烯(β-phellandrene)、茴香酮(anisylacetone)、龙脑(borneol)、松油醇(terpineol)、顺式-桂皮醛(*cis*-cinnamaldehyde)、茴香脑(anethole)、α-杜松烯(α-cadinene)、β-榄香烯(β-elemene)、α-佛手柑油烯(α-bergamotene)、石竹烯(caryophyllene)、十五烷(pentadecane)、α-葎草烯(α-humulone)、δ-杜松烯(δ-cadinene)、γ-依兰烯(γ-muurolene)、α-古芸烯(α-gurjunene)、α-依兰烯(α-muurolene)、β-红没药烯(β-bisabolene)、γ-杜松烯(γ-cadinene)、β-杜松烯(β-cadinene)、异喇叭烯(isoledene)、古巴烯(copaene)、桂皮醇(styrone)、十六烷(cetane)、香豆素(coumarin)、香草醛(vanillin)、2-甲氧基桂皮醛(2-methoxycinnamic aldehyde)和α-雪松烯(α-cedrene)等[1-4]。

感官特性 肉桂精油具有丰富浓郁的木甜香气，带膏香，略具辛香气息。

应用情况 肉桂精油皮作为中药和调味已有悠久历史，主要是取其温暖的芳香和强心、健用的性能。也有制成酊剂。

肉桂精油在调香上常与丁香酚合用成为香石竹和风信子花的主要香气，并常使用于重型香精如皂用香薇型、棕桂型、薰衣草型、花露型、檀香玫瑰型等香精中。肉桂油又可部分代替膏香及苯丙醛的气息，用于各种低档香精中。在饮食、烟固、酒用、牙膏、牙粉、漱口水等香精中，亦经常使用，用其持久性能，肉桂油有变色因素；要防止它变质成肉桂酸(不应贮在铅质容器中)。

管理及参照标准　中国肉桂(*Cinnamomum cassia* Blume)及其衍生物：FDA 182.10，182.20；COE 131；RIFM；FEMA 2256，2257，2258，225 9，2260；Nat 1；IOFI，GB 2；CAS 8007-80-5；FCC Ⅲ；ISO 3216，3524；IFRA R；GRAS (Ⅰ)，(Ⅱ)。

参考文献

[1] 李京晶，籍保平，周峰，等. 丁香和肉桂挥发油的提取、主要成分测定及其抗菌活性研究[J]. 食品科学，2006，27(8)：64-68.

[2] 邱琴，崔兆杰，韦栋梁，等. 肉桂挥发油化学成分的研究[J]. 上海中医药大学学报，2003，17(3)：49-51.

[3] 沈群，陈飞龙，罗佳波. 桂枝、肉桂挥发油化学成分 GC-MS 分析[J]. 中药材，2002，25(4)：257-258.

[4] 贾春晓，王瑞玲，毛多斌，等. MAE-HS-SPME 联合萃取 GC-MS 分析肉桂香气成分[J]. 精细化工，2010(7)：682-687.

芹　菜　籽

别　　名　香芹、药芹、水芹、旱芹。

英文名称　celery seed。

植物学名　*Apium graveolens* Linn.。

植物科属　伞形科　芹属。

品种来源　伞形科植物芹菜 *Apium graveolens* Linn. 的种子。

形态特征　芹菜，伞形科芹属，肾形果，肥厚，侧扁，长约 1.5mm，宽约 0.8mm，表面灰褐色至深棕色，果棱丝状，合生面弓状内凹，具芹菜之芳香气，味辛凉微苦，微麻舌。分果呈五边形，果棱短钝，基部远离，中果皮细胞多为薄壁细胞；油管为长条形，切向长约 150mm，径向长约 30mm；维管竖纵向伸长，木质部两端均为大型薄壁组织。果内皮细胞和种皮细胞壁均匀增厚。

主要分布　主要分布在四川、河南、江苏、浙江、湖北、湖南、安徽、江西、广东、广西、台湾等地。

利用部位　种子。

理化特性　无色澄清、流动液体，其特征性的辛香具有弥漫性和附着性。芹菜籽精油理化参数如下表所示。

表 芹菜籽精油理化参数

理化参数	芹菜籽精油
颜色	无色澄清的液体
相对密度(20℃)	0.866～0.906
折光指数(20℃)	1.479～1.488
旋光度(20℃)	48°～78°

香气成分 芹菜籽精油的香气成分是：

柠檬烯(limonene)、2-羟乙基丙醇(2-hydroxyethyl propanol)、1,2-二甲基苯(1,2-dimethyl benzene)、月桂烯(myrcene)、3-十一碳烯-5-炔(3-undecen-5-yne)、苯基戊烷(phenyl pentane)、香芹酮(carvone)、甲基萘(methyl naphthalene)、2-金合欢烯(2-farnesene)、1-苯基-1-辛酮(1-phenyl-1-octanone)、β-石竹烯(β-caryophyllene)、磷酸三丁酯(tributyl phosphate)、β-蒎烯(β-pinene)、芳樟醇(1inalool)、反式-柠檬烯氧化物(*trans*-limonene oxide)、2-亚甲基-5-(1-甲基乙基)环己醇[2-methylene-5-(1-methylethyl)cyclohexanol]、反式-2-甲基-5-(1-甲基乙基)-2-环己烯-1-醇[*trans*-2-methyl-5-(1-methylethyl)-2-cyclohexen-1-ol]、(−)-反式-乙酸松香芹酯[(−)-*trans*-pincarve acetate]、α-石竹烯(α-caryophyllene)、β-桉叶烯(β-eudesmene)、石竹烯氧化物(caryophyllene oxide)、β-水芹烯(β-phellandrene)、α-松油烯(α-terpinene)、香桧烯(sabinene)、γ-松油烯(γ-terpinene)、1-甲基-2-异丙基苯(1-methyl-2-isopropyl benzene)、邻苯二甲酸二丁酯(dibutyl phthalate)、2-甲基-5-异丙基-苯酚(2-methyl-5-isopropyl-phenol)、异石竹烯(isocaryophyllene)、丙烯基苯氧基乙酸酯(allylphenoxy acetate)、1-氢-茚-5-醇(1-hydro-inden-5-ol)、β-芹子烯(β-selinene)、正戊基苯(*n*-pentyl benzene)、α-芹子烯(α-selinene)、对甲苯基异戊酸酯(*p*-methylphenyl isovalerate)、α-2-丙烯基苯甲醇(α-2-propenylbenzenemethanol)、γ-松油烯(γ-terpinene)、异松油醇(terpinolen)、β-榄香烯(β-elemene)、石竹烯(caryophyllene)、α-葎草烯(α-humulene)和γ-芹子烯(γ-selinene)等[1-4]。

感官特性 芹菜籽精油具有青甜香气，口感舒适。

应用情况 芹菜籽精油已广泛应用于食品的加香、化妆品的香原料及烟用香精香料等行业。

管理及参照标准 芹菜籽(*Apium graveolens* Linn.)精油：管理及标准参见CAS 8015-90-5。

参考文献

[1] 张捷莉，王君，李铁纯，等．美国西芹菜籽挥发性成分的GC/MS分析[J]．食品科学，2002，23(8)：225-227.

[2] 张捷莉，张胜彪，王君，等．天津实心芹菜籽挥发性成分的GC/MS分析[J]．鞍山师范学院学报，2003，5(4)：58-60.

[3] 郭蕾，陈彤，陈晓岚，等．芹菜籽挥发油化学成分的研究[J]．河南科学，2003，21(6)：728-729.

[4] 陆占国，张怀涛，苏荣军．芹菜籽香气成分研究[J]．化学研究，2008，19(2)：58-62.

黄　兰　花

别　　名　黄兰、黄玉兰、黄缅桂、黄桷兰、替訇、旃簸边。

英文名称　Champaca。

植物学名　*Michelia champaca* L.。

植物科属　木兰科　含笑属。

品种来源　黄兰花 *Michelia champaca* L. 的花。

形态特征　黄兰花，木兰科含笑属常绿乔木，枝干挺拔，株高约 12～15m，枝幼、单叶互生、片薄革质，叶，绿色，呈卵形或椭圆形，花生于叶腋，淡黄色，花朵白雅，含苞待放时花香甜润浓郁、香气宜人，花期长。

主要分布　黄兰花主要分布于东南亚亚热带地区，如缅甸、越南等。我国云南、福建、广东、广西、台湾、海南等地都有栽培；有的地区还把它做盆栽，在温室越冬。

利用部位　花。

理化特性　黄兰花精油用水蒸气蒸馏得，鲜花的得率约为 0.3%，呈淡黄色油状体。

理化参数　黄兰花精油的理化参数如下表所示。

表　黄兰花精油理化参数

理化参数	黄兰花精油
相对密度(30℃)	0.9253～1.119
折光指数(30℃)	1.4657～1.4875
皂化值	166～186
酸值	2～5
酚类(以异丁香酚计)	3.2%

香味成分　黄兰花精油的香气成分为：

α-水芹烯(α-phellandrene)、α-蒎烯(α-pinene)、莰烯(camphene)、桧萜(sabinene)、β-蒎烯(β-pinene)、β-月桂烯(β-myrcene)、右旋柠檬烯(D-limonene)、桉叶醇(eucalyptol)、反式罗勒烯[(*E*)-ocimene]、苯乙醛(phenyl acetaldehyde)、罗勒烯(ocimene)、γ-萜品烯(γ-terpinene)、α-萜品烯(α-terpinene)、对聚伞花烯(*p*-cymene)、氧化芳樟醇(linalooloxide)、萜品油烯(terpinolene)、苯甲酸甲酯(benzoic acid, methyl ester)、β-芳樟醇(β-linalool)、冰片

(borneol)、环氧芳樟醇(epoxy linalool)、4-甲基-1-异丙基-3-环己烯-1-醇(4-methyl-1-isopropyl-3-cyclohexene-1-alcohol)、丁基己酸酯(butyl caproate)、乙酸异冰片酯(isobornyl acetate)、吲哚(indole)、大牻牛儿烯-D(germacrene-D)、β-榄香烯(β-elemene)、石竹烯(caryophyllene)、α-香柑油烯(α-bergamotene)、β-二氢紫罗兰酮(β-lonone, dihydro)、α-葎草烯(α-caryophyllene)、绿叶烯(patchoulene)、α-荜澄茄烯(α-cubebene)、β-紫罗兰酮(β-lonone)、α-金合欢烯(α-farnesene)、大牻牛儿烯-B(germacrene-B)、β-榄香烯(β-elemene)、β-杜松烯(β-cadinene)、3,7,11-三甲基-1,6,10-三烯-3-十二醇(1,6,10-dodecatrien-3-ol, 3,7,11-trimethyl)、γ-依兰烯(γ-muurolene)、氧化石竹烯(caryophyllene oxide)、β-愈创烯(β-guaiene)、α-古巴烯-11-醇(α-copaen-11-ol)、异丁酸苯乙酯(phenethyl isobutyrate)、香树烯{(+)-aromadendrene}、二氧化柠檬烯(limonene dioxide)、亚麻酸甲酯(methyl linolenate)、3-十七烯-5-炔{3-heptadecen-5-yne, [*Z*]}、十六烷(hexadecane)、棕榈酸甲酯(hexadecanoic acid, methyl ester)等。其中主要香气成分为桉叶醇(eucalyptol)、罗勒烯(ocimene)、β-芳樟醇(β-linalool)、大牻牛儿烯-D(germacrene-D)、β-榄香烯(β-elemene)、α-古巴烯-11-醇(α-copaen-11-ol)和二氧化柠檬烯(limonene dioxide)等[1-2]。

感官特性 黄兰花精油香气愉悦、香味浓郁、口感甜润。

应用情况 黄兰花精油多用在日用香精的加香，人们常挂上几朵在身上，散发出宜人的细腻、柔和的浓幽香味。花期，有爱花人士常把几朵黄兰花扎在一起，挂在身上或者某处，绽放出阵阵迷人的香味，深受人们的喜爱。

参考文献

[1] 马惠芬，司马永康，郝佳波，等．黄兰挥发油的化学成分[J]．精细化工，2012，29(3)：41-44.

[2] 周波，许小燕，杜夏玮．黄兰叶挥发油化学成分研究[J]．中国现代中药，2011,13(3)：29-31.

长白赤松

别　　名 长白松、美人松。

英文名称 Changpai Scotch Pine。

植物学名 *Pinus sylvestris* L.。

植物科属 松科　松属。

品种来源 长白赤松 *Pinus sylvestris* L. *var. sylvestriformis* 的针叶。

形态特征 长白赤松，松科松属植物，常年绿色乔木，株高约20～25m，茎径近20～40cm，树冠呈伞形或三角形。茎皮淡灰色，裂片呈不规则的龟裂状，上部淡黄色至棕黄色，薄片状、反曲形，是长白山特有的品种，是我国第1、2批珍稀濒危植物资源。

主要分布 长白赤松生于长白山北坡海拔约850～1650m的高海拔高山地区，

是长白山独有的美丽的自然景观。目前吉林白城、吉林市、哈尔滨、沈阳等地均已引种栽培。

利用部位　茎叶。

理化特性　长白赤松精油是将果、茎经水蒸气蒸馏而得，是一种淡黄色液体，得率约0.5%。

理化参数　长白赤松精油理化参数如下表所示。

表　长白赤松精油理化参数

理化参数	长白赤松精油
相对密度(20℃)	0.859～0.889
折射率(20℃)	1.4732～1.4786
旋光度(20℃)	−4°～+11°
酯含量(%)	18～30
总含醇量(以乙酸龙脑酯计)%	2～5
溶解度	1∶6于90%乙醇中

香味成分　长白赤松精油的香气成分是：

3-蒈烯(3-carene)、1-*R*-α-蒎烯(1-*R*-α-pinene)、莰烯(camphene)、β-蒎烯(β-pinene)、β-月桂烯(β-myrcene)、β-水芹烯(β-phellandrene)、冰片(borneol)、萜烯醇(4-methyl-1-(1-methylethyl)-3-cyclohexen-1-ol)、1-甲醇-α,α,4-三甲基-3-环已烯(α,α,4-trimethyl-3-cyclohexene-1-methanol)、2-异丙基-5-甲基茴香醚(2-methoxy-5-methyl-1-(1-methylethyl)-benzene)、乙酸冰片酯(bornyl acetate)、3,7,11-三甲基-14-异丙基-1,3,6,10-环十四碳烯(3,7,11-trimethyl-14-(1-methylethyl)-1,3,6,10-cyclotetradecatetraene)、榄香烯([1*S*-(α,2β,4β)]-1-ethenyl-1-methyl-2,4-bis(1-methylethenyl)-cyclohexane)、石竹烯(caryophyllene)、α-石竹烯(α-caryophyllene)、1,2,3,4,4a,5,6,8a-八氢-7-甲基-4-亚甲基-1-(1-甲基乙基)-萘(1,2,3,4,4a,5,6,8a-octahydro-7-methyl-4-methylene-1-(1-methylethyl)-naphthalene)、[*S*-(*E*, *E*)]-1-甲基-5-亚甲基-8-异丙基-1,6-环癸二烯{[*S*-(*E*, *E*)]-1-methyl-5-methylene-8-(1-methylethyl)-1,6-cyclodecadiene}、β-葎草烯(β-humulene)、[(*E*, *E*)]-1,5-二甲基-8-甲基乙二基-1,5-环癸二烯[(*E*, *E*)-1,5-dimethyl-8-(1-methyl ethylidene)-1,5-cyclodecadiene]、1,2,4a,5,6,8a-六氢-4,7-二甲基-1-(1-甲基乙基)-萘(1,2,4a,5,6,8a-hexahydro-4,7-dimethyl-1-(1-methylethyl)-naphthalene)、1,2,3,5,6,8a-六氢-4,7-二甲基-1-(1-甲基乙基)-萘(1,2,3,5,6,8a-hexahydro-4,7-dimethyl-1-(1-methylethyl)-naphthalene)、2-异丙基-5-甲基-9-亚甲基二环[4.4.0]十-1-烯{2-isopropyl-5-methyl-9-methylene-bicyclo[4.4.0]dec-1-ene}、匙桉醇{[1ar-(1a-α-a,4a,α,7β,7a,β,7b,α)]-decahydro-1,1,7-trimethyl-4-methylene-1h-cycloprop[*e*]azulen-7-ol}、

氧化石竹烯(caryophyllene oxide)、可巴烯(copaene)和α-荜澄茄醇(α-cadinol)等。其中，主要香气成分为1-*R*-α-蒎烯(1-*R*-α-pinene)、β-蒎烯(β-pinene)、β-水芹烯(β-phellandrene)、异松油烯[1-methyl-4-(1-methylethylidene)-cyclohexene]、乙酸冰片酯(bornyl acetate)、石竹烯(caryophyllene)、1,2,4a,5,6,8a-六氢-4,7-二甲基-1-(1-甲基乙基)-萘(1,2,4a,5,6,8a-hexahydro-4,7-dimethyl-1-(1-methylethyl)-naphthalene)和α-荜澄茄醇(α-cadinol)等[1-2]。

感官特性 长白赤松精油具有强烈的木香香气，透发性强。

应用情况 长白赤松精油主要用在洗涤剂和清漆的加香原料；也是提取松油醇，或是合成大茴香脑的原料。

管理及参照标准 长白赤松(*Pinus sylvestris* L. *var. sylvestriformis*)精油的管理及参照标准见：IOFI；FDA 172.510；GB 3；COE 341；FEMA 2906；Nat1；CAS 8023-99-2；FCC Ⅲ；EOA 133；IFRAS 等。

参 考 文 献

[1] 张承曾. 天然香料手册[M]. 北京：中国轻工业出版社，1989.

[2] 滕坤，张海丰，徐敏，等. 赤松与长白赤松松针挥发油成分的GC-MS分析[J]. 药物分析杂志，2011,31(11)：2121-2125.

板 栗

别　　名 栗果、大栗。

英文名称 Chestnut。

植物学名 *Castanea mollissima* Bl.。

植物科属 壳斗科 栗属。

品种来源 板栗 *Castanea mollissima* Bl. 的叶。

形态特征 板栗树，壳斗科栗属，是落叶乔木植物，株高约5～10m。树皮淡灰色，有不规则深裂，枝条灰褐色，有纵沟，皮上有许多黄灰色的圆形皮孔。冬芽短，阔卵形，被茸毛。单叶互生，叶柄长约1.5cm，被细绒毛或无毛；叶呈椭圆形，长约14cm，宽约5cm，先端短尖，基部呈宽楔形，两侧不相等，叶缘具锯齿，齿端芒状尖头，正面深绿色，具光泽，羽状侧脉约15对，中脉上具毛；背面浅绿色，具乳白色绒毛。

主要分布 主产于我国福建、辽宁、内蒙古、江苏、安徽、上海、浙江、江西、河南、广东、广西、台湾等地，越南也有种植。

利用部位 叶。

香气成分 板栗叶精油的香气成分是：

1-丁醇(1-butanol)、2-己烯醛(2-hexenal)、4-甲基-1-戊醇(4-methyl-1-pentanol)、(*Z*)-3-己烯-1-醇[(*Z*)-3-hexen-1-ol]、(*E*)-2-己烯-1-醇[(*E*)-2-hexen-1-ol]、己酸丁酯(butyl ester of hexanoic acid)、十五烷(pentadecane)、3,7-二甲基-1,6-辛二烯-3-醇(3,7-dimethyl-1,6-octadien-3-ol)、3,7-二甲基-1,6-辛二

烯-3-醇(3,7-dimethyl-1,6-octadien-3-ol)、1-辛醇(1-octanol)、十六烷(hexadecane)、2,6,10-三甲基十五烷(2,6,10-trimethyl pentadecane)、2,6-二甲基十七烷(2,6-dimethyl heptadecane)、十四烷(tetradecane)、(*Z*)-3,7-二甲基-2,6-辛二烯醛[(*Z*)-3,7-dimethyl-2,6-octadienal]、金合欢烯(farnesene)、2,6,10,14-四甲基十六烷(2,6,10,14-tetramethyl-hexadecane)、十八烷(octadecane)、3,7-二甲基-2,6-辛二烯-1-醇(3,7-dimethyl-2,6-octadien-1-ol)、β-紫罗兰酮(β-ionone)、(2*E*)-2,6-二甲基-2,7-辛二烯-1,6-二醇[(2*E*)-2,6-dimethyl-2,7-octadiene-1,6-diol]、3,7-二甲基-2,6-辛二烯酸(3,7-dimethyl-2,6-octadienoic acid)和植醇(phytol)等。其中主要香气成分是3,7-二甲基-2,6-辛二烯-1-醇(3,7-dimethyl-2,6-octadien-1-ol)等[1-2]。

感官特性　板栗叶精油具丰富的果香和木香。

应用情况　在民间，作为中草药用于治喉疗火毒，也有外用涂漆疮。

管理及参照标准　板栗叶(*Castanea mollissima* Bl.)的管理及参照标准见 A. Camus, Chataig. pl. 13, 14. 1929; Castanea mollissima Bl. in Mus. Lugd. Bat. 1: 286. 1850; Seem in Bot. Jahrb. 29: 288. 1900; Rehd. et Wils. in Sarg. Pl. wlls. 3: 192. 1916; 钱崇澍，中国森林植物志 1. 图 14. 1937; 陈嵘，中国树木分类学 179. 图 124. 1937; 中国高等植物图鉴 1: 410. 图 819. 1972; 中国台湾植物志 2: 50. 图 207. 1976.

参考文献

[1] 马惠芬，闫争亮，泽桑梓，等．同时蒸馏萃取法与 GC-MS 法对板栗叶挥发油化学成分分析[J]．湖南农业科学，2012(11)：82-83.

[2] 何玲玲，王新，陆慧宁．板栗叶挥发性成分研究[J]．时珍国医国药，2008，19(1)：85-86.

苦 楝 子

别　　名　土楝实、苦心子、楝枣子、楝果子、土楝子。

英文名称　chinaberry。

植物学名　*Melia azedarach* L.。

植物科属　楝科　楝属。

品种来源　楝 *Melia azedarach* L. 的果实。

形态特征　苦楝，楝科楝属，是落叶乔木植物，高约 10～15m，树皮呈暗褐色，有纵裂，老枝为紫色，有多数细小皮孔。2～3 回奇数羽状复叶互生；小叶卵形或椭圆形，长约 5cm，宽约 2.5cm，先端长尖，基部宽楔形或圆形，边缘有钝尖锯齿，正面深绿色，背面淡绿色，幼时有星状毛，除叶脉上有白毛外，余均无毛。圆锥花序腋生或顶生；花为淡紫色，长约 1cm；花萼具 5 裂，裂片披针形，两面均有毛；花瓣具 5 瓣，平展或反曲，倒披针形；雄蕊管通常暗紫色，长约 7mm；子房上位。核果圆卵形或球形，长约 1.8cm，淡黄色，有 5 室，每室有

1颗种子。花期5~6月，果熟期10~11月。

主要分布 主要分布于广西、云南、河北、四川等地。

利用部位 苦楝皮、苦楝叶、苦楝子、苦楝花。

香气成分 苦楝精油的香气成分是：

己酸(hexanoic acid)、2-丙基-1-戊醇(2-propyl-1-pentanol)、3-乙基-3-甲基庚烷(3-ethyl-3-methylheptane)、3-甲基-3-乙基-癸烷(3-methyl-3-ethyl-decane)、4,6-二甲基十二烷(4,6-dimethyl-dodecane)、3,8-二甲基十一烷(3,8-dimethyl-undecane)、α-荜澄茄油烯(α-cubebene)、丁酸丁酯(butanoic-acid-butyl-ester)、十二烷(dodecane)、2,5-二甲基-3-己酮(2,5-dimethyl-3-hexanone)、3,7-二甲基壬烷(3,7-dimethyl-nonane)、石竹烯(caryophyllen)、香橙烯(aroma dendrene)、4,4-二甲基辛烷(4,4-dimethyloctane)、α-石竹烯(α-caryophyllene)、异香橙烯(iso-aroma dendrene)、2,3,6,7-四甲基-辛烷(2,3,6,7-tetramethyl-octane)、2,3,5,8-四甲基癸烷(2,3,5,8-tetramethyl-decane)、十七烷(heptadecane)、2,4,4-三甲基己烷(2,4,4-trimethyl-hexane)、甘香烯(elixene)、α-法呢烯(α-farnesene)、2,4-双(1,1-双甲基乙基)苯酚[2,4-bis(1,1-dimethylethyl)-phenol]、6-甲基-1-庚醇(6-methyl-1-heptanol)、喇叭茶醇(palustrol)、斯巴醇(spathulenol)、兰桉醇(epiglobulol)、3,7-二甲基壬烷(3,7-dimethyl-nonane)、绿花白千层醇(viridiflorol)、十五醛(pentadecanal)、荜澄醇(cubenol)、香榧醇(torreyol)、2,3,5,8-四甲基癸烷(2,3,5,8-tetramethyl-decane)、十五烷(pentadecane)、降植烷(norphytan)、2,6,11,15-四甲基十六烷(2,6,11,15-tetramethyl-hexade-cane)、十四烷醛(tetradecanal)、肉豆蔻酸(myristic acid)、2-甲基癸烷(2-methyl-decane)、δ-杜松烯(δ-cadinene)、2,6,11-三甲基癸烷(2,6,11-trimethyl-decane)、1,2,3,4,4a,7-六氢-1,6-二甲基-4-(1-甲基乙基)-萘[1,2,3,4,4a,7-hexahydro-1,6-dimethyl-4-(1-methylethyl)-naphthalene]、十二烷酸(dodecanoic acid)、3,7-二甲基癸烷(3,7-dimethyl-decane)、苦橙油醇(peruviol)、6,10,14-三甲基-2-十五烷酮(6,10,14-trimethyl-2-penta-decanone)、十六烷(hexadecane)、7-十六烷醛(7-hexadecenal)、油酸乙酯(oleic-acid-methyl-ester)、棕榈酸(hexadecanoic acid)、邻苯二甲酸-丁基-8-甲基壬基酯(phthalic acid-butyl-8-methylnonyl ester)、棕榈酸乙酯(hexadecanoic acid ethyl ester)、叶绿醇(phytol)、8,11-十八二烯酸甲酯(8,11-octadecadienoic acid methyl ester)、(*Z*)-油酸甲酯[(*Z*)-9-octadecenoic acid methyl ester]、*Z*，*Z*-2,13-十八二烯-1-醇(*Z*，*Z*-2,13-octadecadien-1-ol)、亚麻酸甲酯[(*Z*，*Z*，*Z*)-9,12,15-octadecatrienoic acid methyl ester]、6,9-十八二烯酸甲酯(6,9-octadecadienoic acid methyl ester)、2,6,10,15-四甲基十七烷(2,6,10,15-tetramethyl-heptadecane)、二十烷(eicosane)、二十一烷(heneicosane)、二十四烷(tetracosane)、二十九烷(nonacosane)、三十六烷(hexatriacontane)、角鲨烯(spinacen)、3,7,11,15-四甲基-2-十六烷醇(3,7,11,15-tetramethyl-2-hexadecen-1-ol)和三十四烷(tetratriacontane)等。其中主要香气成分是棕榈酸(hexadecanoic acid)等[1-3]。

感官特性 苦楝精油具清凉、苦味。

应用情况　苦楝皮以植物的树皮及根皮入药味苦；性寒；有毒杀虫；疗癣；苦楝叶以植物的叶入药味苦；性寒；有毒清热燥湿；杀虫止痒；行气止痛；苦楝子以植物的果实入药味苦；性寒；有小毒行气止痛；杀虫；苦楝花以植物的花入药味苦；性寒清热祛湿；杀虫；止痒。

此外，苦楝是家具、建筑、农具、舟车、乐器等良好用材；用鲜叶可灭钉螺和作农药，果核仁油可供制油漆、润滑油和肥皂。

管理及参照标准　苦楝子(*Melia azedarach* L.)果实的管理及参照标准见 CAS 58812-37-6 及《中华人民共和国药典》2010 版。

参考文献

[1] 种小桃，田桂珍，程战立，等．苦楝子的化学成分研究[J]．食品与药品，2009，11(3)：30-31.

[2] 王祥培，吴林菁，吴红梅，等．苦楝子挥发油化学成分分析[J]．安徽农业科学，2010(17)：8953-8954.

[3] 种小桃，时岩鹏，程战立，等．苦楝子的化学成分研究(Ⅱ)[J]．中草药，2011,42(2)：244-246.

土　牛　膝

别　　名　倒钩草、倒梗草。

英文名称　Chinese Eupatorium Root。

植物学名　*Achyranthes aspera* L.。

植物科属　苋科　牛膝属。

品种来源　土牛膝 *Achyranthes aspera* L. 的根和根茎。

形态特征　土牛膝，苋科牛膝属，是一种多年生草本植物，高约为 100～130cm。枝条形状弯曲，表面覆盖有短柔毛。单叶对生，叶柄较短，卵形形状、椭圆状或披针状，长约为 5cm。叶先端尖锐，基部为圆形或心形，边缘粗齿，排列不整齐，表面光滑无毛，叶脉明显，密被短柔毛。叶柄的长约为 8mm，被亦有短柔毛。

主要分布　土牛膝主要分布在越南、菲律宾、印度、马来西亚等国，我国广东、湖南、广西、四川、云南等地也有种植。

利用部位　土牛膝的根和根茎。

香气成分　土牛膝精油的香气成分是：

2-甲基-2-丙烯酸(2-methyl-2-propenoicacid)、2-甲基-2-丁烯酸(2-methyl-2-butenoicacid)、萘(naphthalene)、己内酰胺(hexahydro-2*H*-azepin-2-one)、4,7-二甲基-2,3 二氢-1*H*-茚(4,7-dimethyl-2,3-dihydro-1*H*-indene)、1-甲基萘(1-methylnaphthalene)、长叶松烯(longipinene)、1-乙基萘(1-ethylnaphthalene)、2,7-二甲基萘(2,7-dimethyl inaphthalene)、1,7-二甲基萘(1,7-dimethylnaphthalene)、1,4-二甲基萘(1,4-dimethyl inaphthalene)、莰烯(camphene)、α-愈创木烯(α-guaiene)、2,5-二甲氧基苯乙酮[ethanone, 1-(2,5-dimethoxyphenyl)]、石竹烯氧化物(caryophylleneoxide)、7,8-二羟基-4,5-二甲基-3,4-二氢萘-1(2*H*)-酮(7,8-dihydroxy-4,5-dimethyl-3,4-dihydronaphthalen-1(2*H*)-one)、石竹烯醇(caryophyllenol)、2-异丙烯基-5-乙酰基-2,3-二氢苯并呋喃(2-isopropenyl-5-acetyl-2,3-dihydrobenzofuran)、邻苯二甲酸二异丁酯(diisobutylphthalate)、5,5,9-三甲基三环[7.2.2.01,6]-6,10-十三碳二烯(5,5,9-trimethyltricyclo[7.2.2.01,6]trideca-6,10,diene)、3,5,5,9-四甲基-6,7,8,9-四氢-5*H*-苯并环庚烯-1-醇(5*H*-benzocyclohepten-1-ol, 6,7,8,9-tetrahydro-3,5,5,9-tetramethyl)、邻苯二甲酸二丁酯(dibutylphthalate)、2,3-二氰基-5-甲基-7-苯基-1,4, 6*H*-二氮杂(2,3-dicyano-5-methyl-7-phenyl-1,4, 6*H*-diazepine)、棕榈酸(palmiticacid)、亚油酸乙酯(ethyllinoleate)、硬脂酸(stearicacid)、硬脂酸乙酯(ethylstearate)、5-羟基-6-甲氧基-2-甲基-3-苯基苯并呋喃(5-hydroxy-6-methoxy-2-methyl-3-phenylbenzofuran)、α-檀香醇(α-santalol)、3-十五烷基苯酚(phenol,3-pentadecyl)、邻苯二甲酸二-(2-乙基己基)酯[di-(2-ethylhexyl)phthalate]和马兜铃酮(aristolone)等[1-2]。

感官特性 土牛膝精油具药香、味苦。

应用情况 癌瘤积毒逐淤除痹，淤阻痹痛；消炎利尿；治淋病，尿血，妇女经闭，症瘕，土牛膝风湿关节痛，脚气，痢疾，疟疾，白喉，痈肿，跌打损伤。治疗白喉、治疗小儿肺炎，引产。

参考文献

[1] 廖彭莹，张颖君，王一飞，等. 广东土牛膝的化学成分[J]. 云南植物研究，2010，32(2)：183-188.

[2] 李小玲，宋粉云. 广东土牛膝超临界流体萃取物的 GC-MS 分析[J]. 分析测试学报，2001，20(4)：85-87.

五 梅 子

别　　名 玄及、会及、壮味、五味、山花椒、吊榴。

英文名称 Chinese Magnolcavine Fruit。

植物学名 *Schisandra chinensis*(Turcz.)Baill.。

植物科属 木兰科 五味子属。

品种来源 五梅子 *Schisandra chinensis*(Turcz.)Baill. 的干燥成熟果实。

形态特征 五梅子，木兰科五味子属，是落叶木质藤本植物，藤长约 9m，近无毛；小枝呈棕褐色，叶纸质或膜质、互生，长约 10cm，宽约 4cm，顶端尖或渐尖，基部阔楔形，边缘疏生腺的小细齿，正面光泽无毛，背面脉上幼嫩时小细齿，单性花，着生叶腋，雌雄异株，花被片约 8 片，乳白色或淡红色，芳香；雌蕊群为长椭圆形，约 40 片心皮覆瓦状排列在花托上，果为圆形，呈红色，穗状聚合；肉质浆果。花期 6 ~ 7 月，果期 8 ~ 9 月。

主要分布 我国吉林、黑龙江、辽宁、河北、内蒙古、宁夏、甘肃、山东、山西等地有分布，喜生丛林中。

利用部位 干燥成熟果实。

理化特性 通过水蒸气蒸馏法从干燥成熟果实中蒸得淡黄色至黄棕色油状液体。

香气成分 五梅子精油的香气成分是：

2-糠醛(2-furaldehyde)、α-水芹烯(α-phellandrene)、α-蒎烯(α-pinene)、莰烯(camphene)、桧烯(sabinene)、β-蒎烯(β-pinene)、2-蒈烯(2-carene)、α-松油烯(α-terpinene)、3-蒈烯(3-carene)、顺-β-罗勒烯(*cis*-β-ocimene)、反式罗勒烯(*trans*-ocimene)、海茴香烯(crithmene)、异松油烯(terpinolene)、龙脑(borneol)、4-松油醇(4-terpineol)、α-松油醇(α-terpineol)、2-异丙基-5-甲基茴香醚(thymyl methylether)、乙酸龙脑酯(bornyl acetate)、β-波旁烯(β-bourbonene)、β-榄香烯(β-elemene)、异喇叭烯(isoledene)、α-古芸烯(α-gurjunene)、β-藿香萜烯(β-patchoulene)、刺伯烯(junipene)、β-法呢烯(β-farnesene)、α-古巴烯(α-copaene)、石竹烯(caryophyllene)、α-柏木烯(α-cedrene)、τ-古芸烯(τ-gurjunene)、β-古芸烯(β-gurjunene)、花柏烯(chamigrene)、α-雪松烯(α-himachalene)、香橙烯(aromadendrene)、罗汉柏烯(thujopsene)、α-紫穗槐烯(α-amorphene)、吉马烯D(germacrene D)、τ-依兰油烯(τ-muurolene)、β-花柏烯(β-chamigrene)、β-橄榄烯(β-maaliene)、α-金合欢烯(α-arnesene)、α-布藜烯(α-bulnesene)、(+)-花侧柏烯[(+)-cuparene]、香叶烯B(germacrene B)、榄香醇(elemol)、斯巴醇(spathulenol)、白千层醇(viridiflorol)等，其中主要香气成分为依兰烯(ylangene)、α-香柠檬烯(α-bergamotene)和柏木烯(cedrene)等[1]。

感官特性 五梅子精油具强烈持久药香、木香，略具辛香。

应用情况 主要用作医药、食品、日化产品、化妆品、香精香料的原料。

参 考 文 献

[1] 崔九成，宋小妹，王薇．酒蒸南五味子挥发油成分的变化研究[J]．陕西中医学院学报，2005，28(5)：53-54.

香 椿 芽

别　　名 香椿、椿、春阳树、春甜树、椿芽、毛椿。

英文名称 Chinese toon bud。

植物学名 *Toona sinensis*(A. Juss.)Roem.。

植物科属 楝科　香椿属。

品种来源 香椿芽 *Toona sinensis*(A. Juss.)Roem. 的树皮、叶和芽。

形态特征 香椿芽，楝科香椿属，乔木植物，树皮粗糙，深褐色，片状脱落。叶具长柄，偶数羽状复叶，长约39cm；小叶17～21，对生或互生，纸质，卵状长椭圆形，长约13cm，宽约3.5cm，先端急尖，基部一侧呈长圆形，另一侧呈锥形，不对称，全边缘或有疏离的小锯齿，两面均无毛，无斑点，粉绿色背面，侧脉每边约22条，平展，与中脉几成直角开出，背面略凸起；小叶柄长约8mm。圆锥花序与叶等长或更长，被稀疏的锈色短柔毛或近无毛，小聚伞花序生于短的小枝上，多花；花长约4.5mm，短花梗；花萼5齿裂或浅波状，外面被柔毛，且有睫毛；花瓣5，白色，长圆形，先端钝，长约4.5mm，宽约2.5mm，无毛；雄蕊10，其中5枚能育，5枚退化；花盘无毛，近念珠状；子房圆锥形，有5条细沟纹，无毛，每室有胚珠8颗，花柱比子房长，柱头盘状。蒴果狭椭圆形，长约3.5cm，深褐色，有小而苍白色的皮孔，果瓣薄；种子基部通常钝，上端膜质的长翅，下端无翅。花期7月前后，果期11月前后。

主要分布 原产中国中部和南部。辽宁、甘肃、内蒙古、广东、广西等地均有栽培。

利用部位 芽、树皮、根皮和种子。

理化特性 由水蒸气蒸馏法提取得到的香椿油是具有挥发性和强烈香气的液体。

香气成分 香椿芽精油香气成分有：

2-氮杂环丙烷乙基胺[(2-aziridinylethyl)amine]、2-氨氧基丙酸[(2-aminooxy)-propanoic]、乙酰胺乙酯(ethanimidic acid ethyl ester)、异丁氧基胺(iso-butoxyamine)、2,3-环氧己醇(2,3-epoxyhexanol)、羟基乙酸酰肼(hydroxyacetic acid hydrazide)、6,8-二氧环[3.2.1]辛烷{6,8-dioxabicyclo[3.2.1]octane}、联氨(diamide)、2-羟基乙基联氨(2-hydroxyethyl hydrazine)、*trans*-2-甲基环戊醇(*trans*-2-methyl cyclopentanol)、(*E*)-2-己烯醛[(*E*)-2-hexenal]、2-甲基-4-戊烯醛(2-methyl-4-pentenal)、(*S*)-3,4-二甲基戊醇[(*S*)-3,4-dimethyl pentanol]、β-萜烯(β-terpinene)、乙酰肼(acethydrazide)、丙酮酸-3-己烯酯(3-hexenylester pyruvic acid)、1,3,8-对三烯(1,3,8-*p*-menthatriene)、D-柠檬烯(D-limonene)、罗勒烯(ocimene)、4,5-二氢-1*H*-并环戊二烯-2-酮[4,5-dihydro-1*H*-pentalenone]、5-甲基四氢-2-呋喃甲醇[(5-methyl tetrahydro-2-furanyl)methanol]、异松油烯(iso-terpinolene)、4,4-二甲基己醛(4,4-dimethylhexanal)、环癸烷醇(cyclodecanol)、2-甲基-6-亚甲基-1,7-辛二烯-3-酮(2-methyl-6-methylene-1,7-octadien-3-one)、外-葑醇(exo-fenchol)、5,5-二甲基-3-环己烯-1-醇(5,5-dimethyl-3-cyclohexen-1-ol)、羟基乙醛(hydroxy-acetaldehyde)、(+)-4-蒈烯[(+)-4-carene]、4-(1-羟基乙基)苯甲醛[4-(1-hydroxyethyl)benzaldehyde]、α-荜澄茄油烯(α-cubebene)、柯巴烯(copaene)、β-波旁烯(β-bourbonene)、8-异丙烯基-1,5-二甲基-1,5-环癸二烯(8-isopropenyl-1,5-dimethyl-1,5-cyclodecadiene)、(*Z*, *E*)-α-法呢烯[(*Z*, *E*)-α-farnesene]、α-雪松烯(α-cedrene)、β-石竹烯(β-caryophyllene)、(*Z*)-β-法呢烯[(*Z*)-β-farnesene]、异石竹烯(iso-caryophyllene)、α-榄香烯(α-elemene)、香木兰烯(aromadendrene)、4-苧醇(4-thujanol)、α-石竹烯(α-caryophyllene)、α-佛手柑油烯(α-bergamotene)、α-姜黄烯(α-curcumene)、吉玛烯D(germacrene D)、β-法呢烯(β-farnesene)、桉-4(14),11-二烯[eudesmα-4(14),11-diene]、β-香柠檬烯(β-bergamotene)、α-法呢烯(α-farnesene)、α-香柠檬烯(α-bergamotene)、γ-

杜松烯(γ-cadinene)、(+)-d-杜松烯[(+)-d-cadinene]、杜松烯(cedrene)、杜松-1,4-二烯(cadinα-1,4-diene)、石竹烯氧化物(caryophyllene oxide)、丙基柏木醚(cedrylpropyl ether)。其中主要香气成分是β-石竹烯(β-caryophyllene)等[1-3]。

感官特性　香椿芽精油具青木香、味甘凉。

应用情况　香椿芽嫩、叶柔，是人们喜爱的树上佳蔬。

管理及参照标准　香椿芽[*Toona sinensis*(A. Juss.) Roem.]的管理及参照标准见《中华人民共和国药典》(一部)(1995 版)。

参考文献

[1] 吴艳霞．香椿芽挥发油化学成分分析[J]．鞍山师范学院学报，2004，6(2)：47-49.
[2] 陈丛瑾，杨国恩，袁列江，等．HS-SPME/GC-MS 法分析香椿芽、叶的挥发性化学成分[J]．精细化工，2009，26(11)：1080-1084.
[3] 惠秋沙，金锋．香椿芽超临界二氧化碳流体萃取物挥发性成分的气相色谱-质谱联用分析[J]．时珍国医国药，2008，19(6)：1429-1430.

香　茅

别　　名　香薷。

英文名称　Citronella。

植物学名　*Cymbopogon citratus*(DC.) Srapf。

植物科属　禾本科 香茅属。

品种来源　香茅 *Cymbopogon citratus*(DC.) Srapf 的全草。

形态特征　香茅，禾本科香茅属多年丛生型草本植物，株高约 1.5m，具香气，香茅粗壮结实、粗糙，节下被乳白色蜡粉。叶鞘光滑无毛，叶面淡绿色；叶舌长约 1mm、质厚实；条形叶片、长约 60cm，宽约 13mm，顶端长尖，平滑或边缘粗糙，正、背面叶呈灰色。

近圆锥形花序状，多次复合疏散分枝，长约 50cm，细长，顶端下垂；成对的总状花序托以佛焰苞状总苞形成，长约 1.5cm；总状花序长度不等，近 4 或 6 节，长约 1.6cm；总梗光滑无毛；无柄小穗柄长约 4mm，宽约 0.6mm，披针形；边缘疏生细柔毛，顶端膨大或具齿裂状。背部呈扁平形、无脉，上部狭小翼，边缘短细纤毛；第二外稃窄小，长约 3mm，先端微齿，或无芒或长约 0.2mm 尖芒。长约 4mm 的有柄小穗。夏季是花果期，基本无花。

主要分布　原产东南亚地区和爪哇、新几内亚、阿根廷、斯里兰卡、南非等。我国的海南、浙江、湖北、江苏、贵州、江西、广西及台湾也有生长。

利用部位　鲜草、半干草。

理化特性　香茅精油是从鲜草、半干草中，用水蒸气蒸馏法提取浅黄色液体，具香茅醛香气。香茅精油理化参数如下表所示。

表　香茅精油理化参数

理化参数	香茅精油
相对密度(20℃)	0.876 ~ 0.891
折光指数(20℃)	1.461 ~ 1.494
旋光度(20℃)	-9° ~ -18°

香气成分　香茅精油的香气成分有：

香茅醇(citronellol)、橙花醇(nerol)、香叶醇(geraniol)、2-戊烯(2-pentene)、月桂烯(myrcene)、反式-罗勒烯(*trans*-ocimene)、金合欢烯(farnesene)、杜松烯(cadinene)、朱栾倍半萜(valencene)、香橙烯(aromadendrene)、氧化石竹烯(caryophyllene oxide)、依兰醇(muurolol)、香叶酸(geranic acid)、杜松醇(cadinol)、金合欢醇(farnesol)、反式-金合欢醇(*trans*-farnesol)、1,2-苯二酸二丁酯(dibutyl-1,2-benzenedicarboxylate)、刺柏脑(juniper camphor)、反式-香叶醇(*trans*-geraniol)、棕榈酸(palmitic acid)、β-蒎烯(β-pinene)、β-罗勒烯(β-ocimene)、芳樟醇(1inalool)、香茅醛(citronellal)、氧化二戊烯(dipentene oxide)、甲基壬酮(methyl decanone)、乙酸橙花酯(neryl acetate)、乙酸香叶酯(geranyl acetate)、α-佛手柑油烯(α-bergamotene)、α-蒎烯(α-pinene)、β-金合欢烯(β-farnesene)、2-十三酮(2-tridecanone)、柠檬烯环氧化物(1imonene epoxide)、香芹醇(carveol)、佛手柑油烯(bergamotene)、莰烯(camphene)、β-水芹烯(β-phellandrene)、(1*S*)-6,6-二甲基-二乙基-双环[3.1.1]-庚烷{(1*S*)-6,6-dimethyl-2-diethyl-bicyclo[3.1.1]-heptane}、(*E*)-3,7-二甲基-1,3,6-辛三烯[(*E*)-3,7-dimethyl-1,3,6-octatriene]、6,6-二甲基-双环[3.1.1]庚-2-烯{6,6-dimethyl-bicyclo[3.1.1]hept-2-ene}、(*E*)-3,7-二甲基-2,6-辛二烯-1-醇-丙酸酯[(*E*)-3,7-dimethyl-2,6-octadien-1-ol-propanoate]、(*Z*)-3,7-二甲基-1,3,7-辛三烯[(*Z*)-3,7-dimethyl-1,3,7-octatriene]、1,4-双亚甲基-环己烷[1,4-bis(methylene)-cyclohexane]、3-丙基-环己烷(3-propyl-cyclohexane)、反式-3,5-二甲基-1,6-辛二烯(*trans*-3,5-dimethyl-1,6-octadiene)、(*R*)-3,7-二甲基-6-辛烯醛[(*R*)-3,7-dimethyl-6-octenal]、4,6,6-三甲基-双环[3.1.1]庚-3-烯-2-醇{4,6,6-trimethyl-bicyclo[3.1.1]hept-3-en-2-ol}、3-甲基-2-丁烯醛(3-methyl-2-butenal)、5-甲基-2-(1-甲基乙烯基)-环己酮[5-methyl-2-(1-methylvinyl)-cyclohexanone]、3,7-二甲基-2,6-辛二烯醛(3, 7-dimethyl-2,6-octadienal)、3, 7-二甲基-2,6-辛二烯-1-醇(3, 7-dimethyl-2,6-octadien-l-ol)、2,6-二甲基-6-(4-甲基-3-戊烯基)-双环[3.1.1]庚-2-烯{2,6-dimethyl-6-(4-methyl-3-pentenyl)-bicyclo[3.1.1]hept-2-ene}、石竹烯(caryophyllene)、6-甲基-5-庚烯-2-酮(6-methyl-5-hepten-2-one)、柠檬烯(1imonene)、胡椒酮(piperitenone)、香茅烯(citronellene)、顺式-香芹醇(*cis*-carveol)、反式-香芹醇(*trans*-carveol)、古芸烯(gurjunene)、葎草烯(humulene)、α-芹子烯(α-selinene)、δ-芹子烯(δ-selinene)、α-红没药烯(α-bisabolene)、β-红没药烯(β-bisabolene)、α-杜松醇(α-cadinol)、丁酸香叶酸

(geranyl butyrate)、2-十四醇(2-tetradecanol)、异香橙烯(isoaromadendrene)、芹子-6-烯-4-醇(selina-6-en-4-ol)、2-十五烷酮(2-pentadecanone)等，其中主要香气成分是柠檬醛(citral)和橙花醛(neral)等[1-4]。

感官特性 香茅精油具甜润香气、易挥发，留香时间短，口感甜润舒适。

应用情况 香茅油用于饮料、糕点、糖果的加香。

管理及参照标准 香茅[*Cymbopogon citratus*(DC.)Srapf]油 FEMA 2308；Nat 1；IOFI；FDA 182.20；COE 39；CAS 8000-29-1 等。

参考文献

[1] 刘家欣，蒋剑波，杨朝霞，等．毛细管气相色谱-质谱法研究香茅油化学成分[J]．吉首大学学报(自然科学版)，1998，19(3)：43-45.

[2] 陈集双，彭崇胜，杜琪珍，等．香茅叶挥发油化学成分的研究[J]．中国药学杂志，2000，35(7)：32.

[3] 程必强，许勇，喻学俭，等．六种香茅属植物资源及精油成分[J]．香料香精化妆品，1994，3(3)：6-10.

[4] 王勇，赖伟勇，魏娜．GC-MS 分析海南香茅挥发油成分[J]．中国实验方剂学杂志，2012，18(4)：132-134.

白 土 苓

别　　名 短柱肖菝葜。

英文名称 Clay Ling。

植物学名 *Heterosmilax yunnanensis Gagn.* 。

植物科属 百合科 肖菝葜属。

品种来源 白土苓 *Heterosmilax yunnanensis Gagn.* 的干燥根状茎。

形态特征 白土苓，百合科肖菝葜属攀援灌木植物，表面光滑；叶柄长约3cm，卷须和狭鞘。约30朵花集成伞形花序；总花梗长近2cm；叶呈卵形或近三角形状披针形，革质，先端呈心形状短尖，基部近圆形，约6条主脉，背面隆起，网状支脉，正、背两面明显；托球形花序；花梗长约2cm；雄花被筒呈长椭圆形，长约6.5mm，宽约3.0mm，3枚钝齿着顶端；约9枚雄蕊，花丝长约3.5mm，较花药长，基部合生成一短柱状体；花药卵形，长约1.1mm；雌花被筒呈卵圆形，长约3.5mm，宽约3.2mm，3枚钝齿着顶端，约6枚雄蕊退化；卵形子房。小枝具明显稜。果实圆形，淡紫色，长约7mm，宽8mm。花期近4~5月，果期近9~10月。

主要分布 广西、贵州、云南、四川、湖北等地。

利用部位 干燥根状茎。

理化特性 由水蒸气蒸馏法得到的挥发油是淡黄色液体。

香气成分 白土苓精油的香气成分有：

乙醛(acetaldehyde)、乙醇(ethanol)、甲酸乙酯(ethyl formate)、乙基异丙基醚(ethyl isopropyl ether)、甲酸(formic acid)、醋酸乙酯(ethyl acetate)、醋酸

(acetic acid)、乙基正丁基醚(ethyl *n*-butyl ether)、吡啶(pyridine)、1-戊醇(1-pentanol)、正己醛(*n*-hexanal)、二甲苯(xylene)、1-己醇(1-hexanol)、α-呋喃甲醛(α-furaldehyde)、乙苯(ethylbenzene)、2-呋喃基甲基酮(2-furyl methyl ketone)、戊酸(pentanoic acid)、(*Z*)-2-庚烯醛[(*Z*)-2-heptenal]、苯甲醛(benzaldehyde)、5-甲基-2-糠醛(5-methyl-2-furfural)、1-辛烯-3-醇(1-octen-3-ol)、癸烷(*n*-decane)、己酸(hexanoic acid)、2-戊烷基呋喃(2-pentyl furan)、2-辛酮(2-octanone)、苯乙醛(phenylacetaldehyde)、顺式-里哪醇氧化物(*cis*-linalool oxide)、反式里哪醇氧化物(*trans*-linalool oxide)、壬醛(nonanal)、庚酸(heptanoic acid)、苯乙腈(benzyl cyanide)、正十二烷(*n*-dodecane)、壬酸(nonanoic acid)、癸酸(decanoic acid)、正十五烷(*n*-pentadecane)、月桂酸(*n*-dodecanoic acid)、肉豆蔻醛(tetradecanal)、辛酸(octanoic acid)、正癸醛(*n*-decanal)、*N*-苯基苯胺(*N*-phenylbenzenamine)、十四烷酸(tetradecanoic acid)、十五烷酸甲酯(methyl pentadecanoate)、十五烷酸(pentadecanoic acid)、十六烷酸甲酯(methyl hexandecanoate)、十六烷酸(hexadecanoic acid)、十七烷酸(heptadecanoic acid)、邻苯二甲酸二丁酯(dibutyl phthalate)、亚油酸甲酯(methyl linoleate)、亚油酸(linoleic acid)和十八烷酸(octadecanoic acid)等，其中主要香气成分是十六烷酸[1]。

感官特性 白土苓精油具清甜果香，口感甜润舒适。

应用情况 有清热、除湿、解毒、通利关节之功能，临床用于湿热淋浊。

参考文献

[1] 张思巨，潘炯光. 白土苓挥发性成分的 GC-MS 分析[J]. 中国中药杂志，1999，24(12)：740-742.

铁苋菜

别　　名 蚌壳草、海蚌含珠。

英文名称 Copperleaf。

植物学名 *Acalypha australis* Linn.。

植物科属 大戟科　铁苋菜属。

品种来源 铁苋菜 *Acalypha australis* Linn. 的叶片。

形态特征 铁苋菜，大戟科铁苋菜属，一年生草本植物，株高约 0.5m，茎直立或斜生，分枝多、小枝细长，被贴细柔毛。长卵形膜质叶，长约 6cm，宽约 3cm，宽披针形，顶端短尖，基部呈楔形，边缘钝锯齿，正面无毛，背面沿中脉具细柔毛；约 3 条基脉，约 3 对侧脉；叶柄长短细柔毛，约 3cm；披针形托叶，长约 1.6mm，短经，细柔毛。雌雄花同序，花序常腋生，少顶生，长约 3cm，约 1.5cm 花序梗长，短毛花序轴，约 2 枚雌花苞片，心形卵状，花后增大，长约 2.1cm，宽约 1.4cm，三角齿状边缘，外面具掌状脉细柔毛，3 朵雌花苞腋；无花梗；雄花于花序上部，穗状或头状排列，卵形雄花苞片，长约 0.4mm，6 朵雄花苞腋，簇生；花梗长约 0.5mm；雄花蕾无毛近圆形，或卵形，4 枚裂片花萼，长约0.5mm；约8枚雄蕊；雌花3枚萼片，卵形，长约0.6mm，细柔毛；子房具细柔毛，3枚花柱，长约2mm。蒴果径约4mm，具3个分果，果皮具细柔生毛和毛基变厚瘤体；卵状种子，长约1.6mm。花果期11～12月。

主要分布 分布于我国安徽、湖南、湖北、江苏、云南、贵州、广东、广西、四川、陕西等地区。

利用部位 叶片。

香气成分 铁苋菜精油香气成分有：

柠檬烯(limonene)、芳樟醇(linalool)、龙脑(borneol)、棕榈酸乙酯(ethyl palmitoleate)、松油醇-4(terpineol-4)、α-松油醇(α-terpineol)、百里香酚甲酯(thymol methyl ester)、α-雪松醇(α-cedrol)、γ-石竹烯(γ-caryophyllene)、紫苏醇(perilla alcohol)、古巴烯(copaene)、吉玛烯(germacrene)、佛手柑油烯(bergamotene)、α-金合欢烯(α-farnesene)、雪松烷酮(cedranone)、δ-杜松烯(δ-cadinene)、金合欢醇(farnesol)、石竹烯氧化物(caryophyllene oxide)、植醇(phytol)、肉豆蔻酸乙酯(ethyl myristate)和植物蛋白胨(phytone)等，其主要成分是乙酸龙脑酯(bornyl acetate)等[1,2]。

感官特性 铁苋菜精油具花甜香，口感甜润舒适。

应用情况 可用于日化产品、化妆品的加香。在医药上中具有清热解毒的功效。

参考文献

[1] 王晓岚，邹多生，王燕军，等. 铁苋菜挥发性成分的GC-MS分析[J]. 药物分析杂志，2007，26(10)：1423-1425.
[2] 王晓岚，郁开北，彭树林. 铁苋菜地上部分的化学成分研究[J]. 中国中药杂志，2008(12)：1415-1417.

芫 荽

别　　名 香菜、胡荽、延荽、香荽。

英文名称 Coriander。

植物学名 *Coriandrum sativum* Linn.。

植物科属 伞形科　芫荽属。

品种来源 芫荽 *Coriandrum sativum* Linn. 成熟果实、茎叶及种子。

形态特征 芫荽，伞形科芫荽属，一年生草本植物，株高约50～60cm，具细长、纤维状根，直立茎。互生叶和带粉红或淡紫色或白色小花，花期约在6～7月。果实圆形，成熟的果实具有一种温和、愉快香气。我国栽培甚为广泛。

主要分布 芫荽原产于印度尼西亚和马达加斯加岛。我国广东东部、海南北部、广西西南部及云南南部有引种。

利用部位 成熟的果实(种子)。

理化特性 将果实碾碎后用水蒸气蒸馏来提取精油。得率约为1%。无色至淡黄色澄清流动液体，具有芫荽所特有的辛香香气，近似于芳樟醇的香气。芫荽精油理化参数如下表所示。

表 芫荽精油理化参数

理化参数	芫荽果精油	芫荽籽精油
颜色	无色至淡黄色的、澄清的流动液体	棕黄色液态油树脂
相对密度(20℃)	0.863～0.876	—
折光指数(20℃)	1.461～1.470	—
旋光度(20℃)	5°～13°	—
溶解度	1∶8溶于65%乙醇	—
酸值	5～22	—
含醇量(按芳樟醇计)	>65%	—

香气成分 芫荽果精油香气成分[1-5]有：

①主要成分：芳樟醇(linalool)。

②其他成分：柠檬烯(limonene)、1,4-桉叶素(1,4-cineole)、1,8-桉叶素(1,8-cineole)、*Z*-2-乙烯基-2-甲基-5-(1-羟基-1-甲基乙基)-四氢呋喃[*Z*-2-vinyl-2-methyl-5-(1-hydroxy-1-methylethyl)-tetrahydrofuran]、异龙脑(isoborneol)、乙酸龙脑酯(bornyl acetate)、*E*-2-乙烯基-2-甲基-5-(1-羟基-1-甲基乙基)-四氢呋喃[*E*-2-vinyl-2-methyl-5-(1-hydroxy-1-methylethyl)-tetrahydrofuran]、罗勒烯(ocimene)、桃金娘烯醇(myrtenol)、二氢-2-樟脑烯醇(dihydro-2-camphenol)、乙酸异龙脑酯(isobornyl acetate)、α-松油醇(α-terpineol)、d-葑酮(d-fenehone)、香芹醇(carveol)、1-香芹酮(1-carvone)、乙酸桃金娘烯酯(myrtenyl acetate)、檀香醇(santalol)、丙酸松油酯(terpinyl propronate)、丙酸檀香酯(santalyl propronate)、7-羟基芳樟醇(7-hydroxy linalool)、8-羟基芳樟醇(8-hydroxy linalool)、α-蒎烯(α-pinene)、β-蒎烯(β-pinene)、香桧烯(sabinene)、月桂烯(myrcene)、对伞花烃(*p*-cymene)、莰烯(camphene)、龙脑(borneol)、樟脑(camphor)、松油醇-4(terpineol-4)、香茅醇(citronellol)、香叶醇(geraniol)、癸醛(decanal)、2-癸烯醛(2-decenal)、乙酸香茅酯(citronellyl acetate)、乙酸橙花酯(neryl acetate)、乙酸香叶酯(geranyl acetate)、β-石竹烯(β-caryophyllene)、2-十二烯醛(2-dodecenal)和γ-榄香烯(γ-elemene)等。

芫荽籽精油香气成分有：

①主要成分：芳樟醇(linalool)。

②其他成分：α-蒎烯(α-pinene)、莰烯(camphene)、β-蒎烯(β-pinene)、月桂烯(myrcene)、α-水芹烯(α-phellandrene)、对伞花烃(*p*-cymene)、柠檬烯(1imonene)、γ-松油烯(γ-terpinene)、芳樟醇氧化物(1inalool oxide)、α-香芹醇(α-carveol)、香叶醇(geraniol)、樟脑(camphor)、反式-香桧烯(*trans*-sabinene)、α-松油烯(α-terpinene)、癸醛(decanal)、乙酸橙花酯(neryl acetate)、(*Z*)-2,7-

二甲基-5-炔-3-辛烯[(*Z*)-2,7-dimethyl-5-yen-3-octene]、δ-3-蒈烯(δ-3-carene)、α-小茴香烯(α-fenchene)、龙脑(borneol)、月桂醛(dodecanal)、1-苯氧基-2-丙酮(1-phenoxy-2-propanone)、丙酸芳樟酯(linalyl propionate)、3-甲基-2,3-二氢-呋喃(3-methyl-2,3-dihydro-furan)、(*Z*)-2-癸烯醛[(*Z*)-2-decenal]、桃金娘烯乙酸酯(myrtenyl acetate)、(*E*)-2-辛烯醛[(*E*)-2-octenal]、1-甲基-(1-甲基乙烯基)-环己烯[1-methyl-(1-methylvinyl)-cyclohexene]、十三醛(tridecanal)、反式-2-十二烯醛醇(*trans*-2-dodecenal)、4-甲基-双环[3.1.0]庚烷{4-methyl-bicyclo[3.1.0]heptane}、2-蒈烯(2-carene)、3,7-二甲基-1,3,6-辛三烯(3,7-dimethyl-1,3,6-octatriene)、3,7-二甲基-1,3,7-辛三烯(3,7-dimethyl-1,3,7-octatriene)、4-蒈烯(4-carene)、1,7,7-三甲基-双环[2.2.1]庚烷-2-酮{1,7,7-trimethyl-bicyclo[2.2.1]heptan-2-one}、3,7-二甲基-2,6-辛二烯-1-醇(3, 7-dimethyl-2,6-octadien-1-ol)、十一醛(undecanal)、顺式-2,6-二甲基-2,6-辛二烯(*cis*-2,6-dimethyl-2,6-octadiene)、石竹烯(caryophyllene)和2-亚甲基-环戊醇(2-methylene-cyclopentane)等。

芫荽茎叶精油香气成分有:

①主要成分:已酸乙酯(ethyl hexanoate)、2-环已烯-1-醇(2-cyclohexen-1-ol)。

②其他成分:甲苯(toluene)、丁酸乙酯(ethyl butyrate)、3-已烯-1-醇(3-hexe-1-ol)、苯乙烷(ethylbenzene)、柠檬烯(limonene)、1,3-二乙基-苯(1,3-diethyl-benzene)、反式-脱氢萘(*trans*-decahydro-naphthalene)、十一烷(undecane)、樟脑(camphor)、对二甲苯(*p*-xylene)、壬烷(nonane)、1-乙基-2-甲基-苯(1-ethyl-2-methyl-benzene)、3-已烯乙酸酯(3-hexen acetate)、对伞花烃(*p*-cymene)、2-甲基-已酸丙酯(2-methyl-propyl-hexanoate)、丁酸二乙酯(diethyl butyrate)、辛酸乙酯(ethyl caprylate)、十二烷(dodecane)、癸醛(decanal)、2-甲基-已酸丁酯(2-methyl-butyl caproate)、2-癸烯(2-dodecene)、已酸戊酯(amyl caproate)、壬酸乙酯(ethyl pelargonate)、十三烷(tridecane)、十二醛(dodecanal)、γ-榄香烯(γ-elemene)、2,6-二(1,1-甲基乙基)苯[2,6-bis(1,1-methylethyl)-benzene]、2-十二烯醛(2-dodecenal)、9-十二烯醇(9-dodecenol)、十一酸乙酯(ethyl undecanoate)、十五烷(pentadecane)、2-亚甲基-环戊醇(2-methylene-cyclopentanol)、1-甲丙基-甲基丁二酯(1-methylpropyl-methyl butydirate)、十一醛(undecanal)、2-辛烯醛(2-octenal)、十四烷(tetradecane)、十六烷(hexadecane)、癸烯-1-醇(decen-1-ol)、2-环已烯-1-醇(2-cyclohexen-1-ol)、1,13-十四碳二烯(1,13-tetradecadiene)、十七烷(heptadecane)、2,6,10,14-四甲基十五烷(2,6,10,14-tetramethyl pentadecane)、3,5-二叔丁基-4-羟基苯甲醛(3,5-ditertbutyl-4-hydroxy benzaldehyde)、1-乙烯基环十二醇(1-vinyl cyclododecanol)、十八烷(octadecane)、2,6,10,14-四甲基十六烷(2,6,10,14-tetramethyl hexadecane)、十九烷(nonadecane)、2-甲基二十烷(2-methyl eicosane)、2,6,10-三甲基十五烷(2,6,10-trimethyl pentadecane)、二十一烷(heneicosane)、2,6,10,14-四甲基十九烷(2,6,10,14-tetramethyl nonadecane)、9-二十三烯(9-tricosene)、2,6,10,14-四甲基十

七烷(2,6,10,14-tetramethyl heptadecane)、二十二烷(docosane)、二十烷(eicosane)、二十四烷(tetracosane)、二十六烷(hexacosane)、3,8-二甲基癸烷(3,8-dimethyl decane)、1-二十六醇(1-hexacosanol)、1-二十二烯(1-docosene)、乙基环二十二烷(ethyl cyclodocosane)、二十五烷(pentacosane)、4-甲基二十二烷(4-methyldocosane)、二十三烷(tricosane)、环二十四烷(cyclotetracosane)、3-甲基十八烷(3-methyl octadecane)、三十六烯(squalene)、二十九烷(nonacosane)、1,3,5-三甲基苯(1,3,5-trimethyl benzene)、1-辛烯-3-醇(1-octen-3-ol)、5-已烯-1-醇(5-hexen-1-ol)、苯乙醛(phenylacetaldehyde)、壬醛(nonanal)、萘(naphthalene)、苯并噻唑(benzothiazole)、环十二烯(cyclododecene)、2-癸烯醛(2-decenal)、环癸烷(cyclodecane)、2-甲基萘(2-methyl naphthalene)、2-甲氧基-4-乙烯基苯酚(2-methoxy-4-vinyl phenol)、3-烯丙基-6-甲氧基苯酚(3-allyl-6-methoxy-phenol)、2-壬烯-1-醇(2-nonen-1-ol)、十一醇(undecanol)、十三醛(tridecanal)、反式-2-癸烯-1-醇(*trans*-2-undecen-1-ol)、十二醇(dodecanol)、(1*R*)-α-蒎烯[(1*R*)-α-pinene]、十五烯(pentadecene)、十五醛(pentadecanal)、十四醛(tetradecanal)、2-十三烯-1-醇(2-tridecen-1-ol)、2,6,10,14-四甲基十五烯(2,6,10,14-tetramethyl-pentadecene)、蒽(anthracene)、1-乙烯基-环十二醇(1-ethenyl cyclododecanol)、十六醛(hexadecanal)、(*Z*)-9-十四碳烯醛[(*Z*)-9-tetradecenal]、二丁基邻苯二甲酸酯(dibutyl phthalate)、二十烷基环已烷(eicosan cyclohexane)、1,54-二溴五十四烷(1,54-dibromo tetrapentacontane)、1-溴十八烷(1-bromo octadecane)、正十五烷基环已烷(n-pentadecyclohexane)、1-(1,5-二甲已基)-4-(4-甲戊基)环已烷[1-(1,5-dimethylhexayl)-4-(4-methylpentyl) cyclohexane]、9-甲基十九烷(9-methyl nonadecane)、辛基环已烷(octyl cyclohexane)、1,2-十八烷氧基乙醇(1,2-octadecyloxy ethanol)、十九烯(nonadecene)、二十七烷(heptacosane)、异三十烷(squalane)、二十八烷(octacosane)、十三烷二醛(tridecanedial)、二十六醇(hexacosanol)、3-二十烯(3-etcosene)、三十烷(triacontane)、1-溴二十二烷(1-bromodocosane)、1,7,11-三甲基-4-(1-甲基乙基)环十四烷[1,7,11-trimethyl-4-(1-methylethyl) cyclotetradecane]和三十一烷(hentriacontane)等。

感官特性 芫荽精油具似芳樟醇的清香和甜木香，亦有似香菜和铃兰样香气，还有些橙花、茉莉、胡椒香。香气透发，但留香不长。香味柔甜而辛，微有辣口感。

应用情况 在我国，多利用幼嫩小苗作为调味芳香蔬菜，北方常用较大的苗作食用。在日用香精中微量即有提调香气的效应。

在苏联，大量芫荽子精油已用来单离芳樟醇。种子经提取精油后，仍可提出脂肪油，用于制造油酸和肥皂。

干品、酊剂和膏体提取物广泛用于酒类和饮料的加香；干品也用于咖喱食品和腌肉的配方。

全草或成熟果实可入药。

管理及参照标准 芫荽(*Coriandrum sativum* L.)及其精油：FEMA 2333，2334；FDA 182.10，182.20；IOFI；GB 2；CAS 8008-52-4；COE 154；Nat 1；

FCC Ⅲ；ISO 3516；RIFM；GRAS(Ⅰ)，(Ⅱ)。

参考文献

[1] 李锋，解成喜，范维刚，等．气相色谱-质谱法分析芫荽籽挥发油化学成分[J]．质谱学报，2005，26(2)：105-107.

[2] 任安祥，何金明，肖艳辉，等．不同品种芫荽籽的精油含量与成分分析[J]．时珍国医国药，2006，17(10)：1867-1868.

[3] 高玉国，李铁纯，侯冬岩．芫荽籽中挥发性成分的 GC/MS 分析[J]．粮食与食品工业，2003，4(4)：59-61.

[4] 李锋，解成喜，范维刚，等．气相色谱-质谱法分析芫荽籽挥发油化学成分[J]．质谱学报，2005，26(2)：105-107.

[5] 李列，熊国玺，喻世涛，等．芫荽子超临界 CO_2 萃取及其成分分析[J]．香料香精化妆品，2014(1)：5-7.

薄　荷

别　　名　鱼香草、水益母、水薄荷、土薄荷、接骨草。

英文名称　Corn mint。

植物学名　*Mentha haplocalyx* Briq.。

植物科属　唇形科　薄荷属。

品种来源　薄荷 *Mentha haplocalyx* Briq. 的茎叶。

形态特征　薄荷，唇形科薄荷属，多年生草本植物，株高约在 50cm，直立茎，多分枝。叶片披针形椭圆状，叶长约 6cm，宽约 2cm，锐尖，基部近圆形，侧脉约 6 对，叶柄长约 10mm。轮伞花序，球形，花梗细，长约 3mm，被柔毛。钟形管状花萼，长约 3mm，外被柔毛，内无毛，钻形，锐尖，长约 1mm。紫色花冠，长约 3mm，雄花蕊 4，长约 4mm，花蕊伸出于花冠之外，花丝无毛、丝状，卵圆形花药。花柱比雄蕊略长，裂片钻形，平顶花盘。卵圆形坚果，深棕色。花期约在 8～9 月，果期约在 9～10 月。

主要分布　薄荷主要分布在东南亚等亚热带地区，如日本、中国、越南等国家。中国的广西、贵州、湖北、湖南、广东、云南、四川等地的山坡下、沟边、坡地、路旁阴湿处或有栽培。

利用部位　薄荷茎叶。

理化特性　薄荷精油是将果茎用水蒸气蒸馏而得，是一种淡黄色液体，得率约 0.4%。

理化参数　薄荷精油理化参数如下表所示。

表　薄荷精油理化参数

理化参数	薄荷精油
相对密度(20℃)	0.8891～0.9082

续表

理化参数	薄荷精油
折射率(20℃)	1.4553～1.4666
旋光度(20℃)	-17°22′～-24°10′
总含醇量%(以薄荷醇)	≥52
溶解度	全溶于95%的乙醇中

香味成分 薄荷精油的香气成分为：

α-蒎烯(α-pinene)、4-亚甲基-1-(1-甲基乙基)-双环[3.1.0]己烷{bicyclo[3.1.0]hexane，4-methylene-1-(1-methylethyl)}、β-蒎烯(β-pinene)、β-月桂烯(β-myrcene)、3-辛醇(3-octanol)、柠檬烯(limonene)、5-甲基-2-(1-甲基乙烯基)-环已酮[cyclohexanone，5-methyl-2-(1-methylethenyl)]、薄荷醇(menthol)、对-孟-1-烯-8-醇(*p*-menthylen-8-ol)、异胡薄荷醇(isopulegol)、2*S*-反式-5-甲基-2-(1-甲基乙烯基)-环已酮[cyclohexanone，5-methyl-2-(1-methylethenyl)-，(2*S*-*trans*)]、α,α,4-三甲基-3-环已烯-1-甲醇(3-cyclohexene-1-methanol，α,α,4-trimethyl)、正戊酸-顺-3-已烯酯(n-valeric acid，*cis*-3-hexenyl ester)、胡薄荷酮(pulegone)、2-异丙基-5-甲基-3-环已烯-1-酮(3-cyclohexen-1-one，2-isopropyl-5-methyl)、十氢-3a-甲基-6-亚甲基-1-(1-甲基乙基)-环丁[1,2,3,4]二环戊烯{cyclobuta[1,2,3,4]dicyclopentene，decahydro-3a-methyl-6-Methylene-1-(1-methylethyl)}、石竹烯(caryophyllene)、2-异丙基-5-甲基-3-环已烯-1-酮(3-cyclohexen-1-one，2-isopropyl-5-methyl)、[*S*-(*E*，*E*)]-1-甲基-5-亚甲基-8-(1-甲基乙基)-1,6-环癸二烯{1,6-cyclodecadiene，1-methyl-5-methylene-8-(1-methylethyl)-，[*S*-(*E*，*E*)]}、双环大香叶烯(bicyclogerm acrene)、β-榄香烯(β-elemene)、(1*S*-顺)-1,2,3,5,6,8,a-六氢-4,7-二甲基-1-(1-甲基)-[naphthalene，1,2,3,5,6,8a-hexahydro-4,7-dimethyl-1-(1-methylethyl)、(1*S*-*cis*)]、十氢-1,1,7-三甲基-4-亚甲基-1*H*-环丙基[*e*]甘菊环-7-{1*H*-cycloprop[*e*]azulen-7-ol，decahydro-1,1,7-trmiethyl-4-methylene}、n-十六酸(n-hexadecanoic acid)、叶绿醇(phytol)、(*Z*，*Z*)-9,12-十八碳二烯[9,12-octadecadienoic acid(*Z*，*Z*)]等。其中主要的香气成分为2*S*-反式-5-甲基-2-(1-甲基乙烯基)-环已酮[cyclohexanone，5-methyl-2-(1-methylethenyl)-，(2*S*-*trans*)]、5-甲基-2-(1-甲基乙烯基)-环已酮[cyclohexanone，5-methyl-2-(1-methylethenyl)]、薄荷醇(menthol)和2-异丙基-5-甲基-3-环已烯-1-酮(3-cyclohexen-1-one，2-isopropyl-5-methyl)等[1-3]。

感官特性 薄荷精油具有清凉的芳香香气，透发性强，凉感柔和绵长。

应用情况 薄荷精油是高档日用香精的主要原料，在牙膏、漱口水等卫生用品等中广泛应用，在饮料和口香糖等食品中的应用深受消费者的喜爱。

管理及参照标准 薄荷(*Mentha haplocalyx* Briq.)精油的管理及参照标准见：FDA 172.510；COE 223；IOFI；FEMA 2839；Nat 1；GB 2；FCC Ⅲ；EOA72；RIFM 和 ISO 3714 等。

参考文献

[1] 粱呈元，李维林，张涵庆，等．薄荷化学成分及其药理作用研究进展[J]．中国野生植物资源，2003，22(3)：9-12.

[2] 安秋荣，郭志峰，彭玉谦．夏、秋季薄荷挥发油成分的对比研究[J]．河北大学学报(自然科学版)，2000，20(4)：351-354.

[3] 杨莉，于生，丁安伟，等．GC-MS联用技术分析鉴定薄荷中挥发性成分[J]．现代中药研究与实践，2009(2)：22-24.

地 枫 皮

别　　名　追地风、钻地风、地风。

英文名称　cortexillicii。

植物学名　*Illicium difengpi* K. L. B. et K. I. M.。

植物科属　木兰科 八角属。

品种来源　八角科植物地枫皮 *Illicium difengpi* K. L. B. et K. I. M. 的皮。

形态特征　地枫皮，木兰科八角属，绿色小灌木，株高约30cm，树皮具纵皱纹呈棕褐色，质松脆、易折断，断面呈颗粒性，具芳香；嫩枝呈棕褐色。约4片叶常集生于枝顶；叶柄粗，柄长约2cm；革质叶片、具光泽，披针状，长卵形椭圆状，长约13cm，宽约5cm，先端短尖，基部呈楔形，全缘，边缘略向背面反转。腋生淡红色花；花梗长约1cm；花被片约16枚，也有花被片达20枚，最大一片呈宽椭圆形，长约1.5cm，宽约1cm；雄蕊约20，蕊长约4mm；心皮轮状排列、离生、约为13。果10，尖头弯曲，长约5mm，果梗长约2mm。花期约4～5月，果期约8～9月。

主要分布　分布于湖南、四川、湖北、贵州和广西等省区，黑龙江、河北、山西等地也产。

利用部位　皮。

理化特性　经水蒸气蒸馏提取得到，浅黄色澄清液体。地枫皮精油理化参数如下表所示。

表　地枫皮精油理化参数

理化参数	地枫皮油
颜色	浅黄色澄清液体
树皮挥发油含量(25/25℃)	0.05%
折射率(20℃)	1.4948

香气成分　地枫皮精油的香气成分有：

黄樟脑(safrole)、芳樟醇(1inaloo1)、α-蒎烯(α-pinene)、β-蒎烯(β-pinene)、莰烯(camphene)、1,8-桉叶素(1,8-cineole)、樟脑(camphor)、乙酸龙脑酯(bornyl acetate)、香桧烯(sabinene)、α-松油烯(α-terpinene)、柠檬烯

(limonene)、蒈烯(carene)、γ-松油烯(γ-terpinene)、异松油烯(terpinolene)、龙脑(borneo1)、月桂烯(myrcene)、三环烯(tricyclene)、α-松油醇(α-terpineo1)、荜澄茄烯(cubebene)、β-榄香烯(β-elemene)、甲基丁香酚(methyl eugeno1)、异石竹烯(isocaryophyllene)、石竹烯(caryophyllene)、α-葎草烯(α-humulene)、香橙烯(aromadendrene)、γ-依兰烯(γ-muurolene)、γ-杜松烯(γ-cadinene)、δ-杜松烯(δ-cadinene)、芹子烯(selinene)、肉豆蔻醚(myristicin)、榄香素(elemicin)、橙花叔醇(nerolidol)、γ-杜松醇(γ-cadinol)、4-蒈烯(4-carene)、1,7,7-三甲基-三环[2. 2. 1. 01. 6]庚烷{1,7,7-trimethyl-tricyclo[2. 2. 1. 01. 6]heptane}、3,7,7-三甲基-双环[4. 1. 0]庚烷{3,7,7-trimethyl-bicyclo[4. 1. 0]heptane}、β-红没药醇(β-bisabolol)、3-蒈烯(3-carene)、古巴烯(copaene)、松油醇-4(terpineol-4)、1,2-二甲氧基-4-(2-丙烯基)苯[1,2-dimethoxy-4-(2-propenyl)-benzene]、1,2,4A,5,6,8A-六氢-4,7-二甲基-1-(1-甲基乙基)-萘[1,2,4A,5,6,8A-hexahydro-4,7-dimethyl-1-(1-methylethyl)-naphthalene]、1,2,3,4,4A,5,6,8A-八氢-7-甲基-4-甲烯-1-(1-甲基乙基)-萘[1,2,3,4,4A,5,6,8A-octahydro-7-methyl-4-methylene-1-(1-methylethyl)-naphthalene]、1,2,4A,5,8A-六氢-4,7-二甲基-1-(1-甲基乙基)-萘[1,2,4A,5,8A-hexahydro-4,7-dimethyl-1-(1-methylethyl)-naphthalene]和1,2,3,4,4A,7,8,8A-八氢-1,6-二甲基-4-(1-甲基乙基)-萘[1,2, 3, 4, 4A, 7, 8, 8A-octahydro-1,6-dimethyl-4-(1-methylethyl)-naphthalene]等[1-4]。

感官特性 地枫皮精油具果香气，香气丰富，味略甜。

应用情况 可用于治疗风湿性关节炎，但由于黄樟脑有致癌作用，故地枫皮油不宜直接在医药、食品、化妆品等方面使用。

参考文献

[1] 黄平，西正敏．中药地枫皮的化学成分研究[J]．药学学报，1996，31(4)：278-281.
[2] 刘布鸣，田继军．地枫皮，假地枫皮，大八角3种植物挥发油化学成分对比分析[J]．药物分析杂志，1996，16(4)：236-240.
[3] 霍丽妮，李培源，邓超澄，等．广西地枫皮不同部位挥发油化学成分比较[J]．中国实验方剂学杂志，2010(16)：81-84.
[4] 方磊，王家明，庾石山．地枫皮化学成分研究：第十届全国中药和天然药物学术研讨会[C]．洛阳：2009.

厚　朴

别　　名 赤朴、烈朴、厚皮、紫油厚朴。

英文名称 Cortex magnolia offocinalis。

植物学名 *Magnolia officinalis* Rehd. et Wils. 。

植物科属 木兰科　木兰属。

品种来源 厚朴 *Magnolia officinalis* Rehd. et Wils. 的干燥干皮、根皮和枝皮。

形态特征 厚朴，木兰科木兰属落叶乔木植物，株高约20m，树皮呈棕褐色、厚，不裂；小枝呈浅黄色或米黄色，嫩时绢毛；顶芽粗，无毛，锥形长卵状。大叶革质，约8片，枝端聚生，倒卵形椭圆状，长约32cm，宽约15cm，先端短锐尖或钝圆，基部呈楔形，微波状全缘，叶正面光滑无毛、墨绿色，背面浅绿色，被灰白色细柔毛，乳白粉；叶柄长而结实。花乳白色，花径约12cm，芬芳。

主要分布 主要分布在我国甘肃、河南、湖北、陕西、湖南、贵州、广西、浙江等地区。

利用部位 皮、根、花、果实。

理化特性 橄榄色液体。

香气成分 厚朴精油的香气成分有：

β-桉叶醇(β-eudesmol)、三环烯(tricyclene)、α-蒎烯(α-pinene)、莰烯(camphene)、β-蒎烯(β-pinene)、月桂烯(myrcene)、香桧烯(sabinene)、对伞花烃(*p*-cymene)、柠檬烯(limonene)、顺式-芳樟醇氧化物(*cis*-linalool oxide)、1,8-桉叶素(1,8-cineole)、γ-松油醇(γ-terpineol)、芳樟醇氧化物B(linalool oxide B)、芳樟醇(linalool)、葑醇(fenchol)、反式-4-(1-甲基乙基)-2-环已醇[*trans*-4-(1-methylethyl)-2-cyclohexanol]、α-樟脑烯醛(α-campholenic aldehyde)、松油醇-4(terpineol-4)、α-松油醇(α-terpineol)、反式-香芹醇(*trans*-carveol)、顺式-香芹醇(*cis*-carveol)、佳味酚(chavicol)、2-乙基-丙烯醛(2-ethyl-acrylaldehyde)、樟脑(camphor)、龙脑(borneol)、香芹酮(carvone)、薄荷酮(menthone)、百里香酚(thymol)、乙酸龙脑酯(bornyl acetate)、3-甲氧苯基-1-乙酮(3-methoxy-phenyl-1-ethanone)、丁香酚(eugenol)、古巴烯(copaene)、甲基丁香酚(methyl eugenol)、乙酸肉桂酯(cinnamyl acetate)、α-丁香烯(α-clovene)、白菖烯(calarene)、别香橙烯(alloaromadendrene)、雅槛蓝油烯(eremophilene)、石竹烯(caryophyllene)、δ-杜松烯(δ-cadinene)、二氢白菖考烯(calamenene)、δ-芹子烯(δ-selinene)、α-桉叶醇(α-eudesmol)、棕榈酸(palmitic acid)、亚油酸(linoleic acid)、γ-桉叶醇(γ-eudestool)、十四烷酸(tetradecanoic acid)、4-三甲基-3-环已烯-1-甲醇(4-trimethyl-3-cyclohexen-methanol)、1,7,7-三甲基-双环[2.2.1]庚-2-醇乙酸酯{1,7,7-trimethyl-bicyclo[2.2.1]hept-2-ol acetate}、2-异丙烯基-4a,8-二甲基-1,2,3,4,4a,5,6,7-八氢萘(2-isopropenyl-4a,8-dimethyl-1,2,3,4,4*a*,5,6,7-octahydro-naphthalene)、桉叶-4(14),11-二烯[eudesma-4(14),11-diene]、十氢-4a-甲基-1-亚甲基-7-异丙烯基-萘(decahydro-4a-methyl-1-methylene-7-isopropenyl-naphthalene)、1,2,3,4,5,6,7,8-八氢-1,4-二甲基-7-异丙烯基薁[1,2,3,4,5,6,7,8-octahydro-1,4-dimethyl-7-isopropenyl-azulene]、α-依兰烯(α-muurolene)、1,2,3,4,4A,5,6,8a-八氢-7-甲基-4-亚甲基-1-异丙基萘[1,2,3,4,4A,5,6,8a-octahydro-7-methyl-4-methylene-1-isopropenyl naphthalene]、1,2,3,5,6,8a-六氢-4,7-二甲基-1-异丙基-萘[1,2,3,5,6,8a-hexahydro-4,7-dimethyl-1-isopropenyl-naphthalene]、1(10),3,8-杜松三烯[1(10),3,8-cadin-triene]、2-(4,8-二甲基-1,3,7,9-环癸四烯基)-丙-2-醇[2-(4,8-dimethyl-1,3,7,9-cyclodecatetraenyl)-propan-2-ol]、石竹烯醇(caryophyllene alcohol)、石竹烯氧化物(caryophyllene oxide)、4-亚甲基-1-甲基-2-(2-甲基-1-丙烯)-1-乙烯基-环庚烷[4-methylene-1-methyl-2-(2-

methyl-1-propep)-1-vinyl-cycloheptane]、4,5,6,6a-四氢-2(1*H*)-戊二烯酮[4,5,6,6a-tetrahydro-2(1*H*)-pentadienone]、2,3,4,4a,5,6,7,8-八氢-α,α,4α,8-四甲基-2-羟甲基-萘(2,3,4,4a,5,6,7,8-octahydro-α,α,4α,8-tetramethyl-2-hydroxymethyl-naphthalene)、沉香螺萜醇(agarospirol)、1,2,3,3a,4,5,6,7-八氢-1,4-二甲基-7-异丙烯基薁(1,2,3,3a,4,5,6,7-octahydro-1,4-dimethyl-7-isopropenyl-azulene)、十氢-α,α,4α-三甲基-8-亚甲基-2-萘甲醇(decahydro-α,α,4α-trimethyl-8-methylene-2-naphthalene methanol)、1,2,3,4,4a,5,6,8a-八氢-8-四甲基-2-萘甲醇(1,2,3,4,4a,5,6,8a-octahydro-8-tetramethyl-2-naphthalene methanol)、1,6-二甲基-4-异丙基-萘(1,6-dimethyl-4-isopropenyl-naphthalene)、厚朴酚(magnolol)、3-苯基-2-(3′-甲基-1*H*-吲哚-2′-基)-1*H*-吲哚[3-phenyl-2-(3′-methyl-1*H*-indol-2′-yl)-1*H*-indole]、3-甲氧基-雌-1,3,5,7,9-戊烯-17-酮(3-methoxy-estra-1,3,5,7,9-penten-17-one)、5-亚甲基-1,3a,4,5,6,6a-六氢-环戊二烯-1-醇-2,4,6-三甲基-苯甲酸酯(5-methylene-1,3a,4,5,6,6a-hexahydro-cyclopentadien-1-ol-2,4,6-trimethyl-methyl benzoate)和厚朴酚(honokiol)等。其中主要的香气成分有β-桉叶醇(β-eudesmol)等[1-4]。

感官特性 厚朴精油具清凉感、木香香气。

应用情况 厚朴干皮含芳香油，可用于调制香皂用，还可作为化妆品香精。

管理及参照标准 厚朴(*Magnolia officinalis* Rehd. et Wils.)油的管理及参照标准见 CAS 35354-74-6。

参考文献

[1] 李玲玲. 厚朴挥发油化学成分研究[J]. 中草药, 2001,32(8): 17-18.
[2] 殷帅文, 何旭梅, 郎锋祥, 等. 厚朴化学成分和药理作用研究概况[J]. 贵州农业科学, 2007, 35(6): 133-135, 132.
[3] 张忠义, 王桂芳, 雷正杰. 超临界 CO_2 萃取厚朴的主要成分[J]. 中国医院药学杂志, 2001,21(7): 17-18.
[4] 龚范, 梁逸曾, 宋又群, 等. 平胃散挥发性成分的研究(Ⅱ)——厚朴挥发油的 GC/MS 分析[J]. 高等学校化学学报, 2001,22(9): 1481-1485.

广 木 香

别　　名 云木香、青木香、木香。

英文名称 Costus。

植物学名 *Aucklandia lappa* Decne.。

植物科属 菊科 凤毛菊属。

品种来源 广木香 *Aucklandia lappa* Decne. 的根。

形态特征 广木香，菊科凤毛菊属，多年生草本植物，株高约 2m，主根壮粗，直径约为 5cm，直立棱状茎，基部直径约为 2cm，上部生长有稀疏的短柔毛，有的广木香不分枝或上部有分枝。基生叶长有翼柄，翼柄呈圆齿状浅裂，叶片呈三角形，长约 24cm，宽约 26cm，顶端尖，边缘有锯齿，缘长。下部与中部茎叶，有翼的柄或无柄，叶片呈卵形或三角状卵形，长约 50cm，宽约 30cm，边缘有不规则的大或小锯齿状；上部，叶渐渐减小，呈三角形或卵形，无柄或有短翼柄状；叶正面呈褐色、深褐色或褐绿色，被长有稀疏的短糙毛，背面呈绿色，沿脉长有稀疏的短柔毛存在。

单生茎端或枝端的头状花序，或约有 5 个在茎端集成稠密的伞房花序存在。总苞直径约为 4cm，黑色，呈半球形，初长时被蛛呈丝状毛，后长成无毛；总苞片约 7 层，呈长三角形，长约 8mm，宽约 2mm，顶端短针刺状、软骨质渐渐变尖，中层呈披针形或椭圆形状，长约 1.6cm，宽约 3mm，顶端针刺状、软骨质渐渐变尖，内层长椭圆形线状，长约 2cm，宽约 3mm，顶端软骨质针刺头短渐渐变尖；全部总苞片直立状。小花呈暗紫色，长约 1.5cm，细管部长约 7mm，檐部长约 8mm。三棱状的浅褐色的瘦果，长约 8mm，生有黑色色斑，顶端呈截形，具有锯齿的小冠状。冠毛呈浅褐色、羽毛状、1 层厚，长约 1.3cm。花果期在 7～8 月。

主要分布 原产克什米尔。主要分布云南丽江纳西族自治县、鲁甸等地；四川(峨眉山)、广西、云南(丽江、维西、昆明)、贵州(贵阳、独山)有栽培；陕西秦巴山区引种栽培。

利用部位 干根。

理化特性 干根于水中浸软后，用水蒸气蒸馏提取精油，出油率约为 3%。精油呈苍黄至棕黄色的黏稠液体。广木香精油理化参数如下表所示。

表 广木香精油理化参数

理化参数	广木香精油
相对密度(25℃)	0.998～1.078
折光指数(25℃)	1.573～1.574
旋光度	+13°～+36°
酸值	<46
酯值	96～150
溶解度	1∶0.5 于 90% 乙醇中

香气成分 广木香精油的香气成分为：

α-木香烯(α-costene)、α-木香醇(α-costol)、α-木香酸(α-costic acid)、风毛菊内酯(saussurea lactone)、去氢木香内酯(denydcrostuslactone)、单紫杉烯(aplotaxene)、α 及 β-木香烯(costene)、α 及 β-紫罗兰酮(ionone)、β-芹子烯(β-selinene)、木香内酯(costuslactone)、二氢木香内酯(dihydrocostuslac-tone)、α-木香醇(α-costol)、α-木香酸(α-costicacid)、己醛(hexanal)、莰烯(camphene)、α-侧柏烯(α-thuiene)、α-蒎烯(α-pinene)、β-水芹烯(β-phellandrene)、β-蒎烯(β-pinene)、α-水芹烯(α-phellandrene)、异松油烯(terpinolene)、对伞花烃(*p*-cymene)、柠檬烯(limonene)、4-异丙基-1-甲基-2-环已烯基-1-醇(4-isopropyl-1-

methyl-2-cyclohexen-1-ol)、β-芳樟醇(β-linalool)、L-4-松油醇(L-4-terpineol)、β-榄香烯(β-elemene)、二氢-α-紫罗兰酮(dihydro-α-ionone)、β-石竹烯(β-caryophyllene)、α-紫罗兰酮(α-ionone)、α-佛手柑油烯(α-bergamotene)、香叶基丙酮(geranyl acetone)、α-石竹烯(α-caryophyllene)、τ-芹子烯(τ-selinene)、姜黄烯(curcumene)、石竹烯-(I3)[caryophyllene-(I3)]、β-紫罗兰酮(β-ionone)、β-芹子烯(β-selinene)、1-十五碳烯(1-pentadecene)、α-芹子烯(α-selinene)、4-(2,2,6-三甲基)-双环[4.1.0]庚-1-基-2-丁酮{4-(2,2,6-trimethyl)-bicyclo[4.1.0]hept-1-yl-2-butanone}、α-长叶蒎烯(α-longipinene)、榄香醇(elemol)、橙花叔醇(nerolidol)、4-亚甲基-2,8,8-三甲基-2-乙烯基-双环[5.2.0]壬烷{4-methylene-2,8,8-trimethyl-2-vinyl-bicyclo[5.2.0]nonane}、石竹烯氧化物(caryophyllene oxide)、葎草烷-1,6-二烯-3-醇(humulane-1,6-dien-3-ol)、τ-桉叶醇(τ-eudesmol)、β-桉叶醇(β-eudesmol)、α-桉叶醇(α-eudesmol)、蓝桉醇(globulol)、(*Z*)-6(*Z*)-9-十五碳二烯-1-醇[(*Z*)-6(*Z*)-9-pentadecadieml-ol]、(*Z*)-α-反式-佛手柑油烯醇[(*Z*)-α-*trans*-bergamotol]、土木香内酯(alantolactone)、斯巴醇(spathulenol)、6-(1,3-二甲基-布塔-1,3-二烯基)-1,5,5-三甲基-7-双环[4.1.0]庚-2-烯{6-(1,3-dimethyl-buta-1,3-dienyl)-1,5,5-trimethyl-7-bicyclo[4.1.0]hept-2-ene}、(+,-)-(*E*)-坚果醇[(+,-)-(*E*)-nuciferol]、6,6-二甲基-2-亚甲基-(1*S*)-双环[3.1.1]庚烷{6,6-dimethyl-2-methylene-(1*S*)-bicyclo[3.1.1]heptane}、香橙烯氧化物(aromadendrene oxide)、τ-古芸烯环氧化物(τ-gurjunenep oxide)、脱氢雪莲内酯(dehydrosaussurea lactone)、巴西菊内酯(eremanthin)、7-甲基-4-(1-亚异丙基)-双环[5.3.1]十一碳-1-烯-8-醇{7-methyl-4-(1-methylethylidene)-bicyclo[5.3.1]undec-1-en-8-ol}、1-甲基-4-(1-甲基乙基)-1,4-环己二烯[methyl-4-(1-methylethyl)-1,4-cyclohexadiene]、桉叶-4,11(13)-二烯-8,12-内酯[eudesma-4,11(13)-dien-8,12-lactone]、绒白乳菇二醇(vellerdiol)、邻苯二甲酸二丁酯(dibutyl phthalate)、4-亚甲基-1-(1-甲基乙基)-双环[3.1.0]己烷{4-methylene-1-(1-methylethyl)-bicyclo[3.1.0]hexane}、3,7,7-三甲基-[1*S*-(1d,3d,6d)-]-双环[4.1.0]庚-4-烯-3-醇{3,7,7-trimethyl-[1*S*-(1d,3d,6d)]-bicyclo[4.1.0]ept-4-en-3-ol}、7-二甲基-(*E*)-1,3,6-辛三烯[7-dimethyl-(*E*)-1,3,6-octriene]、1-甲基-4-(1-甲基亚甲基)-环己烯[1-methyl-4-(1-methylmethylene)-cyclohexene]、3,7-二甲基-1,6-辛二烯-3-醇(3,7-dimethyl-1,6-octadien-3-ol)、6-丁基-1,4-环庚二烯(6-butyl-1,4-cycloheptadiene)、α,α,4-三甲基-3-环己烯-1-甲醇(α,α,4-trimethyl-3-cyclohexen-1-methanol)、八氢-3,8,8-甲基-6-亚甲基-[-3*R*-(3a,3αβ,4α,7β,8aα)]-1*H*-3a,7-亚甲基薁{octahydro-3,8,8-trimethyl-6-methylene-[-3*R*-(3a,3αβ,4α,7β,8aα)]-1*H*-3a,7-methanoazulene}、4-亚甲基-1-(1-甲基乙基)-(1α,α,5α)-双环[3.1.0]己-3-醇{4-methylene-1-(1-methylethyl)-(1α,α,5α)-bicyclo[3.1.0]hexan-3-ol}、1,2,3,3a,4,5,6,7-八氢-1,4-二甲基-7-(1-甲基乙烯基)-[1*R*-(1α,3αβ,4α,7β)]-薁{1,2,3,3a,4,5,6,7-octahydro-1,4-dimethyl-7-(1-methylvinyl)-[1*R*-(1α,3αβ,4α,7β)]-azulene}、3,4,4a,5,6,8a-六氢-2,5,5,8a-四甲基-2*H*-1-苯并吡喃(3,4,4a,5,6,8a-hexahydro-2,5,5,8atetramethyl-2*H*-1-benzopyran)、4-甲基-1-(1-甲基乙基)-(*R*)-3-环己烯-1-醇[4-methyl-1-(1-methylethyl)-(*R*)-3-cyclohexen-1-ol]、古巴烯(copaene)、1-乙烯基-1-甲基-2,4-双(1-甲基乙烯基)-[1*S*-(1α,2β,4β)]-环己烷{1-vinyl-1-methyl-2,4-bis(1-methylvinyl)-[1*S*-(1α,2β,4β)]-cyclohexane}、7,11-二甲基-3-亚甲基-(*E*)-1,6,10-十二碳三烯[7,11-dimethyl-3-methylene-(*E*)-1,6,10-dodeca-triene]、2,6-二甲基-6-(4-甲基-3-戊烯基)-双环[3.1.1]庚-2-烯{2,6-dimethyl-6-(4-methyl-3-pentenyl)-bicyclo[3.1.1]hept-2-ene}、4-(2,6,6-三甲基-2-环己烯基)-2-丁酮[4-(2,6,6-trimethyl-2-cyclohexenl-yl)-2-butanone]、1a,2,3,5,6,7,7a,7b-八氢-1,1,7,7a-四甲基-[1a*R*-(1aα,7α,7aα,7bα)]-1*H*-环内[*a*]萘{1a,2,3,5,6,7,7a,7b-octahydro-1,1,7,7a-tetramethyl-[1a*R*-(1aα,7α,7aα,7bα)]-1*H*-cyclopropa[*a*]naphthalene}、4-(2,6,6-三甲基-1-环己烯-1-基)-(*E*)-3-丁烯-2-酮[4-(2,6,6-trimethyl-1-cyclohexen-1-yl)-(*E*)-3-buten-2-one]、6,10-二甲基-(*E*)-5,9-十一碳二烯-2-酮[6,10-dimethyl-(*E*)-5,9-undecadien-2-one]、α-葎草烯(α-humulene)、1,8-二甲基-4-(1-甲基乙烯基)-[1*S*-(1α,4β,5α)]-螺[4.5]癸-7-烯{1,8-dimethyl-4-(1-methylvinyl)-[1*S*-(1α,4β,5α)]-spiro[4.5]dec-7-ene}、2-异丙烯基-4a,8-二甲基-1,2,3,4,4a,5,6,7-八氢化萘(2-isopropenyl-4a,8-dimethyl-1,2,3,4,4a,5,6,7-octahydronaphthalene)、2,6,6,9-四甲基-三环[5.4.0.02.8]十一-9-烯{2,6,6,9-tetramethyl-tricyclo[5.4.0.02.8]undec-9-ene}、1-(1,5-二甲基-4-己烯基)-4-甲基-苯[1-(1,5-dimethyl-4-hexenyl)-4-methyl-benzene]、桉叶-4(14),11-二烯[eudesma-4(14),11-diene]、4-(1,5-二甲基-1,4-己二烯基)-1-甲基-环己烯[4-(1,5-dimethyl-1,4-hexadienyl)-1-methyl-cyclohexene]、4-乙烯基-α,α,4-三甲基-3-(1-甲基乙烯基)-[1*R*-(1α,3α,4β)]-环己烷甲醇{4-vinyl-α,α,4-trimethyl-3-(1-methylvinyl)-[1*R*-(1α,3α,4β)]-cyclohexan methanol}、1,2,3,4,4a,5,6,8a-八氢-4a,8-二甲基-2-(1-甲基乙烯基)-[2*R*-(2α,4aα,8aβ)]-萘{1,2,3,4,4a,5,6,8a-octahydro-4a,8-dimethyl-2-(1-methylvinyl)-[2*R*-(2α,4aα,8aβ)]-naphthalene}、1,2,3,5,6,7,8,8a-八氢-1,4-二甲基-7-(1-甲基乙烯基)-[1*S*-(1α,7α,8aβ)]-薁{1,2,3,5,6,7,8,8a-octahydro-1,4-dimethyl-7-(1-methylvinyl)-[1*S*-(1α,7α,8aβ)]-azulene}、1,2,3,5,6,8a-六氢-4,7-二甲基-1-(1-甲基乙烯基)-(1*S*-顺式)-萘[1,2,3,5,6,8a-hexahydro-4,7-dimethyl-1-(1-methylvinyl)-(1*S*-*cis*)-naphthalene]、二表-α-雪松烯环氧化物(diepi-α-cedreneepoxide)、3,7,11-三甲基-(*E*)-1,6,10-十二碳三烯-3-醇[3,7,11-trimethyl-(*E*)-1,6,10-dodecatrien-3-ol]、1-乙烯基-1-甲基-2,4-双(1-甲基乙烯基)-环己烷[1-vinyl-1-methyl-2,4-bis(1-methylvinyl)-cyclohexane]、细辛脑(asarone)、脱羟基-异菖蒲烯二醇(dehydroxy-isocalamendiol)、苍术醇(hinesol)、十氢-α,α-4-三甲基-8-亚甲基-[2*R*-(2α,4aα,8aβ)]-2-萘甲醇{decahydro-α,α,4-trimethyl-8-methylene-[2*R*-(2α, 4aα, 8aβ)]-2-naphthalene methanol}、(*Z*)-α-反式-佛手柑油烯醇[(*Z*)-α-*trans*-bergamotol]、2-羟基-2-甲基苯乙酸丙酯(2-hydroxy-2-methyl propyl phenyl acetate)、3,7,11-三甲基-2,6,10-十二碳三烯-1-醇(3,7,11-trimethyl-2,6,10-dodecatrien-1-ol)、8-雪松烯-13-醇(8-cedren-13-ol)、*E*(*Z*,*Z*,*Z*)-9,12,15-十八碳三烯-1-醇[*E*(*Z*, *Z*,

Z)-9,12,15-octadecatrien-1-ol]、1,8-二甲基-4-(1-甲基乙基)-螺[4.5]癸-8-烯-7-酮{1,8-dimethyl-4-(1-methylethvl)-spiro[4.5]dec-8-en-7-one}、顺式-α-檀香醇(*cis*-α-santalol)、2-(4a,8-二甲基-1,2,3,4,4a,5,6,7-八氢-2-萘烯)-2-丙烯基-1-醇[2-(4a,8-dimethyl-1,2,3,4,4a,5,6,7-octahydro-2-naphthen)-2-propenyl-1-ol]、1,8-二甲基-8,9-环氧-4-异丙基-螺[4.5]癸烷-7-酮{1,8-dimethyl-8,9-epoxide-4-isopropyl-spiro[4.5]decan-7-one}、3a,4,6a,7,8,9,9a,9b-八氢-6-甲基-3,9-二亚甲基-[3a*S*-(3aα,6aα,9aα,9bβ)]-薁[4,5-b]呋喃-2(3*H*)-酮{3a,4,6a,7,8,9,9a,9b-octahydro-6-methyl-3,9-dimethylene-[3a*S*-(3aα,6aα,9aα,9bβ)]-azulene[4,5-b]furan-2(3*H*)-one}等，其中主要成分是α-木香烯(α-costene)[1-3]。

感官特性 广木香精油具浓郁花甜香气、留香持久。

应用情况 广木香中的香气成分丁香酚，具有杀菌消炎、祛风止痛、消咳祛痰、抗氧化等作用，在止咳祛痰方面具有较好的应用前景。

同时也是漱口水、清凉油和祛风膏等产品的主要原料之一；制成的乳膏可用于治疗寻常型银屑病、异位性皮炎，疗效确切。

制取异丁香酚或合成香草醛的主要原材料之一。

可直接作调料、调味品用于肉制品及焙烤食品的加香。

是配制香料、化妆品及牙膏、肥皂的加香、调味的香料之一。

管理及参照标准 广木香(*Aucklandia lappa* Decne.)油的管理及参照标准参见 FEMA 2336；COE 53；FDA 172.510；IOFI；GB 1；Nat 1；IFRA P；CAS 8023-88-9；FCC Ⅲ；RIFM；EOA 179。

参 考 文 献

[1] 回瑞华，侯冬岩，李铁纯．微波-萃取木香挥发性化学成分的气相色谱-质谱分析[J]．质谱学报，2003，24(4)：471-476.

[2] 梁晟，梁逸曾，李雅文，等．木香挥发性化学成分的气相色谱-质谱分析[J]．广州化学，2008，32(4)：12-17.

[3] 黄好武，施文科，梁晟．川木香挥发性成分的气相色谱-质谱分析[J]．中国医院用药评价与分析，2008，8(9)：675-676.

茼 蒿

别　　名 菊花菜、塘蒿、蒿子秆、同蒿、蓬蒿、蒿菜、蒿子、桐花菜。

英文名称 Crown daisy。

植物学名 *Chrysanthemum coronarium* L.。

植物科属 菊科 茼蒿属。

品种来源 茼蒿 *Chrysanthemum coronarium* L. 的茎、叶。

形态特征 茼蒿，菊科茼蒿属，一、二年生草本植物，株茎高约 60~70cm，不分枝或自中上部分枝，茎无毛或近光滑无毛。叶基生，中下部茎叶呈长椭圆形或呈长椭圆形倒卵状，长约 10cm，无柄，二回羽毛状分裂，侧裂片约 8 对，二回呈半裂或深裂，裂片呈卵状或线状。

主要分布 分布在福建、广东、广西、安徽、广州、海南、河北石家庄、湖北、湖南、吉林、山东、江苏等地。

利用部位 茼蒿的茎、叶。

香气成分 茼蒿精油的香气成分有：

2-己烯醛(2-hexenal)、2-乙基-4-丁醇(2-ethyl-4-butanol)、1*R*-α-蒎烯(1*R*-α-pinene)、莰烯(camphene)、2(10)-蒎烯[2(10)-pinene]、α-蒎烯(α-pinene)、柠檬烯(limonene)、β-蒎烯(β-pinene)、罗勒烯(ocimene)、3,4-二甲基-2,4,6-辛三烯(3,4-dimethyl-2,4,6-octatriene)、甲酸冰片酯(bomeol acetate)、乙酸冰片酯(bomeol acetate)、正十四烷(*n*-tetradecane)、石竹烯(caryophyllene)、1,6,10-十五碳三烯(1,6,10-pentadecatriene)、正十五烷(*n*-pentadecane)、石竹烯(caryophyllene)、大根香叶烯(germacrene)、金合欢烯(α-famesene)、1*H*-3α,7-亚甲基薁(1*H*-3α,7-methanoazulene)、正十六烷(*n*-cetane)、2,6,10-三甲基十六烷(2,6,10-trimethylhexadecane)和正二十烷(*n*-eicosane)等[1-4]。

感官特性 茼蒿精油具有清凉感、丰富的药香香气。

应用情况 茼蒿具健脑、降血压，对咳嗽、痰多、脾胃不和、恢复忆力、便秘均有一定的疗效，是冠心病、高血压等病人的良食。

参考文献

[1] 程霜，崔庆新，牛梅菊．茼蒿挥发油化学成分分析[J]．食品科学，2001,22(4)：68-69.

[2] 翁雪香，邓春晖，宋国新，等．茼蒿挥发性成分的固相微萃取气相色谱-质谱分析[J]．分析测试学报，2003，22(3)：87-89.

[3] 陶晨，杨勤，赵鸿宾，等．野茼蒿的挥发性成分研究[J]．黔南民族医专学报，2012，25(1)：9-10.

[4] 陈宇，陈小勤，许金河，等．GC-MS提取茼蒿中挥发油的工艺条件及成分分析[J]．韶关学院学报，2013，34(8)：42-46.

黄 瓜

别　　名 勤瓜、青瓜、唐瓜、胡瓜、刺瓜、王瓜、吊瓜。

英文名称 cucumber。

植物学名 *Cucumis sativus Linn*。

植物科属 葫芦科　黄瓜属。

品种来源 黄瓜 *Cucumis sativus Linn* 的果实。

形态特征 黄瓜，葫芦科黄瓜属，一年生蔓生或攀援草本植物，茎细长、棱沟，被糙，毛硬、白色。细卷须，须不分歧，白色细柔毛。叶柄，长约15cm；叶片膜质、呈卵状心形，长约15cm、宽约20cm，叶正、背面被糙、硬毛，裂片呈三角状，边缘有缘毛，先端尖或渐尖，基部呈弯缺、小半圆形，宽约3cm，深约2cm，基部有后靠。雄花叶腋簇生；花梗细，长约1cm，被细柔毛；花萼筒狭，呈筒状，长约9mm，密被白色长细柔毛，花萼裂片开展、呈锥形，约与花萼筒等长；花冠呈淡黄白色，长约2cm，花冠裂片呈长圆形披针状，尖；雄蕊近3，花药长约4mm，药隔展出，约1mm。雌花簇生；花梗较壮，被细柔毛，长约2cm；子房粗糙呈纺锤形，有刺状突起。熟果实呈绿色或淡黄色、圆柱状，长约30cm，表面有刺状突起粗糙，近于光滑。种粒细，卵形，乳白色，粒两端急尖，长约8mm。果期于6～7月。

主要分布 分布于菲律宾、印度、越南、马来西亚等地，我国福建、台湾、湖南、江西、广东、广西、四川、云南、贵州有种植。

利用部位 植物的果实。

香气成分 黄瓜的香气成分有：

乙醛(acetaldehyde)、戊醛(pentanal)、环戊醇(cyclopentanol)、2-戊烯醛(2-pentanenol)、己醛(hexanal-2,6-nondienal)、1,3-壬二烯[1,3-nonadiene(*E*)]、2-己烯醛[2-hexenal(*E*)]、2-戊基呋喃(2-pentyl-furan)、1-己醇(1-hexanol)、2,4-己二烯醛[2,4-hexadienal(*E*)]、6-辛烯-2-酮[6-octen-2-one(*Z*)]、2,3-二氢呋喃酮[2,3*H*-dihydro-furanone]、壬醛(nonanal)、6-壬烯醛(6-nonenal)、2,4-庚二烯醛(2,4-hepdienal)、乙酸-2-乙基己酯(acetic acid,2-ethylhexylester)、3-顺-壬烯醇[3-none-1-ol(*E*)]、2-壬烯醛[2-nonenal(*E*)]、1-壬醇[1-none-1-ol(*E*)]、沉香醇(linalool)、6-壬烯醇[6-nonen-1-ol(*E*)]、癸醛(decanal)、2,6-壬二烯醛(2,6-nondienal)、2,顺,6反-壬二烯醛[(*Z*, *E*)2,6-nondienal]、2,4-壬二烯醛(2,4-nondienal)、十一醛(undecanal)、癸酸乙酯(decanoic, acid, ethylester)、反式-石竹烯(*trans*-caryophyllene)、十二醛(tetradecanal)、α-葎草烯(α-humulene)、十三醛(tridecanal)、十四醛(tetradecanal)、2-壬烯醇(2-nonenol)、3,6-壬二烯醇(3,6-nondienol)、2,6-壬二烯醇(2,6-nondienol)、庚酸(heptylate acid)、5-戊基-2(3*H*)二氢呋喃酮[2(3*H*)-furanone, dihydro, 5-pentyl]、壬酸(nonane acid)等，其中主要香气有2-己烯醛[2-hexenal(*E*)]、6-壬烯醛(6-nonenal)、2，顺，6反-壬二烯醛[(*Z*, *E*)2,6-nondienal]和α-葎草烯(α-humulene)等[1,2]。

感官特性 黄瓜具青果香、口感润、味凉。

应用情况 应用于食品(甜味、咸味)、冷饮、饼干、饮料、糕点、冷冻食品、调味品、糖果、炒货、烘焙、乳制品、肉类、鱼类及海产品、酒用、槟榔、饲料等相关行业产品中。

参考文献

[1] 刘春香，何启伟，刘扬岷．黄瓜香气成分的顶空固相微萃取气质联用分析[J]．园艺学报，2002，29(6)：581-583.

[2] 侯冬岩，回瑞华，李学成，等．气相色谱-质谱法分析水果黄瓜中的化学成分[J]．质谱学报，2007，28(2)：78-82.

姜 黄

别　　名 毫命、郁金、黄姜、宝鼎香。

英文名称　Curcuma。

植物学名　*Curcuma longa* Linn.。

植物科属　姜科　姜黄属。

品种来源　姜黄 *Curcuma longa* Linn. 的干燥根茎。

形态特征　姜黄，姜科姜黄属植物，株高约 0.8～1m，根茎很发达，成丛，分枝很多，椭圆形或圆柱状，橙黄色，极香；根粗壮，末端膨大呈块根。叶每株 5～7 片，叶片长圆形或椭圆形，长约 35cm，宽约 16cm，顶端短尖，基部渐狭，绿色，两面均无毛；叶柄长约 30cm。花葶由叶鞘内抽出，总花梗长约 16cm；穗状花序圆柱状，长约 15cm，直径约 6cm；苞片卵形或长圆形，长约 4cm，淡绿色，顶端钝，上部无花的较狭，顶端尖，开展，白色，淡红晕边缘；花萼长约 10mm，白色，具不等的钝 3 齿，被柔毛；花冠淡黄色，管长达 3cm，上部膨大，裂片三角形，长约 1cm，后方的 1 片稍较大，具细尖头；侧生退化雄蕊比唇瓣短，与花丝及唇瓣的基部相连成管状；唇瓣倒卵形，长约 1.5cm，淡黄色，中部深黄，花药无毛，药室基部具 2 角状的距；子房微毛。花期 7～8 月。

主要分布　分布在中国台湾、云南、广西、福建等地；东南亚各国也有分布。

利用部位　干燥根茎。

理化特性　从干燥根茎经水蒸气蒸馏法提取得到的精油，是一种黄色液体，具芳香及辛辣味。姜黄油理化参数如下表所示。

表　姜黄精油理化参数

理化参数	姜黄油
相对密度(25℃)	0.927～0.956
折光指数(25℃)	1.504～1.511
旋光度(25℃)	+4°～+18°

香气成分　姜黄精油的香气成分为：

α-姜黄烯(α-curcumene)、β-红没药烯(β-bisabolene)、α-姜黄酮(α-turmerone)、β-姜黄酮(β-turmerone)、β-倍半水芹烯(β-sesquiphellandrene)、α-佛手柑油烯(α-bergamotene)、莪术烯醇(curcumenol)、(+)-α-红没药醇[(+)-α-bisabolol]、二-表-雪松烯(di-epi-cedrene)、α-氧基红没药烯(α-oxo-bisabolene)、顺式-1,4-二甲基环己烷(*cis*-1,4-dimethylcyclohexane)、异松油烯(terpinolene)、6,6-二甲基-双环[3.1.1]庚-2-烯-乙醇{6,6-dimethyl-bicyclo[3.1.1]hept-2-en-ethanol}、4-氰基-2,2-二甲基-1-亚甲基-环戊烷(4-cyan-2,2-dimethyl-1-methylene-cyclopentane)、石竹烯(caryophyllene)、β-姜黄烯(β-curcumene)、α-荜澄茄烯(α-cubebene)、L-香芹醇(L-carveol)、3,4,5,6-四甲基-2,5-辛二烯(3,4,5,6-tetramethyl-2,5-octadiene)、2-乙烯基-1,3,3-三甲基-环己烯(2-vinyl-1,3,3-trimethyl-cyclohexene)、1-(3-环戊基醛)-2,4-二甲基-苯[1-(3-cyclopen-tylaldehyde)-2,4-dimethyl-benzene]、顺式-双环[3.3.1]酮-2-烯-9-醇{*cis*-bicyclo[3.3.1]-one-2-en-

9-ol}、3-乙基-3-甲基-2-(1-甲基乙烯基)-6-(1-甲基乙基)环已醇[3-ethyl-3-methyl-2-(1-methylvinyl)-6-(1-methylethyl) cyclohexanol]、1,8-桉叶素(1,8-cineole)、吉玛酮(germacrone)和α-古芸烯(α-gurjunene)等，其中主要香气成分是芳姜黄酮(arturnlerone)[1-3]。

感官特性 姜黄精油具有浓郁辛香、口感激辣。

应用情况 作为食用染料、调味剂使用。姜黄具有通经止痛，行气破瘀等功效。

管理及参照标准 姜黄(*Curcuma longa* Linn.)精油的管理及标准参见：CAS 8024-37-1。

参考文献

[1] 夏文娟，肖小河．国产姜黄属植物的化学成分分析[J]．中国中药杂志，1999，24(7)：423-424.
[2] 张萍，张桂芝，樊晴月，等．GC-MS 法分析姜黄饮片挥发油的特征性化学成分[J]．现代中药研究与实践，2008，22(3)：41-44.
[3] 唐课文，陈国斌．气相色谱-质谱法分析姜黄挥发油化学成分[J]．质谱学报，2004，25(3)：163-165.

满山红

别　　名 东北满山红、山崩子。

英文名称 Dahurian Rhodode Leaf。

植物学名 *Rhododendron dauricum* Linn.。

植物科属 杜鹃花科 杜鹃花属。

品种来源 满山红 *Rhododendron dauricum* Linn. 的干燥叶。

形态特征 满山红，杜鹃花科杜鹃花属落叶小灌木植物，株高约 2m，枝轮生，多分枝。叶互生，约长 3cm，全缘。嫩枝具小鳞片和细柔毛。纸质叶或近革质，长椭圆形，长约 3cm，宽约 1.3cm，两端不锐尖，基部钝或近椭圆形，顶端短尖头，正面墨绿色，疏小鳞片，背面绿色，密小鳞片，彼此覆瓦状、接触；叶柄长约 1.5mm，具微毛。具枝端侧生花序或顶生花序，常具花约 2 朵；花芽小鳞片早落；具花梗，长约 0.8cm，微毛；粉红色花，短花萼，先花后叶，外面小密鳞片；宽漏斗状花冠，长约 2cm，外面柔毛；伸出雄蕊约 10 枝，花丝下部细毛；子房密生小鳞片，花柱比雄蕊稍长，光滑。圆柱形小蒴果，长约 1.5cm，鳞片。花期 5～6 月；果期 7～8 月。

主要分布 分布于我国黑龙江、辽宁、吉林、内蒙古、河北等地。

利用部位 干燥叶。

理化特性 满山红精油为浅黄色至黄棕色澄清液体。满山红精油理化参数如下表所示。

表　满山红精油理化参数

理化参数	满山红精油
相对密度(20℃)	0.932～0.945
折光指数(20℃)	1.502～1.524

香气成分　满山红精油的香气成分有：

α-蒎烯(α-pinene)、β-蒎烯(β-pinene)、葎草烯(humulene)、愈创木烯(guaiene)、芹子烷(selinane)、柠檬烯(1imonene)、莰烯(camphene)、1-甲基-(2)异丙苯[1-methyl-(2)isopropylbenzene]、环葑莰烯(cyclofenchene)、葎草烷(humulane)、1-柠檬烯(1-limonene)、1-甲基丁基异戊酸(1-methylbutyl-isovalerate)、δ-愈创木烯(δ-guaiene)、β-芹子烯(β-selinene)、γ-依兰烯(γ-muurolene)、β-马阿里烯(β-maaliene)、雅槛蓝酮(eremophilone)、杜松脑(junipercamphor)、γ-榄香烯(γ-relemene)、(*Z*, *Z*, *Z*)-1,5,9,9-四甲基-1,4,7-环十一碳三烯[(*Z*, *Z*, *Z*)-1,5,9,9-tetramethyl-1,4,7-cycloundecatriene]、石竹烯(caryophyllene)、桉叶-4(14),11-二烯[eudesma-4(14),11-diene]、顺式-*Z*-α-氧化红没药烯(*cis*-*Z*-α-bisabolene oxide)、4,11,11-三甲基-8-亚甲基-双环[7.2.0]-4-十一碳烯{4,11,11-trimethyl-8-methylene-bicyclo[7.2.0]undec-4-ene}、氧化石竹烯(caryophylleneoxide)、(1*S*,2*S*,5*R*)-1,4,4-三甲基-三环[6.3.1.02.5]-8(9)-十二碳烯{(1*S*, 2*S*, 5*R*)-1,4,4-trimethyltricyclo[6.3.1.02.5]-8(9)-dodecene}、雪松烯(cedrene)、芳樟醇(1inalool)、叶醇[(*Z*)-3-hexen-1-ol]、β-人参烯(β-panasinsene)、α-荜澄茄烯(α-cubebene)、植醇(phytol)、香叶基丙酮(geranyl acetone)、β-紫罗兰酮(β-ionone)、薄荷醇(menthol)、苯甲醇(benzyl alcohol)、1,2,3,5,6,8α-六氢-4,7-二甲基-1-(1-异丙基)-萘[1,2,3,5,6,8α-hexahydro-4,7-dimethyl-1-(1-isopropyl)naphthalene]、1,2,3,4,4α,5,6,8α-八氢-7-甲基-4-亚甲基-1-萘(1,2,3,4,4α,5,6,8α-octahydro-7-methyl-4-methylene-1-naphthalene)、糠醛(furfural)、苯甲醛(benzaldehyde)、已烯醛(hexenal)、乙酸龙脑酯(bornyl acetate)、亚油酸甲酯(methyl linoleate)、1,8-桉叶素(1,8-cineole)、α-松油醇(α-terpineol)、顺式-异丁香酚(*cis*-isoeugenol)、α-古巴烯(α-copaene)、α-石竹烯(α-caryophyllene)、(+)-香橙烯[(+)-aromadendrene]、α-葎草烯(α-humulene)、γ-杜松烯(γ-cadinene)、α-芹子烯(α-selinene)、6,10,11,11-四甲基-三环[6.3.0.1(2,3)]-1-十一碳烯-1{6,10,11,11-tetramethyl-tricyclo[6.3.0.1(2,3)]-1-undecene-1}、杜松烯(cadinene)、δ-杜松烯(δ-cadinene)、β-古巴烯(β-copaene)、广藿香烷(patchoulane)、3,7,11-三甲基-1,6,10-十二碳三烯-3-醇(3,7,11-trimethyl-1,6,10-dodecatrien-3-ol)、石竹烯氧化物(caryophyllene oxide)、檀香醇(santalol)、1,5,5,8-四甲基-12-环氧双环-十二碳-3,7-二烯{1,5,5,8-tetramethyl-12-epoxybicyclo-dodeca-3, 7-diene}、(-)-勒力醇[(-)-lepidozenol]、十四碳酸(tetradecanoic acid)、6,10,14-三甲基-2-十五碳酮(6,10,14-trimethyl-2-pentadecanone)、3,7,11-三甲基-2,6,10-十二碳三烯醇(3,7,11-trimethyl-2,6,10-

dodecatrienol)、棕榈酸(palmitic acid)、9,12,15-十八碳三烯醇(9,12,15-octadecatrienol)、4-(1-氟苯基)-1-(4-苯基-1-哌嗪基)-丁酮[4-(1-fluorophenyl)-1-(4-phenyl-1-piperazinyl)-butanone]和3,7,11,15-四甲基-2-十六碳烯-1-醇(3,7,11,15-tertramethyl-2-hexadecen-1-ol)等，其中主要香气成分是吉玛酮(germacrone)等[1,2]。

感官特性 满山红精油具花香香气和酸甜果香味。

应用情况 满山红精油用于酒类、饮料、食品、日化产品等的加香。

参考文献

[1] 付晓丽，张立伟，林文翰，等．满山红化学成分的研究[J]．中草药，2010(5)：704-707.
[2] 焦淑清，刘凤华．超临界 CO_2萃取的满山红挥发油成分分析[J]．中药材，2009，32(2)：213-216.

枣

别　　名 红枣、大枣、枣子。

英文名称 Date jujube。

植物学名 *Zizyphus jujuba* Mill。

品种来源 枣 *Zizyphus jujuba* Mill 成熟的果实。

植物科属 鼠李科 枣属。

形态特征 枣，鼠李科枣属落叶灌木或小乔木植物，株高约8~10m，嫩枝“之”字曲折，枝钩状刺。单叶互生，椭圆形叶片披针状。浅绿色枣花为聚伞花序、叶腋生、约5~6月开花。卵形或长柱状核果，长约4cm，果成熟时呈深红色，果核两端尖。

主要分布 全国各地均有分布，如河南、新疆、湖南、湖北、云南、四川、广西、贵州等地均有种植。

利用部位 果实。

香味成分 枣精油香气成分有：

甲苯(toluene)、2-肼-2-咪唑啉(2-hydrazino-2-imidazoline)、2-羟基-γ-丁内酯(2-hydroxy-γ-butyrolactone)、正戊酸(pentanoic acid)、4-己烯酸(4-hexenoic acid)、2-己烯酸(2-hexenoic acid)、己酸(hexanoic acid)、2,4-二羟基-5-甲基嘧啶(thymine)、1-吡咯烷羰酰氯(1-pyrrolidinecarbonylchloride)、苯并噻唑(benzothiazole)、2-戊基呋喃(2-penty furan)、4,4,6-三甲基-2-环己烯-醇(4,4,6-trimethyl-cyclohex-2-en-ol)、辛酸(octanoic acid)、壬酸(nonanoic acid)、2(3*H*)-苯并噻唑酮[2(3*H*)-benzothiazolone]、芴(fluorene)、癸酸(n-decanoic acid)、1-(辛基硫醚)-乙烯[octane, 1-(ethenylthio)]、菲(phenanthrene)、5-异丙烯基-3-异丙基-2,2-二甲基-2,5-二羟基呋喃[furan,2,5-dihydro-2,2-dimethyl-5-methylethenyl-3-methylethyl]、5-己醇-2-四氢呋喃酮{tetrahydrofuran-2-one,5-[1-hydroxyhexyl]}、十二酸(dodecanoic acid)、芘(pyrene)、二苯并[*b*,*e*]7,8-二氮杂

二环[2. 2. 2]辛-2,5-二烯{dibenzo[*b*,*e*]7,8-diazabicyclo [2. 2. 2] octa-2,5-diene}、*Z*-7-十四烯醛[7-tetradecenal，(*Z*)]、*N*-苯基-甲萘胺(1-naphthalenamine，*N*-phenyl)、环十六烷(cyclohexadecane)、1,8-二氮杂环十四烷-2，9-二酮(1,8-diazacyclotetradecane-2，9-dione)、7-十四碳烯酸(*Z*-7-tetradecenoicacid)、苯并[*a*]蒽{benz[*a*]anthracene}、肉豆蔻酸(tetradecanoic acid)、十七烷(heptadecane)、9-十六碳烯酸(9-hexadecenoicacid)、邻苯二甲酸二丁酯(dibutylphthalate)、邻苯二甲酸二异丁酯[1,2-benzenedicarboxylicacid，bis(2-methyl-propyl)ester]、邻苯二甲酸单(2-乙基己基)酯[1,2-benzenedicarboxylicacid，mono(2-ethylhexyl)ester]、邻苯二甲酸-丁基-异丁酯(1,2-benzenedicarboxylicacid，butyl-methylpropylester)、*N*-苯基咔唑[(9*H*-carbazole)-9-phenyl]、油酸(oleic acid)、十六酸乙酯(hexadecanoic acid，ethylester)、9,10-二氢-11,12-二乙酰基-9,10-桥亚乙基蒽(9,10-ethanoanthracene，9,10-dihydro-11,12-diacetyl)、亚油酸乙酯(9,12-octadecadienoicacid，ethylester)、14-溴十五烷酸(14-bromo pentadecanoicacid)、邻苯二甲酸-丙基-2-十一烯基酯(phthalicacid，propylundec-2-en-1-ylester)、*N*，*N'*-二苯甲酰氧基-1,1-二甲酰胺-环丁烷(cyclobutane-1,1-dicarboxamide，*N*，*N'*-dibenzoyloxy)、邻苯二甲酸二异辛酯(1,2-benzenedicarboxylicacid，diisooctylester)、*N*，*N'*-二苯甲酰氧基-庚二酰胺(heptanediamide，*N*，*N'*-di-benzoyloxy)、17-甲基三十三烷(17-methyltritriacontane)、1,3-双棕榈酸甘油酯(hexadecanoicacid，2-hydroxy-1,3-propanediylester)、L-抗坏血酸-2,6-二棕榈酸酯[L-(+)-ascorbicacid-2,6-dihexadecanoate]等。其中主要的香气成分为甲氧基甲酰胺(formamide，*N*-methoxy)、癸酸(n-decanoicacid)、己酸(hexanoic acid)、十二酸(dodecanoic acid)、芘(pyrene)、*N*-苯基-甲萘胺(1-naphthalenamine，*N*-phenyl)、7-十四碳烯酸(*Z*-7-tetradecenoicacid)、*N*，*N'*-二苯甲酰氧基-1,1-二甲酰胺-环丁烷(cyclobutane-1,1-dicarboxamide，*N*，*N'*-di-bnzoyloxy)和L-抗坏血酸-2,6-二棕榈酸酯[L-(+)-ascorbicacid-2,6-dihexadecanoate] [1]等。

理化特性 枣子成熟后，采收、阴干处理，用乙醇循环萃取，浓缩、回收部分溶剂后制成酊剂。溶剂的回收量，以酊剂透明膏含量多为佳。如果要制成浓酊剂，量不低于50%。因酊剂中含糖分、蛋白质量较大，在高浓度乙醇溶剂中，会有沉淀产生。根据原料的产地各异，酊剂中含有机酸(苹果酸、酒石酸盐等)的量亦有不同。

感官特性 枣精油具丰富的蜜甜香气和醇香香气。

应用情况 枣子为重要滋补佳品，常加工成酒枣、蜜枣等，还可以通过发酵制成枣酒，醋枣等。

参考文献

[1] 赵峰，张雪丹，祝恩元，等. 金丝 4 号枣成熟过程中香气成分的变化及分析[J]. 山东农业科学，2010(6)：29-34.

狗 肝 菜

别　　名 六角英、化痰青、绿豆青、九头狮子草、九节篱、竹叶青、肝火草。

英文名称 Dicliptera。

植物学名 *Dicliptera chinensis*(Lin.)Ness。

植物科属 爵床科 狗肝菜属。

品种来源 狗肝菜 *Dicliptera chinensis*(Lin.)Ness 的全草。

形态特征 狗肝菜，爵床科狗肝菜属草本植物，一年生或两年生，叶全缘或浅波状。腋生花序，顶生稀，聚伞形或圆锥形头状花序；总花梗；叶状总苞片2，对生，具花数朵，一般仅1朵发育，其余退化存花萼和小苞片，小苞片呈线形或线状披针形；花萼5，裂片呈线状披针形；花粉呈粉红色，冠管细长，2唇形冠檐，上唇直立、内凹，全缘或浅2裂，下唇伸展，全缘，瓦状排列；雄蕊比上唇短、着生于花冠喉部处，花药2室，药室呈卵形；子房每室具胚珠2粒，柱头浅2裂。卵形蒴果，稍扁，开裂时胎座连同珠柄钩，自果片基部弹起，将种子弹出；种子近圆形、每室2粒，呈扁状。表面有淡黄色小疣点或小乳凸须形根。

主要分布 狗肝菜主要分布于热带和亚热带地区，生于旷野或疏林中。我国的广西、云南、贵州、福建、台湾、广东、海南、湖南等地区均有生长。

利用部位 全草。

理化特性 狗肝菜精油淡黄色油状物，可采用水蒸气蒸馏法提取。

香气成分 狗肝菜精油的香气成分有：

2-羟基-3-(1-丙烯基)-1,4-萘二酮[2-hydroxy-3-(1-propenyl)-1,4-naphthalendione]、石竹烯(caryophyllene)、α-石竹烯(α-caryophyllene)、植醇(phytol)、2,6,6,9-四甲基-三环[5.4.0.02.8]十一碳-9-烯{2,6,6,9-tetramethyl-tricyclo[5.4.0.02.8]undec-9-ene}、雪松烯(cedrene)、1,7,7-三甲基-双环[2.2.1]庚烷-2-酮{1,1,7-trimethyl-bicyclo[2.2.1]heptan-2-one}、紫苏醛(perilla aidehyde)、(对-薄荷-1-萜烯-8-醇)-α-松油醇[(*p*-menth-1-terpen-8-ol)-α-terpineol]、2-甲基-1,7,7-三甲基-双环[2.2.1]庚基-2-巴豆酸酯{2-methyl-1,7,7-trimethyl-bicyclo[2.2.1]heptyl-2-butyl cronate}、反式-*Z*-α-环氧红没药烯(*trans*-*Z*-α-bisabolene epoxide)、桉叶醇(eudesmol)、β-松油醇(β-terpineol)、4-甲基-1-(1-甲基乙基)-3-环已烯-1-醇[4-methyl-1-(1-methylethyl)-3-cyclohexen-1-ol]、2,6-辛二烯-1-羟基-3,7-二甲基乙酸(2,6-octadien-1-hydroxy-3,7-dimethyl-acetic acid)、1,7,7-三甲基-双环[2.2.1]庚基-2-乙酸酯{1,7,7-trimethyl-bicyclo[2.2.1]hept-2-acetate}、2-甲氧基-4-乙烯基苯酚(2-methoxy-4-vinyl-phenol)、2-甲氧基-3-(2-丙烯基)-苯酚[2-methoxy-3-(2-propenyl)-phenol]、α-荜澄茄烯(α-cubebene)、顺式-β-松油醇(*cis*-β-terpineol)、2-癸醛(2-decenal)、异龙脑丙酸酯(isobornyl propionate)、古巴烯(copaene)、1-乙烯基-1-甲基-2,4-双(1-甲基乙烯基)-环已烯[1-vinyl-1-methyl-2,4-bis(1-methylvinyl)-cyclohexene]、乙酸龙脑酯(bornyl acetate)、1-甲

基-2,4-双(1-甲基乙烯基)-环已烯[1-methyl-2,4-bis(1-methylvinyl)-cyclohexene]、3,3,8,8-四甲基甲酯-三环[5. 1. 0. 02. 4]辛烷-5-甲酸{3,3,8,8-tetramethyl-tricyclo[5. 1. 0. 02. 4]octan-5-carboxylic acid}、3,7,11-三甲基-1,6,10-十二碳三烯-3-醇(3,7,11-trimethyl-1,6,10-dodecatrien-3-ol)、三烯甘油酮(megastigmatrienone)、3,7,11-三甲基-2,6,10-十二碳三烯-1-醇(3,7,11-trimethyl-2,6,10-dodecatrien-1-ol)、斯巴醇(spathulenol)、β-合欢烯(β-farnesene)、4,4-二甲基四环[6. 3. 2. 0(2. 5)0(1,8)]十三烷-9-醇{4,4-dlmethyl-tetracyclo[6. 3. 2. 0(2. 5)0(1,8)]tridecan-9-ol}、顺式-柠檬烯氧化物(*cis*-limonene oxide)、α-红没药烯(α-bisabolol)、十七烷(heptadecane)、1,5,5,8-四甲基-3,7-环十-碳烯-1-醇(1,5,5,8-tetramethyl-3,7-cycloundecadien-1-ol)、二十烷(eicosane)、6,10-二甲基-2-十一酮(6,10-dimethyl-2-undecanone)、棕榈酸(hexadecanoic acid)和橙花叔醇乙酸酯(nerolidyl acetate)等。其中主要的香气成分有2-羟基-3-(1-丙烯基)-1,4-萘二酮[2-hydroxy-3-(1-propenyl)-1,4-naphthalen-dione]等[1-3]。

感官特性　狗肝菜精油具药香和清凉感。

应用情况　狗肝菜精油药用具清热去毒、通便明目之功效。

参考文献

[1] 高毓涛，杨秀伟，艾铁民. 狗肝菜的化学成分研究[J]. 中草药，2007，38(1)：14-17.

[2] 康笑枫，徐淑元，秦晓霜. 狗肝菜中挥发油的化学成分分析[J]. 热带农业科学，2004，23(4)：14-16.

[3] 邹忠杰，崔红花，于治成，等. 狗肝菜化学成分研究[J]. 中成药，2012，34(7)：1309-1311.

莳　萝

别　　名　土茴香。

英文名称　Dill。

植物学名　*Anethum graveolens* Linn.。

植物科属　伞形科　莳萝属。

品种来源　莳萝 *Anethum graveolens* Linn. 的全草和果实。

形态特征　莳萝，伞形科莳萝属，一年生草本植物，株高约90cm，全株无毛，具香味。圆柱形茎直立，光滑无毛，具纵长条纹，径约1cm。叶基生，具柄，柄长近5cm，基部具宽阔叶鞘，乳白色边缘，膜质；轮廓宽卵形叶片，回羽状全裂，丝状形，末回裂片，长约12mm，宽约0. 3mm；茎上部分裂次数少、叶较小，不具叶柄，但具叶鞘。复伞形花序二歧式分枝，直径约10cm的伞形花序；伞辐约20，不近等长；不具总苞片；小伞形花序具花约20朵；不具小总苞片；花瓣淡黄色，中脉呈棕褐色，近方形，小舌片钝，近方形，内曲，早落；花柱不长，先直后弯；不具萼齿；圆锥形花柱基。卵状椭圆形分生果，长约4mm，宽约2mm，棕褐色，顶略尖，背扁状，背棱细，但突起，灰白色侧棱，狭翅状；棱槽内油管 1 条，合生面油管 2 条；胚乳腹面平直状。花期近 7 月，果期近 9 月。果易分离和脱落。

主要分布 原产于欧洲南部，在我国东北、甘肃、广西、广东等地也有分布。

利用部位 全草和果实。

理化特性 通过水蒸气蒸馏法从全草和果实中蒸得浅黄色至黄色透明液体。莳萝精油理化参数如下表所示。

表 莳萝精油理化参数

理化参数	莳萝油
相对密度(25℃)	0. 885 ~ 0. 913
折光指数(20℃)	1. 483 ~ 1. 492
旋光度(20℃)	+74° ~ +84°

香气成分 莳萝精油的香气成分有：

γ-松油烯(γ-terpinene)、柠檬烯(1imonene)、α-蒎烯(α-pinene)、β-蒎烯(β-pinene)、对伞花烃(*p*-cymene)、4-(1-甲基乙烯基)甲苯[4-(1-methylvinyl) toluene]、4，7-二甲氧基-5-异丙烯基-1,3-苯并二噁茂(4，7-dimethoxy-5-isopropenyl-1,3-benzodioxol)、3-甲基-6-(异丙烯基)-1-酮-环已烯[3-methyl-6-(isopropenyl)-1-one-cyclohexene]、二氢香芹酮(dihydrocarvone)、水芹烯(phellandrene)等，其中主要成分为 D-香芹酮(D-carvone)[1-3]。

感官特性 莳萝精油香气浓郁，似黄蒿的香气。

应用情况 作为调味品被广泛应用于食品的烹调。精油在食品、化妆品、烟草等中的加香被广泛应用。

精油具有治疗神经紧张、消化系统疾病的功效。

管理及参照标准 莳萝(*Anethum graveolens* Linn.)精油的管理及标准参见：FEMA 2383；Nat 1；FDA 184. 1282；IOFI；GB 2；COE 42；CAS 8006-75-5 等。

参 考 文 献

[1] 金育忠，王力洁．莳萝籽精油的成分研究[J]．香料香精化妆品，1995(4)：9-12.
[2] 陆占国，李伟，封丹．莳萝籽香气成分研究[J]．香料香精化妆品，2009(2)：1-3，7.
[3] 金育忠，石长栓，王玉洁，等．莳萝籽挥发油化学成分的研究[J]．中草药，1996，11(11)：654.

奇 蒿

别 名 南刘寄奴、刘寄奴、六月霜。

英文名称 Diverse Sagebrush。

植物学名 *Artemisia anomala* S. Moore。

植物科属 菊科 艾属。

品种来源 奇蒿 *Artemisia anomala* S. Moore 的地上部分。

形态特征 奇蒿，菊科艾属，多年生草本植物，株高约90cm，直立茎，下部为紫红色，具乳白色棉毛，上部分枝。叶呈披针形卵状，长约8cm，宽约3cm，顶端钝尖，基部稍窄，成短柄形，边缘尖锯齿，正面淡绿色细毛，背面淡淡绿色或灰乳白色，有蛛丝状细毛，基部叶于开花时凋谢，叶稍小。乳白色钟形头状花序，长约3mm，宽约2mm，近无梗，密集于花枝上；总苞片约4层，膜质边缘，呈卵形、中层呈椭圆形，内层车狭长椭圆形；外层雌花长约2mm，内层两性花长约2.5mm。花果期约在8～10月。

主要分布 奇蒿分布于我国云南、四川、贵州、浙江、广东、广西等地区。

利用部位 带花全草。

理化特性 由水蒸气蒸馏法制得的奇蒿油，是一种棕黄色液体。

香气成分 奇蒿精油的香气成分有：

樟脑(camphor)、7-二甲氨基-4-甲基-2*H*-1-苯并吡喃-2-酮(7-dimethylamino-4-methyl-2*H*-1-benzopyran-2-one)、1-乙基-3-甲基-环戊烷(1-ethyl-3-methyl-cyclopentane)、2,2,3,3-四甲基-己烷(2,2,3,3-tetramethyl-hexane)、(*Z*)-9-甲基-3-十一烯[(*Z*)-9-methyl-3-undecene]、2,6,7-三甲基癸烷(2,6,7-trimethyl-decane)、甲基-环庚烷(methyl-cycloheptane)、2-已酮(2-hexanone)、4,7-二甲基-十一烷(4,7-dimethyl-undecane)、1,1,2,3-四甲基环丙烷(1,1,2,3-tetramethyl cyclopropane)、3,4-二氢-6-甲基-2*H*-吡喃(3, 4-dihydro-6-methyl-2*H*-pyran)、(*Z*)-4-甲基-2-癸烯[(*Z*)-4-methyl-2-decene]、2-丁基-3-甲基-环氧乙烷(2-butyl-3-methyl-epoxyethane)、5-甲氧基-2-甲基-2-戊醇(5-methoxy-2-methyl-2-pentanol)、3-甲氧基-3-甲基-2-丁酮(3-methoxy-3-methyl-2-butanone)、苯甲醛(benzaldehyde)、6-甲基-5-硝基-2-庚酮(6-methyl-5-nitro-2-heptanone)、3-甲基-6-(1-甲基乙烯基)-2-环已烯-1-酮[3-methyl-6-(1-methylvinyl)-2-cyclohexen-1-one]、3-亚甲基-1,7,7-三甲基-双环[2.2.1]庚-2-环戊烷甲酸酯{3-methylene-1,7,7-trimethyl-bicyclo[2.2.1]hept-2-cyclopentane formate}、4,5,6,7-四氢-7-甲基-1*H*-吲唑(4,5,6,7-tetrahydro-7-methyl-1*H*-indazole)、2-甲基萘烷(2-methyl naphthalane)、2-乙基-1,4-二甲基-苯(2-ethyl-1,4-dimethyl-benzene)、桉叶素(cineole)、3,5-二羟基苯甲酸(3,5-dihydroxy-benzoic acid)、1,1′-(1,2-二乙基)-双十氢化萘[1,1′-(1,2-diethyl)-bidecahydro-napthalene]、1-(1,1-二甲基)-萘烷[1-(1,1-dirnethyl)-naphthalane]、1,2,3,4,4α,5,6,8 α-八氢-7-甲基-4-亚甲基-1-(1-甲基乙基)-萘[1,2,3,4,4α,5,6,8 α-octahydro-7-methyl-4-methylene-1-(1-methylethyl)-naphthalene]、十氢-1,1,7-三甲基-4-亚甲基-1*H*-环丙[*e*]薁{decahydro-1,1,7-trimethyl-4-methylene-1*H*-cycloprop[*e*]azulene}、2,4α,5,6,7,8-六氢-3,5,5,9-四甲基-1*H*-苯并环庚烯(2,4α,5,6,7,8-hexahydro-3,5,5,9-tetramethyl-1*H*-benzocycloheptene)、1,2-二硫戊环-3-戊酸(1, 2-ditholan-3-pentanoic acid)、(*Z*, *Z*)-3,7,11-三甲基-2,6,10-十二碳三烯酸乙酯[(*Z*, *Z*)-3,7,11-trimethyl-2,6,10-dodecatrienoic acid ethyl ester]、α-柠檬烯(α-limonene)、α-石竹烯(α-caryophyllene)、姜黄烯(curcumene)、β-金合欢烯(β-farnesene)、α-金合欢烯(α-farnesene)、姜烯(zingiberene)、β-榄香烯[β-elemene)、异石竹烯(iso-caryophyllene)、β-红没药烯(β-bisabolene)、橙花叔醇(nerolidol)、石竹烯氧化物(caryophyllene oxide)、雪松醇(cedrol)、芹菜脑(apiol)、α-红没药醇(α-bisabolol)、斯巴醇(spathulenol)、十四酸(myristic acid)、十五酸(pentadecanoic acid)、棕榈酸甲酯(methyl palmitate)、植醇(phytol)、亚油酸(linoleic acid)、油酸(oleic acid)、硬脂酸(stearic acid)、7,11-二甲基-3-甲烯基-(*Z*)1,6,10-十二碳三烯[7,11-dimethyl-3-methylene-(*Z*)1,6,10-dodecatriene]、棕榈酸(palmitic acid)、丁化羟基甲苯(butylated hydroxy toluene)、1-甲基-4-(5-甲基-1-甲烯基-4-已烯基)-环乙烯[1-methyl-4-(5-methyl-1-methene-4-hexenyl)-cycloethylene]、石竹烯(caryophyllene)、古巴烯(copaene)、对甲基苯磺酸(*p*-toluenesulfonate)、2,3-莰烷二醇(2,3-camphdiol)、龙脑(borneol)、吉玛烯D(germacrene D)、2,4-二甲基-乙烷(2,4-dirnethyl-ethane)、环氧石竹烯(caryophyllene epoxide)、喇叭茶醇(ledol)、1-乙基-3-甲基-环戊烷(1-ethyl-3-methyl-cyclopentane)、(*Z*)-3-甲基-11-烯-2-已酮[(*Z*)-3-methyl-11-ene-2-hexanone]、5-溴-2,3-二甲基-1,1,2,3-四甲基-2-戊烯-环丙烷(5-bromo-2,3-dimethyl-1,1,2,3-tetramethyl-2-penten-cyclopropane)、3-甲基-萘烷(3-methyl-naphthalane)、4α-甲基-1-亚甲基-7-(1-甲基乙烯基)-萘烷[4α-methyl-1-methylene-7-(1-methylvinyl)-naphthalane]、2,2,3,3-四甲基丁烷(2,2,3,3-tetramethyl-butane)、α-蒎烯(α-pinene)、香桧烯(sabinene)、β-蒎烯(β-pinene)、α-甲基苯乙烯(α-methyl styrene)、6-甲基-5-庚烯-2-酮(6-methyl-5-hepten-2-one)、月桂烯(myrcene)、δ-3-蒈烯(δ-3-carene)、α-松油烯(α-terpinene)、对伞花烃(*p*-cymene)、β-水芹烯(β-phellandrene)、1,8-桉叶素(1,8-cineole)、γ-松油烯(γ-terpinene)、顺式-水合香桧烯(*cis*-sabinene hydrate)、反式-芳樟醇氧化物(*trans*-linalool oxide)、α-异松油烯(α-terpinolene)、芳樟醇(linalool)、芳樟醇乙酸酯(linalyl acetate)、橙花醇(nerol)、(−)-薰衣草醇[(−)-lavandulol]、松油醇-4(terpineol-4)、α-松油醇(α-terpineol)、十三烷(tridecane)、α-荜澄茄烯(α-cubebene)、丁香酚(eugenol)、α-依兰油烯(α-muurolene)、β-荜澄茄烯(β-cubebene)、2,4,5-三乙基-苯乙酮(2,4,5-triethyl-aceto-phenone)、八氢四甲基环戊并戊搭烯(octahydro-tetrahydro-cyclopentapentalene)、二表-α-松油烯Ⅰ(diepi-α-terpinene Ⅰ)、α-古巴烯(α-copaene)、反式-石竹烯(*trans*-caryophyllene)、α-佛手柑油烯(α-bergamotene)、白菖烯(calarene)、反式-β-金合欢烯(*trans*-β-farnesene)、α-葎草烯(α-humulene)、δ-杜松烯(δ-cadinene)、1-十七醇(1-heptadecanol)、芳姜黄烯(ar-curcumene)、姜烯(zingiberene)、α-紫穗槐烯(α-amorphene)、β-倍半水芹烯(β-sesquiphellandrene)、顺式-α-红没药烯(*cis*-α-bisabolene)、榧素(dendrolasin)、α-雪松烯(α-cedrene)、十氢萘(decahydro-naphthalene)、γ-古芸烯(γ-gurjunene)、4(12),8(13)-石竹二烯-5β-醇[4(12),8(13)-caryophylledien-5β-ol]、2-[(*Z*)-3′-甲基-1′,3′-丁二烯-1′-基]-2,3,3-三甲基-6-氧杂双环[3.2.*O*]庚-7-酮{2-[(*Z*)-3′-methyl-1′,3′-butadien-1′-yl]-2,3,3-trimethyl-6-oxabicyclo[3.2.*O*]heptan-7-one}和反式-植醇(*trans*-phytol)等。其中

主要的香气成分有樟脑(camphor)等[1,2]。

感官特性 奇蒿精油具花香和药香。

应用情况 奇蒿主要是药用。

参考文献

[1] 张琳，田富饶，周文明，等．奇蒿化学成分研究[C]．南昌：第九届全国中药和天然药物学术研讨会，2007.

[2] 许怀勇．奇蒿中挥发油的分析[J]．中成药，1999，21(5)：40-41.

全叶青兰

别　　名 天山青兰、马尔赞居西。

英文名称 Dragonhead Herb。

植物学名 *Dracocephalum integrifolium* Bge. 。

植物科属 唇形科　青兰属。

品种来源 全叶青兰 *Dracocephalum integrifolium* Bge. 的全草。

形态特征 全叶青兰，唇形科青兰属，多年生草本植物，株高约65cm，茎直立，木质化基部，四棱形，蓝紫色，短细柔毛。叶对生；短柄；披针形狭叶片，长约3cm，宽约4mm，先端钝尖，阔楔形基部，正、背面无毛，边缘具睫毛，全缘。枝端短梗淡紫色轮伞花序，卵形或倒卵状披针形苞片，具睫毛；长约6mm的淡紫色唇形花萼，被乳白色短细毛，上唇3裂，中央裂齿较大，刺短尖长椭圆形，披针形侧齿具刺尖，下唇2裂，具刺尖披针形；长约16mm的唇形花冠，外被毛，上唇先端微凹，比侧裂片大；雄蕊4，被毛花丝；雌蕊子房4裂，柱头2裂。长圆形、棕褐色、光滑无毛的小坚果。花期约6～7月，果期约7～8月。

主要分布 分布于我国新疆、青海、甘肃等地。喜生高海拔(1200～2000m)山坡、草地和丛林中。

利用部位 全草。

香气成分 全叶青兰精油的香气成分有：

α-蒎烯(α-pinene)、α-侧柏烯(α-thujene)、1,3,5-环庚三烯(1,3,5-cycloheptatriene)、2-β-蒎烯(2-β-pinene)、4-侧柏烯(4-thujene)、2,4-侧柏二烯(2,4-thujadien)、2-蒎烯(2-pinene)、β-月桂烯(β-myrcene)、α-萜品烯(α-terpinene)、α-蛇麻烯(α-humulene)、*p*-薄荷二烯[*p*-mentha-1,4(8)-diene]、D-柠檬烯(D-limonene)、δ-3-蒈烯(δ-3-carene)、γ-萜品烯(γ-terpinene)、β-罗勒烯(β-ocimeney)、1-甲基-4-(1-甲基乙烯基)苯[1-methyl-4-(1-methylethenyl)-benzene]、反式水合桧烯(*trans*-sabinene hydrate)、(+)-蒜头烯[(+)-sativen]、α-可巴烯(α-copaene)、β-波旁烯(β-bourbonene)、α-雪松烯(α-cedrene)、顺式水合桧烯(*cis*-sabinene hydrate)、β-榄香烯(β-elemene)、γ-依兰油烯(γ-muurolene)、脱氢香橙烯(dehydro-aromadendrene)、α-荜澄茄烯(α-cubebene)、大根香叶烯-D (germacrene-D)、菖蒲二烯(acoradiene)、9,10-脱氢异长叶烯(9,10-dehydroisolongifolene)、1,4-杜松二烯(cadina-1,4-diene)、γ-杜松烯(γ-cadinene)、α-依兰油烯(α-muurolene)、(+)-花侧柏烯[(+)-cuparene]、(1*S*)-顺式菖蒲烯[(1*S*)-*cis*-calamenene]、9,10-脱氢-环异长叶烯(9,10-dehydrocycloisolongifolene)、4,5,9,10-脱氢-异长叶烯(4,5,9,10-dehydro-isolongifolene)、α-白菖考烯(α-calacorene)、2-甲基-3-丁烯-2-醇(2-methyl-3-buten-2-ol)、正丁醇(1-butanol)、正戊醇(1-pentanol)、正己醇(1-hexanol)、顺-3-己烯醇(*cis*-3-hexene-1-ol)、反式-2-己烯醇[(*E*)-2-hexene-1-ol)、1-辛烯-3-醇(1-octen-3-ol)、L-芳樟醇(L-linalool)、*p*-薄荷-1-烯-4-醇(*p*-menth-1-en-4-ol)、表兰桉醇(epigbbubl)、桃金娘烯醇(2-pinen-10-ol)、反式松香芹醇(*trans*-pinocarveol)、*p*-薄荷-1-烯-8-醇(*p*-menth-1-en-8-ol)、(*S*)-顺马鞭草烯醇[(*S*)-*cis*-verbenol)、L-α-萜品醇(L-α-terpineol)、胡萝卜次醇(carotol)、环氧芳樟醇(epoxylinalol)、异长叶烯-8-醇(isolongifol-8-ol)、(+)-反式香芹醇[(+)-*trans*-carveol]、枯茗醇(paracymen-α-ol)、苯甲醇(benzyl alcohol)、苯乙醇(benzene ethanol)、补身醇(drimenol)、异匙叶桉油烯醇(isospathulenol)、紫苏醇(perilla alcohol)、库贝醇(cubenol)、10-表-γ-桉叶醇(10-epi-γ-eudesmol)、1(10)-愈创木烯醇-11[guai-1(10)-en-11-ol]、斯巴醇(spathulenol)、τ-杜松醇(τ-cadinol)、沉香螺醇(agarospirol)、香芹酚(carvacrol)、τ-依兰油醇(τ-muurolol)、1-甲基-4-异丙烯基-1,2-环己二醇[1-methyl-4-(1-methylethenyl)-1,2-cyclohexanediol]、2(*S*)-羟基-γ-丁内酯[2(*S*)-hydroxy-γ-butyrolactone]、2-甲基丁酸丁酯(butyl 2-methylbutanoate)、2-甲基丁酸-2-甲基丁酯(2-methylbutyl-2-methylbutyrate)、异戊酸-2-甲基丁酯(isovaleric acid-2-methylbutyl ester)、3-甲基丁酸-2-甲基丁酯(3-methylbutyl-2-methylbutyrate)、2-甲基丙酸己酯(2-methyl propanoic acid hexyl ester)、异丁酸己酯(*n*-hexyl isobutyrate)、丁酸-2-己烯酯(butanoic acid, 2-hexenyl ester)、丁酸己酯(butanoic acid hexyl ester)、2-甲基丁酸己酯(hexyl 2-methyl butyrate)、顺-丁酸-3-己烯酯(*cis*-3-hexenyl butyrate)、反-2-己烯基异戊酸酯(*trans*-2-hexenyl isovalerate)、癸酸乙酯(ethyl decanoate)、乙酸壬酯(neryl acetate)、乙酸香叶酯(geranyl acetate)、异戊酸苯甲酯(isovaleric acid benzyl ester)、异丁酸苯乙酯(isobutyric acid phenethyl ester)、甲基乙烯基酮(methylvinylketone)、3-甲基-2-丁酮(3-methyl-2-butanone)、1-甲基-丁烯酮(1-methylbutenylketone)、胡薄荷酮(plulegone)、D-马鞭草烯酮(D-verbenone)、右旋香芹酮(*p*-mentha-6,8-dien-2-one)、马苄烯酮(2-pinen-4-one)、6-甲基-5-(3-苯甲基)-2-庚酮[6-methyl-5-(3-methylphenyl)-2-heptanone]、α-异甲基紫罗兰酮(α-iso-methyl ionone)、长叶马鞭草烯酮(longiverbenone)、异戊醛(isovaleraldehyde)、正己醛(hexanal)、3-甲基-2-丁烯醛(3-methyl-2-butenal)、α-龙脑烯醛(α-campholene aldehyde)、芳樟醇氧化物(linalool oxide)、喇叭烯氧化物(ledene oxide)、异香橙烯环氧化物(isoaromadendrene epoxide)、白菖油萜环氧化物(calarene epoxide)、香橙烯氧化物(aromadendrene oxide)、石竹烯氧化物(caryophyllene oxide)、二甲基硫醚(2-thiapropane)、丙酸(propanoic acid)和己酸(hexanoic acid)等，其中主要

成分为 1,8-桉树脑(1,8-cineole)和伞花烃(cymene)等[1,2]。

感观特性 全叶青兰精油具清香和花香。

应用情况 全叶青兰具有祛痰、止咳、平喘、抗菌等功效。

参 考 文 献

[1] 刘建英，王利平，刘玉梅．全叶青兰挥发性成分[J]．精细化工，2012，29(5)：447-452.
[2] 刘建英．全叶青兰挥发性成分及黄酮类化合物的研究[D]．乌鲁木齐：新疆大学，2013.

陈 皮

别　　名 黄橘皮、广橘皮、新会皮、柑皮、橘皮、贵老、红皮、广陈皮。

英文名称 *dried tangerine peel*。

植物学名 *Citrus reticulata* Blanco。

植物科属 芸香科 柑橘属。

品种来源 芸香科植物陈皮 *Citrus reticulata* Blanco 及其栽培变种的干燥成熟果皮。

形态特征 橘，芸香科柑橘属常绿小乔木或灌木植物，株高约 3m，枝带刺、柔软，叶革质、互生，呈卵形披针状，叶长约 6cm，宽约 4cm，顶端略尖，基部呈楔形，具细齿状；叶柄瘦长。乳白色小花单生或簇生；萼片约 5；花瓣约 5；雄蕊约 22，花丝合生，常 4 枚；子房约 13 室。扁球状果，径约 6cm，橘黄色或浅红黄色，果皮疏，易分离。果期约在 9～10 月，果实成熟后，摘果，食肉后果皮通风干燥即可。

主要分布 主产于浙江、四川、福建等地，此外江西、湖南等地亦产。喜丘陵、低山地带、江河湖泊等地区。

利用部位 植物的干燥成熟果皮。

理化特性 无色或淡黄色液体，具有新鲜独特的陈皮香气。陈皮精油理化参数如下表所示。

表　陈皮精油理化参数

理化参数	陈皮油
颜色	无色或淡黄色液体
相对密度(20℃)	0.839～0.842
折光指数(20℃)	1.471～1.474
旋光度(20℃)	+54°～+75°
醛量	≥0.4%

香气成分 陈皮精油的香气成分有：

柠檬烯(limonene)、α-侧柏烯(α-thujene)、α-蒎烯(α-pinene)、β-蒎烯(β-pinene)、月桂烯(myrcene)、3,7-二甲基-1,3,7-癸三烯(3,7-dimethyl-1,3,7-decatriene)、香茅醛(citronellal)、α-松油醇(α-terpineol)、γ-松油烯(γ-terpinene)、α-松油烯(α-terpinene)、香桧烯(sabinene)、α-异松油烯(α-terpinolene)、芳樟醇(linalool)、癸醛(decanal)、2-甲氨基苯甲酸甲酯(2-methylamino benzoate)、α-古巴烯(α-copaene)、反式-石竹烯(*trans*-caryophyllene)、β-芹子烯(β-selinene)、δ-荜澄茄烯(δ-cubebene)、β-马阿里烯(β-maaliene)、α-甜橙醛(α-sinensal)、β-桉叶醇(β-eudesmol)、绿叶醇(patchouli alcohol)、辛醛(octanal)、α-水芹烯(α-phellandrene)、对伞花烃(*p*-cymene)、α-罗勒烯(α-ocimene)、4-蒈烯(4-carene)、壬醛(nonanal)、3,7-二甲基-7-辛醛(3,7-dimethyl-7-octenal)、松油醇-4(terpineol-4)、香茅醇(citronellol)、4-叔丁基苯甲醇(4-tert-butyl benzyl alcohol)、紫苏醛(perillaldehyde)、香芹酚(carvacrol)、乙酸香叶酯(geranyl acetate)、麝香草酚(thymol)、3-蒈烯(3-carene)、α-金合欢烯(α-farnesene)、2,6,10-三甲基-(*E*,*E*,*E*)-2,6,9,11-十二碳四烯醛[2,6,10-trimethyl-(*E*, *E*, *E*)-2,6,9,11-dodecatetraenal]、苯甲醇(benzyl alcohol)、橙花醇(nerol)、辛醇(octanol)、(+)-2-蒈烯[(+)-2-carene]、水合香桧烯(sabinene hydrate)、莰烯(camphene)、四氢甲基紫罗兰醇(madranol)、3,7-二甲基-乙酸酯(3,7-dimethyl-acetate)、2,6-辛二烯-1-醇(2,6-octdien-1-ol)、古巴烯(copaene)、橙花醛(neral)、β-水芹烯(β-phellandrene)、1,10-二去氢土氢木香烷(1,10-dehydrocostusane)、石竹烯(caryophyllene)、α-石竹烯(α-caryophyllene)、吉玛烯D(germaerene D)、喇叭烯(ledene)、δ-杜松烯(δ-cadinene)、γ-榄香烯(γ-elemene)、4-(1-甲基乙烯基)-1-环已烯-1-甲醛[4-(1-methylvinyl)-1-cyclohexen-1-formaldehyde]、5-甲基-2-(1-甲基乙基)-苯酚[5-methyl-2-(1-methylethyl)-phenol]、2-甲基-5-(1-甲基乙基)-苯酚[2-methyl-5-(1-methylethyl)-phenol]、4-甲基-1-(1-甲基乙基)-3-环已烯-1-醇[4-methyl-1-(1-methylethyl)-3-cyclohexen-1-ol][1-4]。

感官特性 陈皮精油有新鲜独特的柠檬香气，易挥发，穿透力强。

应用情况 ①用于食品、饮料等的调香剂；②作为医药产品、化妆品的重要原料；③烹饪作料。

管理及参照标准 陈皮(*Citrus reticulata* Blanco)精油的管理及标准参见：CAS 8008-31-9。

参 考 文 献

[1] 严寒静．不同贮存时间广陈皮挥发油的成分分析[J]．时珍国医国药，2005，16(3)：218-219.

[2] 陈有根，范崔生．4种陈皮药材挥发油成分的研究[J]．江西中医学院学报，1998，10(2)：79-80.

[3] 董岩，崔庆新，魏兴国．陈皮挥发油化学成分气相色谱–质谱分析[J]．山东中医杂志，2004，23(6)：370-372.

[4] 严寒静，房志坚，黄宁，等．中药陈皮挥发油的成分分析[J]．广东药学，2001,11(1)：17-18.

香 薷 草

别　　名　小香薷、石香薷、青香薷。

英文名称　Elsholtzia Herb。

植物学名　*Mosla chinensis* Maxim.。

植物科属　唇形科 石荠苎属。

品种来源　香薷草 *Mosla chinensis* Maxim. 的干燥地上部分。

形态特征　香薷草，唇形科石荠苎属，一年生或多年生草本植物，株高约35cm，茎纤细，多分枝，被乳白色疏细柔毛。叶线状，长椭圆形或线状披针状，长约2.5cm，宽约3mm，先端尖，基部呈楔形，浅锯齿边缘，正面深绿色，背面淡绿色，双面均被，细柔毛，浅棕色腺点；柄长近4mm，被短细柔毛。头状总状花序，长约2cm；椭圆形苞片，长约5mm，宽约4mm，先端短尖，全缘，双面被，疏细柔毛，背面具腺点，自基部生长；短花梗，被疏，短细柔毛。钟形花萼，长3mm，宽1.6mm，外被乳白色棉毛及腺体，里被乳白色棉毛，钻形萼齿为花萼长之2/3，果时花萼稍增大。花冠为浅紫红、粉红至乳白色，长5mm，伸出苞片，外被微细柔毛，里面在下唇下方、冠筒上略，被细柔毛。雄蕊、雌蕊内藏。浅褐色球形小坚果，光滑无毛，径约1.2mm。花期约7～8月，果期近9～10月。

主要分布　主要分布我国的浙江、广西、江西、安徽、江苏、贵州、湖南和福建等地。

喜生草坡或林荫下，海拔约1500m的地区。

利用部位　花、叶、茎秆。

理化特性　棕色液体。

香气成分　香薷草精油的香气成分有：

己烷(hexane)、2,3-二甲基-戊烷(2,3-dimethyl-pentane)、3-甲基-己烷(3-methyl-hexane)、邻伞花烃(*o*-cymene)、α-松油醇(α-terpineol)、α-松油烯(α-terpinene)、反式-石竹烯(*trans*-caryophyllene)、新己烷(neohexane)、3-甲基-戊烷(3-methyl-pentane)、2-甲基-2-苯基-戊烷(2-methyl-2-phenyl-pentane)、檀香烯(santalene)、金合欢醇(farnesol)、2-甲氧基十七碳烯(2-methoxy-heptadecene)、4,8,12,16-四甲基-3-十七碳烯(4,8,12,16-tetramethyl-3-heptadecene)、3,7,11,15-四甲基-2-十六烯-1-醇(3,7,11,15-tetramethyl-2-hexadecen-1-ol)、2-甲基十七碳烯(2-methyl-heptadecene)、2,6,10,14-四甲基-十五碳烯(2,6,10,14-tetramethyl-pentadecene)、2,6,11,15-四甲基十六烷(2,6,11,15-tetramethyl-hexadecane)、十六烷酸乙酯(ethyl hexadecanoate)、3,10,13-三甲基-17-(2-6′-甲基-5′-乙基己基)-5-甾烯[3,10,13-trimethyl-17-(2-6′-methyl-5′-ethylhexyl)-5-steroid alkene]、2,6,10,15,19,23-六甲基-2,6,10,14,18,22-二十四碳己烯(2,6,10,15,19,23-hexamethyl-2,6,10,14,18,22-tetracosahexene)、己烯醛(hexanal)、香茅醇(citronellol)、黄樟脑(safrole)、5-异丙基-2-甲基-1,4-苯醌(5-isopropyl-2-

methyl-1,4-benzoquinone)、丁香酚(eugenol)、乙酸辛烯酯(octenyl acetate)、苯甲醛(benzaldehyde)、二甲基苯乙烯(dimethyl styrene)、对伞花烃(*p*-cymene)、月桂烯(myrcene)、异松油烯(terpinolene)、α-蒎烯(α-pinene)、顺式-Δ^8-薄荷烯(*cis*-Δ^8-menthene)、2-(1-甲基乙烯基)-环己酮[2-(1-methylvinyl)-cyclohexanone]、茉莉酮(jasmone)、百里香酚甲醚(thymol methylether)、香薷酮(elscholtzione)、*N*-苯基苯胺(*N*-phenyl-benzenamine)、桂皮酸异丁酯(isobutyl cinnamate)、4-异丙氧基甲苯(4-isopropoxy toluene)、D-香芹酮(D-carvone)、芳樟醇(1inalool)、β-松油醇(β-terpineol)、肉豆蔻醚(myristicin)、乙酸香芹酯(carvacrol acetate)、乙酸百里香酯(thymol acetate)、α-紫罗兰酮(α-ionone)、β-紫罗兰酮(β-ionone)、乙酸香叶酯(geranyl acetate)、2,5-二甲基-十二烷(2,5-dimethyl-dodecane)、葎草烯(humulene)、长叶烯(longifolene)、α-佛手柑油烯(α-bergamotene)、α-石竹烯(α-caryophyllene)、α-金合欢烯(α-farnesene)、β-荜澄茄烯(β-cubebene)、γ-杜松烯(γ-cadinene)、邻苯二甲酸二丁酯(dibuthyl phthalate)、香橙烯(aromadendrene)、榄香素(elemicin)、异榄香素(isoelemicin)、反式-细辛脑(*trans*-asarone)、5,6-二甲氧基-2-异丙基苯并呋喃(5,6-dimethoxy-2-isopropyl-benzofuran)、芳樟醇(1inalool)、萘酚(naphthol)、苯并噻酚(benzothiophene)、枯茗酸(cumic acid)、石竹烯氧化物(caryophyllene oxide)、莳萝芹菜脑(dillapiole)、橙花叔醇(nerolidol)、2-苯甲酰基苯甲酸(2-benzoyl-benzoic acid)、十五碳醛(pentadecanal)、十七烷(heptadecane)、十八碳烷(octadecane)、棕榈酸(palmitic acid)、正十九碳烷(*n*-nonadecane)、二十烷-6-酮(eicosan-6-one)、十六烷酸丁酯(buthyl hexadecanoate)、杜松烯(cadinene)、亚麻酸(1inolenic acid)、亚油酸(1inoleic acid)、棕榈酸乙酯(ethyl palmitate)、亚油酸乙酯(ethyl linoleate)、1,8-桉叶素(1,8-cineole)、侧柏烯(thujene)、乙酸香叶酮(geranyl acetone)、姜黄烯(curcumene)、吉玛酮(germacrone)、绿叶醇(patchouli alcohol)、6-甲基-5-庚烯-3-酮(6-methyl-5-hepten-3-one)、7-辛烯-4-醇(7-octen-4-ol)、2,4-二甲基-4-(4-甲氧基)-苯基-1-丁烯[2,4-dimethyl-4-(4-methoxy)-phenyl-1-butylene]、3-异丙基-5-甲基苯酚(3-isopropyl-5-methyl-phenol)、香桧烯(sabinene)、双环吉玛烯(bicyclogermacrene)、绿叶烯(patchoulene)、喇叭烯(ledene)、5,9,9-三甲基-螺[3.5]壬-5-烯-1-酮{5,9,9-trimethyl-spiro[3.5]non-5-ene-1-one}、反式-二氢香芹酮(*trans*-dihydrocarvone)、1-甲基-2-异丙烯苯(1-methyl-2-isopropenyl-benzene)、1-甲基-4-异丙烯苯(1-methyl-4-isopropenyl-benzene)、二氢香芹酮(dihydrocarvone)、(+)-香芹酮[(+)-carvone]、植醇(phytol)、香芹醇(carveol)和异龙脑(isoborneol)等，其中主要香气成分是香芹酚(carvacrol)、百里香酚(thymol)等[1-4]。

感官特性　香薷草精油具清香和药香香气。

应用情况　香薷草精油具有解热、镇痛、镇静、抗病毒、抗菌、增强免疫功能等功效，亦可用于化妆品、食品的加香。

参考文献

[1] 郑尚珍，郑敏燕，戴荣，等．超临界流体 CO_2 萃取法研究石香薷精油化学成分[J]．西北师范大学学报(自然科学版)，2001，37(2)：49-52.
[2] 李章万，周同惠．香薷挥发油成分的研究[J]．药学学报，1983，18(5)：363-368.
[3] 郑尚珍，杨彩霞．石香薷挥发油成分的研究[J]．西北师范大学学报：自然科学版，1998，34(3)：31-33.
[4] 都恒青，方洪钜．木香薷挥发油成分的研究[J]．药物分析杂志，1989，9(1)：18-21.

杜 仲

别　　名　丝楝树皮、丝棉皮、胶木、棉树皮、胶树。

英文名称　Eucommia ulmoides。

植物学名　*Eucommia ulmoids* Oliv.。

植物科属　杜仲科　杜仲属。

品种来源　杜仲 *Eucommia ulmoids* Oliv. 的叶。

形态特征　杜仲，杜仲科杜仲属，落叶乔木。茎高可达 20m，胸径约 50cm 的树皮灰褐色，粗糙，内含橡胶，折断拉开有多数细丝。嫩枝有黄褐色毛，不久变秃净，老枝有明显的皮孔。卵圆形芽体，外面发亮，红褐色，有鳞片约 7 片，边缘具微毛。椭圆形卵形叶，薄革质，长约 10cm，宽约 5cm。基部圆形，先端渐尖；正面暗绿色，初时有褐色柔毛，不久变秃净，老叶略有皱纹，背面淡绿，初时有褐毛，以后仅在脉上有毛。侧脉约 8 对，与网脉在正面下陷，在背面稍突起，边缘有锯齿，叶柄长约 1.5cm，正面有槽，被散生长毛。花生于当年枝基部，雄花无花被；花梗长约 3mm，无毛；苞片倒卵状匙形，长约 7mm，顶端圆形，边缘有睫毛，早落；雄蕊长约 1cm，无毛，花丝长约 1mm，药隔突出，花粉囊细长，无退化雌蕊。雌花单生，倒卵形苞片，花梗长 8mm，子房无毛，1 室，扁而长，先端 2 裂，子房柄极短。扁平翅果，长椭圆形，长约 3cm，宽约 1.2cm，先端 2 裂，基部楔形，周围薄翅。坚果位于中央，稍突起，子房柄 2.5mm，与果梗相接处有关节。种子扁平，线形，长约 1.5cm，宽 3mm，两端圆形。早春开花，秋后果实成熟。

主要分布　现主要分布于陕西、湖北、湖南、贵州、四川、云南等地，一些邻近地区也有栽培。

利用部位　皮、叶和种子。

理化特性　由水蒸气蒸馏法提取得到的杜肿油，具有特殊香味的棕黄色液体。

香气成分　杜肿精油的香气成分有：

1,2-二甲苯(1,2-dimethyl-benzene)、(*E*, *E*)-2,4-庚二烯醛[(*E*, *E*)-2,4-heptadienal]、1,3-二甲苯(1,3-dimethyl-benzene)、壬醛(nonanal)、苯甲醛(benzaldehyde)、桉叶油醇(cineole)、乙酸苯酯(phenyl ester acetic acid)、3-呋喃甲醇

乙酸酯(3-furylmethyl acetate)、1-(2-甲基-1-环戊烯醛)乙酮[1-(2-methyl-1-cyclopenten-1-yl)-ethanone]、苯乙酸乙酯(benzeneacetic acid ethyl ester)、顺式-芳樟醇氧化物(*cis*-linaloloxide)、芳樟醇(linalool)、D-樟脑(D-camphor)、异龙脑(isoborneo)、右旋龙脑(d-borneol)、4-萜烯醇(4-terpene alcohol)、蒽(anthracene)、左旋乙酸冰片酯(l-bornyl acetate)、萜品油烯(terpinolene)、α-松油醇(α-terpineol)、桃金娘烯醇[6,6-dimethyl-bicyclo(3.1.1)hept-2-ene-2-methanol]、马苄烯酮[4,6,6-trimethyl bicycle(3.1.1)hept-3-en-2-one]、异丁子香烯(isocaryophillene)、大马酮(damascenone)、2-甲氧基-4-甲基-1-(1-甲基乙基)[2-methoxy-4-methyl-1-(1-methylethyl)-benzene]、香芹酚(5-isopropyl-2-methylphenol)、榄香烯(elemene)、α-荜澄茄油烯(α-cubebene)、檀香烯(santalene)、肉桂酸乙酯(ethyl cinnamate)、β-石竹烯(β-caryophyllene)、香叶基丙酮(geranylacetone)、α-葎草烯(α-caryophyllene)、β-紫罗酮(β-ionone)、正十五烷(pentadecane)、金合欢烷(fanesane)、橙花叔醇(nerolidol)、α-紫罗酮(α-ionone)、蛇床烯(α-selinene)、β-红没药烯(β-bisabolene)、二氢猕猴桃内酯(dihydroactinidiolide)、雪松醇(cedrol)、γ-荜澄茄烯(γ-cadinene)、δ-杜松烯(δ-cadinene)、石竹素(caryophyllene oxide)、鲸蜡烷(n-hexadecane)、β-二氢大马酮(β-damascone)、正十七烷(heptadecane)、(6*R*,7*E*,9*R*)-9-羟基-4,7-巨豆二烯-3-酮[(6*R*,7*E*,9*R*)-9-hydroxy-4,7-megastigmadien-3-one]、卡达烯(cadalene)、1,2,3-三甲基-4-烯丙基萘[(*E*)-1,2,3-trimethyl-4-propenyl-naphthalene]、3-甲基-1-十二炔-3-醇(3-methyl-1-dodecyn-3-ol)、牻牛儿酮(germacrone)、1,1-二苯基-1-丁烯(1,1-diphenylbut-1-ene)、对甲氧基肉桂酸乙酯(*p*-methoxy ethyl cinnamate)、十四烷(tetradecane)、植烷(2,6,10,14-tetramethyl hexadecane)、6,10-二甲基-十一烷-2-酮(6,10-di-methylundecan-2-one)、植酮(6,10,14-trimethyl-2-pentadecanone)、顺-3-己烯基肉桂酸(*cis*-3-hexen-1-yl ester cinnamic acid)、(*Z*,*Z*,*Z*)-9,12,15-十八三烯-1-醇[(*Z*,*Z*,*Z*)-9,12,15-octadecatrien-1-ol]、植醇(phytol)、十九烷(nonadecane)、亚麻酸乙酯[(*Z*,*Z*,*Z*)-9,12,15-octadecatrienoic acid, ethyl ester]、棕榈酸(palmitic acid)、法尼基丙酮(farnesyl acetone)、棕榈酸甲酯(hexadecanoic acid ethyl ester)、亚油酸乙酯(linoleic acid ethyl ester)、异植物醇(isophytol)、邻苯二甲酸二异丁酯[1,2-benzenedicarboxylic acid bis(2-methylpropyl)ester]、丁基邻苯二甲酰羟乙酸丁酯(butyl phthalyl butyl glycolate)、棕榈酸乙酯(hexadecanoic acid ethyl ester)、金合欢醇乙酸酯(farnesyl acetate)、硬脂酸乙酯(octadecanoic acid ethyl ester)、二十一烷(heneicosane)、二十五烷(n-pentacosane)、邻苯二甲酸二(2-乙基己)酯[bis(2-ethylhexyl)phthalate]和二十七烷(n-heptacosane)等。其中主要香气成分是植醇(phytol)和植酮(6,10,14-trimethyl-2-pentadecanone)等[1-3]。

感官特性 杜仲精油具有丰富药草香、香气沉稳。

应用情况 杜仲具有补肝肾、强筋骨、安胎的功效。杜仲胶在形状记忆功效方面具很好的应用价值。

管理及参照标准 杜仲(*Eucommia ulmoids* Oliv.)的管理及参照标准见CAS

327-97-9。

参 考 文 献

[1] 张康健，王蓝．杜仲叶与皮有效成分含量的比较研究[J]．西北林学院学报，1996，11(2)：42-46.
[2] 梁淑芳，张康健．杜仲果实化学成分的研究[J]．西北林学院学报，1997，12(1)：43-47.
[3] 巩江，倪士峰，路锋，等．杜仲叶挥发物质气相色谱-质谱研究[J]．安徽农业科学，2010(17)：8998-8999.

小 茴 香

别　　名　怀香、谷香。

英文名称　Fennel。

植物学名　*Foeniculum vulgare* Mill.。

植物科属　伞形科　小茴香属。

品种来源　*Foeniculum vulgare* Mill. 的绿色部分、果实和根。

形态特征　小茴香，伞形科小茴香属草本植物，茎直立，高约 1.2m，光滑，灰绿色或苍白色，多分枝。较下部的茎生叶柄长约 10cm，中部或上部的叶柄部分或全部成鞘状，叶鞘边缘膜质；叶片轮廓为三角形，长约 15cm，宽约 22cm，4 回羽状全裂，末回裂片线形，长约 3.5cm，宽约 1mm。复伞形花序顶生与侧生，花序梗长约 12cm；伞辐 6～29，不等长，长约 6cm；小伞形花序有花约 25；花柄纤细，不等长；无萼齿；黄色花瓣，圆形倒卵状，长约 1mm，先端具舌片，中脉 1 条；花丝略长于花瓣，花药卵圆形，淡黄色；花柱基圆锥形，花柱短，向外叉开或贴伏在花柱基上。长圆形果实，长约 5mm，宽约 1.7mm，5 条主棱，尖锐；槽内有油管 1，合生面油管 2；胚乳腹面近平直或微凹。花期 5～6 月，果期 7～9 月。

主要分布　原产地中海地区。我国主要分布于辽宁、山西、甘肃、内蒙古等地，河北、陕西、吉林、黑龙江、四川、贵州、广西等地也有。

利用部位　植物的绿色部分、干种子、根。

理化特性　它是一种无色或淡黄色液体，分苦味油和甜味油两种，含葑酮的味苦，不含葑酮的味甜。苦味油用水蒸气蒸馏干燥的粉碎的种子提取精油。得率不一，通常是 2.5%～6.5%，依植物产地而定。甜味油是用水蒸气蒸馏种子提取的精油，具有特征的茴香气。

理化参数　小茴香精油理化参数如下表所示。

表　小茴香精油理化参数

理化参数	苦味油	甜味油
相对密度(20℃)	0.881～0.918	0.958～0.982
折光指数(20℃)	1.484～1.568	1.5331～1.5532

续表

理化参数	苦味油	甜味油
旋光度(20℃)	+21°～+68°	+4°～+16°
凝固点	<-10℃	<15℃

香气成分 小茴香精油的香气成分有：

葑酮(fenchone)、α-蒎烯(α-pinene)、α-水芹烯(α-phellandrene)、莰烯(camphene)、二戊烯(dipentene)、茴香醛(anisaldehyde)、茴香酸(anisic acid)、草蒿脑(estragole)、顺式茴香脑(*cis*-anethole)、对伞花烃(*p*-cymene)、藁本内酯(ligustilide)、亚丁基苯酞(butylidenephthalide)、柠檬烯(limonene)、对甲氧丙酮(*p*-methoxylacetate)、1,8-桉叶素(1,8-cineole)、十五烷(pentadecane)、葑醇乙酸酯(fenchyl acetate)、甲氧苯基丙酮(methoxyphenylacetone)。其中苦味油的主要香气成分是葑酮，甜味油的主要香气成分是顺式茴香脑[1-3]。

感官特性 小茴香精油味苦、油温和，樟脑样的香气和微苦的焦味，头子有壤香。甜味油有一种清甜的茴香辛香，新鲜油中有鲜果头香。比大茴香油略清、少甜，有轻微泥壤香及类似胡椒样辛辣气。香味是温和而甜，轻微的焦味。

应用情况 干的苦小茴香种子已经很早就用于调配酒类、糕点、糖果及肉类食品，种子精油多用于提取其主要成分大茴香脑。野生品种主要用它的辛香气息，可作不良气息的掩盖剂。

甜味茴香的萜烯类可用于牛饲料的加香；精油可用于为糖果、糕点和酒类(法国用量较大)的加香。

管理及参照标准 苦小茴香(*Foenicnlum vulgare* Mill. vat. amara)油 FEMA 2481；Nat 1；IOFI；FDA 182.10；COE 201；GB 2；CAS 8006-84-6；RIFM；GRAS(I)。

甜小茴香[*Foeniculum vulgare* Mill. var. *dulce*(D.C.)]及其油：FEMA 2482，2483；Nat 1；IOFI；GB 2；FDA 182.10，182.20；COE 200；CAS 8006-84-6；FCC Ⅲ；RIFM；GRAS(I)(II)。

参考文献

[1] 吴玫涵，聂凌云，刘云，等．气相色谱-质谱法分析不同产地小茴香药材挥发油成分[J]．药物分析杂志，2001，21(6)：415-418.

[2] 彭洪，郭振德．小茴香超临界 CO_2 萃取产物的成分研究[J]．中国药学杂志，1997，32(6)：337-339.

[3] 赵淑平，丛浦珠，权丽辉，等．小茴香挥发油的成分[J]．Journal of Integrative Plant Biology，1991，1(1)：82-84.

无 花 果

别　　名 榕属、文先果、密果、奶浆果、树地瓜、映日果。

英文名称 Fig。

植物学名　*Ficus carica*　L.。

植物科属　桑科　榕属。

品种来源　无花果 *Ficus carica*　L. 的果。

形态特征　无花果是桑科榕属的落叶小乔木植物，高约 10m，果有乳汁，叶片厚质，互生，托叶合生，呈矩圆形，掌状，约 4 裂，托叶呈卵形三角状，早落。花单性、雌雄同株，生于球形中空的花托内。冬季于叶腋处单生花序托，花序托有短梗，果成熟时呈紫黑色，称无花果。

主要分布　无花果主要分布于热带和亚热带地区，我国南方各地均有种植，如四川、贵州、广东、浙江、江苏、福建、广西等地。多生于温暖湿润和阳光充足的环境，喜疏松、肥沃的土质生长。

利用部位　果。

香味成分　无花果精油的香气成分有：

乙酸（acetic acid glacial）、3-羟基-2-丁酮（acetyl methyl carbinol）、糠醛（furfural）、2-甲基己酸（2-methylcaproic acid）、1-乙基-2-甲基环戊烯（1-ethyl-2-methylcyclopentene）、2，3-丁二醇（2，3-butanediol）、1-乙酰环己烯（1-acetyl-1-cyclohexene）、庚醛（heptaldehyde）、甲氧基苯基肟（methoxy phenyl oxime）、2，3-二甲基苯酚（2，3-dimethylphenol）、3-羟基丁酸乙酯（ethyl 3-hydroxybutyrate）、苯甲醛（benzoic aldehyde）、甲基庚烯酮（methyl isohexenyl ketone）、右旋萜二烯［（+）-dipentene］、异辛醇（2-ethylhexanol）、苯乙醛（hyacinthin）、1-乙基-1*H*-吡咯-2-甲醛（1-ethyl-1*H*-pyrrole-2-carbaldehyde）、α-甲基-α-（4-甲基-3-戊烯基）环氧乙烷甲醇｛α-methyl-α-［4-methyl-3-pentenyl］oxiranemethanol｝、芳樟醇（linalool）、壬醛（1-nonanal）、丁香醛（lilac aldehyde）、4-甲基-1,4-二庚烯（4-methyl-1,4-heptadiene）、氧化芳樟醇（linalool oxide）、壬酸（nonanoic acid）、苯并富烯（benzofulvene）、松油醇（terpineol）、4-烯丙基苯甲醚（4-allylanisole）、癸醛（decanal）、顺式柠檬醛（*cis*-citral）、香叶醇（geraniol）、α-柠檬醛（α-citral）、双环［3.3.1］壬烷｛bicyclo［3.3.1］nonane｝、茴香脑（*cis*-anethol）、4，6-二甲基-2-吡喃酮（4，6-dimethyl-2-pyrone）、三丙二醇甲醚（tripropyleneglycol methyl ether）、α-荜澄茄油烯（α-cubebene）、月桂酸（dodecanoic acid）、丁酸丁酯（butyl butanoate）、丁香酚（eugenol）、二十七烷（heptacosane）、乙酸香叶酯（geranyl acetate）、薄荷醇呋喃（mentho furan）、长叶烯（longiflene）、肉豆蔻酸（myristic acid）、顺式石竹烯（*cis*-caryophyllene）、2,3-二甲基癸烷（2，3-dimethyl-decane）、香柠檬烯（bergamotene）、1,13-十四碳二烯（1,13-tetradecadiene）、α-布藜烯（α-bulnessene）、邻苯二甲酸二异丁酯（diisobutyl phthalate）、（+）-香橙烯［（+）-aromadendrene］、反式-2-己烯醛（*trans*-2-hexenal）、月桂酸甲酯（methyl laurate）、4-叔丁基-2-甲基噻酚（4-*tert*-butyl-*O*-thiocresol）、邻苯二甲酸二异壬酯（phthalicacid, isobutyl nonylester）、十五烷（pentadecane）、d-杜松烯（d-cadinene）、正十五酸（pentadecylic acid）、6,9-二甲基十四烷（6,9-dimethyl tetradecane）、4-苯基环己基甲醇（4-methylene cyclohexyl methanol）、姥鲛烷（norphytane）、十九烷（nonadecane）、邻苯二甲酸二丁酯（dibutyl phthalate）、棕榈酸甲酯（methyl palmitate)、(*Z*)-11-十六烯酸[(*Z*)-11-hexadecenoic acid]、棕榈酸(palmitic acid)、棕榈酸乙酯(ethyl palmitate)、反亚油酸甲酯(methyllinolelaidate)、植烷(phytan)、7,10,13-十六碳三烯酸甲酯(7,10,13-hexadecatrienoic acid, methyl ester)、亚麻油酸(linolic acid)、十七烷酸(heptadecanoic acid)、1-十七醇(1-heptadecanol)、亚麻酸甲酯(methyl linolenate)、亚麻酸(linolenic acid)、油酸(oleic acid)、亚麻醇(linolenic alcohol)、十六醛(hexadecanal)、花生酸(arachidic acid)、二十四烷(tetracosane)、羽扇烯酮(lupenone)等。其中主要香成分为苯甲醛(benzoic aldehyde)、2,3-丁二醇(2,3-butanediol)、氧化芳樟醇(linalool oxide)和茴香脑(*cis*-anethol)等[1-3]。

感官特性 无花果精油香气厚实又甜韵。

应用情况 无花果有润肺止咳、清热润肠的药效，常用治疗于咳喘、咽喉肿痛、便秘、痔疮等症状。

管理及参照标准 无花果(*Ficus carica* L.)精油的管理及参照标准见CAS 68916-52-9；IOFI；Nat 1；RIFM等。

参考文献

[1] 戴勇，张晓霞，李炎强，等. 无花果精油香味成分的分析及在卷烟中的应用[J]. 烟草科技，2003(8)：23-26.

[2] 张峻松，贾春晓，张文叶，等. 超临界 CO_2 流体萃取无花果挥发油化学组分的研究[J]. 香料香精化妆品，2003(4)：7-9.

[3] 张峻松，贾春晓，毛多斌，等. 毛细管气相色谱法测定无花果挥发油的香味成分[J]. 日用化学工业，2003，33(5)：329-332.

佛　手

别　　名 五指橘、飞穰、蜜罗柑、佛手柑、五指香橼、五指柑。

英文名称 fingered citron。

植物学名 *Citrus medica* L. var. *sarcodactylis* Swingle。

植物科属 芸香科 柑橘属。

品种来源 芸香科植物佛手 *Citrus medica* L. var. *sarcodactylis* Swingle 的果实。

形态特征 佛手，芸香科柑橘属不规则分枝的灌木或小乔木植物，是香橼的变种之一。

新生嫩枝、芽及花蕾均为暗紫红色，茎枝多刺，刺长约4cm。单叶，稀兼有单身复叶，则有关节，但无翼叶；短叶柄，叶片呈椭圆形或卵状椭圆形，长约12cm，宽约6cm，顶部呈圆形或钝圆形，短尖，叶缘有浅钝裂齿状。

主要分布 主要分布在我国广东、广西、四川、浙江、江西、福建、云南等地区。

利用部位 果实。

理化特性 黄绿色或棕黄色液体；可混溶于乙醇及冰醋酸中，溶于大多数非挥发性油，但不溶于甘油、水和丙二醇。

香气成分 佛手精油的香气成分有：

柠檬烯(limonene)、正己烷(n-hexane)、顺式-香叶醇(*cis*-geraniol)、2-甲基-2-羟基-3-丁烯(2-methyl-2-hydroxy-3-butylene)、乙酸橙花酯(neryl acetate)、四氢呋喃(tetrahydrofuran)、反式-橙花叔醇(*trans*-nerolidol)、甲苯(toluene)、邻苯二甲酸二乙酯(diethyl phthalate)、α-蒎烯(α-pinene)、红没药醇(bisabolol)、β-蒎烯(β-pinene)、α-松油醇(α-terpineol)、α-水芹烯(α-phellandrene)、顺式-马鞭草烯醇(*cis*-verbenol)、α-松油烯(α-terpinene)、香芹酚(carvacrol)、石竹烯(caryophyllene)、(+)-2-蒈烯[(+)-2-carene]、十二烷酸(lauric acid)、薄荷二烯(menthadiene)、α-杜松醇(α-cadinol)、香茅醛(citronellal)、羟基新异长叶烷(hydroxy-neoiso-longifolane)、4-羟基薄荷烯(4-hydroxy menthene)、十四烷酸(tetradecanoic acid)、β-香茅醇(β-citronellol)、棕榈酸(palmitic acid)、柠檬醛(citral)、顺式-9,12-十八碳二烯酸(*cis*-9,12-octadecadienoic acid)、1-甲基-4-(1-甲基乙基)-1,4-环己烯[1-methyl-4-(1-methylethyl)-1,4-cyclohexene]、β-芳樟醇(β-linalool)、2-十一烷酮(2-undecanone)、(*Z*)-3，7-二甲基-2,6-辛二烯醛[(*Z*)-3,7-dimethyl-2,6-octadienal]、3，7-二甲基-2,6-辛二烯-1-醇(3，7-dimethyl-2,6-octadien-1-ol)、(*E*)-3，7-二甲基-2,6-辛二烯醛[(*E*)-3，7-dimethyl-2,6-octadienal]、1-甲基-4-(1-甲基乙烯基)-1,2-环己二醇[1-methyl-4-(1-methylvinyl)-1,2-cyclohexandiol]、α-石竹烯(α-caryophyllene)、1-甲基-2-(1-甲基乙基)-苯[1-methyl-2-(1-methylethyl)-benzene]、月桂烯(myrcene)、反式-2-甲基-5-(1-甲基乙烯基)-2-环己烯醇[*trans*-2-methyl-5-(1-methylvinyl)-2-cyclohexenol]和1-羟基芳樟醇(1-hydroxylinalool)等[1-4]。

感官特性 佛手精油呈清新的酸甜果香和柠檬果香，有苦味。

应用情况 ①食品：用做红茶等一些食品的香味添加剂；②化妆品：可作为防晒霜、香水等的香味添加剂；③药用：可作为某些药品的原料。

管理及参照标准 佛手(*Citrus medica* L. var. *sarcodactylis* Swingle)精油：CAS 8007-75-8。

参考文献

[1] 陈玉山．川佛手果叶香精油成分分析与应用研究[D]．重庆：西南农业大学，2004.

[2] 金晓玲，徐丽珊．佛手挥发油的化学成分[J]．分析测试学报，2000，19(4)：70-72.

[3] 张颖，孔令义．佛手化学成分的研究[J]．中国现代中药，2006，8(6)：16-17.

[4] 金晓玲，徐丽珊，施潇，等．4种佛手挥发油化学成分的研究[J]．中国药学杂志，2002，37(10)：737-739.

苦 参

别　　名 水槐、菟槐、苦骨、地槐、骄槐、野槐或白茎。

英文名称 Flavescens。

植物学名 *Sophora flavescense* Ait. 。

植物科属 豆科 苦参属。

品种来源 苦参 *Sophora flavesense* Ait 的干燥根。

形态特征 苦参，豆科苦参属，落叶半灌木植物，株高约1.8m，茎直立，具纵沟状，多分枝形；枝幼嫩，疏毛被，后变光滑无毛。圆柱状根，黄白色外皮。叶奇数羽毛状复生，长约22cm；小叶片呈线状披针形，长约3cm，宽约1.5cm，先端钝尖，基部圆，短柄，全缘，背面密生平贴细柔毛；托叶线形。顶生总状花序，长约18cm，被短细毛，苞片呈线形；扁平萼钟形，长约6mm；乳白色蝶形花冠；匙形旗瓣，翼瓣与龙骨瓣近长、无耳；子房柄被细柔毛，圆形柱头。线形荚果，先端长喙，成熟不开裂，长约6.5cm。种子间呈不明显的串珠状，疏生短细柔毛。黑色种子、近球形、约5颗。花期5~6月，果期8~9月。

主要分布 分布于印度、俄罗斯、日本、朝鲜等地以及我国的大部分地区，如湖南、湖北、云南、贵州、广西、四川等均有生长。

利用部位 根部。

理化特性 苦参油淡黄色，易溶于乙醇、氯仿、甲苯、苯、丙酮中，微溶于热水、石油醚中。

香气成分 苦参精油的香气成分有：

二十烷(eicosane)、已醛(hexanal)、乙苯(ethylbenzene)、间二甲苯(*m*-xylene)、对二甲苯(*p*-xylene)、1-辛烯-5-醇(1-octen-5-ol)、月桂烯(myrcene)、1-甲基-4-乙基苯(1-methyl-4-ethylbenzene)、莰烯(camphene)、α-蒎烯(α-pinene)、香桧烯(sabinene)、已酸(hexanoic acid)、对伞花烃(*p*-cymene)、柠檬烯(limonene)、β-水芹烯(β-phellandrene)、1,8-桉叶素(1,8-cineole)、芳樟醇(Iinalool)、α-松油醇(α-terpineol)、樟脑(camphor)、正壬醇(nonanol)、松油醇-4(terpineol-4)、正癸醛(decanal)、香叶醇(geraniol)、正壬醛(*n*-nonanal)、紫苏酮(perilla ketone)、正壬酸(nonanoic acid)、2,4-正癸二烯醛(2,4-decadienal)、癸烯二酸(decenedioic acid)、β-榄香烯(β-elemene)、甲基丁香酚(methyl eugenol)、2,6-二甲基-萘(2,6-dimethyl naphthalene)、反式-石竹烯(*trans*-caryophyllene)、1,6-二甲基-萘(1,6-dimethyl naphthalene)、香叶基丙酮(geranyl acetone)、十二醇(dodecanol)、十五烷(pentadecane)、α-依兰烯(α-muurolene)、δ-荜澄茄烯(δ-cubebene)、月桂酸(lauric acid)、十六烷(hexadecane)、十七烷(heptadecane)、2,6,10,14-四甲基十五烷(2,6,10,14-tetramethyl pentadecane)、十八烷(octadecane)、2,6,10,14-四甲基十六烷(2,6,10,14-tetramethyl hexadecane)和十九烷(nonadecane)等。其中主要的香气成分有二十烷(eicosane)等[1-3]。

感官特性 苦参精油具药香，味极苦。

应用情况 苦参在日用化妆品、制药等方面应用比较广泛。

管理及参照标准 苦参(*Sophora flavescense* Ait.)提取物的管理及参照标准见CAS：519-02-8。

参考文献

[1] 苗抗立，张建中，董颖，等．苦参的化学成分及药理的研究进展[J]．天然产物研究与开发，2001,13(2)：69-73.

[2] 李丹，左海军，高慧媛，等．苦参的化学成分[J]．沈阳药科大学学报，2004，21(5)：346-348.

[3] 王秀坤，李家实，魏璐雪．苦参挥发油成分的研究[J]．中国中药杂志，1994，19(9)：552-553.

龙眼

别　　名　桂圆。

英文名称　Flos Longan。

植物学名　*Dimocarpus longan* Lour.。

植物科属　无患子科 龙眼属。

品种来源　龙眼 *Dimocarpus longan* Lour. 的花序。

形态特征　龙眼，无患子科龙眼属，常绿小灌木，株高约 3m，多分枝，大型花序，被星状细柔毛；短花梗；5 片萼片、5 片花瓣，披针形、花瓣乳白色，外被细柔毛。圆果形，径约 2cm，浅青黄色，皮粗糙；黑褐色光亮种子。花期 5 ~ 6 月，果期 7 ~ 8 月。

主要分布　主要分布于我国广西、广东、福建和台湾等地区。

利用部位　花序。

理化特性　龙眼花精油为浅黄色油状液体。

香气成分　龙眼花油的香气成分有：

环氧芳樟醇(*cis*-linaloloxide)、3,7-二甲基-1,6-辛二烯-3-醇(3,7-dimethyl-1,6-octadien-3-ol)、δ-榄香烯(δ-elemene)、α-荜澄茄烯(α-cubebene)、β-榄香烯(β-elemene)、大根香叶烯(germacrene D)、α-石竹烯(α-caryophyllene)、β-愈创木烯(β-guaiene)、δ-桉叶烯(δ-selinene)、α-金合欢烯(α-farnesene)、(-)-β-杜松烯[(-)-β-cadinene]、γ-榄香烯(γ-elemene)、(-)-蓝桉醇[(-)-globulol]、α-榄香烯(α-elemene)、τ-依兰油烯(τ-muurolene)、τ-古香油烯(τ-gurjunene)、(+)-长叶烯[(+)-longifolene]、β-古香油烯(β-gurjunene)、(+)-香橙烯[(+)-aromadendrene]、β-桉叶烯(β-selinene)、莎草烯(cyperene)和6,10,14-三甲基-2-十五烷酮(6,10,14-trimethyl-2-pentadecanone)等，其中主要香气成分是α-古香油烯(α-gurjunene)和石竹烯(caryophyllene)等[1-4]。

感官特性　龙眼花精油具清甜香气。

应用情况　在医药上中具有通淋化浊的功效。

参考文献

[1] 吴妮妮，李雪华．龙眼化学成分及活性研究进展[J]．海峡药学，2006，18(3)：17-20.

[2] 梁洁，王雯慧，甄汉深，等．广西产龙眼叶及花挥发油成分气质联用分析[J]．中国实验方

剂学杂志，2010(11)：76-79.
[3] 杨晓红，侯瑞瑞，赵海霞，等. 鲜龙眼肉挥发性化学成分的 GC/MS 分析[J]. 食品科学，2002，23(7)：123-125.
[4] 郑公铭，徐良雄，谢海辉，等. 龙眼果肉化学成分的研究[J]. 热带亚热带植物学报，2010(1)：82-86.

飞 机 草

别　　名　解放草、马鹿草、破坏草、香泽兰、黑头草、大泽兰。

英文名称　Fragrant Eupatorium Herb。

植物学名　*Eupatorium odoratum* L.。

植物科属　菊科　香泽兰属。

品种来源　飞机草 *Eupatorium odoratum* L. 的全草。

形态特征　飞机草，菊科香泽兰属，株高约2m，多年生粗壮草本植物，茎直立，有纵纹，被灰白色柔毛，中上部的毛较密，分枝与主茎成直角射出，节间长约10cm。单叶对生；叶柄长约1.5cm；叶片三角形或三角状卵形，长约7cm，宽约3.5cm，先端渐尖，基部楔形，边缘有粗大钝锯齿，两面粗涩，均被绒毛，背面的毛较密而呈灰白色，基3脉。头状花序生于分枝顶端和茎顶端，排成伞房花序，花粉红色，全为管状花；总苞圆柱状，长不及1cm，紧抱小花；总苞片有褐色纵条纹；冠毛较花冠稍长。瘦果无毛，无腺点。花果期4～12月。

主要分布　飞机草主要分布在南美洲、亚中美洲等地区。我国的海南、广西的南部、广东东部和云南西部等地区有引种。

利用部位　全草。

理化特性　采用超临界 CO_2 流体萃取法得到的挥发油为黄棕色芳香液体。

香气成分　飞机草精油的香气成分有：

4-羟基-2-戊酮(4-hydroxy-2-pentanone)、二甲基亚枫(dimethyl sulfoxide)、2-丁酮(2-butanone)、2,6-二甲基-吡啶(2,6-dimethyl-pyridine)、(+)-1,2-丁二醇[(+)-1,2-butanediol]、(+)-(2*S*, 4*S*)-戊二醇[(+)-(2*S*, 4*S*)-pentanediol]、2-甲基-2-丙基-1,3-二氧环庚烷(2-methyl-2-propyl-1,3-dioxepane)、丁内酯(butyrol actone)、二甲基枫(dimethyl sulfone)、哒嗪(pyridazine)、2,2,3-三甲基-丁烷(2,2,3-trimenthyl-butane)、2-甲基-2,3-戊二醇(2-methyl-2,3-pentanediol)、麦芽酚(maltol)、2-甲基-3-丁烯-2-醇(2-methyl-3-buten-2-ol)、1,1-二甲氧基-已烷(1,1-dimethoxy-hexane)、3,4-环氧-3-乙基-2-丁酮(3,4-epoxy-3-ethyl-2-butanone)、2-甲基-戊醛(2-methyl-pentanal)、1,3-丁二醇(1,3-butanediol)、2,2-二甲基-3-庚酮(2,2-dimethyl-3-heptanone)、2-吡咯烷酮(2-pyrrolidinone)、3,3-二甲基-1-丁醇(3,3-dimethyl-1-butaol)、甲基-2-糠酯(2-methyl-furoate)、反-2-庚烯(*trans*-2-heptene)、6,6-二甲基-2-亚甲基-双环[3.1.1]庚-3-醇{6,6-dimethyl-2-methylene-bicyclo[3.1.1]heptan-3-ol}、4,6,6-三甲基-[1*S*-(1α,2β,5α)]-双环[3.1.1]庚-3-烯-醇{4,6,6-trimethyl-[1*S*-(1α,2β,5α)]-bicyclo[3.1.1]heptan-3-en-ol}、2-甲

基-戊醛(2-methyl-pentanal)、2,6-二甲基-3,7-辛二烯-2,6-二醇(2,6-dimethyl-3,7-octadiene-2,6-diol)、2,5-二氢-噻吩(2,5-dihydro-thiophene)、4,6,6-三甲基-双环[3. 1. 1]庚-3-烯-2-酮{4,6,6-trimethyl-bicyclo[3. 1. 1]hept-3-en-2-one}、1,2-苯并异噻唑(1,2-benzisothiazole)、5-羟基甲基-2-糠醛[5-(hydroxyl methyl)-2-furan carboxaidehyde]、4-甲基-3-乙基-1*H*-吡咯-2,5-二酮(3-ethyl-4-methyl-1*H*-pyrrole-2,5-dione)、7-亚甲基-2-(1-甲基亚乙基)-双环[2. 2. 1]庚烷{7-methylene-2-(1-methyl ethylidene)-bicyclo[2. 2. 1]heptanes}、1,4-二乙氧基-2-丁烯(1,4-diethoxy-2-butene)、对-甲氧基-苯甲醛(4-methoxy-benzaidehyde)、反式-5-醇-3-甲基-1,3-戊二烯(*trans*-5-ol-3-methyl-1,3-pentadiene)、3-苯基-2-丙烯醛(3-phenyl-2-propenal)、对-丙烯基-苯甲醚[1-methoxy-4-(1-propenyl)-benzene]、对甲氧基-苯甲醇(4-methoxy-benzene methanol)、3-甲基-4-亚甲基-2-己酮(3-methyl-4-methylene-2-hexanone)、5-甲基-2(3*H*)-呋喃酮[5-methyl-2(3*H*)-furanone]、α-毕澄茄烯(α-cubebene)、索布瑞醇(sobrerol)、3-羟基-4-甲氧基-苯甲醛(3-hydroxy-4-methoxy-benzaldehyde)、β-石竹烯(β-caryophyllene)、9-甲基-10-亚甲基-三环[4. 2. 1. 1(2,5)]癸-9-醇{9-methyl-10-methyl-enetricyclo[4. 2. 1. 1(2,5)]decan-9-ol}、[3a*S*-(3aα,3bβ,4β,7α,7α*S*)]-八氢-7-亚甲基-4-异丙基-1*H*-环戊[1. 3]环丙[1. 2]苯{[3a*S*-(3aα,3bβ,4β,7α,7α*S*)]-octahydro-7-methylene-4-(1-methylethyl)-1*H*-cyclopenta[1. 3]cyclopropa[1. 2]benzene}、(1*S*-*cis*)-1,2,3,5,6,8a-六氢-4,7-二甲基-1-异丙基-萘{(1*S*-*cis*)-1,2,3,5,6,8a-hexahydro-4,7-dimethyl-1-(1-methylethyl)-naphthalene}、(*R*)-5,6,7,7a-四氢-4,4,7a-三甲基-2(4*H*)-苯并呋喃酮[(*R*)-5,6,7,7a-tetrhydro-4,4,7a-trimethyl-2(4*H*)-benzofuranone]、[1α,3α,4β]-4-乙烯基-α,α,4-三甲基-3-(1-甲基乙烯基)-环己烷甲醇{[1α,3α,4β]-4-ethenyl-α,α,4-trimethyl-3-(1-methylethenyl)-cyclohexane methanol}、(顺)-2-亚甲基-3-异丙基-环己醇丙酯[*cis*-2-methylene-3-(1-methylethyl)-cyclohexanol acetate]、富马酸乙基-2-(2-亚甲基环丙基)丙酯[fumaric acid ethyl-2-(2-methyl-enecyclopropyl) propylester]、9-甲基-10-亚甲基-三环[4. 2. 1. 1(2,5)]癸-9-醇{9-methyl-10-methylene-tricyclo[4. 2. 1. 1(2,5)]decan-9-ol}、[1*R*-(1*R*,3*E*,7*E*,11*R*)]-1,5,5,8-四甲基-12-氧杂双环[9. 1. 0]-十二-3,7-二烯{[1*R*-(1*R*,3*E*,7*E*,11*R*)]-1,5,5,8-tetramethyl-12-oxabicyclo[9. 1. 0]dodeca-3,7-diene}、(−)-匙叶桉油烯醇[(−)-spathulenol]、1-甲基-4-(2-甲基环氧乙烷基)-[4. 1. 0]-7-氧杂双环[4. 1. 0]庚烷{1-methyl-4-(2-methyl oxiranyl)-7-oxabicyclo[4. 1. 0]heptanes}、[2*R*-(2α,4aα,8aβ)]-α,α,4a-三甲基-8-亚甲基-十氢-2-萘甲醇{[2*R*-(2α,4aα,8aβ)]-α,α,4a-trimethyl-8-methylene-decahydro-2-naphthalene methanol}、3,5-二甲氧基,4-羟基-苯甲醛{4-hydroxy-3,5-dimethoxy-benzaldehyde}、4-(4-羟基-2,2,6-三甲基-7-氧杂双环[4. 1. 0]庚-1-基)-3-丁烯-2-酮{4-(4-hydroxy-2,2,6-trimethyl-7-oxabicyclo[4. 1. 0]hept-1-yl)-3-uten-2-one}、7-乙酰基-2-羟基-2-甲基-5-异丙基双环[4. 3. 0]壬烷{7-acetyl-2-hydroxy-2-methyl-5-isopropyl bicyclo[4. 3. 0]nonane}、3-(4-甲氧基苯)-2-丙烯酸乙酯[3-(4-methoxyphenyl)-2-propenoic acid ethylester]、[2*R*-(2α,4aβ,8β)]-α,α,4a,8-

四甲基-2,3,4,4a,5,6,7,8-八氢-2-萘甲醇{2*R*-(2α，4aβ，8β)]-α，α，4a，8-tetramethyl-2,3,4,4a,5,6,7,8-octahydro-2-naphthalene methanol}、6,10,14-三甲基-2-十五酮(6,10,14-trimethyl-2-pentadecanone)、咖啡碱(caffeine)、环氧异香橙烯(isoarom adendrene epoxide)、植物醇(phytol)、壬酰胺(nonanamide)和(顺)-油酰胺(*cis*-9-octadecenamide)等。其中主要香气成分是9-甲基-10-亚甲基-三环[4.2.1.1(2,5)]癸-9-醇{9-methyl-10-methylene-tricyclo[4.2.1.1(2,5)]decan-9-ol}等[1-3]。

感官特性 飞机草精油具药草香。

应用情况 飞机草是我国民间中草药，具有散瘀消肿、解毒和止血功效，主要用于跌打肿痛、疮疡肿毒、稻田性皮炎、外伤出血、旱怒蝗咬后流血不止。

管理及参照标准 飞机草(*Eupatorium odoratum* L.)的管理及参照标准见Syst. ed. 10. 1205，1759；DC., Prodr. 5：143，1836；Gagnep., in Lecomte, Fl. Gen. Indo-Chin. 3：505，1924。

参考文献

[1] 袁经权，冯洁，杨峻山，等．飞机草挥发油成分的GC-MS分析[J]．中国现代应用药学，2008，25(3)：202-205.

[2] 袁经权，杨峻山，缪剑华．飞机草化学成分研究[J]．中草药，2006，36(12)：1771-1773.

[3] 王韵，司马硕丹，李继霞，等．飞机草化学成分研究[J]．中草药，2012，43(12)：2351-2355.

鲜罗汉果

别　　名 假苦瓜、光果木鳖、金不换、拉汗果、罗汉表、裸龟巴。

英文名称 fructus momordicae。

植物学名 *Siraitia grosvenorii*(*Swingle*) C. Jeffrey ex Lu et Z. Y. Zhang。

植物科属 葫芦科 苦瓜属。

品种来源 葫芦科植物罗汉果 *Siraitia grosvenorii*(*Swingle*) C. Jeffrey ex Lu et Z. Y. Zhang 的果实。

形态特征 罗汉果，葫芦科苦瓜属，多年生攀援草本植物；根肥大，纺锤形或近球形；茎、枝粗壮，有棱沟，初被黄棕色柔毛和黑色疣状腺鳞，熟后毛渐脱落，变光滑无毛。叶柄长约5cm，被同枝条一样的毛被和腺鳞；叶片膜质，卵形心状、卵心形，长约20cm，宽约15cm，先端渐尖，基部呈心形、半圆形或近椭圆形，深约2cm，宽约3cm，边缘呈细波状，小脉伸出有小齿，缘毛，叶面深绿色，被稀疏细柔毛和棕黑色疣状腺鳞，熟后毛渐脱，近无毛，叶背呈绿色，被短细柔毛和混生棕黑色疣状腺鳞；卷须略粗壮，初时被短细柔毛后渐变近光滑无毛，2分歧，分歧点有旋卷。

主要分布 罗汉果主要分布在广西北部、广东东部等地区。适宜较高海拔(海拔高约1000m)的山坡上丛林中。

利用部位 成熟果实。

理化特性 罗汉果精油是淡黄色并具有特殊香味的油状物。罗汉果油理化参数如下表所示。

表 罗汉果精油理化参数

理化参数	罗汉果油
酒精度(%，体积分数)	7.1～13.0
总糖质量分数(以葡萄糖计，g/L)	4.2～12.1
总酸(以柠檬酸计，g/L)	5.1～7.5
挥发酸(以乙酸计，g/L)	≤1.2
甲醇(mg/L)	≤200
乙酸乙酯(mg/L)	≤200
杂醇油(g/L)	≤100
总 SO_2(mg/L)	≤50
游离 SO_2(mg/L)	≤250

香气成分 鲜罗汉果精油的香气成分有：

丁酸丁酯(butanoic acid，butyl ester)、2-丁烯酸丁酯(2-butenoic acid，butyl ester)、2-庚醇(2-heptanol)、正壬醛(nonanal)、2,4-二乙酰氧戊烷(2,4-diacetoxypentane)、正壬醇(1-nonanol)、1-甲氧代-4-(1-丙烯基)苯[1-methoxy-4-(1-propenyl) benzene]、十九烷(nonadecane)、1,2-苯二甲酸环已基丁酯(1,2-benzenedicarboxylic acid，butyl cyclohexyl ester)、肉豆蔻醛(十四碳醛)(tetradecanal)、二十一烷(tetradecane)、二十一烷(octadecanalx)、二十三烷(tricosane)等[1-4]。

感官特性 罗汉果有药甜香、味甘，其甜度约为蔗糖的350倍。

应用情况 罗汉果可以做成罗汉果茶、罗汉糖果饮、罗汉果红枣茶、罗汉果鱼腥草、罗汉果益母草汤、罗汉果粳米粥、罗汉雪梨饮、罗汉无花果茶、罗汉夏枯茶、罗汉五梅茶、罗汉果薄荷茶，还可作为餐饮炖品、各类糕点、糖果饼干、酒类饮料等的调味剂。另外，罗汉果止咳露具有咳祛痰的功效。

管理及参照标准 鲜罗汉果[*Siraitia grosvenorii*(*Swingle*)*C. Jeffrey ex Lu et Z. Y. Zhang*]糖苷 V 的管理及标准参见：CAS：88901-36-4。

参 考 文 献

[1] 董丽，王翔．固相微萃取和气相色谱-质谱联用分析罗汉果浸膏的挥发性成分[J]．新乡医学院学报，2004，21(1)：26-28.

[2] 廖日权，李俊，黄锡山，等．罗汉果化学成分的研究[J]．西北植物学报，2008，28(6)：1250-1254.

[3] 陈海燕，罗丽红，王志滨，等．气相色谱-质谱法分析无籽罗汉果果实中挥发油成分[J].

广西大学学报：自然科学版，2011，36(3)：489-492.
[4] 刘绍华，黄泰松，邹克兴，等. GC-MS 对罗汉果提取物挥发性成分的分析及其对提高卷烟吸食品质的作用[J]. 中草药，2008，39(5)：674-676.

荜茇

别　　名　荜拔梨、阿梨诃他、荜拔、椹圣、蛤蒌、鼠尾。

英文名称　Fructus piperis longi。

植物学名　*Piper longum* Linn.。

植物科属　胡椒科　胡椒属。

品种来源　荜拔 *Piper longum* Linn. 成熟的干燥果穗。

形态特征　荜茇，胡椒科胡椒属，多年生草质藤本植物，根状茎直立，分枝多。茎下部匍匐伸展，枝横卧伸展，柔软质，具纵校、沟槽，嫩幼时，被粉状，细毛短柔。下叶呈卵圆形，具长柄，上叶渐成卵状长圆形，柄短，顶端叶，无柄，基都抱茎，叶背面脉上被短细柔毛；7 条掌状腺，均基出。异株单性花，无花被；叶与穗状花序对生；约 4.5cm 雄花序，花径约 3mm；总花梗长约 2.5cm，被短细柔毛；盾状苞片近圆形；雄蕊 2，花丝短；雌花长约 2cm，花径约 4mm；苞片直径约 lmm；卵形子房，柱头 3。浆果下部与花序轴合生，先端有脐状凸起，直径约 2mm。花期 4～5 月，果期 9～10 月。

主要分布　分布于我国广西、福建、云南、广东、四川和贵州等地。

利用部位　干燥果实。

理化特性　荜茇精油为无色或淡绿色透明油状液体，可采用水蒸气蒸馏法提取。

香气成分　荜茇精油的香气成分有：

豆甾烷-3,5-二烯(stigmastan-3,5-diene)、胡椒碱(piperine)、3,7-二甲基-1,6-辛二烯-3-醇(3,7-dimethyl-1,6-octadien-3-ol)、正十三烷(n-tridecane)、α-荜澄茄烯(α-cubebene)、苯丙酸(phenylpropionic acid)、石竹烯(caryophyllene)、α-石竹烯(α-caryophyllene)、1,2,4a,5,6,8a-六氢-4，7-二甲基-1-(1-甲基乙基)-萘[1,2，4a，5，6，8a-hexahydro-4，7-dimethyl-1-(1-methylethyl)-naphthalene]、[*S*-(*E*，*E*)]-1-甲基-5-亚甲基-8-(1-甲基乙基)-1,6-环癸双烯{[*S*-(*E*，*E*)]-1-methyl-5-methylene-8-(1-methylethyl)-1,6-cyclodecadiene}、[4a*R*-(4aα，7α，8aβ)]-十氢-4a-甲基-1-亚甲基-7-(1-甲基乙烯基)萘{[4a*R*-(4aα，7α，8aβ)]-decahydro-4a-methyl-1-methylene-7-(1-methylvinyl)naphthalene}、桉叶-4(14)，11-二烯[eudesma-4(14)，11-diene]、2,6-二甲基-6-(4-甲基-3-戊烯基)-双环[3.1.1]-2-庚烯{2,6-dimethyl-6-(4-methyl-3-pentenyl)-bicyclo[3.1.1]-2-heptene}、十五烷(pentadecane)、(*S*)-1-甲基-4-(5-甲基-1-亚甲基-4-己烯基)-环己烯[(*S*)-1-methyl-4-(5-methyl-1-methylene-4-hexenyl)-cyclohexene]、(1*S*-顺式)-1,2,3,5,6,8a-六氢-4,7-二甲基-1-(1-甲基乙基)萘[(1*S*-*cis*)-1,2,3,5,6,8a-hexahydro-4,7-dimethyl-1-(1-methylethyl)naphthalene]、氧化石竹烯(caryophyllene oxide)、8-十七碳烯(8-heptadecene)、(*Z*)-3-十七碳烯[(*Z*)-3-heptadecene]、正十七烷(n-heptadecane)、1-十九碳烯(1-nonadecene)、4-[(1-羧基-2-甲基丁基)-氨基]-2-(1*H*)-嘧啶酮{4-[(1-carboxylic-2-methylbutyl)-amino-]-2-(1*H*)-pyrimidinone}、2-重氮基-2,3-二氢-3-甲基-1*H*-1-茚酮(2-diazo-2,3-dihydro-3-methyl-1*H*-1-indenone)、(*Z*)-9,17-十八碳二烯醛[(*Z*)-9,17-octadecadienal]、癸硫(decyl sulfide)、1*S*-1α,4aα,5α-十氢-5-(5-羟基-3-甲基-3-戊烯基)-1,4a-二甲基-6-亚甲基-1-萘甲醇[1*S*-1α,4aα,5α-decahydro-5-(5-hydroxy-3-methyl-3-pentenyl)-1,4a-dimethyl-6-methylene-1-naphthalenemethanol]、3-苯基-1-(3-苯基-1*H*-异吲哚-1-亚基)-1*H*-异吲哚[3-phenyl-1-(3-phenyl-1*H*-isoindol-1-ylidene)-1*H*-isoindole]、8a-甲基-6-(1-甲基乙烯基)-3,5,6,7,8,8a-六氢-42-(1*H*)-萘酮[8a-methyl-6-(1-methylvinyl)-3,5,6,7,8,8a-hexahydro-42-(1*H*)-naphthalenone]、(3β, 22*Z*)-乙酸酯-豆甾-5,22-二烯-3-醇[(3β, 22*Z*)-acetate-stigmasta-5,22-dien-3-ol]、4α-甲基胆甾-7-烯-3-酮(4α-methylcholest-7-en-3-one)、(5β)-5-乙烯基-A-去甲胆甾烷-3-酮[(5β)-5-vinyl-A-norcholestan-3-one]、麦角甾-4,6,22-三烯-3β-醇(ergosta-4,6,22-trien-3β-ol)、1-甲基-环癸烷(1-methyl-cyclodecane)、豆甾烷-3,5,22-三烯(stigmastan-3,5,22-triene)、*N*-(2,5-二甲氧基苯基)-4-甲氧基-苯酰胺[*N*-(2,5-dimethoxyphenyl)-4-methoxy-benzamide]、(3β,4α,5α)-4,14-二甲基-乙酸酯-9,19-环麦角甾-24(28)-烯-3-醇[(3β,4α,5α)-4,14-dimethyl-acetate-9,19-cycloergost-24(28)-en-3-ol]、14α-3-甲氧基-D-高雌-1,3,5(10)-8-四烯-17a-酮[14α-3-methoxy-D-homoestra-1,3,5(10)-8-tetraen-17a-one]、(1*R*,2*S*,8*R*,8Ar)-8-乙酰氧基-1-(22-羟基乙基)-1,2,5,5-四甲基-反式-十氢化萘[(1*R*, 2*S*, 8*R*, 8Ar)-8-acetoxy-1-(22-hydroxyethyl)-1, 2, 5, 5-tetramethyl-*trans*-decahydronaphthalene]、(1*R*)-1,7,7-三甲基-双环[2.2.1]庚烷-2-酮{(1*R*)-1,7,7-trimethyl-bicyclo[2.2.1]heptan-2-one}、(3β)-乙酸酯-9,19-环羊毛甾-24-烯-3-醇[(3β)-acetate-9,19-cyclolanost-24-en-3-ol]、十氢-甲基-萘(decahydro-methyl-naphthalene)、反式-八氢-2-(1*H*)-萘酮[*trans*-octahydro-2-(1*H*)-napltthalenone]、十四氢-1-甲基菲(tetradecahydro-1-methyl-phenanthrene)、八氢-4-甲基-4,2,8-乙基亚基-2*H*-1-苯并吡喃(octahydro-4-methyl-4,2,8-ethylidene-2*H*-1-benzopyran)、长叶薄荷酮(pulegone)、十三烯(tridecene)、十五烯(pentadecene)、倍半萜烯(sesquiterpene)、倍半萜烯醇(sesquiterpineol)、β-红没药烯(β-bisabolene)、十七烯(heptadecene)、十九烯(nonadecene)和十九烷(nonadecane)等。其中主要的香气成分有豆甾烷-3,5-二烯和胡椒碱(piperine)等[1-3]。

感官特性　荜茇精油具辛香，味辛辣。

应用情况　荜茇主要用于医药，具有抗菌、抗病毒作用。

管理及参照标准　荜茇(*Piper longum* Linn.)油的管理及参照标准见：《中华人民共和国药典》2012 年版。

参考文献

[1] 吴知行，杨尚军，巴图仑，等．荜茇挥发油的成分分析[J]．中草药，1994，9(9)：500.

[2] 李辛. 荜茇挥发油的提取及化学成分分析[D]. 兰州：甘肃农业大学，2009.
[3] 容蓉，邱丽丽，张莹，等. 水蒸气蒸馏与顶空进样 GC-MS 法分析荜茇挥发性成分[J]. 中国医药工业杂志，2010，41(10)：740-742.

良姜

别　　名　风姜、小良姜、中国姜、红豆蔻、高良姜。

英文名称　Galanga，Chinese ginger。

植物学名　*Alpimia officinarum* Hance。

植物科属　姜科　山姜属。

品种来源　姜科植物良姜 *Alpimia officinarum* Hance 的干燥根茎。

形态特征　良姜，姜科山姜属，多年生草本植物，品种较多，株高约 1m，叶二列、无柄，披针形，叶鞘抱茎。顶生圆锥形花序，花冠呈倒三角状，淡黄色或红色。蒴果呈圆球形，深红色。种子具假种皮。花期约 8～9 月。

主要分布　良姜生长于中国和栽培于几个亚洲国家。我国云南、广东、广西、海南、台湾各地都有分布。主产于广东、海南、广西等地。

利用部位　根茎。

理化特性　良姜精油是用水蒸气蒸馏干燥的根茎提取的，得率约为 1.5%；是一种淡黄色油状液体。良姜油理化参数如下表所示。

表　良姜油理化参数

理化参数	良姜油
颜色	淡黄色液体
相对密度(15℃)	0.914～0.922
折射率(20℃)	1.478～1.482
旋光度(11℃)	+3°5′～+6°50′
乙酰化后酯值	41～64
酯值	13～17
溶解度	易溶于90%乙醇

香气成分　良姜精油的香气成分有：

1,8-桉叶素(1,8-cineole)、α-蒎烯(α-pinene)、1*R*-α-蒎烯(1*R*-α-pinene)、(−)-β-蒎烯[(−)β-pinene]、β-蒎烯(β-pinene)、莰烯(camphene)、异松油烯(terpinolene)、δ-松油醇(δ-terpineol)、柠檬烯(limonene)、β-罗勒烯(β-ocimene)、苄基丙酮(benzylacetone)、β-柠檬醛(β-citral)、顺式-柠檬醛(*cis*-citral)、(+)-樟脑[(+)-camphor]、芳樟醇(1inalool)、α-松油醇(α-terpineol)、松油醇-4(terpineol-4)、乙酸葑酯(fenchyl acetate)、α-荜澄茄烯(α-cubebene)、β-榄香烯(β-elemene)、δ-榄香烯(δ-elemene)、依兰烯(muurolene)、古巴烯

(copaene)、α-佛手柑油烯(α-bergamotene)、α-石竹烯(α-caryophyllene)、β-石竹烯(β-caryophyllene)、α-金合欢烯(α-farnesene)、β-杜松烯(β-cadinene)、T-依兰烯(T-muurolene)、β-雪松烯(β-cedrene)、β-红没药烯(β-bisabolene)、甘香烯(elixene)、α-甜橙醛(α-sinensal)、葎草烷-1,6-二烯-3-醇(humulane-1,6-dien-3-ol)、τ-杜松醇(τ-cadinol)、β-杜松醇(β-cadinol)、库贝醇(cubenol)、石竹烯氧化物(caryophyllene oxide)、表蓝桉醇(epiglobulol)、绿花白千层醇(viridiflorol)、蓝桉醇(globulol)、镰叶芹醇(falcarinol)、甲酸乙酯(ethyl formate)、乙酸乙酯(ethyl acetate)、4-戊烯-2-醇(4-penten-2-ol)、壬烷(nonane)、癸烷(decane)、2,2-二甲基环氧乙烷(2,2-dimethyloxirane)、2-甲基丙基-2-甲基丁酸乙酯(ethyl-2-methylpropyl-2-methyl butyrate)、1-甲基-4(1-甲基乙基)-苯[1-methyl-4(1-methylethyl)-benzene]、松油烯(terpinene)、6-甲基-5-庚烯酮-2(6-methyl-5-heptenone-2)、葑基乙酸酯(fenchyl acetate)、二丙基亚硫酸酯(dipropyl sulfite)、樟脑(camphor)、1-辛烯醇-4-乙酸酯(1-octen-4-yl acetate)、4-苯基丁酮-2(4-benzyl butanone-2)、二十烷(eicosane)、二十一烷(heneicosane)、α-葑烯(fenchene)、龙脑(borneol)、别罗勒烯B(alloocimene B)、古巴烯(copaene)、9-土青木香烯(9-aristolene)、葎草烯(humulene)、金合欢烯(farnesene)、环异长叶烯(cycloisolongifolene)、δ-杜松醇(δ-cadinol)、β-愈创木烯(β-guaiene)、异龙脑(isoborneol)、γ-榄香烯(γ-elemene)[1-5]。

感官特性　良姜精油具新鲜的樟脑样香气，具苦芳香味，气味与八角茴香类似。

应用情况　良姜用做食品的调味品、香料。

管理及参照标准　良姜(*Alpimia officinarum* Hance)根及衍生物：FEMA 2498，2499，2500；COE 29；Nat 1；FDA 182.10，182.20；IOFI；GB 2；CAS 8023-91-4；GRAS(Ⅰ)，(Ⅱ)。

参考文献

[1] 周漪，郭晓玲，冯毅凡．不同产地高良姜挥发油化学成分的研究[J]．中草药，2006，37(1)：33-34.

[2] 蔡明招，张倩芝．超临界 CO_2 萃取大高良姜精油的成分分析[J]．中草药，2003，34(1)：17-18.

[3] 容蓉，邱丽丽，张玉朋，等．水蒸气蒸馏提取与顶空进样 GC-MS 分析高良姜挥发性成分[J]．化学分析计量，2010，19(4)：41-43.

[4] 翟红莉，王辉，曾艳波，等．两种不同产地高良姜挥发油成分的 GC-MS 分析[J]．热带作物学报，2013，34(12)：2475-2478.

[5] 努尔阿尼也，热合曼，热娜，等．高良姜挥发油成分气相色谱–质谱分析[J]．新疆医科大学学报，2008，31(4)：441-442.

沙　姜

别　　名　三柰、三柰子、三赖、山辣。

英文名称 galangal。

植物学名 *Kaempferia galanga* Linn.。

植物科属 姜科 山柰属。

品种来源 姜科植物沙姜 *Kaempferia galanga* Linn. 的根。

形态特征 沙姜，姜科山柰属，多年生宿根草本植物，根单或数枚连接的块状结构，淡绿色，具芳香；根壮结实。地上无茎。叶呈阔卵形、无柄，2 枚，地上平卧；叶长约 13cm，宽约 9cm，先端尖，基部绿色呈阔锥形，质薄，叶缘和尖端或具紫色，叶脉 10 条；叶柄长约 4cm，下延成鞘。

主要分布 主要分布在我国广西、广东、云南、四川、贵州和台湾等地区。

利用部位 根状茎。

理化特性 沙姜精油黄色透明油状物，有浓郁臭味。

香气成分 沙姜精油的香气成分有：

反式-对甲氧基桂皮酸乙酯（*trans*-methoxy-ethylcinnamate）、α-侧柏烯（α-thujene）、莰烯（camphene）、α-蒎烯（α-pinene）、香桧烯（sabinene）、β-蒎烯（β-pinene）、α-水芹烯（α-phellandrene）、3-蒈烯（3-carene）、对伞花烃（*p*-cymene）、1,8-桉叶素（1,8-cineole）、龙脑（borneol）、γ-荜澄茄烯（γ-cubebene）、芹子烯（selinene）、十五烷（pentadecane）、桂皮酸乙酯（ethyl cinnamate）、十七烷（heptadecane）、苯甲醛（benzaldehyde）、*E*-桂皮醛（*E*-cinnamaldehyde）、β，β-二甲基苯乙烯（β，β-dimethyl styrene）、桂皮醛（cinnamaldehyde）、1-乙基-3，5-二甲基苯（1-ethyl-3，5-dimethyl benzene）、柠檬烯（limonene）、顺式-十氢萘（*cis*-decahydronaphthalene）、3，7-二甲基-1,6-辛二烯-3-醇（3,7-dimethyl-1,6-octadien-3-ol）、1,3,5,5,6,6-六甲基-1,3-环己二烯（1,3,5,5,6,6-hexamethyl-1,3-cyclohexadiene）、2-甲氧基-6-（2-丙烯基）-苯酚[2-methoxy-6-（2-propenyl）-phenol]、水杨酸甲酯（methyl salicylate）、7-十二醇（7-dodecenol）、十三烷（tridecane）、2-硝基-4,9-癸二烯酸乙酯（2-nitro-4,9-ethyl-decadienoate）、1-十三醇（1-tridecanol）、la,2,3,5,6,7,7a,7b-八氢-1,1,7,7a-四甲基-1*H*-环丙[*a*]萘{1a,2,3,5,6,7,7a,7b-octahydro-1,1,7,7a-tetramethyl-1*H*-cycloprop [*a*] naphthalene}、9,10-去二氢-异长叶烯（9,10-dedihydro-isolongifolene）、α-石竹烯（α-caryophyllene）、1,2,3,4,4a,5,6,8a-八氢-4a,8-二甲基-2-（1-甲基乙烯基）-萘[1,2,3,4,4a,5,6,8a-octahydro-4a,8-dimethyl-2-（1-methylvinyl）-naphthalene]、吉玛烯 D（germacrene D）、十氢-4a-甲基-1-甲烯基-7-（1-甲基乙烯基）萘[decahydro-4a-methyl-1-methylene-7-（1-methylvinyl）naphthalene]、α-荜澄茄烯（α-cubebene）、吉玛烯 B（germacrene B）、*N*-环辛烯环已烷（*N*-cycloocten cyclohexane）、棕榈酸乙酯（ethyl palmitate）、5-十八烯（5-octadecene）、十七醇（heptadecanol）、邻苯二甲酸二异丁基酯（diisobutyl phthalate）、油酸甲酯（methyl oleate）、亚油酸甲酯（methyl linoleate）、二十烷醇（eicosanol）、三环烯（tricyclene）、侧柏醇（thujol）、榄香醇（elemol）、棕榈酸（palmitic acid）[1-5]。

感官特性 沙姜精油有浓郁香味，气香宜人，口感舒适。

应用情况 ①食用香料：用于酒类、饮料、糖果、烘烤食品的加香。②日用化工香料：用于香水、牙膏、香皂等的加香。③药用：在壮药中常用，用于治疗咳嗽、肺病及愈合伤口。④其他用途：具有杀蚊作用，用做杀虫剂。

参 考 文 献

[1] 樊亚鸣，任三香，陈永亨，等．GC/MS 法分析广东阳春沙姜精油的化学成分[J]．食品科学，2005，26(6)：196-198.
[2] 周漩，宋粉云，钟兆健．不同产地沙姜挥发油化学成分的比较[J]．现代食品与药品杂志，2006，16(2)：2-4.
[3] 刘布鸣，蔡全玲．桂产沙姜精油化学成分分析研究[J]．广西化工，1992，3(3)：34-35.
[4] 凌育赵，曾满枝，陈祖佑，等．沙姜挥发油化学成分的 GC/MS 分析[J]．河南工业大学学报：自然科学版，2006，27(1)：75-76.
[5] 罗静，吴迪，钟永科．固相微萃取-气质联用分析贵州沙姜挥发性成分[J]．现代食品科技，2014，12(12)：271-276.

香 附 子

别　　名　香头草、地贯草、地三草、野韭菜、香胡子、地蒲草、猪鬃草、土香草、猪毛青、吊马棕、山芽草、地毛、回头青、隔夜抽、地沟草、小三棱、米珠子、缩缩草、三棱草、地糕草。

英文名称　Galingale。

植物学名　*Cyperus rotundus* L.。

植物科属　莎草科　莎草属。

品种来源　香附子 *Cyperus rotundus* L. 的根茎。

形态特征　香附子，莎草科莎草属，多年生草本植物，高约 80cm，茎直立，细长散生、上部呈三棱形，有香气。叶丛生于茎基部上端，窄线形叶片，长约 40cm，宽约 4mm，端尖，平行状脉，背面主脉质硬、隆起；复穗状花序，约 6 个花序在茎顶呈伞形，基部有叶片状的苞约 4 片，与花序等长或长于花序；小穗稍扁平，宽线状，长约 3cm，宽约 2mm；颖 2 列，紧密排列，呈卵形或长圆卵形状，长约 3mm，膜质，两侧呈深红色，数脉；每颗着生 1 花，雄蕊 3，药线形；柱头 3，丝状形。三棱状小坚果呈长圆形或卵形。花期在 8 ~ 9 月。果期在 9 ~ 10 月。

主要分布　香附子主要分布于印度、非洲、日本和中国等国，我国的辽宁、河北、河南、山西、陕西、甘肃、台湾、四川、贵州、广西、湖南等地均有野生。多生于山坡草地、耕地、路旁水边潮湿的地区。

利用部位　根茎。

理化特性　香附子精油用水蒸气蒸馏得，干的根茎得率约为 1%，呈棕黄色稠状体。

理化参数　香附子精油理化参数如下表所示。

表 香附子精油理化参数

理化参数	香附子精油
相对密度(15℃)	0.966～0.997
折光指数(20℃)	1.497～1.541
旋光度(20 ℃)	-11°10′～+35°20′

香味成分 香附子精油的香气成分为：

α-蒎烯(α-pinene)、β-蒎烯(β-pinene)、顺式-1-异丙烯基-4-甲基环己烷(*cis*-1-isopropenyl-4-methylcyclohexane)、4-甲基癸烷(4-methyl-decane)、2-乙基己醇(2-ethyl-hexanol)、柠檬烯(d-limonene)、桉叶素(eucalyptol)、3,7-二甲基十一烷(3,7-dimethyl-undecane)、4,6-二甲基十二烷(4,6-dimethyl-dodecane)、十三烷(tridecane)、2,6-二甲基十一烷(2,6-dimethyl-undecane)、反-松香芹烯(*trans*-pinocarveol)、马鞭草烯醇[(-)-verbenol]、β-萜品醇(β-terpineol)、松香芹酮(pinocarvone)、顺-松樟酮(*cis*-pinocamphone)、4-松油醇(terpinen-4-ol)、3*E*-十二烯(3*E*-dodecene)、桃金娘烯醇(myrtenol)、十六烷(hexadecane)、2,3,8-三甲基癸烷(2,3,8-trimethyldecane)、2,7,10-三甲基十二烷(2,7,10-trimethyl-dodecane)、3,4,4a,5,6,7-六氢-1,1,4a-三甲基萘酮[naphthalenone,3,4,4a,5,6,7-hexahydro-1,1,4a-trimethyl-2(1*H*)]、衣油烷b(muurolane b)、α-可巴烯(α-copaene)、香附子烯(cyperene)、γ-依兰油烯(γ-muurolene)、二十烷(eicosane)、α-芹子烯(α-selinene)、δ-荜澄茄烯(δ-cadinene)、菖蒲烯(calamenene)、匙叶桉油烯醇[(+)-spathulenol]、15-可巴烯醇(15-copaenol)、(-)α-古芸烯[(-)α-gurjunene]、广藿香烷(patchoulane)、白菖烯[(+)-calarene]、氧化石竹烯(β-caryophyllene oxide)、脱氢香树烯(dehydro-aromadendrene)、1-十二碳烯醇乙酸酯(1-dodecen-1-ol, acetate)、1,3,4-三甲基-3-环己烯甲醛(1,3,4-trimethyl-3-cyclohexene carboxaldehyde)、α-金合欢烯(α-farnesene)、2-甲基-6-甲烯-1,7-辛二烯-3-醇(2-methyl-6-methylene-octa-1,7-dien-3-ol)、香树烯(alloaromadendrene)、α-香附酮(α-cyperone)、异长叶烯酮(isolongifolenone)等，其中主要香成分为香附子烯(cyperene)、氧化石竹烯(β-caryophyllene oxide)和α-香附酮(α-cyperone)等[1-4]。

感官特性 香附子精油具有辛而凉的药草香。香气极浓，扩散力强，留香持久。

应用情况 常用于日用香精，如东方香型、紫罗兰、香薇、薰衣草、龙涎香、木香等型和风信子型香精的配方中，香气稳定，留香持久。

参考文献

[1] 吴希，夏厚林，黄立华，等．香附化学成分研究[J]．中药材，2008，31(7)：990-992.
[2] 冯毅凡，郭晓玲，孟青，等．香附超临界 CO_2 萃取物化学成分分析[J]．中药材，2006，29(3)：232-235.

[3] 徐黔江，王颖，李零，等．醋炙香附与生香附挥发油成分的比较[J]．贵阳医学院学报，2006，31(5)：413-415.
[4] 李卫民，高英，曾建青，等．香附 CO_2 超临界萃取物的化学成分研究[J]．中草药，2000，31(10)：16-17.

大 蒜

别　　名　葫蒜、葫、大豆蒜。

英文名称　Garlic。

植物学名　*Allium sativum* Linn.。

植物科属　百合科 葱属。

品种来源　*Allium sativum* Linn. 的鳞茎。

形态特征　大蒜，百合科葱属，绿色的茎，高约为1m，叶片扁平、龙骨瓣状。顶生为伞形花序，鳞茎球状含有被包在膜内的芽枝。

主要分布　在各地均有栽培。广西、湖南、山东、四川、贵州、广东、湖北等地均有大面积种植。

利用部位　鳞、茎。

理化特性　从鳞中提得的精油是一种澄清的、苍黄色至橘红色液体，具有一种非常强烈的似硫醇的香味。

理化参数　大蒜精油理化参数如下表所示。

表　大蒜精油理化参数

理化参数	大蒜精油
相对密度(25℃)	0.978～0.987
折光指数(25℃)	1.553～1.561
凝固点	不低于15℃
旋光度(25℃)	−2.5°～+0.9°
溶解度	易溶于90%乙醇

香气成分　大蒜精油的香气成分有：

二-2-丙烯基-三硫化物(di-2-propenyl-trilfide)、二丙烯基硫醚(diallylsulfide)、3-乙基噻吩(3-ethylthiophene)、甲基-1-丙烯基二硫醚(methyl-1-propenyldisulfide)、6-甲基-1-硫杂-2,4-环已二烯(6-methyl-1-thio-2,4-cyclohexadiene)、5-甲基-1,2,3-噻重氮(5-methyl-1,2,3-thiadiazole)、3-甲基丁基-烯丙基硫醚(3-methylbutyl-allyl-sul-fide)、3-氯噻吩(3-chlorothiophene)、甲基-2-丙烯基甲硫醚(methyl-2-allyl-methylsulfide)、正已醛(*n*-hexanal)、2-乙基-1,3-二噻烷(2-ethyl-1,3-dithiane)、甲基烯丙基硫醚(methyl-allyl-sulfide)、甲基-2-丙烯基二硫醚(methyl-2-propenyldisulfide)、甲基-2-丙烯基三硫醚(methyl-2-propenyl trisulfide)、正癸醛(decanal)、1,3-二噻烷(1,3-dithiane)、3-乙烯基-4*H*-1,2-二噻

吩(3-vinyl-4*H*-1,2-dithiophene)、2-乙烯基-4*H*-1,3-二噻吩(2-vinyl-4*H*-1,3-dithiophene)、甲基戊基二硫醚(methyl-pentyl-disulfide)、二烯丙基三硫醚(diallyl-trisulfide)、丁基丙基二硫醚(butylpropyl-disulfide)、1,2-二硫环戊烷(1,2-dithiocyclopentane)、二甲基三硫化合物(dimethyl trisulfide)、2-乙烯基-1,3-二噻烷(2-vinyl-1,3-dithiane)、蒜氨酸(alliin)、3,5-二乙基-1,2,4-三硫代戊烷(3,5-diethyl-1,2,4-trithio-pentane)、2-烯丙基三硫化物(2-allyl-trisulfide)、1-十二烷醇(1-dodecanol)、二丙烯氧醚甲硫化物(dipropenoxy-methyl-disulfide ether)、1-十三烷醇(1-tridecanol)、α-溴代戊酸(α-bromopentanoic acid)、2-丙烯基-四硫化物(2-propenyl-tetrasulfide)、3-亚丁基-苯并呋喃酮(3-butylidene-coumaranone)、1-十四醇(1-tetradecanol)、5,7,8-三甲基二氢香豆素(5,7,8-trimethyl-dihydrocoumarin)、蒜糖醇(allitol)、乙二醇单十二烷基醚(ethyleneglycolmonododecylether)、十六烷醇(hexadecanol)、十八烷(octadecane)、1,2-乙二醇单十四烷基醚(1,2-ethyleneglycolmonohexadecylether)、亚油酸(linoleic acid)、二甲基二硫化物(dimethyldisulfide)、3,4-二甲基噻吩(3,4-dimethylthiophene)、二烯丙基二硫化物(diallyl disulfide)、甲基-2-丙烯基二硫化物(methyl-2-propenyldisulfide)、α-水芹烯(α-phellandrene)、桉叶醇(eudesmol)、3-乙烯基-1,2-二硫环已-5-烯(3-vinyl-1,2-dithiocyclohex-5-ene)、3-乙烯基-1,2-二硫环已-4-烯(3-vinyl-1,2-dithioayclohex-4-ene)、α,α,4-三甲基-3-环已烯-1-甲醇乙酯(α,α,4-trimethyl-3-cyclohexen-1-methanol acetate)、1a,2,3,4,4a,5,6,7b-八氢-1,1,4,7-四甲基-[1a*R*-(1aα,4α,4aβ,7bα)]-1*H*-环已[*e*]薁{1a,2,3,4,4a,5,6,7b-octahydro-1,1,4,7-tetramethyl-[1a*R*-(1aα,4α,4aβ,7bα)]-1*H*-cyclohex[*e*]azulene}、十氢-1,1,7-三甲基-4-甲烯基-[1a*R*-(1aα,4aα,7α,7aβ,7bα)]-1*H*-环已[*e*]薁{decahydro-1,1,7-trimethyl-4-methene-[1a*R*-(1aα,4aα,7α,7aβ,7bα)]-1*H*-cyclohex[*e*]azulene}、1a,2,3,5,6,7,7a,7b-八氢-1,1,4,7-四甲基-[1a*R*-(1aα,7α,7aβ,7bα)]-1*H*-环已[*e*]薁{1a,2,3,5,6,7,7a,7b-octahydro-1,1,4,7-tetramethyl-[1a*R*-(1aα,7α,7aβ,7bα)]-1*H*-cyclohex[*e*]azulene}、二烯丙基四硫化物(diallyl tetrasulfide)、(-)-蓝桉醇[(-)-globulol]、十氢-1,1,4,7-四甲基[1a*R*-(1aα,4β,4aβ,7α,7aβ,7bα)]-1*H*-环已[*e*]薁-4-醇{decahydro-1,1,4,7-tetramethyl-[1a*R*-(1aα,4β,4aβ,7α,7aβ,7bα)]-1*H*-cyclohex[*e*]azulen-4-ol}、已二酸乙基酯(ethyl hexadecanoate)、亚油酸乙酯(ethyl linoleate)、9-十八碳烯酸乙酯(ethyl 9-octadecenoate)、叶酸(folic acid)、2-亚甲基-4-戊烯醛(2-methylene-4-pentenal)、1-乙氧基戊烷(1-ethoxypentane)、甲基丙烯基三硫化物(methyl propenyl trisulfide)、茴香醚(anisole)、2-对甲苯基吡啶(2-*p*-tolyl-pyridine)等，其中主要香气成分为二-2-丙烯基-三硫化物(di-2-propenyl-trisulfide)[1-4]。

感官特性 大蒜精油主要含有丙烯基丙基二硫化物、丙烯基二和三硫化物，还可能有些丙烯基四硫化物、二乙烯硫化物、丙烯基乙烯基硫化物、大蒜素(allicin)等，具有大蒜样的辛辣、刺激的香味。

应用情况 鲜的或干燥的鳞茎(碾磨粉末)作为调味品被广泛应用于食品的烹调。精油在罐头食品、肉类、清汤和酱汁的调味用量较大，同时在饮料、冰冻食品、糖果、烘烤食品等中的加香被广泛应用。

大蒜油具有抑制细胞 DNA 复制、抗菌的药效，具有减慢心率、扩张末梢血管、增加心肌收缩力、抗氧化、利尿等作用功效，可使人葡萄糖耐量的血糖有下降趋势，提高正常人葡萄糖的耐量，促进胰岛素的分泌，增加组织吸收作用的功效。

具有预防和治疗糖尿病、防癌抗癌、延缓衰老、保护肝脏、提高肌体免疫能力等的功效。是天然安全避孕药物，具有抑菌和杀菌作用，可作为防腐剂用。

管理及参照标准 大蒜(*Allium sativum* L.)精油的管理及标准参见：FEMA 2503；GB 1；Nat 1；FDA 184.1317；IOFI；COE 26；FCC Ⅲ；EOA 180；CAS 8000-78-0 等。

参考文献

[1] 邢有权，张大庆．色谱-质谱法分析大蒜油的成分[J]．化学与粘合，1990(3)：130-133.
[2] 陈光伟．大蒜油主要营养成分的气相色谱与色谱-质谱联用分析[J]．分析化学，1997，25(11)：1327-1330.
[3] 周江菊．顶空固相微萃取气质联用分析大蒜挥发性风味成分[J]．中国调味品，2010(9)：95-99.
[4] 王新芳，董岩，刘洪玲．大蒜挥发油化学成分的气相色谱-质谱联用法测定[J]．时珍国医国药，2008，19(1)：71-72.

香 叶

别　　名 香叶天竺葵。

英文名称 Geranium。

植物学名 *Pelargonium graveolens* L'Het. 。

植物科属 牻牛儿苗科 天竺葵属。

品种来源 香叶 *Pelargonium graveolens* L'Het. 的新鲜茎、叶。

形态特征 香叶，牻牛儿苗科天竺葵属，多年生草本或灌木状植物，株高约80cm，直立茎，基部呈木质化，上部尽肉质，密被具光泽的细柔毛，叶对生，深裂掌状；淡红色小花；叶互生；托叶呈三角形或卵状，长约7mm，先端锐尖；叶柄长与叶片长近等，被细柔毛；叶片椭圆形，基部近心状，直径约5cm，约6裂掌状，近中部或基部，裂片椭圆形或披针状，小裂片边缘具锯齿形，正、背两面，被长糙毛。果长约2cm，被细柔毛。花期7~8月，果期9~10月。

主要分布 国外主要分布在以色列、西班牙、俄罗斯、埃及、留尼旺、阿尔及利亚等国家和地区。在我国主要分布在四川、浙江、云南、江苏、福建、广西和贵州等地区。喜光，秋、冬、春三季适宜阳光直照；喜温、喜水，适宜气温-3℃ 以上能生存，10~25℃为适宜生长温度，每周浇透水一次，更喜酸性土壤。

利用部位 叶和茎。

理化特性 香叶精油是从 *P. graveolens* 鲜嫩的茎叶通过水蒸气蒸馏法获得，是一种淡黄色的透明液体。国产香叶油理化参数如下表所示。

表 国产香叶油理化参数

理化参数	国产香叶油
外观、色状	绿色或淡黄色的透明液体
香气	薄荷样香韵和玫瑰香气
相对密度(20℃)	0.8835～0.8883
折射率(20℃)	1.4622～1.4681
旋光度(20℃)	-18.45°～-8.8°
酯含量	21.77%～26.38%
总醇含量	71.21%～75.2%
酸值	61.26～75.41

香气成分 香叶精油香气成分有：

香茅醇(citronellol)、香叶醇(geraniol)、芳樟醇(linalool)、薄荷醇(menthol)、α-松油醇(α-terpineol)、波旁烯(bourbonene)、β-石竹烯(β-caryophyllene)、β-古芸烯(β-gurjunene)、依兰烯(muurolene)、薄荷酮(menthone)、异薄荷酮(isomenthone)、C-玫瑰醚(C-rose ether)、T-玫瑰醚(T-rose ether)、甲酸香茅酯(citronellyl formate)、甲酸香叶酯(geranyl formate)、香叶酸甲酯(methyl geranate)、乙酸香茅酯(citronellyl acetate)、乙酸香叶酯(geranyl acetate)、丙酸香叶酯(geranyl propionate)、丁酸香茅酯(citronellyl butyrate)、己酸-β-苯乙酯(β-phenylethyl caproate)、丁酸香叶酯(geranyl butyrate)、戊酸香茅酯(citronellyl valerate)、戊酸香叶酯(geranyl valerate)、香茅醛(citronellal)、月桂烯(myrcene)、δ-4-蒈烯(δ-4-carene)、γ-3-蒈烯(γ-3-carene)、β-蒎烯(β-pinene)、丙酸香茅酯(citronellyl propionate)、α-依兰烯(α-muurolene)、白菖烯(calarene)、石竹烯(caryophyllene)、β-愈创木烯(β-guaiene)、α-石竹烯(α-caryophyllene)、α-杜松烯(α-cadinene)、γ-杜松烯(γ-cadinene)、α-榄香烯(α-elemene)、δ-杜松烯(δ-cadinene)、三环烯(tricyclene)、戊醇(pentanol)、己醇(hexanol)、2-己烯-1-醇(2-hexen-1-ol)、α-蒎烯(α-pinene)、α-水芹烯(α-phellandrene)、对伞花烃(*p*-cymene)、柠檬烯(limonene)、1,8-桉叶素(1,8-cineole)、罗勒烯(ocimene)、芳樟醇氧化物(linalool oxide)、α-古巴烯(α-copaene)、α-古芸烯(α-gurjunene)和γ-荜澄茄烯(γ-cubebene)等，其中主要的香气成分有香茅醇(citronellol)和香叶醇(geraniol)等[1-3]。

感官特性 香叶精油有微甜香果。香气丰富稳定持久。

应用情况 精油、浸膏和净油用在香精中。因其苦味而仅有限制地用于调配食品中。香叶油是香料工业中最重要的精油之一，是香水、香粉、膏霜和香皂香精的香料之一。

管理及参照标准 香叶(*Pelargonium graveolens*)精油及提取物的管理及参照标准见：GB/T 11959-89，QB/T 2616-2003，FEMA 2508；COE 324；Nat 1；FDA 182。20；IOFI；GB 2；FCC Ⅲ；RIFM；CAS 8 000-46-2；ISO 731；GRAS(Ⅰ)，(Ⅱ)。

参考文献

[1] 于维国，娃尼亚．香叶挥发油化学成分的研究[J]．北京医药，1993(1)：35-37.
[2] 孙汉董，丁靖垲，丁立生，等．香叶油的化学成分[J]．云南植物研究，1985，7(2)：233-237.
[3] 方洪钜，苏秀玲，刘红岩，等．香叶天竺葵挥发油的化学成分及抗瘤作用[J]．药学学报，1989，24(5)：366-371.

姜

别　　名　白姜、生姜。

英文名称　Ginger。

植物学名　*Zingiber officinale* Roscoe。

植物科属　姜科 姜属。

品种来源　姜 *Zingiber officinale* Roscoe 的干燥根茎。

形态特征　姜(*Zingiber officinale*)，姜科姜属，多年生宿根草本植物，株高可达80cm。其根系粗壮肥厚，多呈分枝块状，肉质部分呈浅黄色，外被淡红色鳞片状结构，典型辛辣气味。根系生长缓慢，短坚实。叶片呈线状披针形，长约20cm，宽约2cm，呈淡绿色；叶片基部狭窄，先端尖锐，边缘全缘，表面光滑无毛，呈卷曲状。叶舌膜质，长约0.4cm，光滑无毛。花序为椭圆状穗状，长约5cm，花径约2cm，花朵密集。花苞呈覆瓦状，苞片椭圆形，长约2cm，先端硬尖，淡绿色，下部边缘淡黄色。管状花萼，长约1cm，具3齿裂。花冠淡黄色至黄色，长形管，披针状，长约2cm，具3裂片；长椭圆状卵形唇瓣，浅紫色，表面散布白色斑点。雄蕊浅紫色，花药包裹花柱；子房3室，顶端生浅黄色花苞。果实为蒴果，成熟时三裂；种子黑色，数量多，胚乳。花期通常在8月。

主要分布　全国各地，如广东、广西、四川、贵州、湖南、湖北等地区均有种植。

利用部位　干燥根茎。

理化特性　干燥根茎经水蒸气蒸馏法提取精油。该精油是一种浅黄色液体。姜精油理化参数如下表所示。

表　姜精油理化参数

理化参数	姜油
相对密度(20℃)	0.872～0.889
折光指数(20℃)	1.483～1.491
旋光度(25℃)	-40°～-28°

香气成分　姜油的香气成分是：

α-蒎烯(α-pinene)、α-佛手柑油烯(α-bergamotene)、α-金合欢烯(α-farnesene)、α-松油醇(α-terpineol)、β-倍半水芹烯(β-sesquiphellandrene)、β-红没药烯(β-bisabolene)、β-水芹烯(β-phellandrene)、γ-榄香烯(γ-elemene)、1,8-桉叶素(1,8-cineole)、1-甲基-4-(5-甲基-1-亚甲基-4-己烯醛)-环己烯[1-methyl-4-(5-methyl-1-methylene-4-hexenal)-cyclohexene]、1-(1,5-二甲基-4-乙烯基)-4-甲基-苯[1-(1,5-dimethyl-4-vinyl)-4-methyl-benzene]、2-庚酮(2-heptanone)、2-环己烷-1-醇(2-cyclohexan-1-ol)、2-莰酮(2-camphanone)、2-壬酮(2-nonanone)、2-辛醛(2-octenal)、2-十一酮(2-undecanone)、2-十六醇(2-hexadecanol)、3,7-二甲基-1,6-辛二烯-3-醇(3,7-dimethyl-1,6-octadien-3-ol)、3,7-二甲基-2,6-辛二醛(3,7-dimethyl-2,6-octadienal)、3,7-二甲基-6-辛醛(3,7-dimethyl-6-octenal)、3,7-二甲基-6-辛烯-1-醇(3,7-dimethyl-6-octen-1-ol)、3,7-二甲基-酯-2,6-辛二烯-1-醇(3,7-dimethyl-acetate-2,6-octadien-1-ol)、3,7,11-三甲基-1,6,10-十二碳三亚乙基四胺(3,7,11-trimethyl-1,6,10-dodecatriethylidene-tetramine)、4-蒈烯(4-carene)、5-甲基-2-己醇(5-methyl-2-hexanol)、6-姜醇(6-gingerol)、6-异姜酚(6-isogingerol)、6-甲基-5-庚烯-2-酮(6-methyl-5-hepten-2-one)、(*E*)-10-异姜烯酚[(*E*)-10-isoshogaol],其中主要成分为生姜酚(shogaol)和姜烯(zingiberene)[1-4]。

感官特性 姜精油具辛香,呈强烈辛辣、刺辣味。

应用情况 鲜或干燥的根茎(或碾磨粉末)作为调味品,被广泛应用于食品的烹调。精油为食品、肉类的精品调料,同时在饮料、糖果、烘烤食品等的加香中被广泛应用。

姜油具有特殊的护发功效。姜油具有去痰、止咳、止呕、消炎镇痛等功效。

管理及参照标准 生姜(*Zingiber officinale* Roscoe)精油的管理及标准参见:FEMA 2522;Nat 1;IOFI;GB 2;FDA 182.10;COE 489;CAS 8007-08-7等。

参考文献

[1] 李计萍,王跃生,马华,等. 干姜与生姜主要化学成分的比较研究[J]. 中国中药杂志,2001,26(11):26-29.

[2] 余珍,巫华美. 生姜的挥发性化学成分[J]. 云南植物研究,1998,20(1):113-118.

[3] 谭建宁. 不同产地生姜挥发油化学成分的GC-MS研究[J]. 亚太传统医药,2011,7(4):23-25.

[4] 黄天来,洪馨,王宁生. 生姜挥发油成分气相色谱指纹图谱研究[J]. 中药新药与临床药理,2003,14(2):448-452.

银杏外种皮

别　　名 假种皮。

英文名称 ginkgo。

植物学名 *Ginkgo biloba* L.。

植物科属 银杏科 银杏属。

品种来源 银杏科银杏属植物银杏 *Ginkgo biloba* L. 的种子的外种皮。

形态特征 银杏,银杏科银杏属,落叶大乔木,径可达4m。幼树皮平滑,呈灰白色；成年树皮灰棕色，表面粗糙，纵裂纹理。银杏具长枝和短枝两种枝条类型，长枝生长迅速，短枝生长缓慢。树冠幼时，呈倒三角锥形，成年后变为伞形；枝条轮生，向上斜展。一年生长枝呈淡棕黄色，二年生及以上枝条转为灰白色；短枝密被叶痕，表面灰色，萌发新长枝。冬芽呈卵圆形，棕褐色，先端尖锐。扇形叶片，短枝上常4枚簇生，互生排列，正背面为绿色，光滑无毛，细长叶柄，叶面具密布交叉状细脉。长枝上叶片散生，常具2裂，基部宽楔形，叶柄长约8cm；幼树、新生枝条上的叶片深裂，裂片可进一步分裂。一年生长枝上的叶片散生，短枝上常6枚簇生。秋季叶片变黄并脱落，次年4～5月开花，9～10月果实成熟。种子呈椭圆状、卵圆状或近圆球状，具长梗，下垂，长约3cm，直径约2cm。肉质外种皮，成熟时呈黄色或棕黄色，表面被白粉；中种皮骨质，乳白色，具3条纵脊；内种皮膜质，淡红棕色。胚乳肉质，味苦。子叶2枚，发芽时留土；初生叶约4片，宽条形，长约5mm，宽约2mm，先端呈凹形；第4或第5片叶起发育为扇形叶，叶柄长约2cm。

主要分布 银杏在中国、日本、朝鲜、韩国、加拿大、新西兰、澳大利亚、美国、法国、俄罗斯等国均有大量分布。主要种植在中国、法国和美国南卡罗莱纳州，国外的大部分银杏都是从中国移植的。我国的银杏以山东、浙江、江西、安徽、广西、湖北、四川、江苏、贵州等地最多。

利用部位 银杏种子肉质的外种皮。

香气成分 银杏外种皮精油香气成分有：

乙酸(acetic acid)、丁酸(butanoic acid)、丁酸丁酯(butyl butyrate)、丁酸甲酯(methyl butyrate)、丁酸乙酯(ethyl butyrate)、2,3-丁二酮(2,3-butanedione)、正丁醇(1-butanol)、4,5-二甲基-2-环己烯-1-酮(4,5-dimethyl-2-cyclohexen-1-one)、己酸(hexanoic acid)、己酸丁酯(butyl hexanoate)、己酸甲酯(methyl hexanoate)、己酸乙酯(ethyl hexanoate)、己醛(hexanal)、正己醇(1-hexanol)、庚酸(heptanoic acid)、柠檬烯(limonene)、月桂酸(dodecanoic acid)、3-甲基-5-乙基-2-环己烯-1-酮(3-methyl-5-propyl-2-cyclohexen-1-one)、棕榈酸(n-hexadecanoic acid)、棕榈酸甲酯(methyl palmitate)、棕榈酸乙酯(ethyl palmitate)、正辛醇(1-octanol)、辛酸(octanoic acid)、戊酸(pentanoic acid)、正戊醇(1-pentanol)、2-正戊基呋喃(2-pentylfuran)、异丁酸丙酯(propyl isobutyrate)、糠醛(furfural)等[1-3]。

感官特性 成熟的外种皮呈橙黄色，腐烂以后有恶臭，对人的皮肤有刺激作用。

应用情况 银杏，作为一种古老而珍贵的树种，其外种皮不仅是银杏生长过程中的重要组成部分，还蕴含着诸多实用价值。在食用与药用方面，银杏外种皮有独特的功效。它可以通过煮或炒的方式进行食用，并且具有止咳化痰的作用。从药用价值来看，银杏外种皮的药用效果与环磷酰胺、地塞米松的作用效果较为相似。其中含有的多糖类成分，能够有效地增强细胞免疫功能，尤其在体液免疫过程中，对B淋巴细胞的产生以及抗体的形成发挥着关键作用，这对于人体免疫系统的调节有重要意义。在抗菌与杀虫领域，银杏外种皮同样表现出色。其含有的醇类中间体，对多达22种临床常见致病性真菌的抑制有效率达到81%；而

0.1% 氢化白果酸，对 25 种临床常见致病性真菌的抑制有效率更是高达 92%，这一数据充分显示了其强大的抗菌能力。此外，银杏外种皮的水提取物或醇提取物，对苹果炭疽病等 11 种植物病菌的抑制率处于 88%~100%，展现出对植物病害的有效防控作用。其醇提取物的杀虫效果也十分显著，针对丝棉金尺蠖，3 天内的防治率能够达到 100%。基于这些突出的特性，银杏外种皮成为制造兽药和农药的优质原料。从环保与资源利用的角度出发，深入研究并实施从银杏外种皮中提取有效成分，具有深远的意义。一方面，这能够充分利用银杏这一宝贵资源的副产物，将原本可能被废弃的银杏外种皮转化为对人类有益的物质，实现真正意义上的变废为宝，为人类健康和生产生活带来福祉；另一方面，也能够有效解决银杏产区因银杏外种皮堆积而对环境造成的污染问题。目前，在农业领域，银杏外种皮已被广泛应用于制造土农药，以防治农作物病虫害。其制作方法并不复杂：首先将银杏外种皮搅烂，按照(1 份外种皮：3 份水)的比例，浸泡一天一夜后进行过滤；接着，向滤渣中再加入 1kg 水，浸泡 4h 后再次过滤，将两次的滤液合并，即可得到原液。在实际使用时，取 1 份原液兑 5 份水，进行稀释，随后喷施在农作物上。经过实践验证，这种利用银杏外种皮制作的土农药，对蚜虫的防治效果能够达到 100%，对斜纹夜盗蛾的防治效果同样十分理想，同时对马铃薯晚疫病也具备一定的防治作用，为农业生产的绿色防控提供了天然且有效的途径。

参考文献

[1] 张永洪，王敬勉，廖德胜，等．银杏叶挥发性成分的化学研究[J]．天然产物研究与开发，1999，2(2)：62-66.

[2] 韩帅，苗志伟，刘玉平，等．银杏外种皮挥发性成分分析[J]．食品科学，2012，33(14)：146-149.

[3] 张志杰，谢晖，黄莉．银杏叶中挥发性成分的 GC-MS 分析[J]．中华实用中西医杂志，2007，19(24)：2933-2934.

蓝桉

别　　名　灰杨柳、洋草果、玉树。

英文名称　Globulus。

植物学名　*Eucalyptus globulus* Labill.。

植物科属　桃金娘科　桉属。

品种来源　蓝桉 *Eucalyptus globulus* Labill. 的叶片。

形态特征　蓝桉，桃金娘科桉属，大乔木植物，树皮呈灰白色，以不规则的片状剥落；幼嫩的细枝略显棱状。幼叶为对生状态，形状呈卵形，基部呈心形，无叶柄，表面带有乳白色的粉状物。成熟叶片为革质，呈披针形镰状，长约 21cm，宽约 1.3cm，叶片正背面均有腺点，侧脉不明显，边脉与边缘相距约 1mm。叶柄长约 2.1cm，形态扁平。蓝桉的花较大，宽约 4mm，通常单生，也有几朵在叶腋内聚生的情况。花梗极短甚至无花梗；萼管呈倒锥形，长约1.1cm，宽约1.3cm，正面有4条突起的棱角，表面覆盖着乳白粉；其形状类似帽状且扁平，中部呈锥状突起，长度不及萼管，外层平滑且早落。雄蕊有多列，长度约10mm，花丝纤细，花药呈长圆形；花柱较为粗大，长约7mm。半圆形蒴果，有4条棱，宽约2.1cm，果瓣不明显，果缘平坦且宽阔。

主要分布　我国广西、云南、四川、福建、贵州等地有分布。蓝桉是一种需水量和养分需求量大的植物，还是一种对其他植物有破坏性的植物，因为它有抑制异种的特性，能放化学抑制素抑制其他树种的萌芽生长，降低其他树种包括农作物的生存能力等。

利用部位　叶片。

理化特性　蓝桉精油呈无色至淡黄色的液体，具有桉叶素的香气。蓝桉油理化参数如下表所示。

表　蓝桉精油理化参数

理化参数	蓝桉油
相对密度(20℃)	0.902～0.921
折光指数(20℃)	1.452～1.463
旋光度(20℃)	0°～+9°
溶解度	1∶5于70%乙醇中

香气成分　蓝桉精油的香气成分是：

α-蒎烯(α-pinene)、α-水芹烯(α-phellandrene)、α-松油醇(α-terpineol)、α-松油醇乙酸酯(α-terpineol acetate)、α-桉叶醇(α-eudesmol)、α-杜松醇(α-cadinol)、α-榄香烯(α-elemene)、α-愈创木烯(α-guaiene)、β-蒎烯(β-pinene)、β-反式-罗勒烯(β-*trans*-ocimene)、β-香桧烯(β-sabinene)、β-桉叶醇(β-eudesmol)、β-榄香烯(β-elemene)、β-愈创木烯(β-guaiene)、β-檀香醇(β-santalol)、1,8-桉叶素(1,8-cineole)、1-乙酰基-4-异丙叉环戊烯(1-acetyl-4-isopropylidenecyclopentene)、香橙烯(aromadendrene)、别香橙烯(alloaromadendrene)、莰烯(camphene)、顺式-石竹烯(*cis*-caryophyllene)、对伞花烃(*p*-cymene)、榄香醇(elemol)、葑醇(fenchol)、蓝桉醇(globulol)、γ-松油烯(γ-terpinene)、γ-桉叶醇(γ-eudesmol)、异松油烯(terpinolene)、柠檬烯(limonene)、芳樟醇(linalool)、松油醇-4(terpineol-4)、反式-松香芹醇(*trans*-pinocarveol)等，其中主要成分是1,8-桉叶素(1,8-cineole)等[1-3]。

感官特性　蓝桉精油具清凉尖刺的药香味，透发性强，留香持久。

应用情况　精油具有杀菌、防腐作用，大量用于医药制品，同时也是漱口水、牙膏、口香糖等产品的原料；可用于饮料、焙烤食品、糖果的加香。

管理及参照标准　蓝桉(*Eucalyptus globulus* Labill.)精油的管理及参照标准参见FEMA 2466；IOFI；GB 2；COE 185；FDA 172.510；Nat 1；CAS 8000-48-4等。

参考文献

[1] 刘玉明，柴逸峰，吴玉田，等．GC-MS 对蓝桉果实及大叶桉果实挥发油成分研究[J]．药物分析杂志，2004，24(1)：24-26.
[2] 宋爱华，王颖，刘艳梅．蓝桉叶挥发油化学成分的气相色谱-质谱分析研究[J]．食品与药品，2009，11(1)：30-32.
[3] 罗伟强，李小燕，刘宝．环江蓝桉树叶挥发油主要成分的GC/MS分析[C]．南宁：第三届广西青年学术年会，2004.

石菖蒲

别　　名　药菖蒲、金钱蒲、九节菖蒲、山菖蒲、菖蒲叶、水剑草、香菖蒲。

英文名称　Grassleaf Sweelflag Rhizome。

植物学名　*Acorus tatarinowii* Schott.。

植物科属　天南星科　菖蒲属。

品种来源　石菖蒲 *Acorus tatarinowii* Schott. 的干燥根茎。

形态特征　石菖蒲，天南星科菖蒲属，多年生草本植物，根茎散发着芳香，根径约 3.5 mm，外部呈淡褐色，节间长约 4 mm，肉质根，具多数须根。根茎上部分枝极为密集，使得植株呈丛生状，分枝常被纤维状的宿存叶基所包裹。石菖蒲的叶无柄，叶片较薄，基部两侧的膜质叶鞘宽可达 5 mm，向上延伸几乎达到叶片中部后逐渐变狭并脱落；暗绿色的线形叶片，长约 22 cm，基部对折，中部以上平展，宽约 10 mm，先端渐狭，无中肋，多数平行、脉稍隆起。花序柄端腋生，长约 9 cm，呈三棱形。叶状佛焰苞长约 19 cm，约为肉穗花序长度的 2 倍或更长，少数情况下等长；圆柱状肉穗花序，长约 6.5 cm，粗约 5.5 mm，上部渐尖，直立或稍弯曲。花为白色，成熟果序长约 7.5 cm，直径可达 1 cm。幼果呈绿色，成熟时变为黄绿色或黄白色，花果期约在 2~6 月。

主要分布　分布于亚洲，包括印度东北部、泰国北部、韩国、日本等国。我国主要分布于云南、贵州、广西、四川、贵州、湖南、湖北、浙江、江苏等地区。

利用部位　根茎。

理化特性　用水蒸气蒸馏法所得的精油是一种黄色至褐色黏稠液体。

理化参数　石菖蒲精油理化参数如下表所示。

表　石菖蒲精油理化参数

理化参数	石菖蒲精油
相对密度(20℃)	0.954~0.963
折光指数(20℃)	1.504~1.508

香气成分　石菖蒲精油的香气成分是：

α-细辛脑(α-asarone)、α-蒎烯(α-pinene)、α-松油醇(α-terpineol)、α-松油烯(α-terpinene)、α-葎草烯(α-humulene)、α-依兰油烯(α-muurolene)、α-古芸烯(α-gurjunene)、β-细辛脑(β-asarone)、β-蒎烯(β-pinene)、β-榄香烯(β-elemene)、β-石竹烯(β-caryophyllene)、β-芹子烯(β-selinene)、β-荜澄茄烯(β-cubebene)、β-愈创木烯(β-guaiene)、1,8-桉叶素(1,8-cineole)、1,2,4-三甲氧基-5-(1-丙烯基)-苯[1,2,4-trimethoxy-5-(1-propenyl)-benzene]、1,4-顺式-1,7-反式-菖蒲烯酮(1,4-*cis*-1,7-*trans*-acorenone)、1,4-反式-1,7-顺式-菖蒲烯酮(1,4-*trans*-1,7-*cis*-acorenone)、δ-3-蒈烯(δ-3-carene)、δ-榄香烯(δ-elemene)、δ-杜松烯(δ-cadinene)、δ-杜松醇(δ-cadinol)、γ-细辛脑(γ-asarone)、γ-松油烯(γ-terpinene)、二聚细辛脑(bisasaricin)、丁香酚(eugenol)、反式-罗勒烯(*trans*-ocimene)、反式-甲基异丁香酚(*trans*-methyl isoeugenol)、反式-异榄香素(*trans*-isoelemicin)、土青木香酮(aristolone)、长叶松烯(longicyclene)、白菖酮(calacone)、亚油酸(linoleic acid)、吉玛烯B(germacrene B)、吉玛酮(germacrone)、豆蔻酸(myristic acid)、异香橙烯(isoaromadendrene)、异榄香素(isoelemicin)、顺式-甲基丁香酚(*cis*-methyl eugenol)、顺式-异榄香素(*cis*-isoelemicin)、草蒿脑(estragole)、香橙烯(aromadendrene)、香橙素(aromadendrin)、莰烯(camphene)、斯巴醇(spathulenol)、雅槛蓝油烯(eremophilene)、棕榈酸(palmitic acid)、榄香素(elemicin)、欧细辛醚(euasarone)、细辛醛(asarylaldehyde)、樟脑(camphor)、龙脑(borneol)、松油醇-4(terpineol-4)、柠檬烯(limonene)、1-芳樟醇氧化物(1-linalool oxide)、对伞花烃(*p*-cymene)、甲基丁香酚(methyl eugenol)等，其中主要香气成分是β-细辛脑(β-asarone)和α-细辛脑(α-asarone)等[1-4]。

感官特性　石菖蒲精油具辛香，香气浓厚、留香时间短。

应用情况　可用于医药、香精、香料等方面。

参考文献

[1] 曾志，叶雪宁，沈妙婷，等．不同产地石菖蒲的挥发性成分研究[J]．分析测试学报，2011，30(4)：407-412.

[2] 高玉琼，刘建华，霍昕．石菖蒲挥发油成分的研究[J]．贵阳医学院学报，2003，28(1)：31-33.

[3] 李吉来，陈飞龙，贺丰，等．石菖蒲挥发油成分的GC-MS分析及不同提取方法的比较研究[J]．中药材，2001(7)：494-495.

[4] 魏刚，林双峰，方永奇．气相色谱-质谱联用法分析石菖蒲水煎液主要化学成分[J]．广州中医药大学学报，2005，22(2)：147-149.

仙鹤草

别　　名　脱力草、龙牙草、老牛筋。

英文名称　Hairyvein agrimony。

植物学名　*Agrimonia pilosa* Ledeb.。

植物科属 蔷薇科 龙牙草属。

品种来源 仙鹤草 *Agrimonia pilosa* Ledeb. 的干燥地上部分。

形态特征 仙鹤草，蔷薇科 龙牙草属，多年生草本植物，株高约110cm，块茎状根和侧根，根短，基部着生多个地下芽，植株表面疏被、细柔毛及短细柔毛。叶为间断奇数羽状复叶，具4对小叶，叶柄亦疏被、细柔毛或短细柔毛；短柄小叶片，倒卵披针形，长约4.5cm，宽约2.2cm，顶端锐尖至圆钝不等，基部呈楔形至宽楔形，边缘有锐尖到圆钝的锯齿，叶片正面疏被、细柔毛，背脉上伏生疏细柔毛，腺点明显。托叶呈淡绿色的镰形，质地为草质，顶端锐尖或渐尖，边缘具尖锐锯齿或裂片，少数为全缘，茎下部的托叶呈卵状披针形且全缘。穗状花序为总状顶生，可能有分枝，也可能无分枝，花序轴被细柔毛，花梗长约4mm，同样被细柔毛；苞片3裂，裂片呈带形，对生的小苞片为卵形，缘分裂；花径约8mm；萼片有5片，呈三角卵形；花瓣为长圆形，颜色发黄；雄蕊约10枚；花柱呈丝状，2歧，柱头头状。圆锥形果实，外面有10条肋，细柔毛，顶端有数层钩刺，嫩幼时直立，成熟时靠合，连钩刺长约8mm，刺的直径约4mm。仙鹤草的花果期接近11月。

主要分布 主要分布我国的广西、湖南、湖北、浙江、江苏等地。喜生于海拔约2500m的溪边、路旁、草地、灌丛林下等。

利用部位 干燥全草。

理化特性 精油为浅黄色液体，具有特征香味。

香气成分 仙鹤草精油的香气成分是：

α-蒎烯(α-pinene)、α-松油醇(α-terpineol)、α-柏木烯(α-cedrene)、α-石竹烯(α-caryophyllene)、α-姜黄烯(α-curcumene)、α-芹子烯(α-selinene)、α-人参烯(α-panasinsen)、β-红没药烯(β-bisabolene)、β-桉叶醇(β-eudesmol)、ζ-古芸烯(ζ-gurjunene)、ζ-芹子烯(ζ-selinene)、ζ-依兰油烯(ζ-muurolene)、柠檬烯(limonene)、芳樟醇(linalool)、龙脑(borneol)、左旋乙酸冰片酯(L-bornyl acetate)、乙酸香叶酯(geranyl acetate)、石竹烯(caryophyllene)、柏木脑(cedrol)、橙花叔醇(nerolidol)、植醇(phytol)、亚油酸(linoleic acid)等，其中主要香气成分是棕榈酸(palmitic acid)等[1-4]。

感官特性 仙鹤草精油具有清凉香气。

应用情况 仙鹤草具有止血、强心、抗菌、驱虫等功效。

参考文献

[1] 赵莹，李平亚，刘金平．仙鹤草挥发油化学成分的研究[J]．中国药学杂志，2001，36(10)：672.

[2] 李雅文，黄兰芳，梁晟，等．仙鹤草挥发油化学成分的气相色谱-质谱分析[J]．中南大学学报(自然科学版)，2007，38(3)：502-506.

[3] 杜成智，王卉，冯旭，等．不同产地仙鹤草挥发油成分的GC-MS分析[J]．江苏农业科学，2014，42(4)：253-255.

[4] 谢显珍，王玉林，朱丹晖，等．气相色谱-质谱联用结合保留指数分析仙鹤草挥发性成分[J]．分析科学学报，2013，5(5)：651-654.

牡　荆

别　　名　荆条、五指风、黄荆、布荆、五指柑。

英文名称　Hempleaf Negundo Chatetree。

植物学名　*Vitex cannabifolia* (Sieb. et Zucc.) Hand. -Mazz. 。

植物科属　马鞭草科 牡荆属。

品种来源　马鞭草科植物牡荆 *Vitex cannabifolia* (Sieb. et Zucc.) Hand. -Mazz. 的叶。

形态特征　牡荆，马鞭草科牡荆属，落叶小灌木，小枝呈四方形，表面密生着白色的绒毛。叶片为对生掌状 5 出复叶，叶片边缘带锯齿，正面呈淡绿色，背面则灰绿色，叶面近乎无毛，或有少许细毛。花序为顶生的圆锥状，钟形花萼，淡紫色花冠，顶端分裂为 5 片。结出的果为细粒状球形，颜色从棕褐色至浅黑色。牡荆的花果期在 10～11 月。

主要分布　牡荆主要分布在浙江东部、江苏东部、湖南南部、湖北南部、广东东部、广西北部、四川西部、贵州东部等地区。

利用部位　枝、叶、花、果。

理化特性　用水蒸气蒸馏鲜枝叶获得精油，为浅绿色澄清液体。得率为 0.09%～0.2%，易溶于无水乙醇、三氯甲烷、乙醚，难溶于水。牡荆精油理化参数如下表所示。

表　牡荆精油理化参数

理化参数	牡荆精油
颜色	淡黄色至橙黄色的澄清液体
相对密度(25℃)	0.9055
折射率(20℃)	1.4905
旋光度(11℃)	18.06°
酸值	0.58
酯值	33.4

香气成分　①主要成分：β-石竹烯(β-caryophyllene)。

②其他成分：α-侧柏烯(α-thujene)、α-蒎烯(α-pinene)、α-松油烯(α-terpinene)、α-松油醇(α-terpineol)、α-水芹烯(α-phellandrene)、α-榄香烯(α-elemene)、α-愈创木烯(α-guaiene)、β-蒎烯(β-pinene)、β-水芹烯(β-phellandrene)、β-榄香烯(β-elemene)、β-波旁烯(β-bourbonene)、β-荜澄茄烯(β-cubebene)、β-红没药烯(β-bisabolene)、β-红没药醇(β-bisabolol)、β-桉叶醇(β-eudesmol)、β-愈创木烯(β-guaiene)、β-金合欢烯(β-farnesene)、γ-松油烯(γ-terpinene)、γ-依兰烯(γ-muurolene)、δ-榄香烯(δ-elemene)、δ-荜澄茄烯(δ-cubebene)、1,8-桉叶素(1,8-cineole)、香桧烯(sabinene)、月桂烯(myrcene)、对伞花烃(*p*-cymene)、柠檬烯(limonene)、异松油烯(iso-terpinolene)、芳樟醇(linalool)、松油醇-4(terpineol-4)、乙酸龙脑酯(bornyl acetate)、乙酸橙花醇酯(neryl acetate)、乙酸松油酯(terpinyl acetate)、古巴烯(copaene)、葎草烯(humulene)、雅槛蓝油烯(eremophilene)、菖蒲烯(calamene)、石竹烯氧化物(caryophyllene oxide)、环氧石竹烯(caryophyllene epoxide)、橙花醛(neral)、香叶醛(geranial)、橙花叔醇(nerolidol)、石竹烯醇-1(caryophyllenol-1)、金合欢醇(farnesol)、雪松脑(cedrol)等[1-4]。

感官特性 牡荆精油香气圆和，气质浓厚，有清香、药草香、木香及微弱的花香，有似香紫苏香。

应用情况 ①药用：是治疗咳喘、慢性气管炎的原料药。②药用保健品：可用于生产保健口服液。③其他：用于化妆品和日化产品。有些地区在夏天有蚊的季节还常用牡荆来驱蚊。精油可用于日用香精。也可从精油中单离 β-石竹烯。用牡荆油作主体的牡荆丸，具消炎杀菌作用，对慢性支气管炎、哮喘有较好的疗效。

管理及参照标准 中国卫生部(86)卫防字第66号文件“食用香料名单”。

参考文献

[1] 潘炯光，樊菊芬．牡荆，荆条，黄荆和蔓荆叶挥发油的 GC-MS 分析[J]．中国中药杂志，1989，14(6)：37-39.

[2] 黄琼，林翠梧，黄克建，等．牡荆叶茎和花挥发油成分分析[J]．时珍国医国药，2007，18(4)：807-809.

[3] 黄琼，陈丽芬，李鑫宇，等．超声波提取牡荆挥发油化学成分的 GC-MS 分析[J]．广西工学院学报，2007，18(4)：50-53.

[4] 黄琼，陈丽芬，陈海燕，等．微波辅助萃取牡荆挥发油的气相色谱-质谱分析[J]．中国现代医学杂志，2008，18(12)：1715-1716.

广金钱草

别　　名 落地金钱、铜钱草、马蹄香。

英文名称 herba desmodii styracifolii。

植物学名 *Desmodium styracifolium*(Osh.)Merr.。

植物科属 豆科 马蹄金属。

品种来源 广金钱草 *Desmodium styracifolium*(Osh.)Merr. 的干燥地上部分。

形态特征 广金钱草，豆科马蹄金属，半灌木状植物，株高约 55 cm。茎斜举或平卧，基部木质化，枝圆柱状，与叶柄一样，均密被淡黄色短柔毛。叶具1对披针状托叶，互生，小叶有1片或者3片，中间的小叶较大且呈圆形，长约4cm，宽约4cm，侧生的小叶相对较小，同样为圆形，先端微下凹，基部全缘、浅心形或近平截，表面光滑，背面密被灰白色绒毛，呈灰绿色，叶脉向下凸起，羽毛状侧脉，约11对，小托叶呈钻形。夏季时，总状花序从茎顶或叶腋处抽出，花朵繁多且密集，散发着香气，通常 2 朵花并生，花梗弯曲，长约 3 mm；花萼呈钟状；蝶形花冠为深红色，长约 5 mm，旗瓣呈倒卵状。荚果约 5 节，一侧节间呈波形收缩，另一侧则较为平直，表面有柔毛和钩状毛，每节含有 1 粒椭圆形种子。

主要分布　分布于广东、福建、广西、湖南、云南和四川等地。

利用部位　植株的茎、叶。

理化特性　广金钱草精油呈淡黄色透明油状液体。

香气成分　广金钱草精油的香气成分是：

3,7,11,15-四甲基-2-十六碳烯-1-醇(3,7,11,15-tetramethyl-2-hexadecen-1-ol)、4,8,12,16-四甲基十七烷-4-内酯(4,8,12,16-tetramethylheptadecan-4-olide)、6,10,14-三甲基-2-十五烷酮(6,10,14-trimethyl-2-pentadecanone)、9,12-十八烯酸[9,12-octadecadienoic acid]、β-豆甾醇(stigmasterol)、正十四酸(tetradecanoic acid)、正十五酸(pentadecanoic acid)、正二十酸(eicosanoic acid)、十六酸甲酯(hexadecanoic acid，methylester)、二十酸乙酯(eicosanoic acid)、异叶绿醇(isophytol)、羽扇豆醇(lupeol)、羽扇豆酮[lup-20(29)-en-3-one]、硬脂酸(octadecanioc acid)、硬脂酸甲酯(octadecatoic acid，methylester)、硬脂酸乙酯(octadecanoic acid，ethylester)等[1-2]。

感官特性　广金钱草精油具清香和药香，味微甘。

应用情况　广金钱草常用于煎制中药，具利尿、清热、排石的功效。

参考文献

[1] 陈丰连，王术玲，徐鸿华．广金钱草挥发油的气相色谱-质谱分析[J]．广州中医药大学学报，2005，22(4)：302-303.

[2] 李锐．广金钱草化学成分及分析方法的研究进展[J]．中国药业，2009，18(16)：86-87.

鱼 腥 草

别　　名　猪鼻孔、臭草、侧耳根、鱼鳞草。

英文名称　Herba houttuyniae。

植物学名　*Houttuynia cordata* Thunb.。

植物科属　三白草科　蕺菜属。

品种来源　鱼腥草(*Houttuynia cordata* Thunb.)的带根全草。

形态特征　鱼腥草，三白草科蕺菜属，多年生草本植物，株高约 20～35cm。茎下部伏地生长，节上能生出根来，表面光滑或者稀疏地分布着一些毛。叶片为互生状态，形状是心形或宽卵形，长约 5.5cm，宽约 5cm，先端逐渐变尖，基部呈心形，边缘全缘，正面布满细腺点，叶片背面常呈现紫色，正背面的叶脉上都长有柔毛；叶柄长约 2.5cm，被疏毛；托叶为膜质，呈条形，长约 2.5cm，基部绕茎部，下部与叶柄合生，边缘长细毛。穗状花序生长在茎上端，与叶片相对而生，长约 2cm；总苞片 4 枚，呈长方倒卵形，大小各不相同，颜色为白色；花朵小且密集，无花被，仅有1枚小的披针形苞片；雄蕊有3枚，花丝下部与子房合生；雌蕊1枚，由3个下部合生的心皮构成，子房上位，花柱3个，相互分离。卵圆形蒴果，顶端开裂。种子数量多，呈卵形。花期在5～6月，果期在10～11月。

主要分布 主产于江西、安徽、四川、江苏、浙江、云南、贵州、广东、广西等地。

利用部位 带根全草。

香气成分 鱼腥草精油的香气成分是：

2-十一醇（2-undecanol）、2-十一酮（2-undecanone）、2-十二酮（2-dodecanon）、2-十三酮(2-tridecanone)、2-叔丁基-1,4-二甲氧基苯[2-(1,1-dimethylethyl)-1,4-dimethoxy-benzene]、2,6-二甲基癸烷(2,6-dimethyldecane)、2,6,10-三甲基十五烷(2,6,10-trimethyl-pentadecane)、2,6,10-三甲基-十四烷(2,6,10-trimethyl-tetradecane)、2,6,10,14-四甲基十六烷(2,6,10,14-tetramethyl-hexadecane)、3-亚甲基-十一烷(3-methylene undecane)、3-(4,8-二甲基-3,7-壬二烯)呋喃[3-(4,8-dimethyl-3,7-nonadienyl)-furan]、3,7-二甲基-2,6-辛二烯醇乙酸酯(3,7-dimethyl-acetate-2,6-octadien-1-ol)、3,7,11-三甲基-2,6,10-十二碳三烯-1-醇乙酸酯(3,7,11-trimethyl-acetate-2,6,10-dodecatrien-1-ol)、4-甲基-1-异丙基-2-甲氧基苯[2-methoxy-4-methyl-1-(1-methylethyl)-benzene]、4,7,10,13,16,19-二十二碳六烯酸甲酯(4,7,10,13,16,19-docosahexaenoic acid methyl ester)、5-甲基-3-异丙基环己烯(5-methyl-3-isopropyl-cyclohexene)、5-甲基壬酸乙酯(5-methyl-ethylester-nonanoic acid)、6,10,14-三甲基-2-十五酮(6, 10, 14-trimethyl-2-pentadecanone)、9, 12-十八烯酸（亚油酸）(9, 12-octadecadienoic acid)、十二烷(dodecane)、十二烯-3-醇(1-dodecen-3-ol)、十四烷(tetradecane)、十五烷(pentadecane)、十五酸-3-甲基丁基酯(3-methylbutyl ester pentadecanoic acid)、十六烷(hexadecane)、十六酸(hexadecanoic acid)、十六酸甲酯(hexadecanoic acid, methylester)、十六酸乙酯(hexadecanoic acid ethyl ester)、十七烷(heptadecane)、十八烷(octadecane)、十八酸（硬脂酸）(octadecanoic acid)、十九烷(nonadecane)、1-十九碳醇(1-nonadecanol)、二十烷(eicosane)、乙酸龙脑酯(bornyl acetate)、乙酸香叶酯(acetic acid geraniol ester)、乙酸环香叶酯(cyclogeraniol acetate)、α-松油醇(α-terpineol)、α-松油醇乙酸酯（α-terpineol acetate）、α-红没药醇（α-bisabolol)、β-蒎烯(β-pinene)、β-金合欢烯(β-farnesene)、癸酸(capric acid)、癸酸乙酯（capric acid ethyl ester）、匙叶桉油烯醇（spathulenol）、石竹烯(caryophyllene)、氧化石竹烯(caryophyllene oxide)、异黄樟脑(iso-safrole)、异喇叭烯(isoledene)、肉豆蔻醚(myristicin)、橙花叔醇(nerolidol)、橙花叔醇乙酸酯(nerolidyl acetate)、榄香烯(elemene)、榄香素(elemicin)、愈创烯(guaiene)、喇叭烯(ledene)、喇叭茶醇(ledol)、菖蒲二烯(acoradiene)、雪松醇(cedrol)、绿叶醇(patchouli alcohol)、金合欢醇(farnesol)、表蓝桉醇(epiglobulol)、蓝桉醇(globulol)、古芸烯环氧化物(gurjunene oxide)、库贝醇(cubenol)、邻苯二甲酸丁基十一碳烷基酯(phthalic acid butyl undecyl ester)、邻苯二甲酸二异辛酯(1,2-

benzenedicarboxylic acid disoctyl ester）、油酸（oleic acid）等，其中主要香气成分是β-蒎烯（β-pinene）等[1-4]。

感官特性　鱼腥草精油具腥药香气，味清凉。

应用情况　鱼腥草挥发油对上呼吸道感染、扁桃体炎、中耳炎、支气管炎、咽喉炎等疾病具较好的疗效。此另，鱼腥草的嫩叶及根还作为特色山野蔬菜鲜食。

管理及参照标准　鱼腥草（*Houttuynia cordata* Thunb.）的管理及参照标准见Fl. Jap. 234. 1784；Merr. et Chun in Sunyatsenia 5：35. 1940。

参 考 文 献

[1] 郝小燕，李零，丁智慧，等．黔产野生鱼腥草挥发油成分分析[J]．云南植物研究，1995，17(3)：350-352.

[2] 曾虹燕，蒋丽娟，张英超．鱼腥草挥发油的化学成分[J]．植物资源与环境学报，2003，12(3)：50-52.

[3] 杨文凡，陈勇，程翼宇．鱼腥草不同部位挥发油成分的研究[J]．中草药，2006，37(8)：1149-1151.

[4] 杨滨，王若菁，王谦朋，等．鱼腥草中挥发油成分的气相色谱指纹图谱研究[J]．中国中药杂志，2007，31(24)：2055-2057.

木 芙 蓉

别　　名　芙蓉花、地芙蓉、木莲、拒霜花、华木。

英文名称　Hibiscus mutabilis。

植物学名　*Hibiscus mutabilis* Linn.。

植物科属　锦葵科 木槿属。

品种来源　木芙蓉 *Hibiscus mutabilis* Linn. 的花、叶、根。

形态特征　木芙蓉，锦葵科 木槿属，落叶灌木或小乔木，株高约为4m。小枝、叶柄、花梗及花萼均密被星状毛与直毛混合的细棉毛。叶片宽卵形至圆卵形或心形，直径约12cm，具6裂，裂片呈三角状，先端尖锐，边缘具锯齿；叶正面疏被星状细绒毛和斑点，背面密被星状细绒毛，约9条主脉；叶柄长约12cm；托叶披针形，长约7mm，常早落。花单生于枝端叶腋间，花梗长约7cm，近顶端具节；线形小苞片8枚，长约13mm，宽约2mm，密被星状棉毛，基部合生；钟形花萼，长约2.8cm，裂片5枚，卵形，先端渐尖。花初开时呈白色或淡红色，后变为深红色，直径约8cm；花瓣近圆形，直径约5cm，外面被毛，基部具髯毛；雄蕊柱长约2.8cm，光滑无毛；花柱枝5枚，疏被毛。扁球形蒴果，直径约2.5cm，被淡黄色刚毛和棉毛，果片5枚；种子呈肾形，背面被长柔毛。花期通常在9～10月。

主要分布　我国陕西、安徽、江苏、辽宁、河北、山东、浙江、江西、福建、台湾、广东、广西、湖南、湖北、四川、贵州和云南等地栽培，系我国湖南原产。日本和东南亚各国也有栽培。

利用部位 花、叶、根。

理化特性 提取方法为水蒸气蒸馏法。它是一种淡黄色半固体状挥发油。

香气成分 木芙蓉精油的香气成分是：

α-桉叶醇(α-eudesmol)、α-杜松醇(α-cadinol)、α-紫罗兰酮(α-ionone)、六氢法尼基丙酮(hexahydrofarnesylacetone)、吉玛酮(germacrone)、(5*E*)-6,10-二甲基-5,9-十一烯-2-酮[(5*E*)-6,10-dimethyl-5,9-hendecen-2-one]、六氢百里香酯(hexahydrothymol)、金合欢醛(farnesal)、棕榈酸甲酯(methyl hexadecanoate)、6-氢金合欢醇(6-hydrofarnesol)、α-石竹烯(α-caryophyllene)、β-紫罗兰酮(β-ionone)、2-十三烷酮(2-tridecanone)、1-异丙基-4,7-二甲基-1,2,4α,5,6,8α-六氢萘(1-isopropyl-4,7-dimethyl-1,2,4α,5,6,8α-hexa-hydronaphthalene)、橙花叔醇(nerolidol)、植醇(phytol)、4-异丙基-1,6-二甲基-1,2,3,4,4α,7,8,8α-八氢-1-萘酚(4-isopropyl-1,6-dimethyl-1,2,3,4,4α,7,8,8α-octahydro-1-naphthol)、5-甲基-5-(4,8,12-三甲基十三烷基)二氢-2(3*H*)-呋喃酮[5-methyl-5-(4,8,12-trimethyltridecyl)dihydro-2(3*H*)-furanone]、(5*E*,9*E*)-6,10,14-三甲基-5,9,13-十五碳三烯-2-酮[(5*E*, 9*E*)-6,10,14-trimethyl-5,9,13-pentadecatrien-2-one]、斯巴醇(spathulenol)、3,7,11,15-四甲基-3-羟基-1,6,10,14-十六碳四烯(3, 7, 11,15-tetramethyl-3-hydroxy-1,6, 10, 14-hexadecatetraene)、油酸(oleic acid)，其中主要香气成分是六氢法尼基丙酮[1-3]。

感官特性 木芙蓉精油具甜蜜的花香。

参考文献

[1] 邓亚利，孙平川，杨继民，等. 木芙蓉挥发性成分的 GC-MS 分析[J]. 西北药学杂志，2009，24(2)：109-110.

[2] 邓亚利，周莉玲，丁世全，等. 木芙蓉挥发油成分研究[J]. 医药导报，2008，27(11)：1310-1311.

[3] 郭锦明，袁园，韦熹苑，等. 木芙蓉叶中挥发性成分的研究[J]. 中国医药导刊，2010(1)：169.

啤酒花

别　　名 香蛇麻、酵母花、忽布、蛇麻花、酒花。

英文名称 Hops。

植物学名 *Humulus lupulus* Linn.。

植物科属 桑科 葎草属。

品种来源 啤酒花 *Humulus lupulus* Linn. 的花、果穗。

形态特征 啤酒花，桑科葎草属，多年生攀援草本植物，其茎、枝和叶上密集地生长着绒毛与倒钩刺。叶片呈卵形或宽卵形，长约 7.5cm，宽约 5.5cm，先端锐尖，基部近圆形，常具 5 个裂片，边缘呈粗锯齿状，表面布满小刺毛，背面则长有细小的毛和淡黄色腺点；叶柄长度短于叶片。雄花排列成圆锥花序，花被片和雄蕊均为5枚；每两朵雌花生长在一个苞片的腋间；苞片呈覆瓦状排列，形成圆形的穗状花序。球状的果穗，直径约3cm；宿存的干膜质苞片会随着果实增大而增大，长约1cm，上面具油点，光滑无毛。果实为扁平的瘦果，每个苞片的腋间藏有1～2个。啤酒花的花期8～9月，果期10～11月。

主要分布　原产于欧洲、美洲。我国华北、新疆北部、东北及甘肃等地区均有分布。云南、广西、贵州等地区也有分布。

利用部位　花、果穗。

理化特性　啤酒花精油为浅黄色澄清液体。啤酒花精油理化参数如下表所示。

表　啤酒花精油理化参数

理化参数	啤酒花精油
相对密度(20℃)	0.811～0.877
折光指数(20℃)	1.475～1.496
旋光度(20℃)	−3°～+3°

香气成分　啤酒花精油的香气成分是：

α-荜澄茄烯(α-cubebene)、α-蒎烯(α-pinene)、α-依兰烯(α-muurolene)、α-松油烯(α-terpinene)、杜松烯(cadinene)、莰烯(camphene)、β-蒎烯(β-pinene)、β-水芹烯(β-phellandrene)、乙醛(acetaldehyde)、香橙烯(aromadendrene)、异戊二烯(isoprene)、葎草烯(humulene)、柠檬烯(limonene)、γ-松油烯(γ-terpinene)、古巴烯(copaene)、δ-杜松烯(δ-cadinene)、β-金合欢烯(β-farnesene)、γ-杜松烯(γ-cadinene)、β-芹子烯(β-selinene)、3,7-二甲基-1,3,6-辛三烯(3,7-dimethyl-1,3,6-octatriene)、甲基异丙基苯(methyl isoproyl benzene)、异丙醇(isopropanol)、乙醇(ethanol)、异丁醇(isobutanol)、2-甲基-1-丁醇(2-methyl-1-butanol)、2-甲基-3-丁烯-1-醇(2-methyl-3-buten-1-ol)、芳樟醇(1inalool)、香叶醇(geraniol)、丙醛(propanal)、2-甲基丁醛(2-methyl-butanal)、正戊醇(*n*-pentanol)、己醇(hexanol)、2-壬醇(2-nonanol)、2-十一醇(2-undecanol)、1,1-二甲基-2-丙烯-10-醇(1,1-dimethyl-2-propylen-10-ol)、3-甲基丁醛(3-methyl-butanal)、丙酮(acetone)、2-戊酮(2-pentanone)、甲基异丁基酮(methyl isobutyl ketone)、2-壬酮(2-nonanone)、2-十一烷酮(2-undecanone)、2-十二烷酮(2-dodecanone)、6-甲基-5-庚烯-2-酮(6-methyl-5-hepten-2-one)、5,5-二甲基-2(5*H*)-呋喃酮[5,5-dimethyl-2(5*H*)-furanone]、乙酸(acetic acid)、异丁酸(isobutyric acid)、乙酸-2-甲基丁酯(2-methylbutyl acetate)、丙酸-2-甲基丁酯(2-methylbutyl propanoate)、异丁酸异丁酯(isobutyl isobutylrate)、异丁酸-2-甲基丁酯(methyl-2-butyl-isobutyrate)、异丁酸-3-甲基丁酯(3-methylbutyl-isobutyrate)、异丁酸香叶酯(geranyl isobutyrate)、丁酸庚酯(heptyl butyrate)、异戊酸异戊酯(isoamyl isovalerate)、异戊酸戊酯(amyl isovalerate)、乙酸甲酯(methyl acetate)、异庚酸甲酯(methyl isoheptanoate)、庚酸甲酯(methylheptanoate)、3-甲基-2-己烯

酸甲酯(methyl-3-methyl-2-hexenoate)、乙基辛酸甲酯(methyl-2-ethyl-hexanoate)、辛酸甲酯(methyl octanoate)、4-癸烯酸甲酯(methyl-4-decenoate)、香叶酸甲酯(methyl geranate)、3-(4-甲基-3-戊烯基)-呋喃[3-(4-methyl-3-pentenyl)-furan]、2-乙基呋喃(2-ethyl-furan)、甲硫醇(methanethiol)、二甲基硫(dimethyl sulfide)、二甲基二硫(dimethyl disulfide)、壬酸甲酯(methyl nonanoate)和癸酸甲酯(methyl decanoate)等，其中主要香气成分是β-石竹烯(β-caryophyllene)和月桂烯(myrcene)等[1-3]。

感官特性 啤酒花精油具药甜香，味微苦。

应用情况 啤酒花为啤酒的主要原料，其精油广泛用于酒类、烟草、饮料、食品等的加香。

管理及参照标准 啤酒花(*Humulus lupulus* Linn.)油：Nat 1；FEMA 2578~2580；IOFI；FDA 182.20；COE 233；CAS 8007-04-3 等。

参考文献

[1] 薛华丽，蒲陆梅．啤酒花固相微萃-气质联用成分分析[J]．中国酿造，2011,30(1)：170-172.

[2] 刘国声，姜宝源，富贵昌．一面坡产啤酒花挥发油的成分分析[J]．特产研究，1989(2)：39-40.

[3] 卢亚玲，王小楠，刘文杰，等．HS-SPME-GC-MS 测定啤酒花中挥发性成分的条件优化[J]．中国酿造，2014，33(12)：129-132.

甜橙

别　　名 金球、橙子、金橙。

英文名称 Immature Sweet Orange。

植物学名 *Citrus sinensis* (L.) Osbeck。

植物科属 芸香科　柑橘属。

品种来源 芸香科柑橘属植物枳实 *Citrus sinensis* (L.) Osbeck 的果。

形态特征 甜橙是芸香科柑橘属的绿色小乔木，株高约3m，树冠呈中等大小的伞形。分枝繁多，茎皮为青灰色，表面光滑，小枝具棱角，几乎无刺。叶片呈单叶状，叶柄长约1.2cm，宽约3mm，带窄叶翼；叶片为革质椭圆形，长约10cm，宽约5cm，先端尖锐，基部呈楔形，边缘带波状锯齿。花萼呈杯状，大约5个裂片，裂片为卵圆状，先端较尖；花瓣近6片，呈椭圆状，长约1.5cm，宽约0.7cm；雄蕊众多，数簇花丝愈合生在花盘之上；子房上位，近球形，约12室，每室含近6枚胚珠。花柱粗，早期便会脱落。果实直径约8cm，近乎圆形，颜色有浅黄、橘黄或红黄色。果皮上的油泡略微凸起，果肉颜色从淡黄至淡紫色，质地软嫩多汁，散发着甜蜜果香。果皮与果肉结合紧密，不易剥离。果心较小且充实。甜橙的花期5~6月，果期10~11月。

主要分布 主产于广西、四川、广东、福建、湖南、湖北、江西、台湾等地区。

利用部位 果实。

理化特性 甜橙精油为淡黄色油状物，可采用水蒸气蒸馏法提取。

香气成分 甜橙精油的香气成分是：

α-松油烯(α-terpinene)、α-蒎烯(α-pinene)、β-蒎烯(β-pinene)、柠檬烯(limonene)、芳樟醇(linalool)、月桂烯(myrcene)、香桧烯(sabinene)、3,7-二甲基-1,3,6-辛三烯(3,7-dimethyl-1,3,6-octatriene)、3-异丙基甲苯(3-isopropyl toluene)、异松油烯(terpinolene)、松油醇-4(terpineol-4)、α-松油醇(α-terpineol和1,3,3-三甲基-2-乙烯基-环己烯(1,3,3-trimethyl-2-vinyl-cyclohexene)等。其中主要的香气成分是柠檬烯(limonene)和芳樟醇(linalool)等[1-3]。

感官特性 甜橙精油具果甜香，香气均匀、穿透力强。

应用情况 日常生活的水果之一，果汁制饮料，精油用于日用香精的香原料之一。

管理及参照标准 甜橙(*Citrus sinensis* (L.) Osbeck)精油的管理及参照标准见CAS 94-07-5。

参考文献

[1] 董丽，王翔．甜橙油化学成分的 GC-MS 分析[J]．乐山师范学院学报，2003，18(4)：39-41.

[2] 赵鑫，张宝月，黄蓉，等．甜橙精油的挥发性成分分析及抗氧化和抑菌活性研究[J]．应用化工，2013，42(3)：575-577.

[3] 刘元艳，王淳，宋志前，等．重庆产酸橙与甜橙枳实中挥发油成分的对比分析[J]．中国实验方剂学杂志，2011,17(11)：45-48.

茉 莉 花

别　　名 大花茉莉、素方、素馨、小花茉莉。

英文名称 *Jasmine*。

植物学名 *Jasminum sambac*(Linn.) Aiton。

植物科属 木樨科　茉莉属。

品种来源 茉莉 *Jasminum sambac*(Linn.) Aiton 的花。

形态特征 茉莉是木樨科茉莉属的绿色直立或攀援小灌木植物，株高约 3m。它的小枝呈柱形或稍压扁状，疏被细柔毛。叶片为单叶对生，纸质，圆形或椭圆形，两端近乎圆形，基部近心形。叶片正面有的部位下凹，背面则凸起，细脉在叶片正背面通常都很明显，微凸起，除背面脉腋间常有簇毛外，其余部分均光滑无毛。其裂片呈长圆形，先端圆润。花序为聚伞状顶生，常有 3 朵花，花色乳白，香气浓郁。茉莉花的花期在 7 ~ 8 月，果期在 9 ~ 10 月。球形果实，颜色为棕黑色。

主要分布 广泛生长在地中海沿岸地区，我国长江以南广为栽培，主要分布在我国广东、四川、云南、江苏、浙江、福建、台湾、广西等地区。广西横县为“中国茉莉花之乡”。

利用部位 鲜花。

理化特性 用石油醚浸提鲜花制取浸膏，得率约为0.3%，净油得率约为浸膏的50%。茉莉花浸膏及净油理化参数如下表所示。

表 茉莉花浸膏及净油理化参数

理化参数	茉莉浸膏	茉莉净油	茉莉浸膏
外观、色状	红棕色蜡体	黄褐色液体	黄绿色或浅棕色膏状物
相对密度(20℃)	0.8861～0.8982	0.934～0.945	—
折射率(20℃)	+5°～+12°	1.487～1.4915	—
旋光度	+5°～+12°	+3°5′～+3°53′	—
酸值	10～15	10～14	≤11
净油含量	45%以上	—	≥61%

香气成分 茉莉花精油的香气成分是：

芳樟醇(linalool)、3-甲基-丁醛(3-methyl-butanal)、己醛(hexanal)、反式-2-己烯醛(*trans*-2-hexenal)、3-己烯-1-醇(3-hexen-1-ol)、α-蒎烯(α-pinene)、苯甲醛(benzaldehyde)、香桧烯(sabinene)、β-蒎烯(β-pinene)、月桂烯(myrcene)、辛醛(octanal)、乙酸己酯(hexenyl acetate)、1-甲氧基-4-甲基苯(1-methoxy-4-methylbenzene)、1-柠檬烯(1-limonene)、顺式-罗勒烯(*cis*-ocimene)、反式-β-罗勒烯(*trans*-β-ocimene)、1,2，3,4-四甲基苯(1,2，3,4-tetramethyl benzene)、4-乙基-1,2-二甲基苯(4-ethyl-1,2-dimethylbenzene)、壬醛(nonanal)、4,8-二甲基-1,3,7-壬三烯(4,8-dimethyl-1,3,7-nonatriene)、对-薄荷烷-1,5,8-三烯(*p*-menthan-1,5,8-triene)、α-异松油烯(α-terpinolene)、齿小二烯醇(ipsdienol)、1-甲氧基-4-(2-丙烯基)苯[1-methoxy-4-(2-propenyl)benzene]、4,6,6-三甲基-双环[3.1.1]庚-3-烯-2-酮{4,6,6-trimethyl-bicyclo[3.1.1]hept-3-en-2-one}、3-苯基-丙醇(3-phenyl-propanol)、α-柠檬醛(α-citral)、桂皮醛(cinnamic aldehyde)、茴香脑(anethole)、3-苯基-丙烯醇(3-phenyl-propenol)、丁香酚(eugenol)、桂皮酸甲酯(methyl cinnamate)、反式-乙酸桂皮酯(*trans*-cinnamyl acetate)、6,10-二甲基-5,9-十一碳烯-2-酮(6,10-dimethyl-5,9-undecadien-2-one)、反式-β-金合欢烯(*trans*-β-farnesene)、橙花叔醇(nerolidol)、二十碳烷(eicosane)、3-己烯乙酸酯(3-hexenyl acetate)、顺式-3-己烯-1-醇(*cis*-3-hexen-1-ol)、二戊烯氧化物(dipentene oxide)、甲基苯甲酯(methyl benzoate)、苯甲基乙酯(benzyl acetate)、苯基(benzyl alcohol)、杜松烯(cadinene)、己烯苯甲酯(hexenyl benzoate)、十八烯(octadecene)、甲基油酸(methyl oleic acid)、甲基十八-9-炔酯(methyl octadeca-9-ynoate)、苯甲酰乙酸乙酯(ethyl benzoylacetate)、3-己烯乙酸乙酯(3-hexenvl acetate)、顺式-石竹烯(*cis*-caryophyllene)、顺式-3-苯甲酰苯甲酸甲酯(*cis*-3-methylbenzoylbenzoate)、邻氨基苯甲酸甲酯(methylanthranilate)、吲哚(indole)、金合欢醇(farnesol)、杜松醇(cadinol)、橙花醇(nerol)、芳樟醇氧化物(linalool oxide)、顺式-3-己烯醇(*cis*-3-hexenol)、1,4-杜松二烯(cadina-1,4-diene)、香叶醇(geraniol)、顺式-3-己烯乙酸酯(*cis*-3-hexenyl acetate)、新烟碱(neonicotine)、十七醇(heptadecane)、十八烷(octadecane)、古巴烯(copaene)和吉玛烯D(germacrene D)等。其中主要的香气成分是芳樟醇(linalool)等[1-3]。

感官特性　茉莉花精油具浓郁茉莉花香，温和醇厚，香气扩散力很强。清鲜浓郁的茉莉花香，香气细微而透发，有少量的浑浊的香气成分，而在大量的清香成分中化淡为鲜，成为新鲜的花香。品种不同，香气有异，大花茉莉香气较浓郁，相对偏浊，很持久；小花茉莉香气较清灵雅淡。

应用情况　浸膏或净油作为重要的香原料，广泛应用于多种香型的高档日用香精配方中。大花茉莉浸膏、净油及其蒸馏精油(通过减压过热水蒸气蒸馏浸膏制得)可用于饮料、露酒、糖果饼干、甜食、胶姆糖等食品的加香香精，具有显著提升清香气的作用。小花茉莉鲜花则常用于窨制茶叶，能够显著增强茶叶的香气，是茉莉花茶的主要香料之一；其浸膏或净油也可用于食品和饮料的加香。此外，茉莉花的花和叶具有清热解表、利湿的功效，根部入药则具有镇痛作用。

管理及参照标准　大花茉莉(*Jasminum officinale* L.)精油、浸膏、净油、乙醇提取物的管理及参照标准见：FEMA 2598，2599，2600，26 01；FDA 182.20；COE 245l；Nat 1；IOFI；CAS 8022-96-6；RIFM；GRAS(Ⅱ)；QB 948—84。

参考文献

[1] 孙守威，马娅萍，吴承顺．“同时蒸馏-萃取”分析茉莉花香成分[J]．Journal of Integrative Plant Biology，1985(2)：186-191.

[2] 刘海洋，倪伟，袁敏惠，等．茉莉花的化学成分[J]．云南植物研究，2004，26(6)：687-690.

[3] 陈青，姚蓉君，张前军．固相微萃取气质联用分析野茉莉花的香气成分[J]．精细化工，2007，24(2)：159-161.

桧　柏

别　　名　刺柏。

英文名称　Juniper berry。

植物学名　*Sabina chinensis*(Linn.)Ant.。

植物科属　柏科 桧属。

品种来源　桧柏 *Sabina chinensis*(Linn.)Ant. 新鲜成熟的果实。

形态特征　桧柏，柏科 桧属，常绿灌木植物，株高约10m。茎淡棕色，针状叶子，螺旋状紧密排列在茎上。桧柏开黄色小花，花朵虽小却别具一格。球形果实，嫩果时为清新的绿色，成熟后果实颜色转变为深绿色或浅黑色，在枝叶间格外醒目。

主要分布 广泛分布于我国台湾、云南等十多个省(市、自治区),如广西、四川、广东、贵州、湖南等地均有分布。

利用部位 果实。

理化特性 桧柏精油为浅绿色挥发性液体;不易长时间贮存,否则油会聚合;柏油耐弱酸和有机酸;易溶于乙醇、戊醇和矿物油等溶剂,不易溶于水、丙二醇和甘油。桧柏精油理化性质如下表所示。

表 桧柏精油理化性质

理化特性	桧柏油
颜色	无色至浅绿色液体
相对密度(25℃)	0.853~0.878
折射率(25℃)	1.475~1.486
旋光度(25℃)	0°~15.0°

香气成分 桧柏精油的香气成分有:

α-樟烯醛(α-campholenicaldehyde)、α-佛手柑油烯(α-bergamatene)、α-蒎烯(α-pinene)、α-水芹烯(α-phellandrene)、α-松油醇(α-terpineol)、莰烯(camphene)、月桂烯(myrcene)、三环烷(tricyclane)、香桧烯(sabinene)、β-蒎烯(β-pinene)、Δ^3-蒈烯(Δ^3-carene)、α-松油烯(α-terpinene)、对伞花烃(*p*-cymene)、柠檬烯(limonene)、反式-β-罗勒烯(*trans*-β-ocimene)、2,3,6-三甲基-1,5-庚二烯(2,3,6-trimethyl-1,5-heptadiene)、Δ^4-蒈烯(Δ^4-carene)、异松油烯(terpinolene)、芳樟醇(linalool)、邻甲基苯乙酮(*o*-methylacetopheone)、丁酸-3-己烯酯(3-hexenylbutyrate)、葑醇(fenchol)、松香芹醇(pinocarveol)、樟脑(camphor)、水合莰烯(camphenehydrote)、反式-蒈酮-3(*trans*-caranone-3)、龙脑(borneol)、松油醇-4(terpineol-4)、对伞花-2-醇(*p*-cymen-2-ol)、桃金娘烯醇(myrtenol)、异胡薄荷酮(isopulegone)、乙酸龙脑酯(bornyl acetate)、乙酸二氢香芹醇酯(dihydrocarveylacetate)、α-荜澄茄烯(α-cubebene)、乙酸香叶酯(geranyl acetate)、α-古巴烯(α-copaene)、波旁烯(bourbonene)、δ-芹子烯(δ-selinene)、β-石竹烯(β-caryophyllene)、反式-β-金合欢烯(*trans*-β-farnesene)、葎草烯(humulene)、γ-依兰烯(γ-muurolene)、顺式-α-依兰烯(*cis*-α-muurolene)、γ-杜松烯(γ-cadinene)、δ-杜松烯(δ-cadinene)、4,10-二甲基-7-异丙基-双环[4.4.0]-1,4-癸二烯{4,10-dimethyl-7-isopropyl-bicyclo[4.4.0]-1,4-decadiene}、反式-α-依兰烯(*trans*-α-muurolene)、十一烷醇(undecanol)、3,7,11-三甲基-2,5,10-十二碳三炔醇(3,7,11-trimethyl-2,5,10-dodecatriynol)、2,6,10-三甲基-2,5,9,11-十二碳四烯(2,6,10-trimethyl-2,5,9,11-dodecatetraene)、1-丁基-环丁醇(1-butylcyclobutanol)、5-辛烯-乙酮(5-octene-enthone)、丙酸乙基酯(ethyl propanoate)、8-甲基-5-(1-甲基乙烯基)-5,8-壬-2-酮[8-methyl-5-(1-methylvinyl)-5,8-non-2-one]、3,7-二甲基-1,6-辛二烯醇(3,7-dimethyl-1,6-octadienol)、2,5-二甲基-辛烷

(2,5-dimethyl-octane)、1,2-二甲氧基-4-(1-丙烯基)-苯[1,2-dimethoxy-4-(1-propenyl)-benzene]、环庚烯(cycloheptene)、莰酮(camphanone)、3,7-二甲基-辛烯醇(3,7-dimethyl-octenol)、2-十一烷醇(2-undecanol)、3-甲基-5-(1-甲基乙烯基)-环己烯酮[3-methyl-5-(1-methylvinyl)-cyclohexenone]、喇叭茶醇(ledol)、2,7-二甲基-3,5-二辛炔(2,7-dimethyl-3,5-dioctyne)、1,4,9,9-四甲基-1*H*-3a,7-八氢化亚甲基薁(1,4,9,9-tetramethyl-1*H*-3a, 7-octahydrogenated methylene azulen)、4-甲基-(1,5-二甲基-4-乙烯基)-3-环己烯醇[4-methyl-(1,5-dimethyl-4-vinyl)-3-cyclohexenol]、1,2-二甲基-3-(1-甲基乙烯基)-环戊醇[1,2-dimethyl-3-(1-methylvinyl)-cyclopentanol]、3,3,7,9-四甲基-三环十一烯(3,3,7,9-tetramethyl-tricycloundecene)、檀香烯(santalene)和枯茗醛(cuminaldehyde)等[1-4]。

感官特性 桧柏精油具有特殊的木香味。

应用情况 桧柏精油用途广泛，在食用香料领域，可用于甜酒酿造以及火腿制作，为这些食品增添独特的风味 。在日用化工香料方面，其被广泛应用于古龙、香薇、素心兰、木香等香型的香皂及化妆品香精的调配，赋予产品宜人的香气。

管理及参照标准 桧柏[*Sabina chinensis*(Linn.)Ant.]精油：CAS 8012-91-7。

参 考 文 献

[1] 黄宝华，吴惠勤．超临界 CO_2 萃取刺柏中挥发性成分分析[J]．中药材，1997，20(1)：30-32.

[2] 余定学，戴自钦，李丽萍，等．刺柏叶精油的化学成分研究[J]．云南大学学报：自然科学版，1994，16(2)：145-148.

[3] 余定学，谢金伦．刺柏果精油化学成分研究[J]．云南大学学报：自然科学版，1995，17(4)：387-389.

[4] 王盈盈，王琦琛，钟惠民．露兜树果实中醇溶精油成分的分析[J]．青岛科技大学学报：自然科学版，2011,32(4)：369-371.

露 兜 树

别　　名 假菠萝、猪母锯、山菠萝、水拖髻、露兜勒。

英文名称 Kewda。

植物学名 *Pandanus tectorius* Solms. 。

植物科属 露兜树科　露兜树属。

品种来源 露兜树 *Pandanus tectorius* Solms. 的花和茎。

形态特征 露兜树，露兜树科露兜树属，常绿乔木或灌木，直立、分枝多，叶革质、呈狭长、聚生枝顶，边缘利刺，花序呈肉穗状、雄花序倒垂、雌雄异株、雌花心皮集生成群，复合果呈椭圆状。

主要分布 露兜树原产马达加斯加以及我国广西、广东、云南等地，常将 *P. techerius* 称为“露兜勒”，因肉质的小核果集合长成复果状，像菠萝，常称它为“野菠萝”。多生长于阳光充足的海岸砂地地域。

利用部位 花和茎。

理化特性 露兜树精油采用水蒸气蒸馏法，从露兜树的花序或茎中提取精油，得率约0.2%，呈黄色油状体。

理化参数 露兜树精油理化参数如下表所示。

表 露兜树精油理化参数

理化参数	露兜树精油
相对密度(15℃)	0.9601～0.9862
折光指数(20℃)	1.4800～1.4902
旋光度(20℃)	+2°14′～+3°6′

香味成分 露兜树精油的香气成分为：

12,3-二甲基-3-己醇(hexanol,12,3-dimethy)、亚麻酸(linolenic acid)、天竺葵醛(nonanal)、环十五(烷)酰(cylcopentade canol)、9-十八炔(9-octadecyne)、棕榈酸(*n*-hexadecanoic acid)、丙酸乙烯酯(propanoic acid, ethenyl ester)、植物醇(phytol)、亚油酸[9, 12-octadecadienoic acid(*Z*, *Z*)]、亚麻酸(kinolenic acid)、维生素E(vitamin E)、豆甾醇(stigma sterol)、角鲨烯(squalene)、β-谷甾醇(β-stosterol)、4,4-二甲基-胆甾-22, 24-二烯-5β-醇(cholesta-22,24-dien-5β-ol,4,4-dimethyl)等。其中主要香成分为环十五(烷)酰(cylcopentade canol)、棕榈酸(n-hexadecanoic acid)、植物醇(phytol)、亚油酸(9,12-octadecadienoic acid(*Z*,*Z*)、维生素E(vitamin E)、豆甾醇(stigma sterol)、角鲨烯(squalene)、β-谷甾醇(β-stosterol)和4,4-二甲基-胆甾-22,24-二烯-5β-醇(cholesta-22,24-dien-5β-ol,4,4-dimethyl)等[1]。

感官特性 露兜树精油具有浓郁的花甜香。

应用情况 常用于日用香精配方的香原料之一。

参考文献

[1] 王盈盈，王琦琛，钟惠民．露兜树果实中醇溶精油成分的分析[J]．青岛科技大学学报：自然科学版，2011,32(4)：369-371.

白术

别　　名 山芥、天蓟、山姜、山连、山蓟、杨枹蓟、术、山精、乞力伽、冬白术。

英文名称 Largehead Atractylodes Rhizome。

植物学名 *Atractylodes macrocephala* Koidz.。

植物科属 菊科 苍术属。

品种来源 白术 *Atractylodes macrocephala* Koidz. 的干燥根茎。

形态特征 白术，菊科苍术属，多年生草本植物，株高约65cm。茎直立，根部粗大，上部多分枝，木质化基部。单叶互生叶片，茎下部叶具长柄，叶片3深裂，中部裂片略大，呈长圆状披针形，两边裂片稍小，椭圆状披针形，基部不对称；茎上部叶柄较短，叶片不分裂，椭圆状披针形，长约8cm，宽约4cm，先端急尖，基部渐狭下延成柄状，叶缘均具锯齿。正面淡绿色，背面为浅绿色，叶脉凸起。白术的头状花序顶生，花径约3cm；总苞呈钟状，膜质苞片约8列，屋顶瓦状排列；基部具1轮叶状苞，深裂呈羽状，包围着总苞；众多花着生在平坦的花托上；花冠呈管状，下部稍细，颜色淡黄，上部稍呈紫色且稍膨大，先端有5个披针形裂片，向外延伸或反卷展开；雄蕊有5枚，花药为线形，花丝离生；雌蕊1枚，子房下位，密被棕色细绒毛，花柱细长，柱头呈头状，顶端中央有1条浅裂缝。瘦果微扁，长圆状椭圆形，长约8mm，径约2.5mm，被乳白色绒毛，顶端有冠毛残留的圆形痕迹。白术的花期在9~10月，果期在10~11月。

主要分布 主产于湖南、云南、贵州、广西、浙江、安徽。此外，湖北、江西、福建等地区也有分布。

利用部位 根茎。

理化特性 用水蒸气蒸馏法所得的白术精油是一种红棕色油状液体。

香气成分 白术精油的香气成分为：

苍术酮(atractylon)、1,6-二甲基-4-(1-甲基乙基)-(1*S*-1α)-六氢萘[1,6-dimethyl-4-(1-methylethyl)-(1*S*-lα)-hexahydro-naphthalene]、4a-甲基-1-亚甲基-7-(1-甲基亚乙基)十氢萘[4a-methyl-1-methylene-7-(1-methylethylidene)-decahydro-naphthalene]、6*S*-2,3,8,8-四甲基三环[5.2.2.0(1,6)]-2-十一烯{6*S*-2,3,8,8-tetramethyltricyclo[5.2.2.0(1,6)]-2-undecene}、3-甲基-2-(2,4-戊二烯)-2-环戊烯-1-酮[3-methyl-2-(2,4-pentadienyl)-2-cyclopente-1-one]、2,4,5,6,7,8-六氢-1,4,9,9-四甲基-[3a*R*-(3aα,4β,7α)-3*H*-3a-7-五甲基薁]{2,4,5,6,7,8-hexahydro-1,4,9,9-tetramethyl-[3a*R*-(3aα,4β,7α)-3*H*-3a-7-methyl azulene}、4a,8-二甲基-2-(1-甲基乙烯基)-[2*R*-(2α,4aα,8αβ)]-1,2,3,4,4a,5,6,8a-八氢-萘{4a,8-dimethyl-2-(1-methylvinyl)-[2*R*-(2α,4aα,8aβ)]-1,2,3,4,4a,5,6,8a-octahydro-naphthalene}、石竹烯(caryophyllene)、γ-榄香烯(γ-elemene)、α-石竹烯(α-caryophyllene)、桉叶-4(14),11-二烯[eudesma-4(14),11-diene]、3-环戊基-6-甲基-3,4-庚二烯-2-酮(3-cyclopentyl-6-methyl-3,4-heptadien-2-one)、1-乙基-1-甲基-2-(1-甲基乙烯基)-4-(1-甲基亚乙基)-环己烷[1-ethyl-1-methyl-2-(1-methylvinyl)-4-(1-methylethylidene)-cyclohexane]、β-人参烯(β-panasinsene)、1,2,3,4,4a,5,6,8a-八氢-4a,8-二甲基-2-(1-甲基乙烯基)-萘[1,2,3,4,4a,5,6,8a-ochydro-4a,8-dimethyl-2-(1-methylvinyl)-naphthalene]、1-(1-丁烯-3-基)-4-戊基-苯[(1-buten-3-yl)-4-pentyl-benzene]、吉玛烯B(germacrene B)、9,10-去氢异长叶烯(9,10-dehydro-isolongifolene)、石竹烯氧化物(caryophyllene oxide)、1a,3,5,6,7,7a,7b-八氢-1,1,7,7a-四甲基-(1a,7,7aα,7bα)-1*H*环丙基[*a*]萘{1a,3,5,6,7,7a,7b-ochydro-1,1,7,7a-tetramethyl-(1a,7,7aα,7bα)-1*H*-cycloprop[*a*]naphthalene}、苍术醇(hinesol)、7, 8-二羟基-4-异亚丙基-7-甲基双环[5.3.1]十一碳烯{7, 8-dihydroxy-4-isopropylidene-7-methylbicyclo[5.3.1]undecene}、4,4a,

5,6,7,8-六氢-4a,5-二甲基-3-(1-甲基亚乙基)-2-3*H*-萘[4,4a,5,6,7,8-hexahydro-4a, 5-dimethyl-3-(1-methylethylidene)-2-3*H*-naphthalene]、6-异丙烯基-4,8a-二甲基-1,2,3,5,6,7,8,8a-八氢萘-2-醇(6-isopropenyl-4, 8a-dimethyl-1,2,3,5,6,7,8,8a-octahydronaphthalen-2-ol)、2-羟基芴(2-hydroxyfluorene)、5-羟基-6-甲氧基-7*H*-呋喃-[3,2-g][*l*]-苯并吡喃-7-酮{5-hydroxy-6-methoxy-7*H*-furo[3,2-g][*l*]benzopyran-7-one}、1-甲氧基-2-(1-甲基-2-亚甲基环戊基)-苯[1-methoxy-2-(1-methyl-2-methylenecyclopentyl)-benzene]、3,4-二乙基-7,7-二甲基-1,3,5-环庚三烯(3,4-diethyl-7, 7-dimethyl-1,3, 5-cycloheptatriene)、异丙安替比林(propyy-phenazone)、9,12-十八碳二烯酸(9,12-octadecadienoic acid)、维生素E(vitamine E)、α-蒎烯(α-pinene)、苯酚(phenol)、β-蒎烯(β-pinene)、柠檬烯(limonene)、反式-β-罗勒烯(*trans*-β-ocimene)、2-甲基-苯酚(2-methyl-phenol)、3-甲基-苯酚(3-methyl-phenol)、γ-松油烯(γ-terpinene)、β-芳樟醇(β-linalool)、2,3-二甲基-苯酚(2,3-dimethyl-phenol)、2-甲氧基-4-甲基苯酚(2-methoxy-4-methyl phenol)、1-亚甲基-3-(1-甲基乙烯基)-环己胺[1-methylene-3-(1-methylvinyl)-cyclohexane]、δ-芹子烯(δ-selinene)、香附烯(cyperene)、δ-愈创木烯(δ-guaiene)、异喇叭茶烯(isoledene)、α-布藜烯(α-bulnesene)、塞瑟尔烯(seychellene)、雪松烯(cedrene)、香橙烯(aromadendrene)、绿叶烯(patchoulene)、α-红没药醇(α-bisabolol)、桧脑(junipercamphor)、斯巴醇(spathulenol)、癸酸(decnaoic acid)、乙酸香叶醇酯(geraniol acetate)、α-葎草烯(α-humulene)、β-葎草烯(β-humulene)、乙酸橙花醇酯(neryl acetate)、顺式-澳白檀醇(*cis*-lanceol)和棕榈酸(palmitic acid)等，其中主要香气成分是苍术酮(atractylon)等[1-5]。

感官特性 白术精油具药香和甜香。

应用情况 白术的应用范围广泛，除了应用于医药领域外，还应用于其他行业和日常生活用品的各个方面，如化妆品、调味剂、兽药等。

参考文献

[1] 周枝凤，沈菊文，龚范，等．白术挥发油成分分析及其色谱指纹图谱研究初探[J]．中草药，2004，35(1)：5-8.
[2] 张忠义，王鹏，雷正杰，等．超临界 CO_2 萃取-分子蒸馏对白术挥发油的提取分离和 GC-MS 分析[J]．分析测试学报，2003，22(4)：61-64.
[3] 崔庆新，董岩，王怀生．白术挥发油化学成分的 GC/MS 分析[J]．药物分析杂志，2006，26(1)：124-126.
[4] 郭方遒，黄兰芳，周邵云．顶空固相微萃取-气相色谱–质谱法用于白术中挥发性成分的分析[J]．色谱，2007，1(1)：43-47.
[5] 闫克里，刘玉瑛，史天良，等．气-质联用对不同提取法的白术油化学成分的分析[J]．中国药物与临床，2002，2(5)：339-340.

月　桂

别　　名 桃金娘月桂、香叶众香树、月桂树。

英文名称 Laurel、Bay 或 Sweet bay。

植物学名 *Laurus nobilis* Linn.。

植物科属 樟科 月桂属。

品种来源 月桂 *Laurus nobilis* Linn. 的叶。

形态特征 月桂，樟科月桂属，绿色小乔木或灌木状植物，株高约12m，黑褐色树皮。小枝为圆柱形，有着纵向细条纹，幼嫩部分微被微柔毛，或近乎无毛。叶互生，长圆形或长圆状披针形，长约7.5cm，宽约2.0cm，先端锐尖或渐尖，楔形基部，边缘呈细波状，质地革质，正面颜色暗绿，背面颜色稍淡，两面光滑。月桂叶为羽状脉，中脉及侧脉在两面均凸起，侧脉每边约11条，末端在近叶缘处弧形连结，细脉网结，两面多少都比较明显，蜂窝状；叶柄长约0.85cm，鲜时呈紫红色，微被微柔毛或近乎光滑，腹面具凹槽。

月桂花为雌雄异株。伞形花序腋生，1～3个成簇状或短总状排列，开花前被4枚交互对生的总苞片包裹，球形；总苞片近圆形，正面无毛，背面被绢毛，总梗长达7mm，略微被微柔毛或近乎无毛。雄花中，每一伞形花序有5朵花；花较小，呈黄绿色，花梗长约2mm，被疏柔毛，花被筒短，正面密被疏柔毛，花被裂片4片，宽倒卵圆形或近圆形，两面都被贴生柔毛；能育雄蕊通常有12枚，排成三轮，第一轮花丝无腺体，第二、三轮花丝中部有一对无柄的肾形腺体，花药呈椭圆形，2室，室内向，子房不育。雌花通常有退化雄蕊4枚，与花被片互生，花丝顶端有成对无柄的腺体，其间延伸有一披针形舌状体；子房1室，花柱短，柱头稍增大，钝三棱形。卵珠形果实，成熟时呈暗紫色。月桂的花期在4～5月，果期在8～9月。

主要分布 原产地意大利、法国、原南斯拉夫，作为观赏植物，在整个地中海盆地均有栽培。我国广东、广西、四川、浙江、江苏、福建、湖南、安徽等地也有生产。

利用部位 叶和浆果。

理化特性 用水蒸气蒸馏叶和小枝提取精油，得率为0.5%～1.0%，也可能取得更高的得率，是一种具有特征香气和香味的黄色液体。

理化参数 月桂精油理化参数如下表所示。

表 月桂精油理化参数

理化参数	月桂精油
相对密度(20℃)	0.944～0.989
折光指数(20℃)	1.506～1.512
旋光度(20℃)	−3.3°～+0.5°
酚类化合物含量(以容积计)	≥52%

香气成分 月桂精油的香气成分是：

丁香酚(eugenol)、香芹醇(carveol)、桉叶醇(eudesmol)、芳樟醇(linalool)、松油醇-4(terpineol-4)、龙脑(borneol)、α-松油醇(α-terpineol)、桃金娘烯醇

(myrtenol)、橙花醇(nerol)、斯巴醇(spathulenol)、香榧醇(torreyol)、α-侧柏烯(α-thujene)、α-蒎烯(α-pinene)、莰烯(camphene)、香桧烯(sabinene)、月桂烯(myrcene)、柠檬烯(limonene)、γ-松油烯(γ-terpinene)、异松油烯(terpinolene)、反式-石竹烯(*trans*-caryophyllene)、β-兹香烯(β-elemene)、β-石竹烯(β-caryophyllene)、γ-杜松烯(γ-cadinene)、δ-杜松烯(δ-cadinene)、葎草烯(humulene)、乙酸龙脑酯(bornyl acetate)、α-乙酸松油酯(α-terpinyl acetate)、乙酸桂酯(cinnamyl acetate)、2-十一酮(2-undecanone)、2-十三烷酮(2-tridecanone)、橙花醚(nerolin)、丁香酚甲醚(methyl eugenol)、2-己烯醛(2-hexenal)、桃金娘烯醛(myrtenal),其中主要香气成分是丁香酚[1-3]。

感官特性 月桂精油花甜香味,强而清凉香气。似杂有桉叶素类的丁香样辛香气,又有些像玉树油样气息,亦有松油醇及香叶醇气息者,余香甜辛优美,香味甜而不苦。

应用情况 一般衍生物,其中包含精油,在食品的加香中应用广泛,可用于腌肉、酱汁、调味品、果脯、罐头食品以及糕点中,为这些食品增添独特香气,云南昆明的玫瑰糕点颇具特色风格。其叶片也具备烹饪用途,能为菜肴增添别样风味。而叶精油在日用香精里发挥着重要作用。

管理及参照标准 月桂(*Laurus nobilis* Linn.)叶及其精油:FEMA 2124,2125,2612,2613;COE 255;Nal 1;FDA 182.10,182.20;IOFI;GB 2;CAS 8006-78-8;FCC Ⅲ;RIFM;EOA 119;ISO 3045。

参考文献

[1] 苗红林,翁新楚.月桂叶香气成分的初步分析[J].上海大学学报(自然科学版),2009,3(3):326-330.

[2] 林正奎,华映芳,龚国萍,等.月桂叶精油成分及逐月动态变化[J].Journal of Integrative Plant Biology,1990,11(11):878-882.

[3] 林正奎,华映芳.月桂叶精油成分研究[J].四川日化,1990(1):23-27.

薰 衣 草

别　　名 灵香草、香草、黄香草。

英文名称 Lavender。

植物学名 *Lavandula angustifolia* Mill.。

植物科属 唇形科 薰衣草属。

品种来源 薰衣草 *Lavandula angustifolia* Mill. 的新鲜花序。

形态特征 薰衣草,唇形科薰衣草属,矮灌木或半灌木植物,极少数情况下为草本植物。植株多分枝,表面被星状细绒毛,幼嫩部分分布更密集;老枝呈浅灰褐色或淡褐色,皮层呈条状剥落,植株具长花枝及短新枝。叶为线形或披针状线形,花枝叶疏离且较大,长约4.1cm,宽约0.5cm,密被或疏被为灰色星状细绒毛,干燥后呈白色或淡绿色;更新枝上簇生叶较小,长约1cm,宽约0.2cm,

密被为乳白色星状细绒毛，干燥后呈白色，先端钝圆，基部狭窄成短柄，全缘，边缘向外曲卷，中脉在叶片背面突起，侧脉及网脉颜色较暗。

薰衣草多为轮伞花序状，各具约 10 朵花，在枝顶聚集成长约 3cm 的穗状花序，花序梗长约为花序本身的 3 倍，密被星状细绒毛；苞片呈菱状卵圆形，先端尖且呈锥状，具约 6 条脉，颜色棕锈，被星状细绒毛，小苞片颜色较暗；花具蓝色短梗，密被淡灰色、分枝或不分枝的细绒毛。花萼呈管形，长约 4mm，有 12 条脉，内面无毛，为二唇形，上唇有 1 齿，下唇具 4 个短齿。花冠长度是花萼的 1 倍，有 13 条脉纹，外面与花萼被同样的毛，基部无毛，内面在喉部及冠檐部分被腺状细毛，中部有毛环，冠檐为二唇形，上唇 2 裂，裂片呈圆形，直伸彼此稍重叠，裂片较大，下唇 3 裂，裂片开展且较小。雄蕊有 4 枝，着生在毛环上方，不外伸，花丝扁平无毛，花药被毛，花柱也被毛，先端压扁呈卵圆形，黏合在一起。花盘 4 浅裂，裂片与子房裂片对生。4 粒小坚果，椭圆形，表面光滑具光泽。薰衣草的花期在 6 ~ 7 月。

主要分布　我国新疆、陕西、甘肃等地区有栽培。

利用部位　花序。

理化特性　精油为浅黄色液体。薰衣草精油理化参数如下表所示。

表　薰衣草精油理化参数

理化参数	薰衣草精油
相对密度(20℃)	0. 874 ~ 0. 895
折光指数(20℃)	1. 459 ~ 1. 466
旋光度(20℃)	−4° ~ −11°

香气成分　薰衣草精油的香气成分是：

(−)-α-蒎烯[(−)-α-pinene]、β-蒎烯(β-pinene)、(*E*)-3,7-二甲基-1,3,6-辛三烯[(*E*)-3,7-dimethyl-1,3,6-octatriene]、δ-3-蒈烯(δ-3-carene)、1-甲基-4-(1-异丙基)-苯[1-methyl-4-(1-isopropyl)-benzene]、1,8-桉叶素(1,8-cineole)、3,7-二甲基-1,3,7-辛三烯(3,7-dimethyl-1,3,7-octatriene)、2,2-二甲基-双环[4.2.0]辛-1-烯{2,2-dimethyl-bicyclo[4.2.0]oct-1-ene}、(−)-*E*-榄香-1,3,11(13)-三烯-12-醇[(−)-*E*-elem-1,3,11(13)-trie-12-ol]、樟脑(camphor)、4-甲基-1-(1-异丙基)-3-环已烯-1-醇[4-methyl-1-(1-isopropyl)-3-cyclohexen-1-ol]、乙酸薰衣草酯(lavandulyl acetate)、丙酸芳樟酯(linalyl propionate)、3,7-二甲基-1,5-辛二烯-3,7-二醇(3,7-dimethyl-1,5-octadiene-3,7-diol)、乙酸橙花酯(neryl acetate)、1-辛烯-3-醇(1-octen-3-ol)、月桂烯(myrcene)、柠檬烯(1imonene)、反式-罗勒烯(*trans*-ocimene)、顺式-罗勒烯(*cis*-ocimene)、乙酸香叶酯(geranyl acetate)、反式-4,11,11-三甲基-8-亚甲基-双环[1.2.0]十一碳-4-烯{*trans*-4,11,11-trimethyl-8-methylene-bicyclo[1.2.0]undeca-4-ene}、(*Z*)-β-金合欢烯[(*Z*)-β-farnesene]、5-亚乙基-甲基-环庚烯(5-ethylidene-methyl-cycloheptene)、莰烯(camphene)、顺式-芳樟醇氧化物(*cis*-linalool oxide)、反式-芳樟醇氧化物(*trans*-

linalool oxide)、薰衣草醇(1avandulol)、松油醇-4(terpineol-4)、异丁酸叶醇酯(*cis*-3-hexenyl isobutyrate)、石竹烯(caryophyllene)、石竹烯氧化物(caryophyllene oxide)、α-松油醇(α-terpineol)和香叶醇(geraniol)等，其中主要香气成分是芳樟醇(1inalool)和乙酸芳樟酯(1inalyl acetate)等[1-4]。

感官特性 薰衣草精油有清新带甜的花香，香气透发，留香持久。

应用情况 薰衣草精油是一种重要的天然香料，广泛应用于酒类、饮料、食品、化妆品及日化产品等的加香。此外，在医药方面，薰衣草精油还具有降血脂、抗菌、解痉、镇痛等功效。

管理及参照标准 薰衣草(*Lavandu laangustifolia* Mill.)油：FEMA 2619~2622；Nat 1；IOFI；FDA 182.20；COE 257；CAS 8000-28-0 等。

参考文献

[1] 解成喜，王强，崔晓明．薰衣草挥发油化学成分的GC-MS分析[J]．新疆大学学报(自然科学版)，2002，19(3)：294-296.

[2] 张健，蔡宝国，章苏宁，等．薰衣草精油化学成分的 GC-MS 分析比较[J]．食品工业，2007，28(5)：52-54.

[3] 胡喜兰，赵宏，刘玉芬，等．用 GC-MS 方法分析薰衣草的化学成分[J]．食品科学，2006，26(9)：432-434.

[4] 王新玲，热娜，卡斯木，等．薰衣草不同部位中挥发油化学成分的比较[J]．华西药学杂志，2010，25(3)：361-362.

柠 檬

别　　名 黎檬。

英文名称 Lemon。

植物学名 *Citrus limon*(Linn.)Burro. f.。

植物科属 芸香科　柑橘属。

品种来源 柠檬 *Citrus limon*(Linn.)Burro. f. 的新鲜果皮。

形态特征 柠檬是芸香科柑橘属的常绿小灌木植物，株高约5m，植株带刺。叶片呈圆形或椭圆状矩圆形，顶端尖锐，边缘具锯齿；叶柄短，具狭翅，顶端有节。花朵单生或簇生于叶腋内，花瓣外层呈淡紫色，内层呈乳白色；雄蕊数量多于20枚；子房上部逐渐变窄。柠檬的花期在3~4月，果期在11~12月。果实为圆形，果顶端有一个乳头状小突起，长约4cm，宽约4cm，颜色从淡黄色至淡紫色，厚果皮，难剥离。

主要分布 我国广东、广西、四川、浙江、江西、江苏、福建、湖南、云南等地区有野生和栽培。

利用部位 叶片和嫩枝、果实、果皮。

理化特性 柠檬叶(Lemon Patitgrain)油由叶片(包括少量嫩枝或带有成熟的幼果)经水蒸气蒸馏获得，得率在0.16%~0.23%。此精油为呈浅黄色或琥珀色透明液体。柠檬精油理化参数如下表所示。

表 柠檬精油理化参数

理化参数	柠檬精油
相对密度(20℃)	0.866～0.891
相对密度(25℃)	0.843～0.859
折光指数(20℃)	1.472～1.474
旋光度(20℃)	+54°～+72°

香气成分 柠檬精油的香气成分是：

柠檬烯(limonene)、2,3-丁二醇(2,3-butanediol)、α-蒎烯(α-pinene)、莰烯(camphene)、β-水芹烯(β-phellandrene)、β-蒎烯(β-pinene)、月桂烯(myrcene)、辛醛(octanal)、1,7,7-三甲基-双环[2.2.1]庚烷{1,7,7-trimethyl-bicyclo[2.2.1]heptane}、α-水芹烯(α-phellandrene)、3-蒈烯(3-carene)、3,7,7-三甲基-双环[4.1.0]庚烷-2-烯{3,7,7-trimethyl-bicyclo[4.1.0]heptan-2-ene}、1-甲基-4-(1-甲基乙基)苯[1-methyl-4-(1-methylethyl)benzene]、1,8-桉叶素(1,8-cineole)、3,7-二甲基-1,3,7-辛三烯(3,7-dimethyl-1,3,7-octatriene)、1-甲基-4-(1-甲基乙基)-1,4-环已二烯[1-methyl-4-(1-methylethyl)-1,4-cyclohexadiene]、1-辛醇(1-octanol)、4-蒈烯(4-carene)、3,7-二甲基-1,6-辛二烯-3-醇(3,7-dimethyl-1,6-octadien-3-ol)、壬醛(nonanal)、对薄荷烷-2,8-二烯醇(*p*-menthan-2,8-dienol)、3,4-二甲基-2,4,6-辛三烯(3,4-dimethyl-2,4,6-octatriene)、顺式-环氧柠檬烯(*cis*-epoxy-limonene)、反式-环氧柠檬烯(*trans*-epoxy-limonene)、香茅醛(citronellal)、4-甲基-1-(1-甲基乙烯基)-3-环已烯-1-醇[4-methyl-1-(1-methyl-vinyl)-3-cyclohexen-1-ol]、α-松油醇(α-terpineol)、橙花醇(nerol)、3-甲基-3-(4-甲基-3-戊烯基)-环氧乙烷羧醛[3-methyl-3-(4-methyl-3-pentenyl)-oxirane carboxaldehyde]、2-甲基-5-(1-甲基乙烯基)-2-环已烯-1-醇[2-methyl-5-(1-methylvinyl)-2-cyclohexen-1-ol]、柠檬醛(citral)、4-(1-甲基乙烯基)-1-环已烯-1-羧醛[4-(1-methylvinyl)-1-cyclohexen-1-carboxaldehyde]、顺-2,6-二甲基-2,6-辛二烯(*cis*-2,6-dimethyl-2,6-diene)、(*Z*)-乙酸橙花酯[(*Z*)-neryl acetate]、丁香酚(eugenol)、(*E*)-乙酸橙花酯[(*E*)-neryl acetate]、反式-4-十四碳烯(*trans*-4-tetradecene)、十四烷(tetradecane)、1,7-二甲基-7-(4-甲基-3-戊烯基)-三环[2.2.1.0(2,6)]庚烷{1,7-dimethyl-7-(4-methyl-3-pentenyl)-tricyclo[2.2.1.0(2,6)]heptane}、石竹烯(caryophyllene)、2,6-二甲基-6-(4-甲基-3-戊烯基)-双环[2.2.1]庚烷{2,6-dimethyl-6-(4-methyl-3-pentenyl)-bicyclo[2.2.1]heptanes}、α-石竹烯(α-caryophyllene)、2,6-双(1,1-二甲基乙基)-2,5-环已二烯[2,6-bis(1,1-dimethylethyl)-2,5-cyclohexadiene]、1-(1,5-二甲基-4-已烯基)-4-甲基-苯[1-(1,5-dimethyl-4-hexenyl)-4-methyl-benzene]、十五碳烷(pentadecane)、1,2,3,5,6,7,8,8a-八氢-1,8a-二甲基-7-(1-甲基乙烯基)-萘[1,2,3,5,6,7,8,8a-octahydro-1,8a-dimethyl-7-(1-methylvinyl)-naphthalene]、1-甲基-4-(5-甲基-1-亚甲基-4-已烯

基)-环己烯[1-methyl-4-(5-methyl-1-methylene-4-hexenyl)-cyclohexene]、丁基化羟基甲苯(butylated hydroxytoluene)、邻羟基联苯(*o*-hydroxy-biphenyl)、1,2,3,5,6,8a-六氢-4,7-二甲基-1-(1-甲基乙烯基)-萘[1,2,3,5,6,8a-hexahydro-4,7-dimethyl-1-(1-methylvinyl)-naphthalene]、十六碳烷(hexadecane)、斯巴醇(spathulenol)、环氧石竹烯(caryophyllene epoxide)和5,7-二甲基香豆素(5,7-dimethyl-coumarin)等。其中主要的香气成分是柠檬烯(limonene)等[1-3]。

感官特性 柠檬精油具新鲜柠檬香气，香气飘逸，不宜久留。

应用情况 新鲜柠檬果常用于烹饪，靠果汁和精油发挥作用，还能制成蜜饯，其干果皮可制酊剂并与香料调配用于酒、饮料、冰品的香精。高浓度和除萜精油用于糖浆、软饮料加香，在糖果、烘焙食品中用量大。柠檬精油在日用香精的果香、古龙、花露水等香型中均有应用。柠檬叶油常用于软饮料、冰品、糖果、烘焙食品，在化妆、皂用香精里应用广泛，能替代部分香柠檬油，也用于牙膏。除萜柠檬油适用于配制水溶性食品香精和高档古龙水、盥用水及香水香精。

管理及参照标准 柠檬[*Citrus limon*(L.), Burro. f.]汁、柠檬果皮、精油及提取物的管理及参照标准见：FDA 182.20；COE 139；FEMA 2623，2626；Nat 1；IOFI；GB 2；CAS 8008-56-8，68648-39-5，99999-20-5；FCC Ⅲ；ISO 855；RIFM；GRAS(Ⅱ)。

参考文献

[1] 温鸣章，肖顺昌．木里柠檬果精油化学成分的研究[J]．天然产物研究与开发，1989，1(2)：11-17.

[2] 何朝飞，冉玥，曾林芳，等．柠檬果皮香气成分的GC-MS分析[J]．食品科学，2013，34(6)：175-179.

[3] 朱春华，李进学，高俊燕，等．GC-MS分析柠檬不同品种果皮精油成分[J]．现代食品科技，2012，28(9)：1223-1227.

柠 檬 桉

别　　名 香桉。

英文名称 Lemon scented gum。

植物学名 *Eucalyptus citriodora* Hooker。

植物科属 桃金娘科　桉属。

品种来源 柠檬桉 *Eucalyptus citriodora* Hooker 的叶子和嫩枝。

形态特征 柠檬桉，桃金娘科桉属，常绿乔木植物，株高约20～30m，茎秆笔直。树皮光滑，呈灰白色，大片柠檬桉树皮会自然脱落。幼态时，叶片为披针形，带有腺毛，基部呈圆形，叶柄着生其上。当植株长成大乔木后，叶片变为狭披针状，宽约1cm，长约13cm，呈弯曲状，正、背面叶片均具棕黑色腺点，轻轻揉搓便散发出浓厚的柠檬香气；过渡性叶为阔披针状，宽约3.5cm，长约16cm；

叶柄长约2.5cm，春夏间叶呈片状脱落。萌枝上的幼叶近无柄，为卵状披针状，成叶则是从披针形至长卵状披针形，互生且具柄。花序小伞形，壶形卵状果实。

主要分布 主要分布在我国广东、广西、福建、四川等地区。

利用部位 带枝的叶。

理化特性 将带枝的柠檬桉叶通过水蒸气蒸馏法制取精油，鲜枝叶得率约为1.2%，是一种淡黄色或浅绿黄色液体。柠檬桉精油理化参数如下表所示。

表 柠檬桉精油理化参数

理化参数	柠檬桉精油
相对密度(20℃)	0.861～0.872
折光指数(20℃)	1.453～1.457
旋光度(20℃)	-2°～+3°

香气成分 柠檬桉精油的香气成分是：

香茅醛(citronellal)、香茅醇(citronellol)、香叶醇(geraniol)、异胡薄荷醇(isopulegol)、新异胡薄荷醇(neosiopulegol)、1,8-桉叶素(1,8-cineole)、愈创木醇(guaiol)、1,4-己二烯(1,4-hexadiene)、异戊醛(isovaleraldehyde)、α-蒎烯(α-pinene)、香桧烯(sabinene)、β-蒎烯(β-pinene)、月桂烯(myrcene)、邻薄荷烷-8-醇(*o*-menthan-8-ol)、甜瓜醛(melonal)、罗勒烯(ocirnene)、γ-松油烯(γ-terpinene)、松油烯(terpinolene)、芳樟醇(linalool)、玫瑰醚(rose ether)、二氢香芹醇(dihydrocarveol)、α-松油醇(α-terpineol)、乙酸异胡薄荷酯(isopulegol acetate)、2-甲氧基-4-乙烯基-苯酚(2-methoxy-4-vinyl-phenol)、顺式-对薄荷烷-3,8-二醇(*cis*-p-menthan-3,8-diol)、乙酸香茅酯(citronellyl acetate)、乙酸橙花酯(neryl acetate)、顺式-茉莉酮(*cis*-jasmone)、丁香酚甲醚(methyl eugenol)、β-榄香烯(β-elemene)、β-石竹烯(β-caryophyllene)、α-石竹烯(α-caryophyllene)、别香橙烯(alloaromadendrene)、斯巴醇(spathulenol)、环氧石竹烯(caryophyllene epoxide)、蓝桉醇(globulol)、依兰醇(muurolol)、杜松醇(cadinol)、α-杜松醇(α-cadinol)、金合欢醇(farnesol)和反式-对薄荷烷-3,8-二醇(*trans*-*p*-menthan-3,8-diol)等。其中主要的香气成分是香茅醛(citronellal)等[1-3]。

感官特性 柠檬桉精油具青涩的草香、玫瑰、香茅样香气，气势强而留长。

应用情况 与香茅油一样，该原料主要作为单离香茅醛、香叶醇的起始物料，还可进一步用于合成羟基香茅醛、薄荷脑等。它也能直接用于洗衣皂、香皂、洗涤剂、喷雾剂的加香，以及其他日用香精的调配。在药用领域，它可用于配制十滴水、清凉油等；其叶可入药，用于治疗皮肤疾病及风湿痛。

管理及参照标准 柠檬桉(*Eucalyptus citriodora* W. J. Hooker.)精油的管理及参照标准见：IOFI；ISO 3044-1975，ISO 3761-2005，GB/T 22179-2008，Nat 1；CAS 8000-48-4；EOA 130。

参考文献

[1] 田玉红，刘雄民，周永红，等．柠檬桉叶挥发性成分的提取及成分分析[J]．色谱，2005，6(6)：651-654.

[2] 陈婷婷，黄炳生，周晓农，等．柠檬枝叶挥发油化学成分气相色谱-质谱分析研究[J]．现代医药卫生，2012，28(1)：3-5.

[3] 陈月圆，卢凤来，李典鹏，等．不同品种桉树叶挥发性成分的GC-MS分析[J]．广西植物，2010，30(6)：895-898.

沉　香

别　　名　栈香、蜜香、沉水香。

英文名称　lignaloe。

植物学名　*Aquilaria agallocha* Roxb.；*Aquilaria sinensis*(Lour.) Gilg.。

植物科属　瑞香科　沉香属。

品种来源　瑞香科植物沉香 *Aquilaria agallocha* Roxb. 的含树脂木材或叶。

形态特征　沉香，瑞香科沉香属，常绿乔木植物，株高约30m。嫩幼枝覆盖着绢状细毛。叶片为革质、互生，叶柄短，长约3mm；叶片为椭圆形披针状或倒披针形状，长约8cm，先端尖锐，边缘全缘，叶片背面的叶脉同样被绢状细毛。沉香的花序无梗，伞形，或具短总花梗，整个花序都被绢状细毛；花白色，长度与小花梗近乎相等；花被呈钟形，裂片为卵形，长约0.8cm，喉部具约10枚密被乳白色细绒毛的鳞片，这些鳞片外部被绢状细毛，内部密被长柔细毛；花冠管的长度与花被裂片相近；雄蕊约具10枚，着生于花被管上，其中约5枚稍长；雄蕊呈长卵形，密被细柔毛，有2室，花柱较短，柱头呈扁球状。蒴果为木质，扁压状，倒卵形，长约5cm，密被乳白色细绒毛，基部有近木质宿存花被。种子通常只有1粒，呈卵圆状，基部具有附属物，附属物长度约为种子的2倍。沉香的花期在4~5月份，果期在6~7月份。

主要分布　我国海南、台湾、广东、广西地区有栽培，盛产于广东两地。

利用部位　含树脂木材或叶。

理化特性　无色至黄色挥发性精油；溶于大多数非挥发性油和丙二醇，可溶解于矿物油中，但溶液稀释时可呈乳白色或出现混浊，不溶于甘油。沉香油理化参数如下表所示。

表　沉香油理化参数

理化参数	沉香油
颜色	无色至黄色液体
相对密度(25℃)	0.873~0.881
折射率(25℃)	1.452~1.468
旋光度(25℃)	-12°~5°

香气成分　沉香精油的香气成分是：

棕榈酸（palmitic acid）、壬酸（pelargonic acid）、十四烷酸（tetradecanoic acid）、十五烷酸（pentadecanoic acid）、反式-9-十八碳烯酸（*trans*-9-octadecanoic acid）、6,10,14-三甲基-2-十五碳酮（6,10,14-trimethyl-2-pentadecone）、4,8,12,16-四甲基十七烷酸内酯（4,8,12,16-tetramethyl heptadecalatctones）、植醇（phytol）、异植醇（isophytol）、2-丁酮（2-butanone）、辛醛（octanal）、庚酸（enanthate）、壬酮（nonanone）、反式-2-癸烯醛（*trans*-2-decenal）、2-十一碳烯醛（2-undecenal）、癸酸（decanoate）、6,10-二甲基-2-十一酮（6,10-dimethyl-2-undecanone）、2-癸烯酸（2-decanoic acid）、2,6,10,14-四甲基十七烷（2,6,10,14-tetramethyl heptadecane）、十一烷酸（undenoic acid）、十三醇（tridecanol）、（-）-蓝桉醇[（-）-globulol]、十四碳醛（tetradecanal）、3,7,11-三甲基–十二醇（3,7,11-trimethyl-dodecanol）、十三烷酸（tridecanoic acid）、环十二烷（cyclododecane）、2-十五碳酮（2-pentadecone）、5-庚基二氢-2（3*H*）-呋喃酮[5-heptyl-dihydro-2（3*H*）-furanone]、油酸甲酯（methyl oleate）、二十七烷（heptacosane）、三十五烷（pentatriacontane）、二-（2-乙基已基）邻苯二甲酸酯[di-（2-ethylhexyl）phthalate]、苯甲醛（benzaldehyde）、3-苯基-2-丁酮（3-phenyl-2-butanone）、苄基丙酮（benzylacetone）、香草醛（vanillin）、2,4-二羟基-3-甲基苯乙酮（2,4-dihydroxy-3-methylacetophenone）、β-石竹烯（β-caryophyllene）、α-石竹烯（α-caryophyllene）、2,6-二甲氧基-4-（2-丙烯基）-苯酚[2,6-dimethoxy-4-（2-propenyl）-phenol]、3,4-二氢-8-羟基-3-甲基异香豆素（3,4-dihydro-8-hydroxy-3-methyl isocoumarin）、石竹烯氧化物（caryophyllene oxide）、2,4-二叔丁基苯酚（2,4-ditertbutylphenol）、α-古巴烯-8-醇（α-copaene-8-ol）、朱栾倍半萜（valencene）、γ-芹子烯（γ-selinene）、绿叶醇（patchouli alcohol）、沉香螺萜醇（agarospirol）、丁香醛（syringaldehyde）、白木香醛（bamuxinal）、豕草素（ambrosin）、肉豆蔻酸（myristic acid）、棕榈酸甲酯（methyl hexadecanoate）、十七酸（heptadecanoic acid）、5-羟基-7-甲氧基-2-戊色酮（5-hydroxy-7-methoxy-2-pentylchromone）、2-（2-苯乙基）-色烯-4-酮[2-（2-phenylethyl）-chromen-4-one]、8-（2-苯乙基）-色烯-4-酮[8-（2-phenylethyl）-chromen-4-one]、7-苄氧基-3-甲酰色烯-4-酮（7-benzyoxy-3-formylchromen-4-one）、邻苯二甲酸二辛酯（dioctyl phthalate）、4-乙酯基-2-（2-苯基-1-乙烯基）环庚三烯-2,4,6-三烯-1-酮[4-carbethoxy-2-（2-phenyl-1-vinyl）cyclohepta-2,4,6-triene-1-one]、γ-桉叶醇（γ-eudesmol）、愈创木醇（guaiol）、喇叭茶醇（ledol）、γ-古芸烯（γ-gurjunene）、α-木香醇（α-costol）、γ-芹子烯（γ-selinene）、茴香基丙酮（anisyl acetone）、3,5-二叔丁基苯酚（3,5-ditertbutylphenol）、异香橙烯环氧化物（isoaromadendrene epoxide）、努特卡酮（nootkatone）、二苯胺（diphenylamine）、β-桉叶醇（β-eudesmol）、苯基丙酸（phenyl propionic acid）、缬草烯酸（valerenic acid）、7,9-二叔丁基-1-氧螺[4.5]癸-6,9-二烯-2,8-二酮{7,9-ditertbutyl-1-oxaspiro[4.5]deca-6,9-dien-2,8-dione}、绒白乳菇醛（velleral）、二十醇（eicosanol）、硬脂酸（stearic acid）、油酸（oleic acid）、亚油酸（linoleic acid）、1-苄氧基-8-萘酚（1-benzyloxy-8-naphthol）、1,5-二苯基-1-戊烯-3-酮（1,5-diphenyl-1-penten-3-one）、

(*Z*，*Z*，*Z*)-9,15,15-十八碳三烯酸[(*Z*，*Z*，*Z*)-9,15,15-octadecatrienoic acid]、3-(3,5-二叔丁基-4-羟基苯基)-丙酸[3-(3,5-ditertbutyl-4-hydroxyphenyl)-propionic acid]、壬酸乙酯(ethyl pelargonate)、3-苯丙酸乙酯(3-ethyl phenylpropionate)、异长叶烯(isolongifolene)、对甲氧基苯基丙酮[4-(4-methoxyphenyl)-2-pnpanone]、香橙烯(aromadendrene)、土青木香酮(aristolone)、檀香醇(santalol)、α-雪松醇(α-cedrol)、β-马阿里烯(β-maaliene)、(+)-香橙烯[(+)-aromadendrene]、δ-芹子烯(δ-selinene)、1,2,4-三乙基苯酚(1,2,4-triethyl phenol)、2-(2-甲氧基-1-丙烯基)-1,4-二甲基–苯[2-(2-methoxy-1-propenyl)-1,4-dimethyl-benzene]、(+)-γ-广木香醇[(+)-γ-costol]、苍术醇(hinesol)、(-)-α-木香醇[(-)-α-costol]、2,3-二氢-4,5-二甲氧基-6-甲基-3-吲哚-1-酮(2,3-dihydro-4,5-dimethoxy-6-methyl-3-methyleneinden-1-one)、邻苯二甲酸二异丁酯(diisobutyl phthalate)、6,10,14-三甲基-2-十五烷酮(6,10,14-trimethyl-2-pentadecanone)、十六碳二烯酸甲酯(methyl hexadecadienoate)、十五烷酸乙酯(ethyl pentadecanoate)、十四烷酸乙酯(ethyl tetradecanoate)、邻苯二甲酸二丁酯(dibutyl phthalate)、棕榈酸乙酯(ethyl hexadecanoate)、泪杉醇(manool)、十七烷酸乙酯(ethyl-heptadecanoate)、亚油酸乙酯(ethyl linoleate)、油酸乙酯(ethyl oleate)、二十酸乙酯(ethyl eicosanoate)、2-羟基-1,3-丙醇二硬脂酸酯(2-hydroxy-1,3-propanediyl octadecanoate)、二十七烷酸乙酯(ethyl eptadecanoate)和角鲨烯(spinacene)[1-4]。

感官特性 沉香精油具舒适的花果香香气。

应用情况 在日用化工香料方面，可用于熏香、香水等产品的生产；在食用香料领域，能够为酒类、饮料、糖果、烘烤食品增添独特香气；在药用保健品范畴，不仅可用于减肥产品的开发，还对心脑血管疾病的治疗有一定作用。

管理及参照标准 沉香(*Aquilaria agallocha* Roxb.)精油：CAS 8006-86-8。

参考文献

[1] 梅文莉，曾艳波，刘俊，等．五批国产沉香挥发性成分的GC-MS分析[J]．中药材，2007，30(5)：551-555.

[2] 刘玉峰，杨秀伟，刘铜华．沉香叶挥发油化学成分的GC-MS分析[J]．中国现代中药，2007，9(8)：7-9.

[3] 邓红梅，童汉清，周如金．沉香中精油的超临界 CO_2 萃取及其GC-MS分析[J]．华西药学杂志，2009，23(6)：633-635.

[4] 苗成林，孙宝腾，罗丽萍，等．动态顶空进样–气质联用法分析国产沉香化学成分[J]．食品科学，2009(8)：215-217.

山 苍 子

别　　名 山胡椒、木姜子、豆豉姜、山乌樟、山鸡椒、马樟子、山花子、山姜子、辣鼻子、香叶子。

英文名称 Litsea cubeba 或 Mountain spicy tree。

植物学名 *Litsea cubeba*（Lour.）Pers.。

植物科属 樟科木 姜子属。

品种来源 山苍子 *Litsea cubeba*（Lour.）Pers 的果实。

形态特征 山苍子，樟科木姜子属落叶小灌木或小乔木植物，株高约 10m，既可见于野生环境，也有人工栽培。嫩枝条呈淡黄绿色，随着生长，老枝条会变为棕褐色，枝条表面光滑无毛。叶片互生，质地较薄，形状为长圆形或披针形，叶面呈绿色，叶背淡绿色，两面均光滑且无毛，具羽状脉。山苍子为单性花，雌雄异株，花期在 3～4 月。其果实为球形短柄核果，成熟时果实变为黑色，果期在 8～9 月。山苍子的果实常被用作香料，以果皮呈青绿色或者刚开始转至青黄色时采收为宜。在采果时，为减少柠檬醛含量的损失，应尽可能保留果柄，因为果柄中柠檬醛的含量较为丰富。

主要分布 分布在中国长江以南，以湖南、广西为多；东南亚各国也有分布。

利用部位 果实或还柄的果实。

理化特性 从果实中提制精油（俗称山苍子油）鲜籽的得率约为 5%，干籽 6%。山苍子油是苍黄色的澄清油状液体。山苍子精油理化参数如下表所示。

表 山苍子精油理化参数

理化参数	山苍子精油
相对密度（25℃）	0.8915～0.9062
折光指数（25℃）	1.4872～1.4771
旋光度（25℃）	+4.2°
溶解度（30℃）	1∶3 于 70% 乙醇中
柠檬醛含量	75%～80%

香气成分 山苍子精油的香气成分为：

柠檬醛（citral）、柠檬烯（limonene）、α-蒎烯（α-pinene）、对伞花烃（*p*-cymene）、芳樟醇（linalool）、甲基庚烯酮（methylheptenone）、α-松油醇（α-terpineol）、α-葎草烯（α-humulene）、黄樟脑（safrole）、樟脑（camphor）、香叶醇（geraniol）、香茅醛（citronellal）、α-水芹烯（α-phellandrene）、β-蒎烯（β-pinene）、月桂烯（myrcene）、1-环己烯基−甲基酮（1-cyclohexen-methylketone）、柠檬醇（nerol）、乙酸薄荷酯（menthyl acetate）、乙酸龙脑酯（bomyl acetate）、α-石竹烯（α-caryophyllene）、香叶酸（geranic acid）、1,8-桉叶素（1,8-cineole）、α-蒎烯环氧化物（α-pineneepoxide）、马鞭草烯醇（verbenol）、3-甲基-2-环己烯-1-酮（3-methyl-2-cyclohexen-1-one）、三环烯（tricyclene）、香桧烯（sabinene）、三甲基苯甲醇（trimethyl-benzyl alcohol）、水杨酸甲酯（methyl salicylate）、香芹酮（carvone）和

荜澄茄烯(cubebene)等，其中主要香气成分是柠檬醛(citral)等[1-3]。

感官特性 山苍子精油清甜的果香，呈柠檬醛气息；香气强烈，留香长时间短。

应用情况 山苍子精油主要用于单离柠檬醛，因为柠檬醛是合成紫罗兰酮类、维生素A、K等的关键原材料之一。在香料应用上，它能用以调整柠檬、白柠檬的香味，在果香类香料中充当清鲜剂，还是饮料、糖果、烘烤食品的加香原材料之一。同时，也是香水、牙膏、香皂等产品的加香香原料之一。在医药领域，柠檬醛在临床上用于治疗冠心病、心绞痛、脑血栓时疗效显著。此外，它还是合成柠檬腈、假性紫罗兰酮等其他香料的原料之一。在防治病虫害方面，柠檬醛表现出色，在防治储粮害虫、食品害虫、卫生害虫、杀菌防霉以及防治作物病害等方面都能发挥良好的作用。

管理及参照标准 山苍子[*Litsea cubeba*（Lour.）Pers.]油管理及参照标准参见：CAS 68855-99-2；Nat 1；IOFI；RIFM；ISO 3214-1974(E)；QB-781-81等。

参考文献

[1] 周欣，莫彬彬．黔产山苍子油化学成分的气相色谱/质谱分析[J]．贵州大学学报：自然科学版，2001，18(1)：45-47.

[2] 周永红，王立升，刘雄民．广西产山苍子油的GC-MS分析[J]．林产化工通讯，2003，37(1)：19-21.

[3] 罗曼，蒋立科．安徽黄山山苍子香精油成分GC-MS分析[J]．作物研究，2006，3：256-258.

枇 杷

别　　名 土冬。

英文名称 loquat。

植物学名 *Eriobotrya japonica*(Thunb.)Lindl.。

植物科属 蔷薇科　枇杷属。

品种来源 枇杷 *Eriobotrya japonica*(Thunb.)Lindl. 的花。

形态特征 枇杷是蔷薇科枇杷属常绿小乔木植物，株高约10m，茎部粗壮，树皮呈灰色。叶片为革质，形状为披针状长椭圆形，长约20cm，宽约8cm，先端急尖，基部呈楔形，上部边缘具稀疏锯齿，基部全缘。叶片正面光滑光亮，背面密生灰黄色细绒毛，侧脉约20对；叶柄短，长约8mm，亦灰黄色细绒毛。花朵繁多，顶生花序呈圆锥状，长约15cm；花梗密生、棕黄色细绒毛，长度约6mm；苞片长约3mm，布满棕黄色细绒毛；花径约15mm；萼筒长约5mm，浅杯状，萼片长约2mm，三角卵状，萼筒和萼片外部均具黄棕色细绒毛；花瓣呈浅黄色，长圆形，长约8mm，宽约5mm，基部具棕黄色细绒毛；雄蕊短于花瓣，数量约20；花柱离生，呈柱头状，光滑无毛，子房顶端具棕黄色细柔毛。球状果实，果径约3cm，颜色为淡黄色，果皮有棕黄色细柔毛；种子约3粒，圆形或方形，颜色棕褐，具光泽，纸质种皮。花期在 10 ~ 11 月，果期在 4 ~ 5 月。

主要分布　枇杷主要分布于广西、陕西、江西、广东、浙江、福建、四川、贵州、云南等地。

利用部位　花。

香气成分　枇杷花精油的香气成分是：

乙醇(ethyl alcohol)、3-己烯醇(3-hexen-1-ol)、苯甲酸己酯(benzoic acid, hexyl ester)、苯甲醛(benzaldehyde)、苯甲醇(benzyl alcohol)、苯乙醇(phenylethyl alcohol)、苯腈(benzyl nitrile)、苯甲酸乙酯(benzoic acid, ethyl ester)、4-甲氧基苯甲醛(4-methoxy-benzaldehyde)、4-甲氧基苯甲酸甲酯(4-methoxy-benzoic acid, methyl ester)、十四烷(tetradecane)、4-甲氧基苯甲酸乙酯(4-methoxy benzoic acid, ethyl ester)、十五烷(pentadecane)、十六烷(hexadecane)、十七烷(heptadecane)、十八烷(octadecane)和二十三烷(tricosane)等[1-3]。

感官特性　枇杷花精油具果香和丰富的酸甜香。

应用情况　枇杷花可入药，治疗感冒咳嗽、鼻塞流涕、虚劳久嗽、痰中带血，也能作食材，制成花茶、花饮。

参考文献

[1] 宋艳丽，于慧斌，姬志强，等．枇杷花挥发性成分分析[J]．河南大学学报：医学版，2009，28(2)：104-106.

[2] 吴彩霞，王金梅，康文艺．枇杷花挥发性成分顶空固相微萃取-GC-MS 联用法分析[J]．中国药房，2009，20(21)：1638-1640.

[3] 张丽华，杨生婷，徐怀德，等．枇杷花香气成分固相微萃取 GC-MS 分析研究[J]．食品科技，2008，33(3)：108-110.

玉　兰

别　　名　应春花、玉堂春、白木莲、白玉兰。

英文名称　Magnolia。

植物学名　*Magnolia biondii Pampan* Pamp.。

植物科属　木兰科　木兰属。

品种来源　玉兰 *Magnolia biondii Pampan* Pamp. 的花蕾。

形态特征　玉兰，木兰科木兰属，落叶乔木植物，株高约 15m。树冠呈长圆形，分枝少，嫩幼枝上覆盖着细绒毛。叶片互生，叶柄长约 1.5cm，被细柔毛；叶片呈倒卵形，长 13cm，宽约 7cm，先端宽且急尖，基部渐变狭，边缘全缘。叶片正面绿色，叶脉上稀疏地分布着小许毛，背面淡绿色，被乳白色细柔毛；冬芽密生细绒毛。

玉兰的花单生，先于叶子开放，呈杯状，花径约 12.5cm，颜色为乳白色，也有外面淡紫色而内面乳白色；花梗粗短，密生棕色细柔毛；花瓣与花萼相似，花瓣9片，呈卵状矩圆形；雄蕊众多，花丝扁平；心皮呈卵形，数量多，聚集生长在延长的花托上。果实为圆筒状，长约8cm。玉兰的花期在2~3月，果期在7~8月。

主要分布 玉兰主要分布在广西、福建、云南、安徽、广东、江苏、浙江、四川、贵州等地。

利用部位 花。

理化特性 用水蒸气蒸馏法所得的精油是一种浅黄色澄清液体。

理化参数 玉兰花精油理化参数如下表所示。

表 玉兰花精油理化参数

理化参数	玉兰花精油
相对密度(25℃)	0.945~0.965
折光指数(25℃)	1.4852~1.504

香气成分 玉兰花精油的香气成分是：

香桧烯(sabinene)、1,8-桉叶素(1,8-cineole)、月桂烯(myrcene)、樟脑(camphor)、β-蒎烯(β-pinene)、β-水芹烯(β-phellandrene)、α-蒎烯(α-pinene)、α-水芹烯(α-phellandrene)、松油烯(terpinene)、叔丁基苯(tertbutylbenzene)、水合香桧烯(sabinene hydrate)、芳樟醇(linalool)、松油醇(terpineol)、松油醇-4(terpineol-4)、β-榄香烯(β-elemene)、石竹烯(caryophyllene)、β-芹子烯(β-selinene)、杜松烯(cadinene)、香榧醇(torreyol)、α-柠檬烯(α-limonene)、莰烯(camphene)、蒈烯(carene)、γ-松油醇(γ-terpineol)、α-松油醇(α-terpineol)、对伞花烃(*p*-cymene)、甲基庚烯酮(methyl heptenone)、乙酸龙脑酯(bornyl acetate)、α-葎草烯(α-humulene)、双环榄香烯(bicycloelemene)、柠檬醛(citral)、香茅醇(citronellol)、香叶醇(geraniol)、甲基丁香油酚(methyl eugenol)、榄香醇(elemol)、橙花叔醇(nerolidol)、荜澄茄烯(cubebene)、金合欢醇(farnesol)、反式-金合欢醛(*trans*-farnesal)、反式-水化香桧烯(*trans*-sabinene hydrate)、邻苯二甲酸二乙酯(diethyl phthalate)、松脂醇二甲醚(pinoresinol dimethyl ether)、望春花素(magnolin)、鹅掌楸树脂醇B二甲醚(lirioresinol B dimethyl ether)、发氏玉兰素(fargesin)、刚果荜澄茄脂素(aschantin)、去甲氧基刚果荜澄茄脂素(demethoxy aschantin)、望春玉兰脂素(biondinin)、玉兰脂素B(denudatin B)、发氏玉兰脂酮A(fargespone A)、发氏玉兰脂酮B(fargespone B)、发氏玉兰脂酮C(fargespone C)、顺式-β-罗勒烯(*cis*-β-ocimene)、紫丁香醇D(lilac alcohol D)、氧化芳樟醇(linalool oxide)、异松油烯(terpinolene)、2-乙烯基-1,1-二甲基-3-亚甲基-环己烷(2-vinyl-1,1-dimethyl-3-methylene-cyclohexane)、4,11,11-三甲基-8-亚甲基-双环[7.2.0]-十一碳-4-烯{4,11,11-trimethyl-8-methylene-bicyclo[7.2.0]-undee-4-ene}、γ-依兰烯(γ-muurolene)、乙酸松油酯(terpinyl acetate)、4-甲基-1-(1-甲基乙基)-3-环己酯[4-methyl-1-(1-methylethyl)-

3-cyclohexanoate］、2-甲基-5-（1-甲基乙基）-［3.1.0］-双环己烯｛2-methyl-5-（1-methylethyl）-［3.1.0］-bicyclohexene｝，其中主要香气成分是香桧烯和1，8-桉叶素[1-4]。

感官特性　玉兰花精油具有浓郁花果甜香气。

应用情况　在食用香料领域，可用于食品加香。在日用化工香料方面，常被用于香水、牙膏、香皂等产品的加香；在医药领域，作为抗炎、抗过敏、治鼻炎等药品的主要原料；此外，还应用于化妆品、保健品等。

参考文献

［1］张坚，孙培龙，徐双阳，等．白玉兰精油的化学成分［J］．精细化工，2006，23（4）：372-374.

［2］杨靖，黎莉，戴立珍，等．白玉兰种子挥发油成分的GC-MS分析［J］．武汉工程大学学报，2010，32（3）：47-48.

［3］宁坚刚，魏永生．白玉兰花挥发油化学成分的GC/MS分析［J］．青海师范大学学报：自然科学版，2005（3）：65-68.

［4］冯立国，孟祥申，周力，等．白玉兰与望春玉兰花香成分和含量的比较研究［J］．山东农业大学学报：自然科学版，2009，40（3）：377-380.

杧　果

别　　名　闷果、蜜望、檬果、漭果、望果、庵波罗果。

英文名称　mango。

植物学名　*Mangifera indica* Linn.。

植物科属　漆树科　杧果属。

品种来源　杧果 *Mangifera indica* Linn. 的成熟果实。

形态特征　杧果树，漆树科杧果属常绿大乔木植物，株高约15m。树皮呈灰棕色，小枝为棕色，表面光滑无毛。叶片为革质，集中生长在枝顶，形状为长圆形或长圆状或披针状，长约25cm，宽约6cm。叶片先端渐尖、渐尖或急尖，基部呈楔状或近圆状，边缘呈波形，表面光滑无毛且具有光泽。侧脉斜升，约有23对，在叶片双面均突起，网脉不明显。叶柄长约5cm，上有凹槽，基部膨大。

主要分布　杧果原产印度、越南和马来西亚，在巴西、西印度群岛及美国佛罗里达州均有种植，我国广东、广西、台湾、海南及福建、云南、四川等地均有分布。

利用部位　成熟的果实。

理化特性　杧果精油呈淡黄色透明液体。

香气成分　杧果精油的香气成分是：

1*R*-α-蒎烯（1*R*-α-pinene）、α-桂叶烯（α-myrcene）、δ-3-蒈烯（δ-3-carene）、α-罗勒烯（α-cyclohexene）、α-蛇麻烯（α-humulene）、乙酸松油酯（terpinyl acetate）、*R*-1-甲基-5-（1-甲基乙烯基）-环戊烯［*R*-1-methyl-5-（1-methyl vinyl）-cyclopentene］、丁酸戊酯（butanoic acid，pentyl ester）、α-萜品油烯（α-terpinolene）、

2,2-二甲基-3-乙烯基-二环[2.2.1]庚烷{2,2-dimethyl-3-vinyl-bicyclo[2.2.1]heptane}、1,3,5,8-十一碳四烯酸(1,3,5,8-undecatetraene)、异丁酸叶醇酯(*cis*-3-hexenyl isobutyrate)、四氢化-6-丙基-2*H*-吡喃-2-酮(tetrahydro-6-propyl-2*H*-pyran-2-one)、2,3-二苯基-5-(3-甲氧苯基)吡咯[2,3-diphenyl-5-(3-methoxyphenyl)pyrrole]、胡椒烯(copaene)、2,6,10-三甲基十四(碳)烷(2,6,10-trimethyl-tetradecane)、α-古香油烯(α-gurjunene)、反-丁子香烯(*trans*-caryophyllene)、α-蛇麻烯(α-humulene)、四氢化-2*H*-吡喃[tetrahydro-2-(7-heptadecynyloxy)2*H*-pyran]、D-橙花叔醇(D-nerolidol)、刺伯烯(junipene)、大根香叶烯-D(germacrene-D)、兰桉醇(globulol)、α-蛇床烯(α-selinene)、3,7,7-三甲基-11-亚甲基-螺环[5,5]十一碳-2-烯{3,7,7-trimethyl-11-methylene-spiro[5,5]undec-2-ene}、δ-愈创烯(δ-guaiene)、十六碳二烯酸甲酯(hexadecadienoic acid, methyl ester)、(*E*)-丁酸香叶酯[butanoic acid, 3,7-dimethyl-2,6-octadienyl ester, (*E*)-(Cas)]、2,6,10-三甲基十四(碳)烷(tetradecane, 2,6,10-trimethy)、5,6-二氢-5,6-二甲基苯并[*C*]邻二氮萘{5,6-dihydro-5,6-dimethylbenzo[*C*]cinnoline}、2,4′,5-三甲基二苯基甲烷(2,4′,5-trimethyldiphenylmethane)、十八酸乙酯(octadecanoic acid, ethyl ester)、2,6,10-三甲基(正)十四(碳)烷(tetradecane, 2,6,10-trimethy)、甘二烷(docosane)、邻苯二甲酸二异丁酯[1,2-benzenedicarboxylic acid, bis(2-methylpropyl) ester]、十六烷基腈(hexadecanenitrile)、甘油脂肪酸酯[hexadecanoic acid, 2,3-dihydroxypropyl ester]、正十六(烷)酸(*n*-hexadecanoic acid)、9-十八碳烯酸(9-octadecenoic acid)、(*E*)-9-十八碳烯酸[(*E*)-9-octadecenoic acid]、同别羟胺乙酯(ethyl iso-allocholate)和邻苯二甲酸二异辛酯(1,2-benzenedicarboxylic acid, diisooctyl ester)等[1-3]。

感官特性 杧果果肉金黄甘美多汁，口感舒适，清甜可口，香气诱人，杧果精油具丰富的果甜香。

应用情况 杧果相关提取物应用广泛，可用于甜味与咸味食品、冷饮、饼干、饮料、糕点、冷冻食品、调味品、糖果、炒货、烘焙食品、乳制品、肉类、鱼类及海产品、酒用配料、槟榔制作，甚至在饲料生产行业的产品中也有使用。

参考文献

[1] 余炼，滕建文，左俊，等．广西百色地区不同品种杧果香气成分分析[J]．现代食品科技，2008，24(3)：276-280.

[2] 王花俊，李光照，黄鸿勋，等．杧果中香气成分的 GC-MS 分析[J]．食品研究与开发，2007，28(10)：142-145.

[3] 魏长宾，马蔚红，武红霞，等．杧果品种挥发性成分的 GC/MS 分析[J]．食品研究与开发，2009，30(10)：110-113.

枫　香

别　　名 枫香树。

英文名称 Maple sesam。

植物学名 *Liquidambar formosana* Hance。

植物科属 金缕梅科 枫香树属。

品种来源 枫香 *Liquidambar formosana* Hance 的全株或其树干受损伤后分泌出的干燥树脂(枫香脂)。

形态特征 枫香是金缕梅科枫香树属落叶乔木植物，株高可达20~30m，茎径可达1m。树皮为褐色，呈块状脱落；小枝干后呈现灰白色，正面被有细柔毛，略带有皮孔。芽呈体形，长约1cm，被微细毛，鳞形苞片上敷有树脂，干燥后为褐色，有光泽。枫香的叶子为薄革质，阔卵形，掌状3裂，中心裂片较长，先端呈尾状钝尖，双侧裂片平展，基部近心形。叶片正面绿色，干燥后变淡绿色，光泽逐暗；背面长有短柔细毛，或在生长过程中变秃净，仅在脉腋间留有毛。掌状脉约有4条，正背面均有明显的网脉，叶片边缘有锯齿，齿尖有腺状突。叶柄长约11cm，正面常具短柔细毛；托叶游离，或与叶柄连生呈线形，长约1.2cm，颜色褐红，会早脱落。雄性花序为多个短穗状花序排成总状，雄蕊众多，花丝长度不等，且花丝比花药略长。雌性头状花序约有39朵花，花序柄长约4cm；萼齿呈针形，约4~7个，长约6mm，子房下半部藏在头状花序轴内，上半部游离，正面有细柔毛，花柱长约8mm，先端卷曲。头状果序为木质，呈圆球形，果径约4cm；蒴果下半部藏于花序轴内层，具有宿存花柱和针刺状萼齿。种子为棕褐色。

主要分布 主产于我国江苏、广东、广西、浙江、江西、福建等地。喜光、耐荫，抗风寒。常分布于1000米以下的山坡、沟谷。适宜于年均温15.0~18.0℃的条件下生长。更喜生长于肥沃、湿润的中性及酸性的土壤环境条件下迅速生长，快速成材。

利用部位 干燥树脂。

理化特性 枫香精油为无色或淡黄色的澄清液体，可通过水蒸气蒸馏法提取而得。枫香精油理化参数如下表所示。

表 枫香精油理化参数

理化参数	枫香油
外观、色状	淡黄色的液体；低温时，会有浑浊或析出结晶存在，加热后又澄清
香气	气味与八角茴香类似
溶解度	易溶于90%乙醇
相对密度(25℃)	0.973~0.985
折光指数(25℃)	1.551~1.563
旋光度(25℃)	+2°~+4°
凝固点	不低于15℃

香气成分 枫香精油的香气成分是：

α-蒎烯(α-pinene)、α-松油醇(α-terpineol)、α-异松油烯(α-terpinolene)、α-古巴烯(α-copaene)、α-石竹烯(α-caryophyllene)、α-依兰烯(α-muurolene)、β-蒎烯(β-pinene)、β-侧柏烯(β-thujene)、β-石竹烯(β-caryophyllene)、β-波旁烯(β-bourbonene)、γ-松油烯(γ-terpinene)、γ-石竹烯(γ-caryophyllene)、γ-依兰烯(γ-muurolene)、γ-杜松醇(γ-cadinol)、2,3,3-三甲基氧杂环庚烷(2,3,3-trimethyl oxacycloheptane)、3-壬烯-2-酮(3-nonen-2-one)、(±)-4-乙酰松油醇[(±)-4-acetyl terpineol]、Δ-1(2),8-薄荷二烯[Δ-1(2),8-menthadiene]、乙酸龙脑酯(bornyl acetate)、驱蛔脑(ascaridole)、樟脑(camphor)、荜澄茄烯(cubebene)、二氢白菖考烯(calamenene)、氢化桂皮醇(hydrocinnamic alcohol)、异松油烯(terpinolene)、茉莉酮(jasmone)、长叶烯(longifolene)、间伞花烃(*m*-cymene)、菲(phenanthrene)、树脂含莰烯(camphene)、松油醇-4(terpineol-4)、伞形花酮(umbelliferone)、(*Z*)-3-己烯-1-醇[(*Z*)-3-hexen-1-ol],其中主要的香气成分是松油醇-4(terpineol-4)等[1-3]。

感官特性 枫香精油有果甜香,留香持久、香气稳定。

应用情况 可用来调配皂用香精,添加于牙膏内作定香剂。

管理及参照标准 枫香(*Liquidambar formosana* Hance)浸膏的管理及参照标准 CAS 8046-19-3 执行。

参考文献

[1] 张韵慧,冯靖,晋兴华,等. 枫香叶挥发油化学成分的GC-MS分析[J]. 中国实验方剂学杂志,2012,18(22):81-83.

[2] 姜志宏,周荣汉. 枫香叶挥发油化学成分研究[J]. 中药材,1991,14(8):34-35.

[3] 蔡爱华,赵志国,陈海珊,等. 枫香与缺萼枫香果实挥发性成分的GC-MS分析[J]. 桂林理工大学学报,2012,35(2):245-249.

牛 至

别　　名 马郁兰、牛膝草、滇香薷。

英文名称 Marjoram sweet。

植物学名 *Origanum vulgare* Linn.。

植物科属 牛至 *Origanum vulgare* Linn. 的干燥地上部分。

品种来源 唇形科 牛至属。

形态特征 牛至,唇形科牛至属,多年生半灌木植物,株高约50~60cm,全株散发着独特的香味。根茎斜生,节上生出细长、少木质化的纤细须根。直立茎,呈淡红紫色,方棱状,从根茎处开始,多数茎上都带有微曲蜷的短细柔毛。上部各节均有带花的分枝,下部各节还生有长短不齐的短枝,基部通常无叶子生长。牛至叶柄长约4mm,叶片正面具宽槽,背面近椭圆形,被细柔毛。叶片长约2.4cm,宽约1.0cm,呈椭圆形或长卵圆形,先端不尖锐,为钝圆,基部呈宽锥形或近鸡心形,边缘有钝小锯齿。叶片正面具紫晕,呈亮绿色,柔毛及凹陷的腺点不明显；背面为嫩绿色，被柔毛和凹陷腺点明显，侧脉约有4对，中脉在叶正面不显著，叶背面略有突起，均为无柄苞叶。花序为伞房形圆锥状，密集且开张，结果时由多数短小穗状花序组成。苞片呈淡绿色或带有浅紫晕，锐尖形，长约5mm，椭圆状倒卵形，脉平行，边缘全缘。钟状花萼，外部被小细毛，或无毛，花喉部有乳白色细柔毛环，约13条脉，都不显著，有5个锥状萼齿，长约0.6mm。花冠呈淡紫红色或乳白色，为钟形管状，长约8mm，属于两性花冠。冠筒长约6mm，明显超出花萼；雌性花冠的冠筒稍短于花萼，长约4mm。花冠外部疏被短细柔毛，喉部内也被疏短细柔毛，冠檐为二唇形，上唇呈卵圆形，长约1.5mm，直立，先端2裂；下唇长2mm，3裂且张开，中裂片稍大，侧裂片较小，呈椭圆状长卵形。牛至有4枚雄蕊，在两性花中，后面一对短于上唇，前面一对稍长于花冠；在雌性花中，前后两对雄蕊内藏且近相等。雄蕊花丝扁平、无毛，呈丝状，花药呈长卵形，2室。两性花的药室由锥状楔形的药隔隔离，室内叉开；雌性花中药隔退化，雄蕊药室近平行。花盘为平顶状。花柱略长于雄蕊，先端不等长，2裂，裂片呈楔形。小坚果呈卵圆形，长约0.7mm，先端钝，基部尖，略具棱，颜色棕褐，表面光滑无毛。牛至的花期接近8~9月，果期接近10~11月。

主要分布　牛至主要分布于湖南、湖北、广西、贵州、广东、河南、福建、云南、陕西、甘肃、新疆及西藏等地区；喜生于海拔约500~3300m路旁、山坡、林下及草地。

利用部位　带花序的全草。

理化特性　牛至用水蒸气蒸馏所得的精油是一种黄色或黄绿色的液体，得率小于0.3%。

理化参数　牛至精油理化参数如下表所示。

表　牛至精油理化参数

理化参数	牛至精油
相对密度(20℃)	0.884~0.902
折光指数(20℃)	1.472
旋光度(20℃)	+22°~+23°
酸值	<1.4
溶解度	1:1或1:2.2于80%乙醇

香气成分　牛至精油的香气成分是：

香芹酚(carvacrol)、香薷二醇(elsholtzidiol)、乙酸乙酯(ethyl acetate)、α-蒎烯(α-pinene)、莰烯(camphene)、β-蒎烯(β-pinene)、1-辛烯-3-醇(1-octen-3-ol)、香桧烯(sabinene)、3-辛醇(3-octanol)、α-水芹烯(α-phellandrene)、吉玛烯B(germacrene B)、十七烷(heptadecane)、柠檬烯(limonene)、1,8-桉叶素(1,8-cineole)、3,7-二甲基-1,3,6-辛三烯(3,7-dimethyl-1,3,6-octatriene)、1-甲基-4-

异丙基-1,4-环己二烯(1-methyl-4-isopropyl-1,4-cyclohexadiene)、1-甲基-4-异丙基苯(1-methyl-4-isopropyl benzene)、3,7-二甲基-1,6-辛二烯-3-醇(3,7-dimethyl-1,6-octadien-3-ol)、1,3-二甲基-3-环己烯基–己烷(1,3-dimethyl-3-cyclohexenyl-hoxane)、1,7,7-三甲基–双环[2.2.1]庚烷-2-醇{1,7,7-trimethyl bicyclo[2.2.1]heptan-2-ol}、4-甲基-1-异丙基-3-环己烯-1-醇[4-methyl-1-isopropyl-3-cyclohexen-1-ol]、1-甲氧基-4-甲基-2-异丙基–苯[1-methoxy-4-methyl-2-isopropyl-benzene]、1-甲基-2-异丙基–苯[1-methyl-2-isopropyl-benzene]、2-甲基-5-异丙基–苯酚[2-methyl-5-isopropyl-phenol]、5-甲基-2-异丙基–乙酸苯酚[5-methyl-2-isopropyl acetate phenol]、3-烯丙基-6-甲氧基–苯酚(3-allyl-6-methoxy phenol)、α-荜澄茄烯(α-cubebene)、3-甲基-4-异丙基苯酚(3-methyl-4-isopropyl phenol)、β-石竹烯(β-caryophyllene)、十八醛(octadecanal)、反式–橙花叔醇(*trans*-nerolidol)、十氢-3a-甲基-6-亚甲基-1-异丙基–丁二环[1,2:3,4]双环戊烯{decahydro-3a-methyl-6-methylene-1-isopropyl-butadicyclo[1,2:3,4]dicyclopentene}、库贝醇(cubenol)、喇叭茶醇(ledol)、1,2,4a,5,6,8a-六氢-4,7-二甲基-1-异丙基萘[1,2,4a,5,6,8a-hexahydro-4,7-dimethyl-1-isopropyl-naphthalene]、桉叶烷基-4(14),11-二烯[eudesma-4(14),11-diene]、丁基羟基甲苯(butyl hydroxy toluene)、α-金合欢烯(α-farnesene)、β-榄香烯(β-elemene)、α-雪松醇(α-cedrol)、τ-杜松醇(τ-cadinol)、八氢-1,6-二甲基-4-异丙基–萘(octhydro-1,6-dimethyl-4-isopropyl-naphthalene)、α-芹子烯(α-selinene)、β-香茅醇(β-citronellol)、6,10,14-三甲基-2-十五癸酮(6,10,14-trimethyl-2-pentadecanone)、植醇(phytol)、2-乙氧基戊烷(2-ethoxy pentane)、2-甲氧基-4-甲基-1-异丙基苯(2-methoxy-4-methyl-1-isopropyl benzene)、1-甲氧基-4-甲基-2-异丙基苯(1-methoxy-4-methyl-2-isopropyl benzene)、2-甲基-5-异丙基–苯酚(2-methyl-5-isopropyl phenol)、十六烷(hexadecane)、1-甲基-5-亚甲基-8-异丙基-1,6-环癸二烯(1-methyl-5-methylene-8-isopropyl-1,6-cyclodecadiene)、十五烷(pentadecane)、1-甲基-4-(5-甲基-1-亚甲基-4-己烯基)-环己烯[1-methyl-4-(5-methyl-1-methylene-4-hexenyl)-cyclohexene]、5-(1-乙氧基–乙氧基)-4-甲基-2-己烯醛[5-(1-ethoxy ethoxy)-4-methyl-2-hexenal]、2-甲基十五烷(2-methyl pentadecane)、十八烷(octadecane)、1-环己基-3-乙氧基–丁基-2-酮(1-cyclohexyl-3-ethoxy-butyl-2-one)、2,6,10-三甲基十五烷(2,6,10-trimethyl pentadecane)、亚硫酸-2-丙基–十五烷基酯(sulfite-2-propyl-pentadecanoate)、十七碳烷(heptadecane)、棕榈酸(palmitic acid)、1-庚烯-3-醇(1-octen-3-ol)、对伞花烃(*p*-cymene)、γ-松油烯(γ-rterpimne)、对伞花-2,5-二酮(*p*-cymene-2,5-dione)、百里香酚(thymol)、月桂烯(myrcene)、γ-杜松烯(γ-cadinene)和2-异丙基-1-甲氧基-4-甲苯(2-ispropyl-1-methoxy-4-methylbenze)等。其中主要香气成分是香芹酚(carvacrol)和香薷二醇(elsholtzidiol)等[1-4]。

感官特性 牛至精油具药香和清凉感。

应用情况 干制品和冷法酊剂常被应用于味美思酒以及其他苦味酒的配方里;精油则用于配制调味汁、辛辣调味品、肉类罐头及其他食品所用的香精。

管理及参照标准 牛至(*Origanum vulgare* Linn.)籽、油、油树脂:FEMA

2659，2661，2662，2663；COE　316；Nat 1；FDA 182. 10，182. 20；IOFI；GB 2；CAS 8015-01-8；FCC Ⅲ；RIFM；EOA 76；GRAS(Ⅰ)，(Ⅱ)。

参考文献

[1] 袁果，先静缄．黔产牛至叶的挥发油成分分析[J]．贵州农业科学，1997，25(3)：41-43.

[2] 邓雪华，王光忠，孙丽娟，等．牛至挥发油化学成分 GC-MS 分析[J]．中药材，2007，30(5)：555-557.

[3] 朱斌，程向炜，刘迎新．牛至油化学成分，药理活性及提取方法研究进展[J]．中药材，2007，30(8)：1038-1041.

[4] 张玉玉，孙宝国，祝钧．牛至精油挥发性成分的 GC-MS 与 GC-O 分析[J]．食品科学，2009，30(16)：275-277.

山　茱

别　　名　山萸肉、肉萸、药枣。

英文名称　Medical Dogwood。

植物学名　*Cornus officinalis* Sieb. et Zucc. 。

植物科属　山茱萸科　灯台树属。

品种来源　山茱(*Cornus officinalis* Sieb. et Zucc.)干的成熟果肉。

形态特征　山茱，山茱萸科灯台树属，一种落叶灌木或小乔木，老枝呈黑褐色，嫩枝则为绿色。叶片对生，形状为椭圆形或卵形，长约 12cm，宽约 7cm，叶尖部位较尖锐，基部浑圆或呈楔形。叶片正面疏生柔毛，背面毛则更为密集，侧脉约有 7 对，在叶脉的腋部有黄褐色短柔毛。叶柄长约 1cm，上面有贴生的毛。山茱萸的花序为伞形状，腋生，花朵先于叶子开放。约有 4 个小苞片，呈卵形，颜色为褐黄色，花朵为黄色。花萼有 4 裂，三角形裂片；花瓣有 4 片，卵形；环形花盘，肉质，颜色呈乳白色。椭圆形核果，成熟时为红色。其花期在 6 ~ 7 月，果期在 10 ~ 11 月。当打开外层果皮时，会有深红色的液汁溢出。

主要分布　分布在我国长江、黄河中下游地区。东南亚地区也有种植。

利用部位　干成熟果肉。

理化特性　通过水蒸气蒸馏法从干的果肉中蒸馏得深绿色透明油状物。

香气成分　山茱精油的香气成分是：

棕榈酸(palmitic acid)、邻苯二甲酸二异丁酯(diisobutyl phthalate)、邻苯二甲酸二丁酯(dibutyl phthalate)、对二甲苯(*p*-xylene)、邻二甲苯(*o*-xylene)、乙酸(acetic acid)、顺式–氧化芳樟醇(*cis*-linalool oxide)、反式–氧化芳樟醇(*trans*-linalool oxide)、糠醛(furfurol)、十八碳烯(octadecene)、(*E*)-5-二十碳烯[(*E*)-5-eicosene]、二十二碳烯(docosene)、邻苯二甲酸二甲酯(dimethyl phthalate)、2,4-二–叔丁基苯酚(2,4-di-tert-butylphenol)、2,4-二苯基-4-甲基-2-(*E*)-戊烯[2,4-diphenyl-4-methyl-2-(*E*)-pentene]、环二十四烷(cyclotetracosane)、2,6,10,14-四甲基十六烷(2,6,10,14-tetramethyl hexadecane)、十八烷(octadecane)、石烯醇(stenol)、丙酸芳樟酯(linalyl propionate)、1-甲基-4-(6-甲基-5-己烯-2-基)苯[1-

methyl-4-(6-methyl-5-hexen-2-yl)benzene]、2-甲基-5-(6-甲基-5-己烯-2-基)-1,3-环己二烯[2-methyl-5-(6-methyl-5-hexen-2-yl)-1,3-cyclohexadiene]、5B*H*，7B，10A，2-芹子-24(14)，11-二烯[5B*H*，7B，10A，2-selin-24(14)，11-diene]、3-(1,5-二甲基-4-己烯基)-6-亚甲基-环己烯[3-(1,5-dimethyl-4-hexenyl)-6-methylene-cyclohexene]、库贝醇(cubenol)、月桂醛(lauric aldehyde)、黄葵内酯(ambrettolide)、亚麻酸甲酯(methyl linolenate)、亚油酸(linoleic acid)、2-甲基丙酸(2-methyl propionic acid)、甲基萘(methyl naphthalene)、苯甲醛(benzaldehyde)、萘(naphthalene)、异丁香酚(isoeugenol)、2,6-二甲基萘(2,6-dimethyl naphthalene)、二甲基萘(dimethyl naphthalene)、1,4,5-三甲基萘(1,4,5-trimethyl naphthalene)、1,1′-联苯基-2-胺(1,1′-biphenyl-2-amine)、4-氯-苯甲醇(4-chlorobenzhydrol)、2,6-二-叔丁基-4-甲基苯酚(2,6-di-tert-butyl-4-methylphenol)、2-甲基十六烷(2-methyl hexadecane)、十七烷(heptadecane)、α-杜松醇(α-cadinol)、2,6,10-三甲基十五烷(2,6,10-trimethyl pentadecane)、古巴烯(copaene)、13-十四碳烯-11-炔-1-醇(13-tetradecen-11-yn-1-ol)、2-甲基十七烷(2-methyl heptadecane)、2,6,10,14-四甲基十五烷(2,6,10,14-tetramethyl pentadecane)、8-甲基十七烷(8-methyl heptadecane)、3,5-二-叔丁基-4-羟基苯甲醛(3,5-di-tert-butyl-4-hydroxybenzal-dehyde)、十九烷(nonadecane)、1-乙酰基-4,6,8-三甲基薁(1-acetyl-4,6,8-trimethyl azulene)、9-十六碳烯酸(9-hexadecenoic acid)、7-羟基卡达烯(7-hydroxycadalene)、二十烷(eicosane)、二十碳烯(eicosene)、二十一烷(heneicosane)、亚麻酸(linolenic acid)、棕榈酸酰胺(hexadecanamide)、二十二烷(docosane)、顺-9-二十三碳烯(*cis*-9-tricosene)、二十三烷(tricosane)、*Z*，*Z*-10,12-十六碳二烯-1-醇乙酸酯(*Z*，*Z*-10,12-hexadecadien-1-ol-acetate)、油酸酰胺(octadecanamide)、二十四烷(tetracosane)、硬脂酸酰胺(octadecanamide)、1-二十二碳烯(1-docosene)、邻苯二甲酸单-2-乙基己酯(mono-2-ethylhexyl phthalate)、2,6,10,14,18-五甲基十九烷(2,6,10,14,18-pentamethyl nonadecane)、邻苯二甲酸单-2-异辛酯(mono-2-diisooctyl-2-phthalate)、三十烷(triacontane)和(*Z*)-13-二十二碳烯酸酰胺[(*Z*)-13-docosenamide]等，其中主要成分是棕榈酸(palmitic acid)等[1-4]。

感官特性　山茱精油具有特殊浓郁的果甜香。

应用情况　山茱萸具有多种功效，能增强机体的抗应激能力，提高小鼠的耐缺氧、抗疲劳能力，还能增强记忆力；同时具备提高红细胞中 SOD 活性、对抗脂质过氧化的能力。山茱萸的醇提物具有降低血脂的作用，可降低甘油三酯、胆固醇的含量，起到抗动脉硬化的功效。在其他领域，山茱萸精油可用作香精、香料等的配香原料。

管理及参照标准　山茱(*Cornus officinalis* Sieb. et Zucc.)的管理及参照标准参见《中国药典》2010 版一部。

参考文献

[1] 韩志慧，曹文豪，李新宝，等. GC-MS 分析山茱萸挥发油的化学成分[J]. 精细化工，

2006，23(2)：130-132.
[2] 王学斌，何娟，杨柳，等. 用GC-MS法观察3个不同产地山茱萸的挥发油成分[J]. 分析测试技术与仪器，2006，12(2)：115-120.
[3] 李建军，杨冉，陈晓岚，等. 山茱萸挥发油化学成分的GC-MS研究[J]. 中草药，2003，34(6)：26-27.
[4] 温媛媛，任琪，张桂敏，等. 同时蒸馏萃取-气质联用分析山茱萸挥发油的组分[J]. 食品与发酵工业，2010(4)：165-170.

含 笑 花

别　　名　白兰花、唐黄心树、香蕉花、含笑美、含笑梅、山节子、香蕉灌木。

英文名称　michelia flower。

植物学名　*Michelia figo*(Lour.)Spreng.。

植物科属　木兰科　含笑属。

品种来源　木兰科植物含笑 *Michelia figo*(Lour.)Spreng. 的花。

形态特征　含笑，木兰科含笑属，为常绿小灌木，株高约2~3m，树皮呈灰褐色，分枝繁密。其芽、嫩枝、叶柄以及花梗上均密集地覆盖着黄棕色绒毛。叶片为革质，形状是狭椭圆形或倒卵状椭圆形，长约8cm，宽约3cm。叶片先端短尖，基部呈楔形或阔楔形，正面有光泽，光滑无毛，背面中脉留有棕黄色平伏毛，其余部分的毛会脱落至无毛状态。叶柄长约3mm，托叶痕一直延伸到叶柄顶端。

主要分布　分布于我国西南部和东部地区，如广西、浙江、江西、广东、福建、四川、云南等地区。

利用部位　含笑花。

理化特性　含笑花精油为淡黄色的透明油状体，气味芳香。含笑花精油理化参数如下表所示。

表　含笑花理化参数

理化参数	含笑花叶油	含笑花油
颜色	黄色至黄绿色澄清液体	淡黄色液体
相对密度(20℃)	0.861~0.8912	0.8703~0.8952
折射率(20℃)	1.454~1.4810	1.4603~1.4901
旋光度(20℃)	−10°~−15°	−8°~−12°
溶解度(20℃)	1∶2于70%乙醇	1∶2溶于70%乙醇
酸值	≤1	≤7
酯值	>2	≥20
羰值	−	≤50
含醇量(以芳樟醇计)	≥70%	≥50%

香气成分 含笑花精油的香气成分是：

α-紫穗槐烯(α-amorphene)、α-香桦烯(α-betulene)、α-红没药烯(α-bisabolene)、α-杜松烯(α-cadinene)、α-杜松醇(α-cadinol)、α-古巴烯(α-copaene)、α-荜澄茄烯(α-cubebene)、α-桉叶醇(α-eudesmol)、α-愈创木烯(α-guaiene)、α-依兰烯(α-muurolene)、α-依兰油醇(α-muurolol)、α-水芹烯(α-phellandrene)、α-松油烯(α-terpinene)、β-石竹烯(β-caryophyllene)、β-愈创木烯(β-guaiene)、β-愈创木醇(β-guaiol)、β-古芸烯(β-gurjunene)、β-水芹烯(β-phellandrene)、龙脑(borneol)、二氢白菖考烯(calamenene)、樟脑萜(camphor terpene)、香芹酚(carvacrol)、古巴烯(copaene)、库贝醇(cubenol)、γ-荜澄茄烯(γ-cubebene)、δ-杜松烯(δ-cadinene)、松油二醇二乙酯(diethyl terpinoate)、邻苯二甲酸二异丁酯(diisobutyl phthalate)、榄香烯(elemene)、榄香醇(elemol)、环氧水芹烯(epoxy phellandrene)、甲酸乙酯(ethyl formate)、金合欢醇(farnesol)、吉玛烯(germacrene)、香叶醇(geraniol)、愈创木醇(guaiol)、长蠕孢吉玛烯(helminthogermacrene)、异石竹烯(isocaryophyllene)、异喇叭烯(isoledene)、异喹啉(isoquinoline)、刺柏脑(juniper camphor)、熏衣草醇(lavandulol)、喇叭烯(ledene)、喇叭茶醇(ledol)、长叶蒎烯(longipinene)、亚麻酸甲酯(methyl linolenate)、十八碳三烯甲酯(methyl octadecatrienoate)、5,11,14,17-花生四烯酸甲酯(methyl-5,11,14,17-arachidonate)、[*E*]-2-(3-环丙基-7-降蒈基)乙酸甲酯{methyl[*E*]-2-(3-cyclopropyl-7-norcaranyl)acetate}、依兰烯(muurolene)、橙花叔醇(nerolidol)、十九烷(nonadecane)、乙酸橙花酯(neryl acetate)、罗勒烯(ocimene)、广藿香(patehoulane)、棕榈酸(palmitic acid)、芹子烯(selinene)、芹子-3,7(11)-二烯[selin-3,7(11)-diene]、γ-芹子醇(γ-selinol)、斯巴烯(spathulene)、香桦烯(betulene)、α-石竹烯(α-caryophyllene)、石竹烯(caryophyllene)、石竹烯氧化物(caryophyllene oxide)、γ-榄香烯(γ-elemene)、1,2-二甲基-1,3-环戊二烯(1,2-dimethyl-1,3-cyclopentadiene)、1,2,3,6,8α-六氢-4,7-二甲基-1-异丙基萘(1,2,3,6,8α-hexahydro-4,7-dimethyl-1-isopropyl naphthalene)、1-甲基-2-异丙基苯(1-methyl-2-isopropyl benzene)、3,3,6,6,9,9-六甲基四环[6.1.0.(2.4).(5.7)]壬烷{3,3,6,6,9,9-hexamethyl tetracyclo[6.1.0.(2.4).(5.7)]nonane}、5,11,14,17-花生四烯酸甲酯(methyl-5,11,14,17-arachidonate)、6-甲基十八烷(6-methyl octadecane)、6-芹子烯-4-醇(6-selinene-4-ol)、9,12,15-十八碳三烯-1-醇(9,12,15-octadecatrien-1-ol)、*E*-2,4-二甲基-2,4-己二烯(*E*-2,4-dimethyl-2,4-hexadiene)、*E*-2,5-二甲基-1,3-己二烯(*E*-2,5-dimethyl-1,3-hexadiene)、(*E*)-2-(3-环丙基-7-降蒈基)乙酸甲酯[methyl(*E*)-2-(3-cyclopropyl-7-norcaranyl)acetate]、香橙烯(aromadendrene)、表双环倍半水芹烯(epi-bicyclosesquiphellandrene)、去氢白菖烯(calamenene)、二十烷(eicosane)等[1-4]。

感官特性 含笑花精油香气芬芳，比鲜花更浓郁甜蜜，带蕉气味的花香，留香欠持久，香气宜人。

应用情况 食用调料：用于饮料、冰淇淋、调味料、酒类等。

参考文献

[1] 高华娟，郭素枝．含笑花被片展开过程中香精油化学成分的GC-MS分析[J]．福建农林大学学报：自然科学版，2009，38(2)：135-138.
[2] 汪洪武，刘艳清，鲁湘鄂，等．不同方法提取含笑茎、叶和花挥发油化学成分的GC-MS分析[J]．精细化工，2007，24(5)：477-479.
[3] 方小平，胡光平．不同提取方法对深山含笑花挥发性成分的影响[J]．贵州农业科学，2010(5)：81-84.
[4] 李先文，冯亚非．含笑花挥发油化学成分的GC-MS分析[C]．石家庄：2008年中国药学会学术年会暨第八届中国药师周．

银　荆

别　　名　澳洲白粉金合欢、金合欢、鱼骨松。

英文名称　Mimosa。

植物学名　*Acacia dealbata* Link。

植物科属　豆科　金合欢属。

品种来源　银荆 *Acacia dealbata* Link 的花。

形态特征　银荆为豆科金合欢属常绿乔木，属于木本植物，树干笔直，株高约15～20m，树皮灰色。叶子为羽状复叶，颜色呈灰蓝色。花朵稍小，约有40朵，呈黄色，带香气。其果实为长形荚果，长约10cm，果皮呈深棕色；种子呈椭圆形，颜色乌黑，具光泽。

主要分布　银荆原产澳大利亚的维多利亚等地，我国云南、广西、福建等地均有引种。宜生长于湿润、凉爽的亚热带气候。适生于较深厚、疏松、湿润的酸性、微酸性、沙壤土，如最适宜生长在山坡中下部的谷地。

利用部位　花。

理化特性　银荆精油采用水蒸气蒸馏方法蒸馏，得率约0.5%，琥珀色油状黏性油状体。

理化参数　银荆精油理化参数如下表所示。

表　银荆精油理化参数

理化参数	银荆精油
相对密度(20℃)	0.9571～0.9894
折光指数(20℃)	1.5111～1.5318
旋光度(20℃)	+15°～+15°50′
酸值	25～29
酯值	41～45

香味成分　银荆精油的香气成分为：

乙酸丁酯(acetic acid, butyl ester)、乙醛二乙缩醛(ethane, 1,1-diethoxy-)、苯甲醛(benzaldehyde)、苯甲酸苄酯(benzyl benzoate)、大茴香酸甲酯(benzoic acid, 4-methoxyl-, methyl ester)、β-蒎烯(β-pinene)、咖啡因(caffeine)、3-蒈烯(3-carene)、环十二烷(cyclododecane)、癸烷(decane)、1-癸炔(1-decyne)、脱氢松香烷(dehydroabietan)、(*E*)-5-十八碳烯[5-octadecene, (*E*)-]、(*E*, *E*)-乙酸金合欢醇[2,6,10-dodecatrien-1-ol, 3,7,11-trimethyl-, acetate, (*E*, *E*)-]、乙基苯(ethylbenzene)、α-金合欢烯(α-farnesene)、菲(phenanthrene)、正庚烷(heptane)、庚醛(heptanal)、正十七烷(heptadecane)、8-十七烯(8-heptadecane)、正己醛(hexanal)、十六烷(hexadecane)、十六醛(hexadecanal)、(*Z*)-3-十六烯[3-hexadecene, (*Z*)-]、(*Z*)-7-十六烯[7-hexadecene, (*Z*)-]、*Z*-7-十六碳烯醛(*Z*-7-hexadecenal)、*Z*, *Z*-10,12-十六碳二烯醛(*Z*,*Z*-10,12-hexadecadienal)、*E*, *E*-7,10,13-十六碳三烯酸甲酯[7,10,13-hexadecatrienoic acid, methyl-, ester, (*E*, *E*)]、6-甲基-α-紫罗兰酮(α-ionone, 6-methyl-)、贝壳杉-16-烯(kaur-16-ene)、泪杉醇(manool)、间二甲苯(benzene, 1,3-dimethyl-)、甲基庚烯酮(6-methyl-5-heptene-2-one)、7-甲基-3,4-辛二烯(3,4-octadiene, 7-methyl-)、月桂烯(myrcene)、正十九烷(nonadecane)、1-十九烯(1-nonadecene)、*Z*-5-十九烯(*Z*-5-nonadecene)、壬醛(nonanal)、环氧十二烷{13-oxabicyclo[10.1.0]tridecane}、十八烷(octadecane)、十八醛(octadecenal)、(*Z*)-9-十八烯醛[9-octadecenal, (*Z*)-]、(*Z*)-13-十八烯醛[13-octadecenal, (*Z*)-]、17-十八碳烯(17-octadecene)、亚油酸[9,12-octadecadienoic acid, (*Z*, *Z*)-]、亚油酸甲酯[9,12-octadecadienoic acid, (*Z*, *Z*)-, methyl ester]、硬脂酸(octadecanoic acid)、对二甲苯(*p*-xylene)、十五烷(pentadecane)、2-十五醇(2-pentadecanol)、植酮(2-pentadecanone, 6,10,14-trimethyl)、左旋-α-蒎烯(1*S*-α-pinene)、芘(pyrene)、叶醇(3-hexen-1-ol)、(*Z*)-乙酸叶醇酯[3-hexen-1-ol, acetate, (*Z*)-)]、桧烯{bicyclo[3.1.0]hexane, 4-methylene-1-(1-methylethyl)-}、十四烷(tetradecane)、十四醛(tetradecanal)、13-十四烯醛(13-tetradecenal)、1-十三烯(1-tridecene)、二十一烷(heneicosane)。

其中主要的香气成分为：大茴香酸甲酯(benzoic acid, 4-methoxyl-, methyl ester)、8-十七烯(8-heptadecane)、正十七烷(heptadecane)、13-十四烯醛(13-tetradecenal)、(*Z*)-13-十八烯醛[13-octadecenal, (*Z*)-]、正十九烷(nonadecane)、十六醛(hexadecanal)、棕榈酸(*n*-hexadecanoic acid)、(*Z*)-9-十八烯醛[9-octadecenal, (*Z*)-]、环氧十二烷{13-oxabicyclo[10.1.0]tridecane}和十八醛(octadecenal)等[1-2]。

感官特性 银荆精油具有浓郁的清甜香、花香香韵，蜜甜香气。

管理及参照标准 银荆(*Acacia dealbata* Link)精油管理及参照标准见：FDA 172.510；COE 7；Nat 1；FEMA 2755；IOFI 等。

参考文献

[1] 宁振兴，吴彦，潘连华，等．金合欢花香气成分分析及在卷烟中的应用[J]．企业科技与

发展：上半月，2013(8)：43-44.
[2] 任洪涛，周斌，夏凯国，等．二种金合欢属植物花净油成分分析[J]．香料香精化妆品，2010(5)：1-5.

辣木

别　　名　鼓槌树、山葵树。

英文名称　Moringa。

植物学名　*Moringa oleifera* Lam.。

植物科属　辣木科　辣木属。

品种来源　辣木 *Moringa oleifera* Lam. 的果实。

形态特征　辣木是辣木科辣木属乔木，拥有3回羽状复叶，在羽片基部生有线形或棍棒状且弯曲的腺体，这些腺体会脱落。叶柄较为软弱，基部呈鞘状。叶片为纸质，形状呈卵形、椭圆形，长约2cm，宽约1cm，顶端1片叶较大，叶背面呈白色，正面光滑无毛，叶脉颜色较暗；小叶呈椭圆形或长卵形，同样光滑无毛。其花序舒展延伸，长度约20cm，苞片小且呈线形。花朵带有花梗，颜色为乳白色，气味芬芳，直径约2cm。萼片呈线状披针形，上面有短细柔毛；匙形花瓣；雄蕊基部有毛；子房也带有毛。果实为细长的蒴果，长约25cm，果径约2cm，垂生态，果瓣3裂，每瓣上有3条肋纹。种子近圆状，直径约8mm，具有3条棱，每条棱上都有膜质的翅。果荚表面具条纹，呈束状垂生。一株辣木每年能产约20000粒种子。辣木花期贯穿全年，果期则在每年的下半年。

主要分布　原产于北印度喜马拉雅区域及非洲等地。我国云南、广东、广西也有引种。

利用部位　果实。

理化特性　用超临界CO_2萃取法得到的辣木籽精油是透明浅黄色油状体。

香气成分　辣木籽精油的香气成分是：

2-癸烯醛(2-decenal)、二十碳烷(eicosane)、9-十六碳烯酸(9-hexadecenoic acid)、棕榈酸(cetylic acid)、棕榈酸乙酯(ethyl palmitate)、二十一碳烷(heneicosane)、(*E*)-9-十八碳烯酸[(*E*)-9-hexadecenoicacid]、十八烷酸(octadecanoic acid)、2,3-二羟丙基反油酸酯(2,3-dihydroxypropyl oleic acid ester)、癸基油酸酯(decyl oleate)、二十烷酸(arachic acid)、十八烷基乙烯基醚(octadecyl vinyl ether)、(*E*)-9-十八碳烯醛[(*E*)-9-octadecenal]、2-甲基-二十三烷(2-methyl-tricosane)、十五烷二酸(pentadecandioic acid)、二十二烷酸(behenic acid)、十九烷酸乙酯(nonadecanoic acid ethyl ester)、15-羟基十五烷酸(15-hydroxy-pentadecanoic acid)、7-己基-二十碳烷(7-hexyl-eicosane)、二十七碳烷(heptacosane)、十二烷二酸二甲酯(dimethyl dodecanedioate)、二十八碳烷(octacosane)、菜油甾醇(campesterol)、豆甾醇(stigmasterol)、β-谷甾醇(β-sitosterol)和岩藻甾醇(fucosterol)等。其中主要香气成分是(*E*)-9-十八碳烯酸[1-2]。

感官特性 辣木籽精油清甜香、坚果香和油脂味，在口腔具涩感。

应用情况 辣木籽精油无异味，耐煎炸，质量稳定，可作为食用油使用。其黏稠度较低，是一种优良的香味赋形剂，广泛应用于化妆品、香精香料及防腐剂领域。在印度，辣木籽油还被用作航天、高温、高压等特殊环境下的机械润滑剂。在食品工业中，辣木籽油亦可作为食品级安全润滑油使用。此外，辣木籽精油不仅可用于精密机械的润滑，还可替代鲸油用于皮革软化等工艺，在食品和工业领域具有广阔的应用前景。

参考文献

[1] 段琼芬，刘飞，罗金岳，等．辣木籽油的超临界 CO_2 萃取及其化学成分分析[J]．中国油脂，2010(2)：76-79.

[2] 陈荣荣，张献忠，王根女，等．HD/GC-MS 法测定辣木树不同部位挥发性香气成分的研究[J]．粮食与食品工业，2014，21(4)：58-61.

桑葚

别　　名 乌椹、文武实、桑实、葚、黑椹、桑枣。

英文名称 Mulberry。

植物学名 *Morus alba* L.。

植物科属 桑科　落叶乔木属。

品种来源 桑葚 *Morus alba* L. 的干燥果穗。

形态特征 桑葚是桑科落叶乔木属灌木植物，株高约 7 ~ 9m。树皮呈灰白色，有条状裂纹；根皮为黄棕色或淡黄色，纤维性很强。叶片为单叶互生，叶柄长约 2. 0cm；叶片形状呈长卵形或宽卵形，长约 10cm，宽约 6cm，先端急尖或尖锐，基部呈椭圆形或近鸡心形，边缘有锯齿或钝齿，具不规则分裂。叶片正面具光泽且光滑无毛，背面叶脉上长有短细毛，叶腋间也有细毛，由 3 条基脉与多数细脉组成网状叶脉，在叶片背面尤为明显；托叶呈披针形，易早脱落。桑树雌雄异株，开单性花；雌、雄花序均腋生，排列成穗状葇荑花序。雌花序长约 1. 6cm，被细毛，总花梗长约 9mm；雄花序下垂，长约 2. 2cm，微被细毛。雄花有 4 片花被片，4 条雄蕊，中央有不育雌蕊；雌花有 4 片花被片，基部合生，柱头 2 裂。瘦果果实，众多瘦果密集形成一颗椭圆形或长圆形的聚合果，长约 1. 5cm，嫩时呈淡绿色，成熟后变为深紫色或紫红色。种子较小。桑树的花期在 5 ~ 6 月，果期在 6 ~ 7 月。

主要分布 广西、广东、四川、贵州、湖南、湖北等地区。

利用部位 果实。

理化特性 《中华人民共和国药典》1995 年版规定：用热浸法测定，85% 乙醇浸出物不得少于 15. 0% 。

香气成分 桑葚精油的香气成分是：

庚醛(heptanal)、辛醛(nonaldehyde)、萘(naphthalene)、磷酸三丁酯(tributyl

phosphate)、2-溴十二烷(2-bromododecane)、棕榈酸(hexadecanoic acid)、2,6,11-三甲基十二烷(2,6,11-trimethyl dodecane)、亚麻酸甲酯(linolelaidic acid methyl ester)、9,12,15-十八三烯酸醛(9,12,15-octadecatrienal)、十八酸(octadecanoic acid)、乙酸3-十八烯-1-醇酯(*Z*-3-octadecen-1-olacetate)、7-甲基十五烷(7-methylpentadecane)、2，4,6-三甲基癸烷(2,4,6-trimethyldecane)、十五醛(pentadecanal)、十九烯(nonadecene)、邻苯二甲酸二异辛酯(diisooctyl phthalate)、乙酸十八醇酯(octadecyl acetate)、十五醛(pentadecanal)、二十醇(eicosanol)、2-羟基十四酸(2-hydroxymyristic acid)、丁酸十八醇酯(octadecyl butyrate)、乙酸十八醇酯(octadecylaetate)、金合欢醇(farnesol)、二十七烷(heptacosane)、二十四醇(1-tetracosanol)、维生素(tocopherol)、己酸十七醇酯(heptadecyl hexanate)、丁酸十六醇酯(hexadecyl butyrate)、二十二烯烃(1-docosene)、二十四烷(tetracosane)、安息香酸十一醇酯(undecyl benzoate)和谷甾醇(sitosterol)等。其中主要香气成分是二十醇(eicosanol)等[1-3]。

感官特性　桑葚精油具酸甜香，味微酸。

应用情况　桑葚果肉嫩而多汁，营养丰富，风味独特，色泽诱人，是良好的食品加工原料。

管理及参照标准　桑葚(*Morus Alba* L.)的管理及参照标准见 CAS 19130-96-2 及《中华人民共和国药典》1995 年版。

参考文献

[1] 陈娟，阚建全，杨蓉生．不同品种桑葚香气成分的 GC-MS 分析[J]．食品科学，2010(18)：239-243.

[2] 晓华，李增春．桑葚挥发油化学成分的 GC/MS 分析[J]．内蒙古民族大学学报：自然科学版，2007，22(1)：32-35.

[3] 张莉，王华，梁艳英，等．桑葚挥发性成分的气相色谱–质谱分析[J]．蚕业科学，2007，33(2)：276-279.

桑　　叶

别　　名　家桑、绿萝、荆桑。

英文名称　Mulberry Leaf。

植物学名　*Morus alba* Linn.。

植物科属　桑科　桑属。

品种来源　桑 *Morus alba* Linn. 的干燥叶片。

形态特征　桑树是桑科桑属落叶灌木或小乔木植物，株高约 6～8m。树皮呈浅灰色，有着条状裂缝，幼枝具毛，枝条折断后会有乳汁溢出。叶片互生，呈卵形，长约 12cm，宽约 9cm。叶片先端钝圆，基部近心形，边缘呈粗锯齿状，正面光泽且无毛，背面为淡绿色，叶脉上有稀疏的细毛，脉腋间也有细毛；叶柄长约 1.4cm。桑为单性花，雌雄异株，花序呈穗状腋生，其中雄花序早脱落；雌花序长约1.6cm，花柱不明显或无，有2个柱头。或呈卵形或宽卵形的完整叶片，长约15cm，宽约10cm，叶柄长约4cm，叶片基部心形，顶端急尖，边缘呈粗锯齿形，叶脉上密生乳白色细柔毛。老叶颜色淡黄绿，质地较厚；嫩叶为浅绿色，质地较薄且脆，易折断。聚花果即桑葚，成熟时呈紫色或紫红色。桑的花期接近5~6月，果期接近6~7月。

主要分布 分布于我国湖北、广东、江苏、广西、安徽、浙江、福建和台湾等地区。

利用部位 干燥叶片。

理化特性 通过水蒸气蒸馏法从叶片中蒸得浅黄色桑叶精油。

香气成分 桑叶精油的香气成分为：

苯乙醛(benzeneacetaldehyde)、苯甲醛(benzaldehyde)、苯甲酸苄酯(benzyl benzoate)、水杨酸苄酯(benzyl salicylate)、1,2-苯异噻唑(1,2-benzisothiazole)、苯并-2,1,3-噻重氮(benzo-2,1,3-thiadiazole)、2*H*-苯并吡喃(2*H*-benzopyran)、2-氯-1,2-二苯基-十六酮(2-chloro-1,2-diphenyl-hexadecanone)、环己醇(cyclohexanol)、环己烯(cyclohexene)、顺式-1,2,3,4,5,6-六甲酯基环己烷(*cis*-1,2,3,4,5,6-hexacarbmethoxy-cyclohexane)、1,2-双二甲苯基甲硅烷基乙烷(1,2-ambixylyl-silyl-ethane)、间伞花烃(*m*-cymene)、对草蒿脑(*p*-estragole)、对(异亚丙基-环丙基)-甲苯[*p*-(isopropylidene-cyclopropyl)-toluene]、2,3-二氢-3-甲基-4-氢-1,3-苯并噻嗪-2-硫-4-酮(2,3-dihydro-3-methyl-4-hydro-1,3-benzothiazin-2-sulf-4-one)、2,8-二甲基十一烷(2,8-dimethyl-undecane)、2,6,10-三甲基十一醛(2,6,10-trimethyl undecanal)、2,6,11-三甲基-十二烷(2,6,11-trimethyl-dodecane)、3,7,11-三甲基-1-十二醇(3,7,11-trimethyl-1-dodecanol)、3,7,11,15-四甲基-2-十六醇(3,7,11,15-tetramethyl-2-hexadecanol)、4-乙基(4*H*-1,2,4)-三氮杂茂[4-ethyl-(4*H*-1,2,4)-triazole]、4,6,6-三甲基-2,4-环己二烯-1-酮(4,6,6-trimethyl-2,4-cyclohexadien-1-one)、4,4-二乙基己醛(4,4-diethyl-hexanal)、4-羟基-5-甲基-3-苯二唑啉(4-hydroxy-5-methyl-3-benzodioxazoline)、5-(2-亚丁烯基)-4,6,6-三甲基-3-环己烯-1-醇[5-(2-butenyliden)-4,6,6-trimethyl-3-cyclohexadien-1-ol]、2,4,6-三(1,1-二甲基亚乙基)-4-甲基-2,5-环己二烯[2,4,6-tri(1,1-dimethyl-ethylidene)-4-methyl-2,5-cyclohexadiene]、1,1′-(1,2-环丁三醇基)-苯[1,1′-(1,2-cyclobutanetriol)-benzene]、1,5,8-三甲基-1,2-二氢化萘(1,5,8-trimethyl-1,2-dihydronaphthalene)、1,7-二甲基萘(1,7-dimethyl-naphthalene)、1,8-二甲基萘(1,8-dimethyl-naphthalene)、1-甲基亚乙基环己胺(1-methyl-ethyliden-cyclohexyl-amine)、1-戊炔-3-醇(1-pentyne-3-ol)、1-异丙氧基-2-丙醇(1-isopropoxy-2-propanol)、2,2,6-三甲基-环己酮(2,2,6-trimethyl-cyclohexanone)、2,3-环氧基-8-苯基-庚烷-1-醇(2,3-epoxy-8-phenyl-heptan-1-ol)、2,4-己二烯醛(2,4-hexadienal)、2,4-庚二烯醛(2,4-heptadienal)、2,4-辛二烯醇(2,4-octadienol)、2,4-癸二烯醛(2,4-decadienal)、2,6-二甲基-环己醇(2,6-dimethyl-cyclohexanol)、2,6,6-三甲基-1-环己烯-1-乙醛(2,6,6-trimethyl-1-cyclohexen-1-acetaldehyde)、2-甲基-6-亚甲基-2-辛烯(2-methyl-6-methylene-2-octene)、2-甲基-萘(2-methyl-naphthalene)、2-甲基蒽(2-methylanthracene)、2-戊基呋喃(2-pentylfuran)、2-己烯醛(2-hexenal)、2-庚酮(2-heptanone)、3-丁基-环己酮(3-butylcyclohexanone)、3-甲基氨基甲酸酯(3-methyl-amino-formate)、3-亚丁基-1(3*H*)-异苯并呋喃酮[3-butylidene-1(3*H*)-isobenzofuranone]、3,5-辛二烯-2-酮(3,5-octadien-2-one)、3,6-二甲氨基-s-四嗪(3,6-dimethylamino-s-tetrazine)、3,7-二甲基-6-辛烯-1-醇(3,7-dimethyl-6-octylen-1-ol)、4-(2-甲磺酰基)-乙基-3-庚烯[4-(2-methylsulfonyl)-ethyl-3-heptene]、4-庚烯醛(4-heptenal)、4-甲基-1-(1,5-二甲基-4-乙烯基)-苯[4-methyl-1-(1,5-dimethyl-4-vinyl)-benzene]、5-(2-亚丁烯基)-4,6,6-三甲基-3-环已烯-1-醇[5-(2-butenyliden)-4,6,6-trimethyl-3-cyclohexadien-1-ol]、7-甲基-3,4-辛二烯(3,4-octadiene, 7-methyl-)、8-十七烯(8-heptadecane)、9-亚甲基-9*H*-芴(9-methylene-9*H*-fluorene)、*N*, *N*-二甲基丁酰胺(*N*, *N*-dimethylbutyramide)、*S*-甲基-4-甲基-戊烯基-乙硫酯(*S*-methyl-4-methyl-pentenyl-ethylthioester)、α-环柠檬基叉丙酮(*E*)-4-(2,6,6-三甲基-2-环己烯-1-基)-3-丁烯-2-酮[α-cyclocitrylideneacetone(*E*)-4-(2,6,6-trimethyl-2-cyclohexen-1-yl)-3-buten-2-one]、α-紫罗兰酮(α-ionone)、α-已基-桂皮醛(α-hexyl-cinnamaldehyde)、β-芳樟醇(β-linalool)、β-大马士酮(β-damascenone)、β-环柠檬醛(β-cyclocitral)、β-石竹烯(β-caryophyllene)、β-红没药烯(β-bisabolene)、β-紫罗兰酮(β-ionone)、藏花醛(safranal)、香芹酚(carvacrol)、香橙烯(aromadendrene)、丁香酚甲醚(methyleugenol)、柠檬烯(limonene)、脱氢-对伞花烃(dehydro-*p*-cymene)、对-薄荷烯-1-3-酮(*p*-menth-1-en-3-one)、反式-香叶基丙酮(*trans*-geranylacetone)、反式-β-紫罗兰酮(*trans*-β-ionone)、桉叶-4(14)-烯-11-醇[eudesma-4(14)-en-11-ol]、桉叶-4(14),11-二烯[eudesma-4(14),11-diene]、法尼基丙酮(farnesyl acetone)、金合欢醇(farnesol)、苍术醇(hinesol)、六氢法尼基丙酮(hexahydrofarnesyl acetone)、己醛(hexanal)、庚醛(heptanal)、正已基水杨酸酯(n-hexyl salicylate)、正十七烷(heptadecane)、十七烷(heptadecane)、十八醛(octadecanal)、十九烷(nonadecane)、壬醛(nonanal)、橙花叔醇(nerolidol)、油酸(oleic acid)、棕榈酸(palmitic acid)、棕榈酸甲酯(methyl palmitate)、植醇(phytol)、硬脂酸(octadecanoic acid)、二十二烷酸(docosanoic acid)、二十五烷酸(pentacosanoic acid)、十四酸(tetradecanoic acid)、十四烯-1-醇(tetradecen-1-ol)、十五烷(pentadecane)、十六烷(hexadecane)、雪松醇(cedrol)、百里香酚(thymol)、三丁基磷酸酯(tributyl phosphate)、邻苯二甲酸二丁酯(dibutyl phthalate)、邻苯二甲酸二异丁酯(diisobutyl phthalate)、邻苯二甲酸二(2-乙基已基)-酯[bis(2-ethylhexyl)-phthalate]、2-羟基异丁酸(2-hydroxy-isobutyric acid)、1,1,6-三甲基四氢化萘(1,1,6-trimethyltetrahydro-naphthalene)、1,1,5,6-四甲基-2,3-二氢化茚(1,1,5,6-tetramethyl-2,3-dihydroindene)、3,3,6,6,9,9-六甲基-四环[6.1.0.0(2,4).0(5,7)]壬烷{3,3,6,6,9,9-hexamethyltetracyclo[6.1.0.0(2,4).0(5,7)]nonane}、芘(pyrene)、茴香脑(*p*-anethoe),其中主要香气成分为茴香脑(*p*-anethoe)等[1-5]。

感官特性 桑叶精油具清凉的清香。

应用情况 在医药上中具有润肺、止咳，降血压、血脂、血糖，抑菌消炎等功效。

参 考 文 献

[1] 刘新湘，梁逸曾．桑叶挥发油化学成分的 GC-MS 分析[J]．中国科技论文在线，2006，1(1)：79-82.

[2] 汪芳，吉力，刘元艳．桑叶挥发油的气相色谱–质谱联用分析[J]．中国中药杂志，2006，30(21)：1706-1707.

[3] 周永红，李伟光，王立升，等．桑叶挥发油化学成分的 GC-MS 分析[J]．广西科学，2005，12(1)：50-51.

[4] 孙莲，符继红，张丽静，等．新疆桑叶中挥发油化学成分的 GC/MS 分析[J]．中成药，2006，28(6)：860-865.

[5] 李冬生，王金华，胡征．桑叶挥发油的成分分析[J]．氨基酸杂志，2004，26(2)：29-31.

九 里 香

别　　名 七里香、石辣椒、九秋香、千里香、九树香、山黄皮、过山香、黄金桂、月橘、万里香。

英文名称 Murraya。

植物学名 *Murraya exotica* Linn.。

植物科属 芸香科　九里香属。

品种来源 九里香 *Murraya exotica* Linn. 的干叶和干嫩枝。

形态特征 九里香是芸香科九里香属绿色灌木植物，株高约 7～9m，树姿优美，枝叶秀丽，花香馥郁。一年生枝、新叶的叶轴以及花梗上有稀疏的细柔毛。叶片通常有小叶约 11 片，叶尖部位尖锐，两侧形状对称也有不对称，干燥后呈暗褐色或黑色，油点微凸起，侧脉隐约可见。九里香花期约在 8～9 月，花序为伞房聚伞状，乳白色的花。萼片及花瓣均近 4 片，萼片在根基部位合生，卵形，长度不大于 1mm；花瓣近乳白色，长椭圆形，长约 5mm，上面有油点。雄蕊约 8 枚，长短不一，花丝纤细，长约 4mm；子房椭圆形，长约 1mm，花柱柱头不增大，长约 2mm。果实为淡红色，油点较多，圆球形，干燥后变为棕褐色，约有 2 粒种子；种皮平滑，呈膜质，浆果果肉呈红色，近圆形，果熟期在 11～12 月。

主要分布 主要分布在我国的湖南南部、广东西部、广西北部、云南南部、贵州西部、福建东部、海南、台湾等地区。

利用部位 花或果实或叶。

理化特性 无色或淡黄色液体，花或果实或叶的出油率约为 0.27%。九里香精油理化参数如下表所示。

表　九里香精油理化参数

理化参数	九里香精油
相对密度(20℃)	0.899
折光指数(20℃)	1.486
旋光度(20℃)	+15.4°

香气成分　九里香精油的香气成分是：

香树醇(aromadendrol)、β-石竹烯(β-caryophyllene)、石竹烯(caryophyllene)、柠檬醛(citral)、古巴烯(copaene)、α-荜澄茄烯(α-cubebene)、2-蒈烯(2-carene)、α-金合欢烯(α-farnesene)、吉玛烯B(germacrene B)、吉玛烯D(germacrene D)、1-十七醇(1-heptadecanol)、芳樟醇(linalool)、2-甲基-5-(1,5-二甲基-4-乙烯基)-1,3-环己二烯[2-methyl-5-(1,5-dimethyl-4-vinyl)-1,3-cyclohexadiene]、1-甲基-4-(5-甲基-1-亚甲基-4-己烯基)-环己烯[1-methyl-4-(5-methyl-1-methylene-4-hexenyl)-cyclohexene]、4-甲基-1-(1,5-二甲基-4-乙烯基)-苯[4-methyl-1-(1,5-dimethyl-4-vinyl)-benzene]、辛烷(octane)、2,6-二甲基-6-(4-甲基-3-戊烯基)-双环[3.1.1]庚-2-烯{2,6-dimethyl-6-(4-methyl-3-pentenyl)-bicyclo[3.1.1]hept-2-ene}、反式-7,11-二甲基-3-亚甲基-1,6,10-十二烷三烯(*trans*-7,11-dimethyl-3-methylene-1,6,10-dodecatriene)、3,7,11-三甲基-1,6,10-十二碳三烯-3-醇(3,7,11-trimethyl-1,6,10-dodecatrien-3-ol)，其中主要香气成分是β-石竹烯(β-caryophyllene)等[1-3]。

感官特性　九里香精油具果香和花香。

应用情况　九里香精油是化妆品香精、食品香精的核心香原料之一。其叶常被用作调味香料，果实还具有药用价值。

管理及参照标准　九里香(*Murraya exotica* Linn.)的管理及参照标准参见《中国药典》2010版一部。

参考文献

[1] 谢凤指，明东升，陈若云，等．广西九里香化学成分研究[J]．药学学报，2000，7(11)：826-828.

[2] 姜平川，周军，曹斌，等．九里香挥发油成分研究[J]．中药材，2009，32(8)：1224-1227.

[3] 刘江琴，庄海旗，蔡春，等．九里香叶与花中挥发油成分研究[J]．广东医学院学报，1997，1(1)：80-81.

香　桃　木

别　　名　桃金娘。

英文名称　Myrtle。

植物学名 *Myrtus communis* L.。

植物科属 桃金娘科 香桃木属。

品种来源 香桃木 *Myrtus communis* L. 的叶。

形态特征 香桃木是桃金娘科香桃木属常青灌木，株高约达 2 ~ 3m，主干茎笔直，上端分枝众多，小枝生长密集。叶片对生，质地革质，呈椭圆形，表面光泽，颜色碧绿，长约 4cm，揉搓后散发出香味。其花朵腋生，花色洁白，香气芬芳，花期在 5 ~ 6 月。果实为浆果，呈圆状，颜色黑紫，成熟期在 11 ~ 12 月，种子呈长椭圆状。

主要分布 香桃木主要分布于印度尼西亚、印度、马来西亚、菲律宾、斯里兰卡，以及我国台湾、广西、云南、湖南、贵州、广东、福建等地。它喜湿润、温暖的气候，喜光，萌芽力强，耐修剪，病虫害少，常生于海拔较高的区域，在丘陵坡地生长较为普遍。

利用部位 叶。

理化特性 香桃木精油主要采用水蒸气蒸馏方法蒸馏，得率约 0.3%，淡黄色油状体。

理化参数 香桃木精油理化参数如下表所示。

表 香桃木精油理化参数

理化参数	香桃木精油
相对密度(20℃)	0.8656 ~ 0.8987
折光指数(20℃)	1.453 ~ 1.485
旋光度(20℃)	+15° ~ +30°
酸值	≤2.7
酯值(%)	16 ~ 34
含醇量(%)	9 ~ 21
溶解度	1∶8 溶于 80% 乙醇，1∶0.5 溶于 90% 乙醇

香气成分 香桃木精油精油的香气成分是：

α-蒎烯(α-pinene)、α-水芹烯(α-phellandrene)、α-萜品烯(α-terpinene)、α-萜品醇(α-terpineol)、α-乙酸松油酯(α-terpinyl acetate)、α-律草烯(α-humulene)、β-蒎烯(β-pinene)、β-月桂烯(β-myrcene)、β-石竹烯(β-caryophyllene)、1,8-桉叶油素(1,8-cineole)、2,4-二甲基-3-戊丙酮(2,4-dimethyl-3-penteacetone)、4-萜品醇(4-terpineol)、乙酸芳樟酯(linalyl acetate)、乙酸桃金娘烯酯(myrtenyl acetate)、乙酸橙花酯(neryl acetate)、乙酸香叶酯(geranyl acetate)、丁醚脲(myrtanyl acetate)、对聚伞花素(*p*-cymene)、对罗勒烯(*p*-ocimene)、f-3-蒈烯(f-3-carene)、γ-萜品烯(γ-terpinene)、芳樟醇(linalool)、芳樟醇氧化物(linalool oxide)、香叶醇(geraniol)、松香芹醇(pinocarveol)、松香芹

乙酯(pinocarveyl acetate)、柠檬烯(limonene)、萜品油烯(terpinolene)、桃金娘烯醇(myrtenol)、橙花醇(nerol)、止泻三烯甘油酯(hotrienol)、石竹烯氧化物(caryophyllene oxide)、葎草烯氧化物(humulene oxide)、甲基丁子香酚(methyl eugenol)、异丁酸异丁酯(hexyl-isobutyrate)。其中主要成分为1,8-桉叶油素(1,8-cineole)、芳樟醇(linalool)、桃金娘烯醇(myrtenol)、乙酸芳樟酯(linalyl acetate)和乙酸桃金娘烯酯(myrtenyl acetate)等[1-2]。

感官特性 香桃木精油具有香桃木特征香气，口感苦涩、辛辣。

应用情况 干叶片和精油在酒香料中使用。

管理及参照标准 香桃木(*Myrtus communis* L.)叶精油管理及参照标准见：COE 300；Nat 1；FDA 172.510；GB 2；IOFI和CAS 8008-46-6等。

参考文献

[1] 张承曾．天然香料手册[M]．北京：中国轻工业出版社，1989.

[2] 左安连，姚雷．香桃木不同生长期及干鲜叶精油成分分析[J]．上海交通大学学报：农业科学版，2006，24(4)：349-353.

水　仙

别　　名 俪兰、雅蒜、天葱。

英文名称 Narcissus。

植物学名 *Narcissus tazetta var. chinensis* M. Roener。

植物科属 石蒜科　水仙属。

品种来源 水仙 *Narcissus tazetta var. chinensis* M. Roener 的花。

形态特征 水仙是石蒜科水仙属多年生草本植物。鳞茎呈椭圆球形，基生叶，叶片长约40cm，宽约1.5cm，直立扁平质厚，先端呈椭圆，粉绿色。花茎扁平，中空，伞状花序，自叶丛中伸长出，花约6朵，白色花瓣，浅杯状副花冠呈鹅黄色，香气宜人，花梗下垂，重瓣。

主要分布 我国东南沿海温暖湿润地区及昆明、广东、武汉、成都、广西等地均有栽培。

利用部位 花。

理化特性 水仙花精油主要采用水蒸气蒸馏方法蒸馏，得油率约0.2%，呈淡黄色油状体。

理化参数 水仙花精油理化参数如下表所示。

表　水仙花精油理化参数

理化参数	水仙花精油
相对密度(20℃)	0.9610～0.9819
折光指数(20℃)	1.4883～1.5154
旋光度(20℃)	-56～+0°

续表

理化参数	水仙花精油
酸值	52～64
酯值(%)	>50
溶解度	1∶8 溶于80%乙醇

香味成分 水仙花精油的香气成分为：

乙酸-3-甲基-2-丁烯酯[2-buten-1-ol，3-methyl-，1-acetate]、β-蒎烯(β-pinene)、β-月桂烯(β-laurelene)、1,2-二甲基-1,5-环辛二烯(1,2-dimethyl-1,5-cyclooctadiene)、桉树脑(cineole)、(*E*)-罗勒烯[(*E*)-ocimene]、(*Z*)-罗勒烯[(*Z*)-ocimene]、1-甲基-4(1-甲基乙烯)-环己烯[1-methyl-4-(1-methylethenyl)cyclohexene]、芳樟醇(linalool)、(*E*，*E*)-2,6-二甲基-1,3,5,7-辛四烯[(*E*，*E*)-2,6-dimethyl-1,3,5,7-octatetracene]、1,3,5,5-四甲基-1,3-环己二烯(1,3,5,5-tetramethyl-1,3-cyclohexadiene)、(*E*，*Z*)-2,6-二甲基-2,4,6-辛三烯[(*E*，*Z*)-2,6-dimethyl-2,4,6-octatriene]、乙酸苯甲酯(methyl phenylacetate)、(*Z*)-丁酸-3-己烯酯[*cis*-(*Z*)-3-hexenyl ester]、α，α，4-三甲基-3-环己烯甲醇(α，α，4-trimethylcyclohex-3-en-methanol)、苯丙醇(phenylpropanol)、乙酸苯乙酯(phenylethyl acetate)、异氰基甲苯(isocyan omethyl benzene)、吲哚(indole)、2-苯丙烯醇(2-cinnamyl alcohol)、2，2-二甲基丙酸苯乙酯(ethyl 2，2-dimethylphenylacetate)、肉桂醇(cinnamyl alcohol)、乙酸苯丙酯(3-phenylpropyl acetate)、肉桂酸乙酯(ethyl cinanmate、ethyl cinnamate)、正十四烷(tetradecane，*n*-tetradecane)、苯乙酸-2-丙烯酯(2-propenylphenylacetate)、2-甲基苯乙酮(2-methyl acetophenone)、正十五烷(pentadecane)、2,6-二叔丁基-4-异丁基苯酚(2,6-di-tert-butyl-4-isobutyl phenol)、癸酸癸酯(capricaciddecylester)、2,6,10-三甲基十四烷(2,6,10-trimethyltetradecane)、苯甲酸苯甲酯(benzoic acid benzyl ester)、4-十八烷基吗啉(4-alkyl morpholine)和酞酸二丁酯(di-*n*-butylphthalate)等。其中主要的香气成分为(*Z*)-罗勒烯[(*Z*)-ocimene]、芳樟醇(linalool)、(*E*，*Z*)-2,6-二甲基-2,4,6-辛三烯[(*E*，*Z*)-2,6-dimethyl-2,4,6-octatriene]、乙酸苯甲酯(benzyl acetate)、乙酸苯乙酯(phenylethyl acetate)和乙酸苯丙酯(phenylpropyl acetate)等[1,2]。

感官特性 水仙花精油具有清幽的花香和清甜香气。

应用情况 水仙花精油在高档化妆品香料的配方中使用。

管理及参照标准 水仙花(*Narcissus tazetta var. chinensis* M. Roener)精油管理及参照标准见：Nat 1；CAS 8027-75-4；IOFI 和 RIFM 等。

参考文献

[1] 戴亮，杨兰苹，郭友嘉，等. 漳州水仙花精油的化学成分研究[J]. 色谱，1990，8(6)：377-380.

[2] 彭爱铭，彭镇华，高健. β-葡萄糖苷酶和醇酰基转移酶对中国水仙花挥发性成分的影响[J]. 安徽农业大学学报，2011，38(1)：101-105.

酸　橙

别　　名　苦橙、皮头橙、钩头橙。

英文名称　Neroli Bigarade。

植物学名　*Citrus aurantium* L. 。

植物科属　芸香科　柑橘属。

品种来源　酸橙 *Citrus aurantium* L. 的花。

形态特征　酸橙，芸香科柑橘属，株高约10m的乔木植物，枝叶茂密且多刺；叶片多呈暗绿色、椭圆形状；花为白色五瓣花型，基部合生成多束，大小不等，花径约3cm，雄蕊约20枝；果为圆球形，未成熟的果呈翠绿色，成熟时转为明黄色，油胞大小不等，凹凸不平，中果皮海绵状；内果皮肉质由瓢囊约12瓣组成，果肉味酸或发苦；肋状棱种子多且大；花期约在每年4～5月，果实成熟期约在每年9～10月。

主要分布　酸橙主要分布产于印度东北部、中亚地区和我国华南等地区。在我国种植的地区包括贵州罗甸、册亨，福建莆田、建阳，四川江安，湖北宜昌，重庆忠县、长寿，广西荔浦，广东韶关，江西寻乌等地。

利用部位　花。

理化特性　酸橙花精油主要采用水蒸气蒸馏方法蒸馏，得油率约0.3%，淡黄色油状体。

理化参数　酸橙花精油理化参数如下表所示。

表　酸橙花精油理化参数

理化参数	酸橙花精油
相对密度(20℃)	0.8756～0.8814
折光指数(20℃)	1.4672～1.4716
旋光度(20℃)	+2.1°～+6.2°
酸值	<20
酯值(%)	20～40
溶解度	1∶2于80%乙醇中

香味成分　酸橙花精油的香气成分为：

α-蒎烯(α-pinene)、莰烯(camphene)、甲基庚烯酮(5-hepten-2-one，6-methyl-)、β-蒎烯(β-pinene)、β-月桂烯(β-myrcene)、4(10)-崖柏烯[4(10)-thujene]、α-水芹烯(α-phellandrene)、3-蒈烯(3-carene)、邻-伞花烃(*o*-cymene)、柠檬烯(limenen)、β-顺式罗勒烯(β-*cis*-ocimene)、γ-松油烯(γ-terpinene)、5-异丙基-2-甲基二环[3. 1. 0]已烷-2-醇{5-isopropyl-2-methylbicyclo[3. 1. 0]hexan-2-ol}、芳樟醇(linalool)、苯乙腈(benzyl nitrile)、反式-1-甲基-4-(甲基乙基)-2-环已烯-1-醇(*trans*-1-methyl-4-(1-methylethyl)-2-cyclohexen-1-ol)、顺式-1-甲基-4-(甲基乙基)-2-环已烯-1-醇[*cis*-1-methyl-4-(1-methylethyl)-2-cyclohexen-1-ol]、(*E*)-2-壬烯醛[(*E*)-2-nonenal]、异龙脑(isoborneol)、4-松油醇(4-terpineol)、α-松油醇(α-terpineol)、顺式–薄荷醇(*cis*-piperitol)、反式–薄荷醇(*trans*-piperitol)、3,7-二甲基-2-辛烯-1-醇(3,7-dimethyl-2-octen-1-ol)、橙花醇(nerol)、*E*-2-十四烯-1-醇(*E*-2-tetradecen-1-ol)、4,4-二甲基戊-2-烯醛(4,4-dimethylpent-2-enal)、4-叔丁基环已基乙酸酯(4-tert-butylcyclohexylacetate)、邻氨基苯甲酸甲酯(anthranilic acid, methyl ester)、4-苄氧基苯乙酮[4-(benzyloxy)acetophenone]、茉莉酮(jasmone)、石竹烯(caryophyllene)、香叶基丙酮(6,10-dimethyl-5,9-undecadien-2-one)、(*Z*)-β-金合欢烯[(*Z*)-β-farnesene]、α-葎草烯(α-caryophyllene)、金合欢烯(farnesene)、2-甲酰基氨基苯甲酸甲酯(methyl 2-formylamino benzonate)、橙花叔醇(nerolidol)、石竹素(caryophyllene oxide)、桃醛(tetradecylaldehyde)、斯巴醇(spathulenol)、β-甜橙醛(β-Sinensal)、金合欢醇(farnesol)、十三醛(tridecanal)、金合欢醇异构体(farnesol isomer)、反式–金合欢醛(*trans*-farnesal)、α-甜橙醛(α-sinensal)、乙酸金合欢酯(farnesyl acetate)、反式乙酸金合欢酯(*tran*- farnesyl acetate)、植酮(6, 10, 14- trimethyl- 2-pentadecanone)、(*Z*)-9,17-十八二烯醛[(*Z*)-9,17-octadecadienal]、9-十六烯醛(*cis*-9-hexadecenal)、9-十六烯醛(*cis*-9-hexadecenal)等。其中主要香气成分为4(10)-崖柏烯[4(10)-thujene]、3-蒈烯(3-carene)、邻伞花烃(*o*-cymene)、柠檬烯(limenen)、β-顺式罗勒烯(β-*cis*-ocimene)、γ-松油烯(γ-terpinene)、芳樟醇(linalool)、4-松油醇(4-terpineol)和橙花醇(nerol)等[1]。

感官特性 酸橙花精油具有淡雅的花香和果甜香，香气透发力强，留香时间不长。

应用情况 酸橙花精油常用于日用化工、食用香料的加香，在食品加工和医药产品等领域广泛应用。酸橙花精油在花香型、东方型香水、花露水、香皂、古龙型、化妆品的香精中作为头香剂得到很好的应用。

管理及参照标准 酸橙花(*Citrus aurantium* L.)油精的管理及参照标准见：FDA 182. 20；IOFI；GB 2；Nat 1；FEMA 2855；FCC Ⅲ；RIFM；CAS 8014-17-3；EOA 3 和 ORAS(Ⅱ)等。

参考文献

[1] 黄胜阳，胡世林，石建功，等. 酸橙花化学成分研究[J]. 中药材，2001，24(12)：865-867.

肉 豆 蔻

别 名 玉果、肉果、顶头肉。

英文名称 Nutmeg。

植物学名 *Myristica fragrans* Houttuyn。

植物科属 肉豆蔻科 肉豆蔻属。

品种来源 肉豆蔻 *Myristica fragrans* Houttuyn 的坚果。

形态特征 肉豆蔻，肉豆蔻科肉豆蔻属，株高约 15 ~ 20m、细长幼枝的绿色小乔木。叶近革质，椭圆形活披针形，先端尖，基部呈椭圆形，正、背面光滑；叶柄长约 10mm；侧脉约 10 对。雄花序长约 2cm 光滑无毛，花长约 6mm；花被裂片呈状卵三角形，外面密被有淡灰褐绒毛；雌花序比雄花序长；梗壮实、花约 2 朵；花长约 6mm，花直径约为 5mm；花被裂片，外部密被绒毛；雄花梗比雌花的略长；小苞片花被基部着生，脱落后具环形疤痕；椭圆形子房，外部密被棕色绒毛，短花柱，柱头 2 裂。种子呈卵圆形；子叶短、蜷曲，基部生。

主要分布 肉豆蔻原产马鲁古群岛，主要分布于热带地区，如东南亚、澳洲及加勒比海等地的绿色植物，在印度尼西亚和格林纳达产量最大。我国广西、四川等地有栽培。

利用部位 坚果。

理化特性 肉豆蔻精油主要采用水蒸气蒸馏方法蒸馏，得油率约 10%，淡黄色油状体。

理化参数 肉豆蔻精油理化参数如下表所示。

表 肉豆蔻精油理化参数

理化参数	肉豆蔻精油
相对密度(20℃)	0.853 ~ 0.954
折光指数(20℃)	1.4545 ~ 1.4562
旋光度(20℃)	+5° ~ +334°
溶解度	1∶3 在 90% 乙醇中

香味成分 肉豆蔻精油的香气成分为：

苯乙烷(ethylbenzene)、间二甲苯(*m*-xylene)、邻二甲苯(*o*-xylene)、3-崖柏烯(3-thujene)、α-蒎烯(α-pinene)、莰烯(camphene)、β-水芹烯(β-phellandrene)、β-蒎烯(β-pinene)、β-香叶烯(β-myrcene)、α-水芹烯(α-phellandrene)、3-蒈烯(3-carene)、α-松油烯(α-terpinene)、间异丙基甲苯[benzene, 1-methyl-3-(1-methylethyl)-]、柠檬烯(limonene)、罗勒烯(ocimene)、4,7-二甲基十一烷(4,7-dimethylundecane)、2,4,6-三甲基辛烷(2,4,6-trimethyldecane)、γ-松油烯(γ-terpinene)、β-松油醇(β-terpilenol)、异松油烯(terpinolene)、芳樟醇(linalool)、异戊酸异戊酯(isoamyl isovalerate)、小茴香醇(fenchylalcohol)、反式-1-甲基-4-异丙基-2-环已烯-1-醇[2-cyclohexen-1-ol, 1-methyl-4-(1-methylethyl)-, *trans*-]、顺式-1-甲基-4-异丙基-2-环已烯-1-醇[2-cyclohexen-1-ol, 1-methyl-4-(1-methylethyl)-, *cis*-]、4-萜品醇(4-terpineol)、正十四烷(tetradecane)、α-松油醇

(α-terpilenol)、顺式-3-甲基-6-异丙基-2-环己烯-1-醇[2-cyclohexen-1-ol，3-methyl-6-(1-methylethyl)-，*cis*-]、反式-3-甲基-6-异丙基-2-环己烯-1-醇[2-cyclohexen-1-ol，3-methyl-6-(1-methylethyl)-，*trans*-]、乙酸异龙脑酯(isobomyl acetate)、黄樟脑(safrole)、3-甲基十三烷(3-methyl tridecane)、乙酸香茅酯(citronellyl acetate)、丁香酚(eugenol)、4-甲基十五烷(4-methylpentadecane)、可巴烯(copaene)、(*E*)-丙酸叶醇酯(2,6-octadien-1-ol，3,7-dimethyl-，propanoate)、甲基丁香酚(methyleugenol)、月桂醛(lauraldehyde)、石竹烯(caryophyllene)、β-荜澄茄苦素(β-cubebene)、α-佛手柑油烯(α-bergamotene)、十五烷(pentadecane)、十九烷(nonadecane)、2,6-二叔丁基对甲酚(butylated hydroxytoluene)、(*E*)-2-甲氧基-4-(1-丙烯基苯酚)[phenol，2-methoxy-4-(1-propenyl)-*E*-]、β-没药烯(β-bisabolene)、二十一烷(heneicosane)、γ-榄香烯(γ-elemene)、异甲基丁香酚(methylisoeugenol)、4-甲基－十五烷(4-methylpentadecane)、β-杜松烯(β-cadinene)、棕榈酸(palmitic acid)、贝壳杉烯(kaurene)等。其中主要香气成分为肉豆蔻醚(myrisicin)和榄香素(elemicin)等[1-4]。

感官特性 肉豆蔻精油具有清甜温和的辛香；香气丰厚、飘逸；木香底韵。

应用情况 肉豆蔻精油是重要的食品辛香料，可用于食品、饮料、罐头等香精的重要香原料；还可用于调味品、酱汁及肉类香精加香的重要香原料；亦用于食品加工，特别是肉类食品，番茄酱食品、饮料等的加香。

在古龙水、男用香水、化妆品、香皂和牙膏等日用香精中得到很好的应用。

管理及参照标准 肉豆蔻(*Myristica fragrans* Houttuyn)油精的管理及参照标准见：FEMA 2792，2793；FDA 182.10，182.20；COE 296；Nat 1；IOFI；GB 2；SLR PB；IFRA R；CAS 8008-45-5；FCC Ⅲ；ISO 3215，4734；RIFM；和GRAS(Ⅰ)、(Ⅱ)等。

参考文献

[1] 王莹，杨秀伟，陶海燕，等．商品肉豆蔻挥发油成分的GC-MS分析[J]．中国中药杂志，2004，29(4)：339-342.

[2] 卢金清，李雨玲，李婷，等．肉豆蔻挥发油化学成分的GC-MS分析[J]．西北药学杂志，2012，27(3)：202-204.

[3] 黄鑫，杨秀伟．不同炮制品肉豆蔻挥发油成分的GC-MS分析[J]．中国中药杂志，2007，32(16)：1669-1675.

[4] 王莹，杨秀伟．印度尼西亚产肉豆蔻挥发油成分的GC-MS分析[J]．中华中医药杂志，2007，22(9)：603-606.

马 尾 松

别　　名 红松、湿地松、松树、青松。

英文名称 Oleum terebinthinae。

植物学名 *Pinus massoniana* Lamb。

植物科属 松科 松属。

品种来源 马尾松 *Pinus massoniana* Lamb. 渗出的油树脂，经蒸馏或提取得到的挥发油。

形态特征 马尾松，松科松属，株高约 25 ~ 45m 茎粗壮，直径可达 1m，茎皮红褐色，裂成不规则鳞甲状型，裂隙褐色。枝轮生，小枝壮，淡黄色或灰黄色；冬芽呈宽椭圆形或圆柱形，先端钝尖微反曲，褐色。深绿色叶，2 针一束，稀 3 针一束，呈针形，长约 13cm，针叶径约 1.5mm；边缘具细齿，两面有气孔线；叶鞘初时灰色，渐变成暗灰色。圆柱形雄球花序，长约 1.3cm，新嫩枝上聚生成穗状；阔卵形雌球花序，长约 7mm，淡紫红色，着生于当年新嫩枝上。球果呈卵形或圆球形，长约 6cm，具短梗，弯垂向下，成熟后呈浅黄色或浅棕黄色；中部种鳞似长圆形倒卵状，长约 1.8cm，鳞盾厚实，微隆起，呈菱状多角形，横脊，鳞脐凸起具尖刺。

主要分布 马尾松分布于我国南方多地，如广西、浙江、广东、四川、贵州、湖北、湖南等。

利用部位 松脂。

理化特性 松节油是通过蒸馏作用或其他方法从松柏科植物的松脂所提取的液体。松节油理化参数如下表所示。

表 松节油理化参数

理化参数	松节油
外观、色状	无色至微黄色的澄清液体
香气	木香特异，久贮或暴露空气中，木香渐增强，色渐变黄
混溶度(25℃)	易溶于乙醇，与氯仿、乙醚或冰醋酸能任意混合，不溶于水
相对密度(25℃)	0.852 ~ 0.873
折光指数(25℃)	1.464 ~ 1.475

香气成分 松节油的香气成分是：

α-蒎烯(α-pinene)、β-蒎烯(β-pinene)、α-侧柏烯(α-thujene)、莰烯(camphene)、3-蒈烯(3-carene)、香桧烯(sabinene)、月桂烯(myrcene)、α-水芹烯(α-phellandrene)、对伞花烃(*p*-cymene)、β-水芹烯(β-phellandrene)、γ-松油烯(γ-terpinene)、异松油烯(terpinolene)、反式-松香芹醇(*trans*-pinocarveol)、葑醇(fenchol)、α-雪松烯(α-cedrene)、长叶烯(longifolene)、β-石竹烯(β-caryophyllene)、吉玛烯 D(germacrene D)、δ-杜松烯(δ-cadinene)、柠檬烯(limonene)、别罗勒烯(alloocimene)、α-松油醇(α-terpineol)、龙脑(borneol)、雪松烯(cedrene)、β-檀香烯(β-santalene)、β-榄香烯(β-elemene)、2,6-二甲基-4-辛烯(2,6-dimethyl-4-octene)、三环烯(tricyclene)、蒈烷(carane)、γ-松油烯(γ-terpinene)、2-蒈烯(2-carene)、1-葑酮(1-fenchone)、β-芳樟醇(β-linalool)、2,6-二甲基-2,4,6-辛三烯(2,6-dimethvl-2,4,6-octatriene)、樟脑(camphor)、α, α,4-三甲基-环己甲醇(α,α,4-trimethyl-cyclohexyl-methanol)、4-丙基-1,6-庚烯-4-醇(4-propyl-1,6-heptadien-4-ol)、对盖烷-8-醇(*p*-menthan-8-ol)、γ-松油醇(γ-terpineol)、α-长叶蒎烯(α-longipinene)、异长叶蒎烯(isolongipinene)、八氢-4-甲基-8-亚甲基-7-(1-甲基乙基)-1,4-亚甲基-1*H*-茚[octahydro-4-methyl-8-methylene-7-(1-methylethyl)-1,4-methylene-1*H*-indene]、石竹烯(caryophyllene)、3,7-二甲基-3-亚甲基-1,6,10-十二碳三烯(3,7-dimethyl-3-methylene-1,6,10-dodecatriene)、3,7-二甲基-1,3,6-辛三烯(3,7-dimethyl-1,3,6-octatriene)、1,2-环氧-对-薄荷-8-烯(1,2-epoxy-*p*-mentha-8-ene)、对-薄荷-1-烯(*p*-mentha-1-ene)、桃金娘烯醇(myrtenol)、马鞭草烯醇(verbenol)、葎草烯(humulene)、β-金合欢烯(β-farnesene)、1-甲基-4-(1-异丙基)-10-亚甲基-三环[4.3.1.0]癸烷{1-methyl-4-(1-isopropyl)-10-methylene-tricyclo[4.3.1.0]decane}、2-甲基-5-异丙基-双环[3.1.0]已-2-烯{2-methyl-5-isopropyl-bicyclo[3.1.0]hex-2-ene}、间-薄荷-4,8-二烯(*m*-mentha-4,8-diene)、4-蒈烯(4-carene)、9,10-二氢环异长叶烯(9,10-dihydrocycloiso-longifolene)和异海松二烯-3-酮(isopimaradiene-3-one)等。其中主要的香气成分是α-蒎烯(α-pinene)和β-蒎烯(β-pinene)等[1-4]。

感官特性 松节油是透明无色具有木香的液体，透发性强、留香时间短。

应用情况 用于合成药理活性物质、合成日化香料、合成农用及家用生物活性物，还可用于合成功能材料。

管理及参照标准 马尾松(*Pinus massoniana* Lamb.)松节油的管理及参照标准见《中华人民共和国药典》2010 版一部和 GB/T 12901—2006。

参考文献

[1] 毕跃蜂，郑晓珂，刘宏民，等．马尾松松针化学成分的研究[J]．药学学报，2001，36(11)：832-835.

[2] 郝强，哈成勇．南方马尾松松针挥发油成分的气相色谱/质谱分析[J]．分析化学，2000，28(3)：300-302.

[3] 赵成华，伍德明．马尾松针叶中挥发性成分的鉴定及其对马尾松毛虫的触角电位反应[J]．林业科学，1995，31(2)：125-131.

[4] 申长茂，段文贵，岑波，等．广西产马尾松与湿地松针叶精油化学成分的比较[J]．色谱，2006，24(6)：619-624.

洋 葱

别　　名 葱头、珠葱、玉葱。

英文名称 Onion。

植物学名 *Allium cepa* L.。

植物科属 百合科　葱属。

品种来源 洋葱 *Allium cepa* L. 的球茎。

形态特征 洋葱，百合科葱属，株高约 70~80cm 的草本植物，是人们生活的果蔬品种之一，一般分为扁球形、圆球形、卵圆形及纺锤形。按洋葱皮色的颜色，可分为白皮、黄皮和红皮三种：白皮种鳞茎小，外表白色或略带绿色，扁球形，果径约7cm，肉质柔嫩，汁多味为浅辣，品质佳，适于生食。黄皮洋葱棕黄色至浅黄色，果呈扁圆形，果径约8cm，鳞片肉质，葱皮组织紧密，果肉柔软、组织中挥发性成分较多，品质较好，其味较辣，少生食。红皮洋葱外表深紫色，鳞片肉质略带红色，果呈球形，果径约9cm，较其他两种略大。

主要分布 洋葱分布很广，各地均有栽培，是我国人们生活的主要蔬菜之一。我国的种植区域主要是山东、新疆、甘肃、内蒙古、四川、贵州、湖南、广东、广西等地。

利用部位 果茎。

理化特性 洋葱精油是将果茎经水蒸气蒸馏而得的淡黄色液体，得油率约0.2%。

理化参数 洋葱精油理化参数如下表所示。

表 洋葱精油理化参数

理化参数	洋葱精油
相对密度(15℃)	1.055～1.082
折射率(20℃)	1.5234～1.5394
旋光度(20℃)	+1°54′～+3°45′
酸值	10～18.8
溶解度	1∶10于95%乙醇中

香味成分 洋葱精油的香气成分为：

二甲基二硫醚(dimethyldisulfide)、巯基丙酮(mercaptoacetone)、1,2-丙二硫醇(1,2-propanedithiol)、二丙基二硫醚(dipropyldisulfide)、2,5-二甲基噻吩(2,5-dimethylthiophene)、2,4-二甲基噻吩(2,4-dimethylthiophene)、甲基丙基二硫醚(methylpropyldisulfide)、1,2-丁二硫醇(1,2-butanedithiol)、1-2-呋喃-1-丙酮[1-(2-furanyl)-1-propanone]，庚硫醇(1-heptanethiol)、3,4-己二硫醇(3,4-hexadithiol)、顺-1,4-环己二硫醇(*cis*-1,4-cyclohexadithiol)、反-1,4-环己二硫醇(*trans*-1,4-cyclohexadithiol)、顺-2-甲基-5-乙基-1,3,4-三噻烷(*cis*-5-ethyl-2-methyl-1,3,4-trithiane)、反-2-甲基-5-乙基-1,3,4-三噻烷(*trans*-5-ethyl-2-methyl-1,3,4-trithiane)、2,2-二甲硫基丙烷[2,2-bis-(methylsulfanyl)propane]、顺-3,4-二乙基-1,2,5-三噻烷(*cis*-3,4-diethyl-1,2,5-trithiane)、反-3,4-二乙基-1,2,5-三噻烷(*trans*-3,4-diethyl-1,2,5-trithiane)、2,7-二甲基-2,7-二辛硫醇(2,7-dimetyl-2,7-dioctmercaptan)、顺-4-烯丙基苯并三噻烷(*cis*-4-propenyl benzotri-thioane)、反-4-烯丙基苯并三噻烷(*trans*-4-propenylbenzotrithioane)和2,2,4,4,6,6-六甲-1,3,5-三噻烷(2,2,4,4,6,6-hexamethyl-1,3,5-trithiane)等。其中主要的香气成分为2-乙基-2-丁烯醛(2-ethyl-2-butenal)、2,4-二甲基噻吩(2,4-dimethylthiophene)、1,2-丁二硫醇(1,2-butane-dithiol)、顺-3,4-二乙基-1,2,5-三噻烷(*cis*-3,4-diethyl-

1,2,5-trithiane)、反-3,4-二乙基-1,2,5-三噻烷(*trans*-3,4-diethyl-1,2,5-trithiane)和2,7-二甲基-2,7-二辛硫醇(2,7-dimetyl-2,7-dioctmer-captan)等[1-3]。

感官特性 洋葱精油具有强烈、持久的尖刺辛香，有催泪作用，稀释后留有硫黄不快气息，留香持久。

应用情况 洋葱果茎主要供食用，其精油可用于软饮料、冰制品、糖果、焙烤食品、调味品、肉类、腌制品等的加香香原料。

管理及参照标准 洋葱(*Allium cepa* L.)精油的管理及参照标准见：FDA 182.20；FEMA 2817；IOFI；GB 1；COE 24；Nat 1；FCC Ⅲ；EOA 183和GRAS(Ⅱ)等。

参考文献

[1] 魏永生，杨振，郑敏燕，等.GC/MS研究洋葱挥发油的化学成分[J].西北农业学报，2006，15(5)：195-197.

[2] 王依春，王锡昌.同时蒸馏萃取和固相微萃取与气相色谱-质谱法分析洋葱的挥发性风味成分[J].现代食品科技，2007，23(1)：87-90.

[3] 李杰红，陈代武.微波辅助萃取和气质联用技术测定洋葱中挥发性成分[J].化学与生物工程，2007，24(2)：75-76.

香根鸢尾

别　　名 紫蝴蝶、乌鸢、蓝蝴蝶。

英文名称 Orris。

植物学名 *Iris pallida* Lamarck。

植物科属 鸢尾科　鸢尾属。

品种来源 香根鸢尾 *Iris pallida* Lamarck的根。

形态特征 香根鸢尾是鸢尾科鸢尾属多年生草本植物。茎粗大而肥厚、呈扁圆形，茎径约为2cm、黄色；须根壮实、淡黄白色；叶呈深绿色、剑状、长约50~60cm、宽约3cm、顶端尖、无中脉，绿色花茎光滑、高70~80cm、花径约1.5cm、花大、呈深蓝色、紫色或淡紫红色，种子光滑，呈深棕色，椭圆状。花期约在每年4~5月，果期约在每年8~9月。

主要分布 香根鸢尾原产于欧洲，主要分布于法国、意大利、印度北部等地，目前在中国、北非、西班牙、高加索地区、黎巴嫩和以色列等国家地区也有种植。我国的西、北部地区种植较多，南方种植量较少，多数种植供观赏，也有部分入药。

利用部位 香根鸢尾的根茎。

理化特性 香根鸢尾精油是将果茎经水蒸气蒸馏而得，是一种黄色液体，得油率约0.2%。

理化参数 香根鸢尾精油理化参数如下表所示。

表 香根鸢尾精油理化参数

理化参数	香根鸢尾精油
相对密度(20℃)	0.9122～0.9294
折射率(20℃)	1.4808～1.4889
旋光度(20℃)	+29°11′～+45°11′
酸值	172～239
酯值	10～38
含酸量%(以十四酸计)	82～89
溶解度	全溶于95%的乙醇中

香味成分 香根鸢尾精油的香气成分为：

3-甲基-2-丁醛(2-butanal，3-methy-1)、6-甲基-2-庚酮(2-heptanone，6-methy-1)、α-蒎烯(α-pinene)、辛酸乙酯(octanoic acid ethyl ester)、4-甲基-2-己酮(2-hexanone，4-methy-1)、2-甲基-1,3-环庚二烯(2-methyl-1,3-cycloheptadiene)、2-乙烯基-2-丁烯醛(2-butenal-2-ethenyl)、(1,1-二甲基乙基)-3-甲基苯[benzene，(1,1-dimethylethyl)-3-methyl]、*n*-癸酸(*n*-decanoicacid)、癸酸乙酯(decanoic acid ethyl ester)、(*E*)-2-壬烯醛[2-nonenal-(*E*)]、2-甲基-*Z*-4-十四烯(*Z*-4-tetradecene，2-methyl)、辛酸(octanoic acid)、1-戊基-2-丙基环戊烷(cyclopentane，1-pentyl-2-propyl)、庚酸(heptylic acid)、1-(4-羟基-3-甲氧苯基)-乙酮[ethanone，1-(4-hydroxy-3-methoxy-phenyl)]、3-甲基丁酸(butanoic acid，3-methyl)、2,4-双(1,1-二甲基乙基)苯酚[2,4-bis(1,1-dimethylethyl)phenol]、己酸(hexanoic acid)、10-甲基十一酸甲酯(undecanoic acid，10-methyl，methyl ester)、6-甲基-α-紫罗兰酮(α-ionone，6-methyl)、十二酸(dodecanoic acid)、十二酸乙酯(dodecanoic acid ethylester)、4-羟基-2-甲基苯乙酮(4-hydroxy-2-methylacetophenone)、十三酸乙酯(ethyl tridecanoate)、十四酸甲酯(methyl tetradecanoate)、戊酸(pentanoic acid)、十四酸乙酯(tetradecanoic acid，ethyl ester)、*Z*-6-壬烯醛(*Z*-6-nonenal)、邻苯二甲酸二丁酯(dibutyl phthalate)、十四(tetradecanal)、14-甲基十五酸甲酯(pentadecanoic acid，14-methyl，methyl ester)、十六酸(*n*-hexadecanoic acid)、十六酸乙酯(hexadecanoic acid ethyl ester)、8-十八烯酸甲酯(8-methyl-octadecenoate)、十八酸(octadecanoic acid)、(*Z*，*Z*)-9,12-十八碳二烯酸[9,12-octadecadienoic acid(*Z*，*Z*)]、亚油酸乙酯(linoleic acidethyl ester)、油酸乙酯(ethyloleate)、α-紫罗兰酮(α-ionone)、十八酸乙酯(octadecanoic acid ethyl ester)、(*Z*)-9,17-十八碳二烯醛[9,17-octadecadienal-(*Z*)]、菜油甾醇(campesterol)、3-甲基戊酸(3-methyl pentanoic acid)、1,3-丁二烯基-2-哌啶酮(*n*-1,3-butadienyl-2-piperidone)、22-豆甾二烯-3-醇(stigmasta-5,22-dien-3-ol)、豆甾醇(stigm asterol)、2-甲基-1-甲基乙烯基环庚烷(cycloheptane，2-methyl-1-mthylethenyl)、γ-谷甾醇(γ-sitosterol)、十四酸(tetradecanoic acid)和角鲨烯(squalene)等。其中主要的香气成分为庚酸(heptanoic acid)、3-甲基丁酸

(butanoic acid, 3-methyl)、己酸(hexanoic acid)、戊酸(pentanoic acid)、3-甲基戊酸(3-methyl pentanoic acid)和十四酸(tetradecanoic acid)等[1-2]。

感官特性 香根鸢尾精油具有丰富的蜜甜香气，略带木香和粉香，香气柔和绵长，透发性强，留香持久。

应用情况 香根鸢尾精油是高档日用香精的主要香原料。

管理及参照标准 香根鸢尾(*Iris pallida* Lamarck)精油的管理及参照标准见：FDA 172.510；Nat 1；IOFI；FEMA 2829；CAS 8002-73-1；COE 241；GB 2；FCC Ⅲ；EOA 116 和 GRAS(Ⅱ)等。

参考文献

[1] 范运涛，张世东，张碰元，等．鸢尾根致香成分分析及在造纸法再造烟叶中的应用[J]．光谱实验室，2010(1)：312-315.

[2] 邓国宾，张晓龙，王燕云，等．香根鸢尾挥发油的化学成分分析及抗菌活性研究[J]．林产化学与工业，2008，28(3)：39-44.

三 七

别　　名 田七、人参三七、参三七。

英文名称 Panax notoginseng。

植物学名 *Pseudo-ginseng Wall. var. notoginseng* (Burkill) Hoo & Tseng。

植物科属 五加科、人参属。

品种来源 五加科植物三七 *Pseudo-ginseng Wall. var. notoginseng* (Burkill) Hoo & Tseng 的干燥根和根茎。

形态特征 三七，五加科人参属，多年生草本植物。叶片为掌状复叶，3～6 轮生于茎顶，叶柄长约 5～12cm，无毛。伞形花序单生茎顶，具 80～100 花，花序梗长 7～25cm，无毛或疏被柔毛。果鲜红色，扁球状肾形，径约 1cm，果期为每年 8～10 月。其主根呈类圆锥形或圆柱形，长度约 5cm，直径约长 3cm。根茎表面呈灰黑色或灰棕色，有纵皱纹和支根迹。顶端茎迹，周围有凸状突起。质重、坚实，横断面呈灰白色、淡黄绿色。根条呈凸状圆柱形或凸状圆锥形，长约 5cm，上端直径约 1cm，下端直径约较小，约为 0.3cm。

主要分布 主要产地有砚山、西畴、邱北、麻栗坡、云南文山、富宁、马关，广西田东、田阳、德保、靖西等地。

利用部位 三七的干燥根和根茎。

香气成分 三七的挥发性香气成分有：

丙基丙二酸二乙酯(propanedioic acid)、酮丙二酸(ketomalonic acid monohydrate)、2,3-丁二醇(2,3-butanediol)、正辛醛(octanal)、松油烯(terpinene)、邻异丙基甲苯(*o*-cymene)、天然盂三烯(1,3,8-*p*-menthatriene)、1,4-环己二烯(cyclohexa-1,4-diene)、环己烯(cyclohexene)、壬醛(nonanal)、3-壬烯-2-酮(3-nonene-2-one)、樟脑(camphor)、反式-2-壬烯醛(*trans*-2-nonenal)、辛

酸(octanoic acid)、(-)-4-萜品醇[(-)-terpinen-4-ol]、α-松油醇(α-terpineol)、4-烯丙基苯甲醚(4-allylanisde)、癸醛(decanal)、噻吩(thiophene)、2-异丙基-5-甲基茴香醚(2-isopropyl-5-methyl anisole)、乙酸芳樟酯(linalyl acetate)、糠酸(2-furoic acid)、1(2*H*)-萘酚酮[1(2*H*)-naphthalenone]、呋喃(furan)、茴香脑(anethole)、香芹酚(carvacrol)、α-松油烯(α-terpinene)、环已烷(hexahydrobenzene)、α-荜澄茄油烯(α-cubebene)、乙酸(acetic acid)、乙酸橙花酯(neryl acetate)、4-叔丁基环已基乙酸酯(4-tert-butyl cyclohexyl acetate)、α-依兰烯(α-ylangene)、α-蒎烯(α-pinene)、乙酸橙花酯(neryl acetate)、异喇叭烯(isoledene)、α-古芸烯(α-gurjunene)、β-橄榄烯(β-maaliene)、石竹烯(caryophyllene)、环庚烷(heptamethylene)、1,1,4,7-四甲基-1*H*-环丙奥(1,1,4,7-tetramethyl-1*H*-cycloprop)、(+)-苜蓿烯[(+)-cyclosativene]、α-愈创木烯(α-guaiene)、1,3-环己二烯(1,3-cyclohexadiene)、α-蒎烯(α-pinene)、1,6-二烯环十烷(1,6-cyclodecadiene)、甘菊环烃(azulene)、(-)-水芹烯[(-)-phellandrene]、喇叭烯(ledene)、α-丁香烯(α-caryophllene)、(-)-马兜铃烯[(-)-aristolene]、萘(naphthalene)、β-橙椒烯(β-cubebene)、1,2,3-三甲基-烯环戊基-2-烯酮甲醛(1,2,3-trimethyl-ene-cyclopentyl-2-ketenedehyde)、α-去二氢菖蒲烯(α-calacorene)、4,7-十八烷二酸(4,7-octadecadiynoic acid)、(+)-香橙烯[(+)-aromadendrene]、异香橙烯环氧化物(isoaromadendrene epoxide)、新丁子香烯氧化物(caryophyllene epoxide)、匙叶桉油烯醇(spainulenol)、表蓝桉醇(epiglobulol)、异香橙烯环氧化物(isoaromadendrene epoxide)、2-丁醇,4-(2,2-双甲基)-6-甲基已酮(2-butanol, 4-(2,2-dimethyl)-6-ethyl hexanone)、2-(1,4,4-三甲基-2-环已烯基)乙醇[2-(1,4,4-trimethylcyclohexyl-2-enyl)yl-ethanol]、喇叭茶醇(palustrol)、穿心莲内酯(andrographolide)、α-毕澄茄醇(α-cadinol)、异长叶烯(isolongifolene)、10,12-十八烷二酸(10,12-octadecanedioic acid)、2-苯基-2-乙基丁酸(2-phenyl-2-ethylbutyrit acid)、三环[5.2.2.0(1,6)]十一烷-3-醇{tricyclo[5.2.2.0(1,6)]undecane-3-ol}、6-丙烯-4,8a-二甲基-1,2,3,5,6,7,8,8a-八氢-萘-2-醇(6-propylene-4,8a-dimethyl-1,2,3,5,6,7,8,8a-octahydronaphthalene-2-ol)、罗汉柏烯(thujopsene)、1-十八酸(1-stearic acid)、2,2′,5,5′-四甲基联苯基(2,2′,5,5′-tetramethylbiphenyl)、绿花白千层烯(viridiflorene)、乙酸(*Z*)-5-十二烯醇酯[(*Z*)-5-dodecen-1-yl acetate]、3,3′,5,5′-四甲基联苯(3,3′,5,5′-tetramethylbidiphenyl)、1-(2-乙基)-1-乙苯[1-(2-ethyl)-1-ethylbenzene]、十七烷(dioctylmethane)、1,3-二苯基-1-丁烯(1,3-diphenyl-1-butene)、3,4-二甲基联苯(3,4-dimethyl diphenyl)、肉豆蔻醛(myristic aldehyde)、1,11-十六二炔(1,11-hexadecadiyne)、二十一碳烷酸甲酯(heneicosanoic acid methyl ester)、甲顺丁烯二酸二甲酯(citraconic acid dimethyl ester)、15-胡椒醇(15-piperonyl alcohol)、甲基甜菊素(methyl stevioside)、二十一烷(n-heneicosane)、7-羟基-6,9a-双甲基-3-亚甲基-十氢-奥醇[4,5-b]呋喃-2,9-二酮{7-hydroxy-6,9a-dimethyl-3-methanoazulen-decahydro-ol[4,5-b]furan-2,9-dione}、双环[3.3.1]壬烷-2,6-二醇{bicyclo[3.3.1]nonane-2,6-diol}、邻苯二甲酸二异丁酯(diisobutyl phthalate)、二十烷(eicosane)、二十一

烷(n-heneicosane)、7,9-二叔丁基-1-氧杂螺(4,5)-6,9-二烯-1,8-二酮[7,9-ditertbutyl-1-oxa-spiro(4,5)-6,9-diene-1,8-dione]、十六酸甲酯(methyl palmitate)、十五烷酸甲酯(methyl pentadecanoate)、二十一烷(n-heneicosane)、(*Z*)-(-)-1,9-二烯-4,6-二炔-3-醇[(*Z*)-(-)-1,9-dien-4,6-diyne-3-ol]和镰叶芹醇(falcarinol)等[1-3]。

感官特性 三七具药香、味苦、回甜。

应用情况 三七用作中药，有止血、活血化瘀、消肿止痛等作用。

参考文献

[1] 李丽明，任斌，郭洁文，等. 顶空固相微萃取–气相色谱质谱联用法测定三七挥发性成分[J]. 广州中医药大学学报，2013，1(1)：63-67.
[2] 李忠红，胡浩彬，廖学威，等. 气相色谱–质谱法分析景天三七挥发性成分[J]. 医药导报，2007，26(10)：1228-1229.
[3] 焦爱军，冯洁，罗燕妹，等. 不同产地姜三七挥发性化学成分的气相色谱–质谱分析[J]. 时珍国医国药，2014，25(2)：472-474.

欧芹

别　　名 洋芫荽。

英文名称 Parsley。

植物学名 *Petroselinum crispum*(Mill.)Hill。

植物科属 伞形科　芹菜属。

品种来源 欧芹 *Petroselinum crispum*(Mill.)Hill 的叶子、根或种子。

形态特征 欧芹，伞形科芹菜属，一年生或二年生草本植物，株高约 70 ~ 80cm，圆形茎，具棱槽中部以上分枝，枝对生或轮生，超过中央伞形花序。叶绿色，表面光亮，基生叶和茎下叶具长柄，2 ~ 3 回羽状分裂，末回裂片呈倒卵形，基部呈楔形，3 裂或深齿裂；齿圆钝具乳白色小尖头；上部叶 3 裂，裂片呈披针形线状，全缘。花伞形，等长，约 2.5cm，光滑；总苞片约 2 片，线形、尖锐、革质；小伞花序有花约 20，小总苞片约 7，呈线形或线状锥形，长约为花柄的 1/2；花瓣长约 0.5 ~ 0.7mm。花期为每年 5 ~ 6 月，果期为每年 7 ~ 8 月，种子细小呈棕灰色、卵形果，有浓烈香味。

主要分布 原产于地中海地区多岩石的海边，我国大部分地区均有种植。喜湿怕涝，选择地势高，排水便的地较适宜。

利用部位 叶、花、成熟的果实和根。

理化特性 欧芹子油是欧芹子经水蒸气蒸馏可获得，是略有黏性的微黄到淡琥珀色液体，得率约 3.0%，冷冻后有结晶析出。欧芹叶油是用叶和花冠经水蒸气蒸馏而得，得率仅 0.06%。欧芹草油是用不带根的整株经水蒸气蒸馏而得，是一种淡黄色至绿黄色液体。欧芹精油理化参数如下表所示。

表 欧芹精油理化参数

理化参数	欧芹子油	欧芹叶油	欧芹草油
相对密度(25℃)	1.041~1.082	0.949~0.964	0.913
折射率(20℃)	1.514~1.525	1.5085~1.5157	1.5027
旋光度	-3°~-10°	-2°53′~6°11′	+5°
酸值	4(最大值)	–	1.3
酯值	2~10	–	8.8
溶解度(90%乙醇)	1∶7	1∶1	不溶解

香气成分 欧芹精油的香气成分是：

芹菜脑(apiole)、3-蒈烯(3-carene)、1,3,5-三甲基苯(1,3,5-trimethyl benzene)、1-甲基-3-异丙基-苯(1-methyl-3-isopropyl-benzene)、1-甲基-3-亚乙基-环戊烯(1-methyl-3-ethylene-cyclopentene)、对甲基苯乙酸酯(*p*-methyl phenylacetate)、癸醛(decanal)、2,4,6-三甲基苯甲醛(2,4,6-trimethylbenzaldehyde)、对乙基-丙基-苯(*p*-ethyl-propyl-benzene)、环已基辛酮(cyclohexyl octanone)、胡萝卜醇(carotol)、邻羟基苯乙酸甲酯(2-hydroxy-phenyl acetic acid methyl ester)、2-甲醇基-环已基环已酮(2-methanol-cyclohexyl cyclohexanone)、5-环已烷戊醛(5-cyclohexan pentanal)、对异丙基-4,4-二甲基苯-戊-1-醇(*p*-isopropyl-4,4-dimethyl-pent-1-ol)、棕榈酸(palmitic acid)、水芹烯(phellandrene)和松油萜(firpene)等。其中主要的香气成分是芹菜脑(apiole)等[1-2]。

感官特性 欧芹精油具辛香香气和药草香气，味苦涩。

应用情况 欧芹精油有限地使用于日用香精中；鲜草可直接用于烹调，油树脂可以与各种精油一起用于饮料、糕点、调味品、罐头肉类、腌制肉类的配料中。

管理及参照标准 欧芹(*Petroselinum sativum*)欧芹油、油树脂及欧芹子油的管理及参照标准见 FEMA 2835，2836，2837；COE 326；Nat 1；FDA 182.10.182.20；IOFI；GB 2；CAS 8000-68-8；FCC Ⅲ；EOA 293，539；RIFM；ISO 3527。

参考文献

[1] 叶碧波，林海丹．洋芫荽挥发油成分分析[J]．中药材，1996，19(3)：138-139.
[2] 刘顺珍，张丽霞，刘红星．洋芫荽挥发油成分的 GC-MS 分析[J]．化工技术与开发，2011，40(5)：38-39.

广 藿 香

别　　名 刺蕊草、藿香、香馥草。

英文名称 Patchouly。

植物学名 *Pogostemon cablin*(Blanco)Benth.。

植物科属 唇形科 刺蕊草属。

品种来源 广藿香 *Pogostemon cablin*(Blanco)Benth. 干的地上部分。

形态特征 广藿香，唇形科刺蕊草属，株高约30~100cm，一年生草本植物。茎直立、分枝，具被柔毛，老茎外表面木栓化。叶对生，柄长约4.5cm，叶揉后具淡淡的清香；叶片呈长椭圆形或宽卵形，长约11cm，宽约5cm，先端钝尖，基部呈宽钝或楔形状、不对称，叶缘呈粗钝齿状，叶正、背均面均具被毛茸，背面密集，背叶脉呈凸起状或稍有凹下，或呈紫红色；有叶面不平。花序轮伞10至多花，较密集，基部或有间断，呈长约6cm、直径约2cm的顶生和腋生的穗状花序式，具总花梗，梗长0.5~2cm，密被绒毛；苞片长度约为1.3cm；花萼筒状；花冠筒伸出萼外，二唇形厚冠檐，上唇具3裂，下唇全缘；雄蕊4枚，外伸延，花丝被具染色。花期为每年4~5月。

主要分布 广藿香原产菲律宾等热带亚洲地区。适宜生长在阳光充足、温暖的气候环境，喜湿润，忌干旱，怕积水，喜阳光，我国的台湾、广东、福建、海南和广西均有引种。

利用部位 叶片。

理化特性 叶片经干燥后用水蒸气蒸馏获得精油，得油率约3%，为黏性褐色油状液体。广藿香油理化参数如下表所示。

表 广藿香油理化参数

理化参数	广藿香油
相对密度(25℃)	0.971~0.978
折光指数(20℃)	1.5771~1.5872
旋光度	−63°~−44°
酸值	<6
溶解度	1：10于90%乙醇

香气成分 广藿香油的香成分为：

绿叶醇(patchoulialcohol)、广藿香酮(patchoulenone)、塞瑟尔烯(seychellene)、α-愈创木烯(α-guaiene)、δ-愈创木烯(δ-guaiene)、α-绿叶烯(α-patchoulene)、β-绿叶烯(β-patchoulene)、γ-芹子烯(γ-selinene)，α-姜黄烯(α-curcumene)、土青木香酮(aristolone)、β-石竹烯(β-caryophyllene)、β-榄香烯(β-elemene)、β-波旁烯(β-bourbonene)、异石竹烯(iso-caryophyllene)、α-金合欢烯(α-farnesene)、芹菜素(apigenin)、α-石竹烯(α-caryophyllene)、广藿香醇(patchoulialcohol)、西车烯(seychellene)、α-愈创木烯(α-guaiene)、α-广藿香烯(α-patchoulene)、β-广藿香烯(β-patchoulene)、广藿香酮(pogostone)、鼠李素(rhamnetin)、β-丁香烯(β-caryophellene)、乙酸甲酯(methylacetate)、3-甲基丁

酮(3- methylbutanone)、3- 甲基丁烯酮(3- methyl- 3- butenone)、藿香黄酮醇(pachypodol)、商陆黄素(ombuin)、芹菜素-7-*O*-β-葡萄糖糖甙(apigetrin)等，其中主要成分为绿叶醇(patchoulialcohol)和广藿香酮(patchoulenone)[1-3]。

感官特性　广霍香精油具有特殊的药草香、壤香、微弱樟脑香气和木香底韵。留香持久，头香、体香、基香基本一致、贯串始终。

应用情况　广霍香油是很重要的天然香料，在香粉和香精中的应用效用极好，具有丰富甜浓香，留香持久。与香叶油、紫罗兰酮类、鸢尾浸剂、大茴香油、丁香油等共用，可获得极重的东方型香味，可用于餐后糖的加香香料，对清除饮酒者或食用过大蒜、洋葱者口中的不愉快气味具有很好的效果。

在医药上，已开研制出藿香正气口服液、藿香正气水、藿香正气软胶囊等产品，为病友们带来很好的便利。

管理及参照标准　广藿香[*Pogostemon cablin*(Blanco)Benth.]油及净油的管理及参照标准见：FEMA 2838；IOFI；FDA 172. 510；COE 353；Nat 1；GB 2；CAS 8014-09-3；RIFM；EOA 23；ISO 3757 等。

参考文献

[1] 王俊华，符红．广藿香挥发油化学成分气质联用技术分析[J]．时珍国医国药，2000，11(7)：579-580.

[2] 张强，李章万，朱江粤．广藿香挥发油成分的分析[J]．华西药学杂志，1996，11(4)：249-250.

[3] 连宗衍，杨丰庆，李绍平．顶空固相微萃取-气相色谱质谱法定性定量分析广藿香中的挥发性成分[J]．分析化学，2009，37(2)：283-287.

藿　　香

别　　名　合香、山茴香、苍告。

英文名称　Patchouly。

植物学名　*Agastache rugosa*(Fisch. et Meyer)O. Kuntze。

植物科属　唇形科 藿香属。

品种来源　藿香 *Agastache rugosa*(Fisch. et Meyer)O. Kuntze 的叶片。

形态特征　藿香，唇形科藿香属，一年生或多年生草本植物，株高约 0. 5 ~ 1m。四棱形、直立茎，微红色，粗达 7 ~ 8mm，稀被细微柔毛和腺体。叶对生，具叶柄，长约 3cm；长椭圆状卵形叶片，长约 7cm，宽约 4cm，先端急尖或短尖，基部呈圆形或略带心形，边缘具不整齐的小钝锯齿，圆形齿；正面无毛或近无毛，散生透明腺点，背面被短柔毛。聚成顶生花序的总状花序；条形或披针形大苞片，被微细柔毛；5 裂萼，呈三角形裂片，具腺点及纵脉；唇形花冠，淡紫色或乳白色，长约 9mm，外被微柔毛，具四方形或卵形先端微凹上唇，下唇 3 裂，两侧裂片不长，中间裂片呈扇形，边缘具小细齿波状形，细柔毛花冠外被；4 枝雄蕊，二强，伸出花冠管外，花丝细，扁平，无毛，4 深裂片子房，花柱与雄蕊等长于底部中央子房着生，丝状，展伸出花外，2 枝柱头。卵状三棱形小坚果，长约 1.8mm，宽约 1.1mm。花期 6~9 月，果期 9~11 月。

主要分布 我国主产于广东的广州、湛江、肇庆等地；广西的玉林、贵港、柳州等地，以及四川、江苏、浙江、湖南等地均有种植。

利用部位 叶片。

理化特性 藿香精油为黄色的澄清液体。藿香精油理化参数如下表所示。

表 藿香精油理化参数

理化参数	藿香精油
相对密度(20℃)	0.956~0.992
折光指数(20℃)	1.505~1.516
旋光度(20℃)	-43°~-62°

香气成分 藿香精油的香气成分是：

α-蒎烯(α-pinene)、β-蒎烯(β-pinene)、茴香脑(anethole)、茴香醛(anisaldehyde)、柠檬烯(limonene)、对甲氧基桂皮醛(*p*-methoxycinnamaldehyde)、3-辛酮(3-octanone)、1-辛烯-3-醇(1-octen-3-ol)、芳樟醇(linalool)、1-石竹烯(1-caryophyllene)、β-榄香烯(β-elemene)、β-葎草烯(β-humulene)、α-依兰烯(α-muurolene)、β-金合欢烯(β-farnesene)、吉玛烯 B(germacrene B)、3,9-杜松烯(3,9-cadinene)、斯巴醇(spathulenol)、γ-杜松烯(γ-cadinene)、菖蒲烯(calamenene)、顺式-β-己烯醛(*cis*-β-hexenal)、顺式-γ-己烯醛(*cis*-γ-hexenal)、α-杜松醇(α-cadinol)、植醇(phytol)、二十一烷(heneicosane)、棕榈酸(hexadecanoic acid)、十七烷(heptadecane)、百里香醌(thymoquinone)、苯乙酮(acetophenone)、3-己烯-1-醇(3-hexen-l-ol)、7-辛烯-4-醇(7-octen-4-ol)、2-乙酰基-3,5-二甲基-4-乙烯基-呋喃(2-acetyl-3,5-dimethyl-4-vinylfuran)和α-金合欢烯(α-farnesene)等，其中主要香气成分是甲基胡椒酚(methylchavicol)等[1]。

感官特性 藿香精油具药香。

应用情况 藿香精油广泛应用于日用香精中，也可用于饮料、糖果、烘烤食品的加香。

管理及参照标准 藿香[*Agastache rugosa* (Fisch. et Meyer) O. Kuntze]油：FEMA 2838；Nat 1；IOFI；COE 353；FDA 172.510；CAS 8014-09-3 等。

参考文献

[1] 王冬梅，杨得坡，王发松，等. 藿香挥发油化学成分的分析及其化学生态型的探讨[J]. 中草药，2005，36(9)：1302-1303.

胡 椒

别 名 黑川。

英文名称 Pepper。

植物学名 *Piper nigrum* Linn.。

植物科属 胡椒科 胡椒属。

品种来源 胡椒 *Piper nigrum* Linn. 的成熟干果实。

形态特征 胡椒，胡椒科胡椒属，多年生绿色攀援藤本植物，浅根，蔓近圆状，木栓后呈棕黄色，主蔓具顶芽和腋芽。主蔓上抽生的分枝和由其抽生的各分枝等多级分枝构成枝序；叶呈椭圆形或卵形或心形，长 10 ~ 15cm，宽 5 ~ 9cm，顶端短尖，基部圆，常稍偏斜，两面均无毛，厚革质，全缘、叶面呈绿色，单叶互生；花穗着生于枝条节上叶片的对侧，常为雌雄同花，少见雌雄异花，没有花被，总花梗与叶柄近等长，子房球形，柱头 3 ~ 4 个；球形果、无柄、单核浆果，熟果为绿黄亮色或淡红色，未成熟时干后变黑色。花期 6 ~ 10 月，盛花期近 9 月。

主要分布 胡椒原产于东南亚，现广泛种植于热带地区，在我国主要分布于台湾、广东、海南、广西、福建及云南等地。喜荫蔽树林中。

利用部位 果实

理化性状 胡椒精油呈无色至淡色澄清液体，可通过水蒸气蒸馏法制得。胡椒精油理化参数如下表所示。

表 胡椒精油理化参数

理化参数	胡椒精油
相对密度(20℃)	0.863 ~ 0.882
折光指数(20℃)	1.472 ~ 1.496
旋光度(20℃)	−5° ~ +20°

香气成分 胡椒精油的香气成分是：

β-石竹烯(β-caryophyllene)、α-蒎烯(α-pinene)、莰烯(camphene)、β-蒎烯(β-pinene)、月桂烯(myrcene)、α-水芹烯(α-phellandrene)、δ-3-蒈烯(δ-3-carene)、对伞花烃(*p*-cymene)、柠檬烯(limonene)、γ-松油烯(γ-terpinene)、异松油烯(terpinolene)、α-松油醇(α-terpineol)、乙酸龙脑酯(bornyl acetate)、2-十一烷醇(2-undecanol)、古巴烯(copaene)、β-榄香烯(β-elemene)、δ-杜松烯(δ-cadinene)、石竹醇(caryophyllene alcohol)、氧化石竹烯(caryophyllene oxide)、δ-杜松醇(δ-cadinol)、2-戊酮(2-pentanone)、2-甲基-2-戊醇(2-methyl-2-pentanol)、3-甲基-3-戊醇(3-methyl-3-pentanol)、3-侧柏烯(3-thujene)、α-松油烯(α-terpinene)、邻伞花烯(*o*-cymene)、间伞花烯(*m*-cymene)、1,3,8-对薄荷三烯(1,3,8-*p*-menthatriene)、芳樟醇(linalool)、樟脑(camphor)、2,4(10)-侧柏二烯[2,4(10)-thujadiene]、(+/−)-α-乙酸松油酯[(+/−)-α-terpinyl acetate]、δ-榄香烯(δ-elemene)、α-石竹烯(α-caryophyllene)、葎草烯(humulene)、4-甲基-3-己醇(4-methyl-3-hexanol)、2,5-二甲基-2-己醇(2,5-dimethyl-2-hexanol)、反式-3-蒈烯-2-醇(*trans*-3-carell-2-ol)、α-荜澄茄烯(α-cubebene)、朱栾倍半萜

(valencene)、β-芹子烯(β-selinene)、γ-古芸烯(γ-gurjunene)、杜松烯(cadinene)、5-甲基-3-己醇(5-methyl-3-hexanol)、氨基甲酸叔己酯(emylcamate)、依兰烯(muurolene)和α-芹子烯(α-selinene)等。其中主要的香气成分是β-石竹烯(β-caryophyllene)等[1-3]。

感官特性 胡椒精油具辛香、胡椒样香气。

应用情况 胡椒精油是一种食品香精，可用做食品添加剂，如抗氧化剂、防腐剂、调味品等。

管理及参照标准 胡椒(*Piper nigrum* Linn.)油的管理及参照标准见 ISO 3061—2008 及 CAS 8006-82-4。

参考文献

[1] 谭乐和，赵建平，刘红，等．不同加工方法对胡椒精油化学成分的影响[J]．热带作物学报，2009(3)：382-385.

[2] 董栋，潘胜利．大叶蒟和黑胡椒挥发油化学成分的 GC-MS 分析[J]．中国中药杂志，2007，32(7)：647-650.

[3] 侯冬岩，回瑞华，李铁纯，等．海南黑胡椒果挥发性成分气相色谱-质谱分析[J]．质谱学报，2005，26(1)：40-42.

椒样薄荷

别　　名 辣薄荷、胡椒薄荷。

英文名称 Peppermint。

植物学名 *Mentha piperita* L.。

植物科属 唇形科　薄荷属。

品种来源 椒样薄荷 *Mentha piperita* L. 的茎叶。

形态特征 椒样薄荷，唇形科薄荷，属多年生宿根草本，由水薄荷 *M. aquatica* L. 与绿薄荷 *M. viridis* L.（由野薄荷 *M. silvestris* L. 与圆叶薄荷 *M. rotundifolia* L. 杂交）杂交而成，具芳香、清凉味，匍匐根状茎，两个对生芽和芽鳞片；直立茎，四棱形，上部被茸毛，下部在棱上有微少茸毛。对生椭圆形鲜绿叶，长约 9cm，叶宽约 4cm，叶面平展，叶边锯齿深且锐，叶柄长约 2cm，被茸毛。花序轮伞，筒状钟形花萼。

主要分布 椒样薄荷原产欧洲，19 世纪引入美国，后传到澳大利亚、印度、中国、日本、韩国、朝鲜等地。我国的陕西、江苏、新疆、广西、安徽等地区有种植。椒样薄荷喜湿润、温暖的环境，生长期能承受约 40℃ 的高温，遇霜后枯萎，根部能耐约-20℃ 的低温。

利用部位 花期的茎叶。

理化特性 椒样薄荷精油是将果茎经水蒸气蒸馏而得，是一种淡黄色液体，得油率约 0.5%。

理化参数 椒样薄荷精油理化参数如下表所示。

表 椒样薄荷精油理化参数

理化参数	椒样薄荷精油
相对密度(20℃)	0.9011~0.9132
折射率(20℃)	1.4612~1.4664
旋光度(20℃)	−12°~−23°
酯值	13~34
乙酰化后酯值	131~173
薄荷酮含量(%)	13~33
总含醇量%(以薄荷醇)	≥52
溶解度	1∶35 于20%乙醇

香味成分 椒样薄荷精油的香气成分为：

α-蒎烯(α-pinene)、莰烯(camphene)、香桧烯(sabinene)、β-蒎烯(β-pinene)、3-辛醇(3-octanol)、月桂烯(myrcene)、α-水芹烯(α-phellandrene)、α-松油烯(α-terpinene)、对伞花烃(*p*-cymene)、柠烯(limonene)、1,8-桉叶素(1,8-cineole)、反-罗勒烯(*trans*-ocimene)、γ-松油烯(γ-terpinene)、水合桧烯(sabinene hydrate)、异松油烯(terpinolene)、芳樟醇(linalool)、异-长叶薄荷(*iso*-pulegol)、薄荷酮(menthone)、薄荷呋喃(menthofuran)、异-薄荷酮(*iso*-menthone)、新-薄荷醇(*neo*-menthol)、薄荷醇(menthol)、异-薄荷醇(*iso*-menthol)、新异薄荷醇(*neo*-isomenthol)、4-松油醇(4-terpineol)、α-松油醇(α-terpineol)、长叶薄荷酮(pulegone)、辣薄荷酮(piperitone)、辣薄荷醇(piperitol)、γ-乙酸薄荷酯(γ-menthyl acetate)、乙酸薄荷酯(menthyl acetate)、乙酸新薄荷酯(*neo*-menthyl acetate)、薄荷呋喃酮(mintfuranone)、β-波旁烯(β-bourbonene)、石竹烯(caryophyllene)、反-石竹烯(*trans*-caryophyllene)、葎草烯(humulene)、吉玛烯-D(germacrene-D)和金合欢烯(farnesene)等。其中主要的香气成分为1,8-桉叶素(1,8-cineole)、水合桧烯(sabinene hydrate)、薄荷酮(menthone)、薄荷呋喃(menthofuran)、异-薄荷酮(*iso*-menthone)、新-薄荷醇(*neo*-menthol)、薄荷醇(menthol)、乙酸薄荷酯(menthyl acetate)、石竹烯(caryophyllene)和吉玛烯-D(germacrene-D)等[1-3]。

感官特性 椒样薄荷精油具有新鲜、强烈薄荷样清凉香气，底韵有膏香和甜香香气，透发性强，能贯穿整过香气的始终，凉爽宜人。

应用情况 椒样薄荷精油是高档日用香精的主要香原料，在牙膏、漱口水等卫生用品中等到广泛应用，在糖果、苦巧克力、口香糖、软饮料等食品中的应用深受消费者的喜爱。

管理及参照标准 椒样薄荷(*Mentha piperita* L.)精油的管理及参照标准见：FDA 182.10，182.20；IOFI；GB 2；Natl；FEMA 2847，2848；COE 282；CAS 8006-90-4；FCC Ⅲ和ISO 856等。

参考文献

[1] 刘绍华. 椒样薄荷和亚洲薄荷挥发油香气成分的研究[J]. 桂林医学院学报, 1997, 3(3): 29-31.

[2] 陆长根, 梁呈元, 李维林. 椒样薄荷挥发油化学成分分析[J]. 安徽农业科学, 2008, 36(2): 400.

[3] 徐春生, 马晓玲. 气相色谱-质谱法对椒样薄荷油的成分分析与品质评价[J]. 口腔护理用品工业, 2014, 24(1): 15-17.

紫苏

别　　名　白苏、红苏、黑苏、赤苏、白紫苏、青苏。

英文名称　Perilla。

植物学名　*Perilla frutescens* (Linn.) Britt.。

植物科属　唇形科　紫苏属。

品种来源　紫苏 *Perilla frutescens* (Linn.) Britt. 的干燥枝或叶。

形态特征　紫苏，唇形科紫苏属，一年生草本植物，株高约1.3m，茎直立，茎为浅绿色或淡紫色，呈钝四棱形、具四槽，密被细长柔毛。叶卵圆形，长约11cm，宽约8cm，先端尖急尖，基部阔楔形，在基部以上边缘具粗锯齿状，膜质，正面、背面为墨绿色或深紫色，正面被细疏柔毛，背面被贴生细柔毛，约8对侧脉，与中脉在正面微突起、背面明显突起，色浅；约4cm叶柄，背腹扁平，密被细长柔毛。伞花序2花，组成长约9cm、密被细长柔毛、偏向一侧的顶生及腋生总状花序；卵圆形或圆形苞片，长、宽约5mm，外被具棕褐色腺点，无毛，膜质边缘；约1.6mm花梗长，密被细柔毛。直伸约10条长约4mm脉钟形花萼，下部被柔毛，具腺点，背面喉部具细疏柔毛环，结果时增大，长约1cm，下垂，基部一边肿胀，二唇形萼檐，上唇宽大，3齿，中齿偏小，上唇比下唇稍短，2齿，披针形齿。乳白色至淡紫色花冠，长约4mm，外面略被细柔毛，内面在下唇片基部略被微柔毛，长约2mm短冠筒，喉部斜钟形，冠檐近二唇形，上唇微缺，3裂下唇，中裂片稍大，上唇与侧裂片近相似。4朵雄蕊，离生，不伸出，喉部插生，扁平花丝，2平行室花药，后稍叉开或叉开；1朵雌蕊，4裂子房，花柱着生基底，柱头2室；花盘于前边膨大；柱头2裂。长约1.1cm果萼。花柱2浅裂先端相等。花盘前方指状膨大。浅褐色球形具网纹小坚果，果径约1.6mm。花期每年8~11月，果期每年8~12月。

主要分布　紫苏原产于中国，性喜温暖、湿润环境，较耐高温，在高温雨季生长旺盛，在我国已有两千多年种植历史，分布范围广，我国江苏、浙江、湖南、湖北、云南、四川、贵州、广东、广西及台湾等地均有分布，在国外分布于不丹、印度、朝鲜等地。

利用部位　干燥枝或叶。

理化特性　从干燥枝或叶经水蒸气蒸馏法提取得到一种浅黄色液体精油。紫苏精油理化参数如下表所示。

表　紫苏精油理化参数

理化参数	紫苏油
相对密度(25℃)	0.924～0.985
折光指数(25℃)	1.473～1.517

香气成分　紫苏精油的香气成分为：

α-蒎烯(α-pinene)、β-蒎烯(β-pinene)、左旋紫苏烯[(-)-perillene]、异白苏烯酮(isoegomaketone)、枯茗酸(cuminic acid)、矢车菊素(cyanidin)、莰烯(camphene)、薄荷醇(menthol)、薄荷酮(menthone)、芳香醇(aromatic alcohol)、紫苏醇(perillanol)、二氢紫苏醇(dihydroperillanol)、丁香酚(eugenol)、榄香素(elemicin)、β-呋喃酮(β-furanone)、异紫苏酮(isoperillaketone)、莳萝芹菜脑(dillapiol)、香薷酮(elscholtzione)、豆甾醇(stigmasterol)、β-松油醇(β-terpineol)、β-石竹烯(β-caryophyllene)、柠檬烯(limonene)、紫苏酮(perilla ketone)、α-反式-佛手柑油烯(α-*trans*-bergamotene)、甲基紫苏酮(methyl perilla ketone)、2-(2-乙基丁基)噻吩[2-(2-ethylbutyl)thiophene]、1,5-二乙烯基-2,3-二甲基-环己烷(1,5-divinyl-2,3-dimethyl-cyclohexane)、双环[7.2.0]-4,11,11-三甲基-8-亚甲基-十一烯-4{bicyclo[7.2.0]-4,11,11-trimethyl-8-methylene-undecene-4}、4-甲氧基-4-(2-丙烯基)-1,3-苯并间二氧杂戊烯[4-methoxy-4-(2-propenyl)-1,3-benzodioxole]、4,7-二甲氧基-5-(2-丙烯基)-1,3-苯并间二氧杂戊烯[4,7-dimethoxy-5-(2-propenyl)-1,3-benzodioxole]和4-(1,1-二甲丙基)-苯酚[4-(1,1-dimethylpropyl)phenol]等，其中主要成分为紫苏醛(perilla aldehyde)等[1-4]。

感官特性　紫苏精油具有丰富的果甜香，药香，香气透发力强。

应用情况　紫苏鲜的或干燥的枝、叶作为调味品被广泛应用于食品的烹调。精油在食品、酒类、饮料、化妆品、日化产品等中的加香被广泛应用。

管理及参照标准　紫苏[*Perilla frutescens*(Linn.)Britt.]油：CAS 68132-21-8 等。

参考文献

[1] 韦保耀，黄丽，滕建文，等．紫苏香气的化学成分分析及评价[J]．食品科学，2007，28(3)：301-305.

[2] 秦晓霜，康笑枫，林春华，等．紫苏挥发油化学成分分析[J]．广东农业科学，2006(6)：36-37.

[3] 吴周和，吴传茂，徐燕．紫苏叶精油化学成分分析研究[J]．氨基酸和生物资源，2003，25(2)：18-20.

[4] 林硕，邵平，马新，等．紫苏挥发油化学成分 GC/MS 分析及抑菌评价研究[J]．核农学报，2009，23(3)：477-481.

紫花前胡

别　　名　土当归、鸭脚七、山芫荽、鸭脚前胡。

英文名称　Peucedanum Decursivim。

植物学名　*Angelica decusiva*(Miq.)Franch. et Sav。

植物科属　伞形科 当归属。

品种来源　紫花前胡 *Angelica decusiva*(Miq.)Franch. et Sav 的干燥根。

形态特征　紫花前胡，伞形科当归属，株高约1.5m，多年生草本植物，圆锥状根，有少数分枝，表面棕褐色至深褐色，气味浓烈。茎直立，柱形，具浅纵沟纹，茎面紫色、光滑，上部分枝被细柔毛。根生叶、茎生叶具长柄，柄长约30cm，基部膨大，紫色叶鞘，抱茎，外面光滑无毛；坚韧纸质、卵圆形叶片，长约20cm，一回三全裂或片和顶端叶片基部联合，沿叶轴翅状延伸，侧方裂片和顶端叶片基部联合，沿叶轴翅状延伸，侧方裂片和顶凋叶片基部联合，沿叶轴叶翅状延伸，翅边缘具锯齿。卵形或椭圆形披针形末回裂片，长约12cm，宽约4cm，先端尖锐，乳白色软骨质锯齿状边缘具尖头，正面墨绿色，叶脉上具短糙毛，背面灰绿色，主脉无毛淡紫色；茎上部叶为淡紫色叶鞘。顶生和侧生复伞形花序，序梗长约7cm，具细柔毛；伞辐约21条，辐条长约3cm。淡紫色总花苞呈鞘状卵形，约3片；小总苞无毛，呈线形至披针形，约7片；伞辐及花柄均具毛；花紫色；明显萼齿，三角形锥状；花瓣呈倒卵形或长圆形披针状，先端不内折成凹头状；浅紫色花药。果实长椭圆形，长约6mm，宽约5mm，光滑无毛，背棱尖锐、突起，侧棱具厚狭翅，约与果体等宽，棱槽内具油管约3条，合生面具油管约6mm，宽约4mm，无毛，背棱尖锐、突起，侧棱具厚狭翅，约与果体等宽，棱槽内具油管约3条，合生面具油管5条，胚乳腹面具油管约6条，胚乳腹部凹入。花期近9~10月，果期近11~12月。

主要分布　紫花前胡在我国辽宁、四川、广东、广西、河北、河南、江苏、浙江、湖北、陕西、安徽、江西、台湾等地均有分布，在国外分布于日本、朝鲜及俄罗斯远东地区。

利用部位　干燥根。

理化特性　精油为黄色液体。

香气成分　紫花前胡精油的香气成分是：

莰烯(camphene)、β-蒎烯(β-pinene)、己醛(hexanal)、(1*S*)-6,6-二甲基-2-亚甲基－双环[3.1.1]庚烷{(1*S*)-6,6-dimethyl-2-methylene-dicyclo[3.1.1]heptane}、庚醛(heptaldehyde)、辛醛(octanal)、1-甲基-3-(1-甲基乙基)苯[1-methyl-3-(1-methylethyl)-benzene]、柠檬烯(1imonene)、4-蒈烯(4-carene)、3,7-二甲基-1,3,7-辛三烯(3,7-dimethyl-1,3,7-octatriene)、3-蒈烯(3-carene)、(*E*)-2-辛醛[(*E*)-2-octanal]、1-甲基-4-(1-甲基乙基)-苯[1-methyl-4-(1-methylethyl)-benzene]、2-壬酮(2-nonanone)、壬醛(nonanal)、葑醇(fenchol)、2,2,3-三甲基-1-乙醛-3-环戊烯(2,2,3-trimethyl-1-ethylaldehyde-3-cyclopentene)、(1*R*)-6,6-二

甲基–双环[3. 1. 1]已烷-2-酮{(1*R*)-6,6-dimethyl-bicyclo[3. 1. 1]hexan-2-one}、1-(1,4-二甲基-3-环己烯-1-基)-乙酮[1-(1,4-dimethyl-3-cyclohexen-1-yl)-ethone]、6,6-二甲基-2-亚甲基–双环[2.2.1]庚烷-3-酮{6,6-dimethyl-2-methylene-bicyclo[2. 2. 1]heptan-3-one}、4-甲基-1-(1-甲基乙基)-3-三环己烯-1-醇[4-methyl-1-(1-methylethyl)-3-tricyclohexen-1-ol]、1-(4-甲基苯基)-乙酮[1-(4-methylphenyl)-ethone]、6,6-二甲基–双环[3. 1. 1]庚烷-2-烯-2-羟基乙醛{6,6-dimethyl-bicyclo[3. 1. 1]hept-2-en-hydroxyacetaldehyde}、2-壬醛(2-nonanal)、龙脑(borneol)、α-松油醇(α-terpineol)、2-甲氧基-4-甲基-1-(1-甲基乙基)-苯[2-methoxy-4-methyl-1-(1-methylethyl)-benzene]、1-甲氧基-4-甲基-2-(1-甲基乙基)-苯[1-methoxy-4-methyl-2-(1-methylethyl)-benzene]、(*E*)-2-癸醛[(*E*)-2-decanal]、4-(1-甲基乙基)-1-环已烯-1-羟乙基醛[4-(1-methylethyl)-1-cyclohexen-1-hydroxyacetaldehyde]、(2*E*, 4*E*)-癸二烯醛[(2*E*, 4*E*)-decadienal]、[1*S*-(1α, 3aα, 3bβ, 6aβ, 6bα)]-十氢-3a-甲基-6-亚甲基-1-(1-甲基乙基)-环丁基[1. 2. 3. 4]双环戊烯{1*S*-(1α, 3aα, 3bβ, 6aβ, 6bα)-decahydro-3a-methyl-6-methylene-1-(1-methylethyl)-cyclobutyl[1. 2. 3. 4]bicyclopentene}、[1*S*-(1α, 2β, 4β)]-1-次乙基-1-甲基-2,4-二(1-甲基次乙基)-环已烷{[1*S*-(1α, 2β, 4β)]-1-ethylidyne-1-methyl-2,4-di(1-methylethylidyne)-cyclohexane}、[3*R*-(3α, 3aβ, 7*H*, 8aα)]-八氢-3,8,8-三甲基-6-亚甲基-1*H*-3a,7-亚甲基薁{[3*R*-(3α, 3aβ, 7*H*, 8aα)]-octahydro-3,8,8-trimethyl-6-methylene-1*H*-3a,7-methylene azulene}、罗汉柏烯(thujopsene)、1,4-二甲氧基-2-甲基-5-异丙基苯(1,4-dimethoxy-2-methyl-5-isopropyl-benzene)、α-石竹烯(α-caryophyllene)、7,11-二甲基-3-亚甲基-1,6,10-十二烷三烯(7,11-dimethyl-3-methylene-1,6,10-dodecatriene)、[1*S*-(1α, 4β, 5α)-1,8-二甲基-4-(1-甲基次乙基)-螺[4. 5]癸-7-烯{[1*S*-(1α, 4β, 5α)-1,8-dimethyl-4-(1-methylethylidyne)-spiro[4. 5]deca-7-ene}、(1α,4aβ,8aα)-1,2,3,4,4a,5,6,8a-八氢-7-甲基-4-亚甲基-1-(1-甲基乙基)-萘[(1α,4aβ,8aα)-1,2,3,4,4a,5,6,8a-octahydro-7-methyl-4-methylene-1-(1-methylethyl)-naphthalene]、桉叶-4(14), 11-二烯[eudesma-4(14), 11-diene]、1-(1,5-二甲基-4-已烯基)-4-甲基苯[1-(1,5-dimethyl-4-hexen)-4-methyl-bezene]、[2*R*-(2α,4aα,8aβ)]-1,2,3,4,4a,5,6,8a-八氢-4a,8-二甲基-2-(1-甲基次乙基)-萘{[2*R*-(2α, 4aα, 8aβ)]-1,2,3,4,4a,5,6,8a-octahydro-4a,8-dimethyl-2-(1-methylethylidyne)-naphthalene}、(*R*)-1-甲基-4-(1,2,2-三甲基环戊基)-苯[(*R*)-1-methyl-4-(1,2,2-trimethyl cyclopentyl)-benzene]、(*S*)-1-甲基-4-(5-甲基-1-亚甲基-4-已烯)-环已烯[(*S*)-1-methyl-4-(5-methyl-1-methylene-4-hexen)-cyclohexene]、β-倍半水芹烯(β-sesquiphellandrene)、[1*S*-(1α, 7α, 8aα)]-1,2,3,5,6,7,8,8a-八氢-1,8a-二甲基-7-(1-甲基次乙基)-萘{[1*S*-(1α, 7α, 8aα)]-1,2,3,5,6,7,8,8a-octahydro-1,8a-dimethyl-7-(1-methyl-ethylene)-naphthalene}、3,7,11-三甲基-1,6,10-十二烷三炔(3,7,11-trimethyl-1,6,10-dodecantrialkyne)、氧化石竹烯(caryophyllene oxide)、胡萝卜醇(carotol)、芹菜脑(apiole)、丁酸(*E*), 3,7-二甲基-2,6-辛二酯[butanoic acid(*E*), 3,7-dimethyl-2,6-octadienyl ester]、(1*S*，15*S*)-双环[1.3.1.0]-十六烷-2-酮{(1*S*，15*S*)-bicyclo[1.3.1.0]-hexadecan-2-one}、13-十四烷醛(13-tetradecanal)、1-十四醛(1-tetradecanal)、亚油酸甲酯(methyl linoleate)、油酸(oleic acid)、紫花前胡苷(nodakenin)、棕榈酸甲酯(methyl hexadecanoate)和棕榈酸(palmitic acid)等，其中主要香气成分是α-蒎烯(α-pinene)等[1-3]。

感官特性 紫花前胡精油具果药香气和药香气。

应用情况 紫花前胡主要用作药材原料，具有消炎、抗肿瘤等功效。

参考文献

[1] 张斐，陈波，姚守拙．GC-MS研究紫花前胡挥发油的化学成分[J]．中草药，2004，34(10)：883-884.

[2] 鲁曼霞，李丽丽，李芝，等．紫花前胡花和根挥发油成分分析与比较[J]．时珍国医国药，2015，26(1)：74-76.

[3] 周国莉，刘宇婧，任守利，等．白花前胡和紫花前胡挥发油成分的分析[J]．湖南中医药大学学报，2010，30(5)：26-28.

白花前胡

别　　名 前胡、鸡脚前胡、山独活、岩风、官前胡。

英文名称 peucedanum praeruptorum oil。

植物学名 *Peucedanum praeruptorum* Dunn.。

植物科属 伞形科 白花前胡属。

品种来源 伞形科植物白花前胡 *Peucedanum praeruptorum* Dunn. 的根。

形态特征 白花前胡，伞形科白花前胡属，多年生草本植物，株高约80～90cm，根茎粗壮，圆锥状，侧根不多，下部无毛，表面黄棕色，根头处具多数深棕色叶鞘纤维。圆柱状直立茎，上部分枝，被短细柔毛，下部光滑无毛。长柄基生叶，基部扩大呈鞘状，抱茎；叶片呈卵形宽三角状，有三出式二至三回羽毛状分裂，长约20cm，宽约12cm，第一回羽片约3对，最下方的1对有长柄，柄长约5cm，其他均具短柄；末回裂片呈菱状倒卵形，先端尖，基部呈锥形，边缘不规则圆锯齿，下部锯齿呈浅裂，长约5cm，宽约3cm，下表面叶脉较突起，正、背两面光滑，有时在下表面叶脉上以及边缘有较少短毛；基生和茎生两叶近相似；茎上部叶无柄，叶片呈三出分裂，裂片显狭窄，基部呈楔形，中间一枚基部往下延。顶生或侧生花序呈复伞形，伞辐不等长，被小短毛；总苞片数多为1至数片，花后脱落，披针形线状，长约1cm，边缘膜质，有短糙毛；小伞形花序，花约20朵，花梗有不等长细柔毛；小总苞片约为12片，呈卵状披针形，先端长渐尖，长约4mm，宽约1mm，长有细柔毛，与花梗等长；萼齿不明显；卵形乳白色花瓣约5片；雄蕊5；较短弯曲花柱，圆锥形花柱基。果实背部扁压，被稀疏短毛呈卵圆形棕黄色，长约4mm，宽约3mm，有突起背棱线形，侧棱显翅状，稍厚、比果体狭，棱线形略显突起，侧棱显翅状，比果体稍厚狭，棱槽内有油管约 5 支，合生面有油管约 10 支，胚乳腹面平直。花期约在 8 ~ 9 月，果期约在 10 ~ 11 月。

主要分布　白花前胡原产于中国，主要分布在江西、湖南、湖北、浙江、安徽、四川、广西、江苏、福建等地区。喜生于海拔约 2000m 的山坡、路旁山坡丛草中。

利用部位　根。

理化特性　白花前胡精油来源于白花前胡的根中，用水蒸气蒸馏法提取淡黄色液体。白花前胡精油理化参数如下表所示。

表　白花前胡精油理化参数

理化参数	白花前胡
折光指数(20℃)	1.467
白花前胡甲素	≥0.91%
白花前胡乙素	≥0.25%
水分	≥0.22%
总灰分	≥8.3%
酸不溶性灰分	≥2.5%
醇浸出物	≥20.0%
饮片总灰分	≥6.4%
蜜前胡水分	≥136%

香气成分　白花前胡精油的香气成分是：

α-蒎烯(α-pinene)、莰烯(camphene)、松油烯(terpinene)、异松油烯(terpinolene)、水芹烯(phellandrene)、香草醛(vanillin)、杜松烯(cadinene)、长叶烯(longifolene)、杜松醇(cadinol)、1-甲氧基-4-甲基-2-(1-甲基乙基)苯[1-methoxy-4-methyl-2-(1-methylethyl)benzene]、*N*-(1,1-二甲基乙基)-3-甲氧基–苯[*N*-(1,1-dimethylethyl)-3-methoxy-benzene]、1,4-二甲基-7-(1-甲基乙烯基)-1,2,3,3α,4,5,6,7-八氢化薁[1,4-dimethyl-7-(1-methylvinyl)-1,2,3,3α,4,5,6,7-octahydroazulene]、1,4-二甲氧基四甲基苯(1,4-dimethoxy tetramethyl benzene)、2,4,4,5-四甲基-3-(3-氧化丁烯)-2-环烯酮[2,4,4,5-tetramethyl-3-(3-oxybutylen)-2-cycloalkone]、香橙烯(aromadendrene)、香桧烯(sabinene)、辛酸乙酯(ethyl caprylate)、2-甲基十一烷(2-methyl-undecane)、邻苯二甲酸二丁酯(dibutyl phthalate)、7-甲基-4-辛酮(7-methyl-4-octanone)、2-甲基–十二烷(2-methyl-dodecane)、香桧醇(sabinol)、2-苯基辛烷(2-phenyl octane)、2-甲基-5-十一酮(2-methyl-5-undecanone)、β-榄香烯(β-elemene)、十二碳-6,7-双酮(dodecan-6,7-dione)、正十四烷(*n*-tetradecane)、1,9,9-三甲基-4-次甲基-1*H*,3α,7-亚甲基八氢化薁(1,9,9-trimethyl-4-methine-1*H*,3α,7-methylene octahydroazulene)、3,6,8,5-四甲基-1*H*,3α,7-亚甲基-2,3,4,7,8,8α-六氢化薁(3,6,

8,5-tetramethyl-1*H*,3α,7-methylene-2,3,4,7,8,8α-hexahydroazulene)、γ-杜松烯(γ-cadinene)、α-金合欢烯(α-farnesene)、4-苯基双环[2.2.2]辛烷-1-醇{4-phenyl bicyclo[2.2.2]octan-1-ol}、4α,8α-二甲基-7α-异丙基-4α,5,6,7,8,8α-六氢萘酮-2(4α,8α-dimethyl-7α-isopropyl-4α,5,6,7,8,8α-hexahydro-naphthalenone-2)、1,1,4α,7-四甲基-2,3,4,4α,5,6,7,8-八氢-1*H*-苯并环庚烯-7-醇(1,1,4α,7-tetramethyl-2,3,4,4α,5,6,7,8-octahydro-1*H*-benzocyclohepten-7-ol)、5,8-二乙基十二烷(5,8-diethyl dodecane)、3,5-二甲氧基-1,2-萘醌(3,5-dimethoxy-1,2-naphthoquinone)、十七烷(heptadecane)、白花前胡丙素(praeruptorin C)、白花前胡丁素(praeruptorin D)[1-3]。

感官特性 白花前胡精油有药草香气。

应用情况 可应用于香精、香料等方面。白花前胡丙素可引起肿瘤细胞凋亡，逆转肿瘤细胞的多药耐药性，增加阿霉素等药物在肿瘤细胞中的积聚，抑制肿瘤细胞增殖，是一种较好的潜在肿瘤耐药调节剂。榄香烯对ECA、ARS两种腹水型移植性动物肿瘤具有显著抑制作用，对YAS和S_{180}腹水型亦有较好的治疗效果。挥发油对金黄色葡萄球菌和大肠杆菌有抑制作用。

管理及参照标准 白花前胡(*Peucedanum praeruptorum* Dunn.)根的管理及标准参见：CAS 81740-07-0、73069-27-9。

参考文献

[1] 周国莉，刘宇婧，任守利，等. 白花前胡和紫花前胡挥发油成分的分析[J]. 湖南中医药大学学报，2010，30(5)：26-28.

[2] 俞年军，刘守金，梁益敏，等. 不同产地白花前胡饮片挥发油化学成分的比较[J]. 安徽中医学院学报，2007，26(1)：44-45.

[3] 刘布鸣，赖茂祥，蔡全玲，等. 广西产白花前胡挥发油化学成分研究[J]. 广西科学，1995，2(2)：47.

冷 杉

别　　名 松针油、冷杉针叶油。

英文名称 Pine Fir。

植物学名 *Abies holophylla* Maim.。

植物科属 松科 冷杉属。

品种来源 松科植物冷杉 *Abies holophylla* Maim. 的针叶、嫩枝和树皮。

形态特征 冷杉，松科冷杉属，多年生角锥形高大常绿乔木。具水平状的分枝，长条形叶子，树皮灰色或深灰色，裂成不规则的薄片固着于树干上，内皮淡红色，球果具鳞片状卵状圆柱形。西伯利亚冷杉(*A. sibirica*)生长在俄罗斯北部、芬兰和北美洲；银色冷杉或欧洲冷杉(*A. alba*)广泛生长于欧洲(德国、奥地利、瑞士、南斯拉夫)，该树有特征性的白色树皮，日本冷杉(*A. mayriana*)主要生长在日本北海道；我国华北冷杉(*A. nephrolpis* Maxim.)分布于东北、河北、山西等地，高达20～30m。树皮幼时灰白色，老时浅纵裂；叶线形，扁平；球果圆柱形或长卵形；叶含精油。花期5～6月，球果9～10月成熟。

主要分布　冷杉主要分布于欧洲、亚洲、北美洲、中美洲及非洲最北部的亚高山至高山地带；在我国广泛分布东北山地(小兴安岭、长白山及张广才岭等)及四川大渡河流域(康定、泸定、石棉、峨边、峨眉、普雄、越西)、青衣江流域(宝兴、洪雅、天全)、乌边河流域(洪溪、马边)、金沙江下游(雷波、金阳)、安宁河上游(冕宁)及灌县(巴郎山)等地。

利用部位　针叶、嫩枝、球果。

理化特性　冷杉精油无色至微黄色液体，具有冷杉针叶的愉快香脂香气；不溶于水，能以任何比例溶解于邻苯二甲酸二乙酯、苯甲酸苄酯、植物油和矿物油中，几乎不溶于甘油和丙二醇；对碱和强酸不稳定，但在弱酸条件下不会改变性质。

香气成分　冷杉精油的香气成分是：

柠檬醛(citral)、2-甲基-5-(1-甲基乙基)-双环[3.1.0]-己-2-烯{2-methyl-5-(1-methylethyl)-bicyclo[3.1.0]-hex-2-ene}、α-蒎烯(α-pinene)、莰烯(camphene)、香桧烯(sabinene)、β-蒎烯(β-pinene)、月桂烯(myrcene)、α-水芹烯(α-phellandrene)、α-松油烯(α-terpinene)、1-甲基-2-(1-甲基乙基)-苯[1-methyl-2-(1-methylethyl)-benzene]、柠檬烯(limonene)、3,7-二甲基-(*E*, *Z*, *E*)-1,3,6-辛三烯[3,7-dimethyl-(*E*, *Z*, *E*)-1,3,6-octatriene]、γ-松油烯(γ-terpinene)、2-蒈烯(2-carene)、乙酸龙脑酯(bornyl acetate)、α-花柏烯(α-chamigrene)、古巴烯(copaene)、双环[4,3,0]-7-亚甲基-2,4,4-三甲基-2-乙烯基-壬烷{bicycle[4.3.0]-7-methylene-2,4,4-trimethyl-2-vinyl-nonane}、双环[3.1.1]-2,6-二甲基-6-(4-甲基-3-戊烯基)-庚-2-烯{bicyclo[3.1.1]-2,6-dimethyl-6-(4-methyl-3-pentenyl)-hept-2-ene}、(+)-表-双环倍半水芹烯[(+)-epi-bicyclosesquiphellandrene]、7,11-二甲基-3-亚甲基-1,6(*E*), 10(*E*)-十二碳三烯[7,11-dimethyl-3-methylene-1,6(*E*),10(*E*)-dodecatriene]、吉玛烯D(germacrene D)、α-石竹烯(α-caryophyllene)、十氢化-1,1,7-三甲基-4-亚甲基-1*H*-环丙[*e*]薁{decahydro-1,1,7-trimethyl-4-methylene-1*H*-cyclopro[*e*]azulene}、γ-依兰烯(γ-muurolene)、γ-榄香烯(γ-elemene)、4,7-二甲基-1β-(1-甲基乙基)-1α,2,4αβ,5,6,8aα-六氢萘[4,7-dimethyl-1β-(1-methylethyl)-1α,2,4αβ,5,6,8aα-hexahydro-naphthalene]、吉玛烯B(germacrene B)、吉玛烯D-4-醇(germacrene D-4-ol)、石竹烯氧化物(caryophyllene oxide)、表蓝桉醇(epiglobulol)、杜松醇(cadinol)、α-杜松醇(α-cadinol)、异薄荷醇(isomenthol)[1-2]。

感官特性　冷杉精油具有一种愉快的木香，冷杉针叶的香脂香气和苦的、辛辣香味。

应用情况　可用于肥皂、洗涤剂、消毒剂、脱臭剂和化妆品的加香，还可用于药剂和酒中。另外，可调配成东方型香精、皂用香精和喷雾香精，也可用来合成樟脑。

广泛用于香皂、香水、消毒剂、房间除臭剂等香精中。由于它有辛辣的味感，也用于糖果、焙烤食品和饮料的加香。

管理及参照标准 冷杉(*Abies holophylla* Maim.)针叶油：FEMA 2905；FDA 172.510；COE 5，Natl；FCC Ⅲ；RIFM；IOFI，CAS 8021-29-2；EOA 112(加拿大品种)，50(西伯利亚品种)；IFRA。

参考文献

[1] 樊金拴，王性炎．秦岭冷杉树脂精油化学成分的研究[J]．林产化学与工业，1992，1(1)：71-74.

[2] 樊金拴，王性炎．巴山冷杉针叶精油化学成分的研究[J]．武汉植物学研究，1992，2(2)：163-168.

梅 果

别　　名 梅子、青梅。

英文名称 plum。

植物学名 *Armeniaca mume* Sieb.。

植物科属 蔷薇科　杏属。

品种来源 梅 *Armeniaca mume* Sieb. 的成熟果实。

形态特征 梅树是蔷薇科杏属落叶小乔木植物。株高约5m，茎细小枝长，枝端急尖，淡绿色，光滑无毛。长椭圆形叶，长约9cm，宽约4cm，先端长尖尾状，基部具两个腺体，呈宽楔形，边缘具细锯齿，嫩幼时正、背面被短细柔毛，渐脱落；具叶柄，长约1cm。花2朵，花径2cm，短花梗；短柔毛钟状萼筒，卵形裂片；乳白色或浅红色倒卵形花瓣，具芬芳；离生雄蕊多数，较花瓣稍短或稍长。核果近球形，两边扁，具沟，淡黄色或绿色，短细柔毛，微酸，肉厚，质脆，汁多；外皮密生短细柔毛；椭圆形核，具蜂窝状孔穴。花期近春季，果期近6~7月。

主要分布 我国各地均有栽培，但长江以南地区最多，如四川、贵州、广东、广西、湖南等地区。喜生山坡、沟谷等杂木林中。

利用部位 成熟果实。

香气成分 梅果精油的香气成分为：

乙醛(acetaldehyde)、丁醛(butanal)、乙酸乙酯(ethyl acetate)、乙醇(ethanol)、戊醛(pentanal)、丁酸甲酯(methyl butyrate)、异丁酸乙酯(ethyl isobutyrate)、2-甲基-3-丁烯-2-醇(2-methyl-3-buten-2-ol)、丁酸乙酯(ethyl butyrate)、己醛(hexanal)、正丁醇(1-butanol)、β-月桂烯(β-myrcene)、乙酸戊酯(*n*-pentyl acetate)、柠檬烯(limonene)、丁酸丁酯(*n*-butyl butyrate)、反-2-己烯-1-醛(*trans*-2-hexen-1-al)、己酸乙酯(ethyl caproate)、乙酸异戊烯醇酯(isoprenyl acetate)、乙酸叶醇酯(leaf acetate)、顺-2-庚烯醛(*cis*-2-heptenal)、乙酸反-2-己烯酯[(2*E*)-hexenyl acetate]、己醇(hexanol)、叶醇(leaf alcohol)、壬醛(1-nonanal)、反-2-己烯-1-醇(*trans*-2-hexen-1-ol)、己酸丁酯(butyl hexanoate)、

反-2-辛烯醛[(*E*)-2-octenal]、辛酸乙酯(ethyl caprylate)、乙酸(acetic acid)、糠醛(furfural)、丁酸叶醇酯(*cis*-3-hexenyl butyrate)、癸醛(decanal)、苯甲醛(benzaldehyde)、丙酸(propionic acid)、芳樟醇(linalool)、乙酸薄荷酯(menthyl acetate)、长叶蒎烯[(+)-α-longipinene]、3,7-二甲基-1,5,7-辛三烯-3-醇(hotrienol)、己酸己酯(hexyl hexanoate)、苯甲酸甲酯(methyl benzoate)、2-甲基丁酸(2-methyl butyric acid)、α-松油醇(α-terpineol)、γ-己内酯(γ-hexanolide)、乙酸苄酯(benzyl acetate)、柠檬醛(citral)、戊酸(valeric acid)、乙酸香叶酯(geranyl acetate)、乙酸香茅酯(citronellyl acetate)、水杨酸甲酯(methyl salicylate)、橙花醇(nerol)、乙酸苯乙酯(phenethyl acetate)、β-突厥烯酮(β-damascenone)、大茴香脑(*trans*-anethole)、己酸(hexanoic acid)、苄醇(benzyl alcohol)、苯乙醇(phenethyl alcohol)、γ-辛内酯(γ-octanoic lactone)、β-紫罗兰酮(β-ionone)、辛酸(octanoic acid)、γ-癸内酯(γ-decalactone)、丁香酚(eugenol)、δ-癸内酯(δ-decalactone)、癸酸(capric acid)和苯甲酸(benzoic acid)等，其中主要成分是乙酸丁酯(*n*-butyl acetate)和乙酸己酯(hexyl acetate)等[1]。

感官特性 梅果精油具酸果香，香气厚实。

应用情况 梅果可食用，也可做成果脯、果酱等，具有生津、止渴、止咳、止泻等功效。梅子浸膏用于烟草、酒类制品的加香。

参考文献

[1] 贾卫民，王之建，吴晓红，等. 梅果挥发性成分分析[J]. 精细化工，2011，28(10)：987-990.

石 榴

别　　名 安石榴。

英文名称 Pomegranate。

植物学名 *Punica granatum* L.。

植物科属 石榴科 石榴属。

品种来源 石榴 *Punica granatum* L. 的果实。

形态特征 石榴，石榴科石榴属的落叶灌木植物，株高约4~5m，在热带是常绿树。树干呈灰褐色，树枝长刺；单叶对生或簇生，伸长椭圆状倒披针形，长约5cm，表面光亮、淡黄绿色。花多为淡红色，枝端单生；花萼呈钟形，淡红色，质厚；花期约在每年5~6月；果球形，果径约7~8cm，深红带青色，果肉常为深红色或白色，肉质种皮，多子，常食子汁。

主要分布 石榴分布于整个地中海盆地和其他温暖地区，喜温暖向阳的环境，耐旱、耐寒，也耐瘠薄，不耐涝和荫蔽，我国广西、贵州、广东、湖南、四川等许多省区都有栽培。

利用部位 果实。

理化特性 石榴籽精油是将石榴果籽经超临界二氧化碳萃取而得，是一种淡黄色液体，得油率约0.3%。

香味成分 石榴籽精油的化学成分为：

(*E*，*E*)-4-癸二烯醛[(*E*，*E*)-4-decadienal]、十六酸(棕榈酸)(hexadecanoic acid)、十七碳酸(heptadecanoic acid)、十八碳酸(硬脂酸)(stearic acid)、十八碳三烯酸(亚麻酸)(linolenic acid)、9-十八碳烯酸(油酸)(9-octadecenoic acid)、9,12-十八碳二烯酸(亚油酸)(9,12-octadecadienoic acid)、二十碳烯酸(花生烯酸)(eicosenoic acid)、9,12,15-十八碳三烯酸(石榴酸)(9,12,15-octadecatrienoic acid)、二十碳烯-11-酸(11-花生烯酸)(11-eicosenoic acid)和二十二碳酸(山箭酸)(behenic acid)等。其中主要化学成分为十六酸(棕榈酸)(hexadecanoic acid)、9-十八碳烯酸(油酸)(9-octadecenoic acid)和9,12,15-十八碳三烯酸(石榴酸)(9,12,15-octadecatrienoic acid)等[1-3]。

感官特性 石榴籽精油具有令人愉快的酸香香气。

应用情况 石榴皮具有较好的收敛性，已用于药物和鞣革，石榴皮水浸液对常见致病性皮肤真菌有抑制作用；花作红色染料等。

管理及参照标准 石榴(*Punica granatum* L.)籽油的管理及参照标准见：FDA 182.20；FEMA 2918；IOFI；GB 2；Nat 1；COE 381；CAS 99999-24-3和GRAS(Ⅱ)等。

参考文献

[1] 刘家富，周家齐，李晚谊，等. 云南蒙自石榴主要成分分析[J]. 云南农业科技，1995，6(6)：17-18.

[2] 苗利利，邓红，仇农学. 石榴籽油的超声辅助提取工艺及GC-MS分析[J]. 食品工业科技，2008(5)：226-228.

[3] 聂阳，熊红仔，甘柯林，等. GC-MS比较两种提取方法石榴籽油的化学成分[J]. 中国现代中药，2009，11(12)：18-20.

金盏花

别　　名 山金菊、长生菊、醒酒花、常春花。

英文名称 pot marigold。

植物学名 *Calendula officinalis* L.。

植物科属 菊科　金盏花属。

品种来源 金盏花 *Calendula officinalis* L. 的花。

形态特征 金盏花，菊科金盏花属一年或二年生草本植物。根呈纺锤形，全株被毛，长圆形。基生长圆状倒卵形叶片，全缘或具疏细齿，具柄；茎生叶长圆状披针形，无柄；花序单生，总苞片披针形，花径约6cm，呈黄、橙、橙红、白等颜色。花期为每年4~9月，果期为每年6~10月。

主要分布 金盏花原产埃及和欧洲南部，后移栽于全球的温带地区，遍布欧洲、西亚和美国。现在我国四川、贵州、广东、广西、江苏、福建等地均有栽培。

利用部位　花。

理化特性　金盏花精油主要采用水蒸气蒸馏方法蒸馏，得油率约 0.3%，淡黄色油状体。

香味成分　金盏花精油的香气成分为：

α-侧柏烯(α-thujene)、α-蒎烯(α-pinene)、香桧烯(sabinene)、水芹醛(phenllandral)、α-水芹烯(α-phenllandrene)、α-松油烯(α-terpinene)、柠檬烯(limoene)、ζ-松油烯(ζ-terpinene)、异胡薄荷醇(iso-pulegol)、反式-异丙基-1-甲基-2-环已烯醇(*trans*-4-iso-propyl-1-methyl-2-cyclohexen-1-ol)、顺式-异丙基-1-甲基-2-环已烯醇(*cis*-4-iso-propyl-1-methyl-2-cyclohexen-1-ol)、4-松油烯醇(4-terpinenol)、反式-薄荷烯醇(*trans-p*-menthen-1-ol)、α-松油醇(α-terpineol)、α-荜澄茄烯(α-cubebene)、α-胡椒烯(α-copaene)、β-荜澄茄烯(β-cubebene)、α-古香油烯(α-gurjunene)、β-丁香烯(β-caryophyllene)、α-丁香烯(α-caryophyllene)、(+)-双环倍半水芹烯[(+)-epi-bicyclosequiphyllandrene]、α-依兰油烯(α-muurolene)、ζ-依兰油烯(异构体Ⅰ)(ζ-muurolene)、β-杜松烯(β-cadinene)、δ-杜松烯(δ-cadinene)、ζ-杜松烯(ζ-cadinene)、α-依兰油烯(异构体Ⅱ)(α-muurolene)、大根香叶烯 D-4-醇(germacrene D-4-ol)、喇叭茶醇(ledol)、荜澄茄醇)(cubenol)、ζ-依兰油醇(ζ-muurolol)、α-杜松醇(α-cadinol)等。其中主要成分为ζ-依兰油烯(异构体Ⅰ)(ζ-muurolene)、δ-杜松烯(δ-cadinene)、ζ-杜松烯(ζ-cadinene)、α-依兰油烯(异构体Ⅱ)(α-muurolene)、大根香叶烯 D-4-醇(germacrene D-4-ol)、喇叭茶醇(ledol)、荜澄茄醇(cubenol)、ζ-依兰油醇(ζ-muurolol)和α-杜松醇(α-cadinol)等[1-3]。

感官特性　金盏花精油具有强烈的药草香。

应用情况　金盏花精油常用食用香精配方中，如软饮料、冰制食品、糖果、焙烤食品等食品的加香原料。

管理及参照标准　金盏花(*Calendula officinalis* L)精油管理及参照标准见：COE 101；CAS 70892-20-5；FDA 182.10；FEMA 2658；Nat 1；GB 2 和 GRAS(I)等。

参考文献

[1] 黄妙玲，杨得坡，梁祈，等．顶空液相微萃取法与水蒸气蒸馏法提取金盏花挥发性成分的比较研究[J]．中山大学学报：自然科学版，2010(1)：145-148.

[2] 黄妙玲，王冬梅，梅家齐，等．金盏花挥发油和浸泡油化学成分的分析及其在芳香疗法中的应用[C]．杭州：第七届中国香料香精学术研讨会，2008.

[3] 龚苏晓．金盏花的化学成分及其药理作用[J]．国外医学(中医中药分册)，2002(6)：327-329.

花　椒

别　　名　岩椒、金黄椒、大红袍、红椒、川椒、蜀椒、豆椒。

英文名称 Prickly ash，Xanthoxylum。

植物学名 *Zanthoxylum bungeanum* Maxim.。

植物科属 芸香科 花椒属。

品种来源 芸香科植物花椒 *Zanthoxylum bungeanum* Maxim. 的成熟果实的果皮。

形态特征 花椒，芸香科花椒属多年生落叶小乔木植物，株高约5～6m；茎干上长刺、早落，枝条有短刺，小枝上的刺基部结实，当年生枝被短细柔毛。叶为小叶片，小叶约10片，无柄小叶对生，呈卵形椭圆状，叶轴有狭窄的叶翼，叶轴顶部的较大，近基部的有椭圆形，长约6cm，宽约3cm，细裂齿叶缘，油点齿缝。叶背基部中脉两侧有丛毛或小叶双面均被细柔毛，中脉在叶面凹陷，叶背干后常有红棕色花纹。顶生花序，花序轴及花梗密被短细柔毛或光滑无毛；花被片约8片，淡绿色，各花被形状大小相近；雄蕊约5枚；退化雌蕊顶端浅裂交叉状；花柱背弯。果呈深紫红色，果径约4mm，具微凸起油点，顶端尖；籽长约为4mm。花期约在4～5月，果期约在9～10月。

主要分布 花椒原生于喜马拉雅山脉，多见于平原至海拔较高的山地，耐旱，喜阳光，独自生存能力强，主要分布在我国广西、湖南、甘肃、陕西、云南、贵州、四川、山西、河南、河北等地区。在国外主要分布于日本、韩国等地。

利用部位 树皮，果实。

理化特性 我国花椒果实含精油量约为5%，用水蒸气蒸馏法提取精油。浅黄绿色油状液体，可有微量原料性沉淀，具有花椒籽油固有的气味和滋味，无异味。花椒油理化参数如下表所示。

表 花椒精油理化参数

理化参数	花椒油
颜色	浅黄绿色或黄色油状液体
相对密度(20℃)	0.8663～0.8665
折光指数(20℃)	1.4674～1.4696
旋光度(20℃)	7°31′～12°57′

香气成分 花椒精油的香气成分：

①主要成分：松油醇-4(terpineol-4)、柠檬烯(limonene)、1,8-桉叶素(1,8-cineole)。

②其他成分：(+)-4-蒈烯[(+)-4-carene]、1-甲基-4-(1-甲基乙基)-1,4-环己二烯[1-methyl-4-(1-methylethyl)-1,4-cyclohexadiene]、芳樟醇(linalool)、顺式-1-甲基-4-异丙基-2-环己烯-1-醇(*cis*-1-methyl-4-isopropyl-2-cyclohexen-1-ol)、反式-1-甲基-4-异丙基-2-环己烯-1-醇(*trans*-1-methyl-4-isopropyl-2-cyclohexen-1-ol)、4-(1-甲基亚乙基)-2-环己烯-1-酮[4-(1-methylethylene)-2-cyclohexen-1-one]、α-松油醇(α-terpineol)、1-异丙基-3-环己烯-2-酮(1-isopropyl-3-cyclohexen-

2-one）、茴香脑（anethole）、4-（1-甲基乙基）-苯甲醇乙酸酯［4-（1-methylethyl）-benzenemethanol acetate］、1，7，7-三甲基–三环［2. 2. 1. 0］庚烷｛1，7，7-trimethyl-tricyclo［2. 2. 1. 0］heptane｝、1，7，7-三甲基–双环［2. 2. 1］庚-2-烯｛1，7，7-trimethyl-bicyclo［2. 2. 1］hept-2-ene｝、2-甲氧基-3-（2-丙烯基）-苯酚［2-methoxy-3-（2-propenyl）-phenol］、罗勒烯（ocimene）、α-石竹烯（α-caryophllene）、β-石竹烯（β-caryophllene）、β-松油醇（β-terpineol）、γ-松油醇（γ-terpineol）、α-水芹烯（α-phellandrene）、石竹烯氧化物（caryophyllene oxide）、γ-杜松醇（γ-cadinol）、α-杜松醇（α-cadinol）、1，3-二羟基丙酮（1，3-dihydroxy acetone）、庚醛（heptanal）、蒈烯（carene）、2-庚烯醛（2-heptenal）、香桧烯（sabinene）、月桂烯（myrcene）、2，4-庚二烯醛（2，4-heptadienal）、α-松油烯（α-terpinene）、2，4-二甲基乙苯（2，4-dimethyl phenylethane）、庚酸（heptanoic acid）、β-松油烯（β-terpinene）、蒈醇（caraneol）和 2-甲基-6-环氧基-2-庚烯-6-醇（2-methyl-6-epoxy-2-heptene-6-ol）等[1-4]。

感官特性　花椒精油的药草芳香、麻辣。果皮入口时对舌头有刺痛感。

应用情况　①在食品、医药、保健领域的应用：花椒挥发油可直接应用于食品工业领域，花椒挥发油中含有少量油脂和脂肪酸，属于一种优质的食用油。

②在杀虫剂领域的开发应用方面：花椒精油具有较强的杀虫、驱虫效果，在植物杀虫剂的开发利用方面具有广阔的前景。

花椒是重要的调味香料，也是一种药材。花椒果实经精制加工的精油可用于调配香精。

美洲花椒果皮在美国南部乡村地区用来治牙痛，果皮萃出物除作为强心剂的加香香料外，还用于软饮料、糖果、焙烤食品等。

管理及参照标准　花椒（*Xanthoxylum* Spp.）树皮萃出物：Nat 1；GB 3；FEMA 2110；FDA 182. 20；COB 486；GRAS（Ⅱ）。

参 考 文 献

［1］唐课文，阎建辉，许友，等．花椒挥发油的化学成分分析［J］．分析化学，2003，3（3）：384.

［2］秦军，陈桐，吕晴．同时蒸馏萃取气质联用法测定花椒挥发油成分［J］．贵州工业大学学报（自然科学版），2001，30（6）：4-6.

［3］邱琴，崔兆杰，刘廷礼，等．花椒挥发油化学成分的 GC-MS 分析［J］．中药材，2002，25（5）：327-329.

［4］郭治安，赵景婵，谢志海．气相色谱–质谱联用分析花椒挥发油的成分［J］．色谱，2001，19（6）：567-568.

李

别　　名　嘉庆子、山李子。

英文名称　Prune。

植物学名　*Prunus salicina* Linn.。

植物科属 蔷薇科 李属。

品种来源 李 *Prunus salicina* Linn. 的果实。

形态特征 李，蔷薇科李属落叶灌木植物，株高约5m，直立性广圆形树冠，树皮灰褐色，凹凸不平。老枝紫褐色或红褐色，无毛；小枝黄红色，无毛；冬芽卵圆形，红紫色，有数枚覆瓦状排列鳞片，通常无毛，稀鳞片边缘有极稀疏毛。卵形叶片，锯齿边缘，长6~8cm，宽3~5cm，先端渐尖、急尖或短尾尖，深绿色有光泽。花期约在4~5月，粉红色或白色的花朵单生或聚生，花直径约2cm，萼筒钟状；萼片长圆卵形，长约5mm，先端急尖或圆钝，边有疏齿，与萼筒近等长，萼筒和萼片外面均无毛，内面在萼筒基部被疏柔毛。果期约在7~8月，近球形果，外有沟痕，黄色或红色，有时为绿色或紫色，梗凹陷入，顶端微尖，基部有纵沟，外被蜡粉；核卵圆形或长圆形，有皱纹。

主要分布 原产于中国，世界各地及中国各省均有分布，在我国分布在长江流域一带山区，如贵州、湖南、广东、广西、四川等地。在国外主要分布在俄罗斯、日本、澳大利亚等地。

利用部位 果实。

理化特性 李子精油的香气成分是将李经超临界二氧化碳萃取而得，是一种淡黄色液体，得油率约0.1%。

香味成分 李子精油的香气成分为：

乙酸乙酯(ethyl acetate)、乙酸丁酯(acetic acid，butyl ester)、3-己烯醇乙酸酯(3-hexen-1-ol，acetate)、邻苯二甲酸二甲酯(dimethyl phthalate)、乙酸己酯(acetic acid，hexyl ester)、乙二醇丁醚醋酸酯(2-butoxyethyl acetate)、己酸乙酯(hexanoic acid，ethylester)，辛酸乙酯(octanoic acid，ethylester)、癸酸乙酯(decanoic acid，ethyl ester)、异丁酸芳樟脂(linlyl isobutyrate)、己醛(hexanal)、(*Z*)-3-己烯醛[(*Z*)-3-hexenal]、2-己烯醛(2-hexenal)、(*Z*)-3-己烯-1-醇[(*Z*)-3-hexen-1-ol]、(*E*)-2-己烯-1-醇[(*E*)-2-hexen-1-ol]、1-己烯醇(1-hexenol)、3-甲基-1-丁醇(1-butanol，3-methyl)、2-甲基-1-丁醇(1-butanol，2-methyl)、2-戊烯-1-醇(2-penten-1-ol)、苯乙基醇(phenyl ethyl alcohol)、(*Z*)-2-庚烯醛[(*Z*)-2-heptenal]、壬醛(nonanal)、糠醛(furfural)、辛醛(octanal)、庚醛(heptanal)、苯甲醛(benzaldehyde)、苯乙醛(benzene acetaldehyde)、5-甲基–糠醛(5-methyl-2-furancarboxaldehyde)、5-羟甲基-2-呋喃甲醛[5-(hydroxymethyl)-2-furancarboxaldehyde]、哌嗪(piperazine)、柠檬烯(limonene)、α-蒎烯(α-pinene)、芳樟醇(linalool)、γ-癸内酯(γ-decalactone)、γ-辛内酯(γ-octalactone)、γ-已内酯(γ-hexalactone)和γ-壬内酯(γ-nonalactone)等。其中主要香气成分为乙酸丁酯(acetic acid，butyl ester)、3-己烯醇乙酸酯(3-hexen-1-ol，acetate)、(*Z*)-3-己烯醛[(*Z*)-3-hexenal]、2-己烯醛(2-hexenal)、苯甲醛(benzaldehyde)、5-甲基–糠醛(5-methyl-2-furancarboxaldehyde)、5-羟甲基-2-呋喃甲醛[5-hydroxymethyl-2-furancarboxaldehyde]和γ-癸内酯(γ-decalactone)等[1-3]。

感官特性 李子精油具有令人愉快的酸果香香气。

应用情况 李子是人们喜爱的水果之一，李子汁可制成各种饮料、糕点、糖果等食品。

管理及参照标准 李(*Prunus salicina* Linn.)籽油的管理及参照标准见：Nat1和IOFI等。

参考文献

[1] 刘泽静，张京声，陈安均，等."盖县李"果实成熟前后挥发性物质GC-MS分析[J]. 西南大学学报：自然科学版，2009，31(8)：13-20.
[2] 柴倩倩，王利军，吴本宏，等. 中国李和樱桃李及其种间杂种果实香气成分分析[J]. 园艺学报，2011，38(12)：2357-2364.
[3] 蔚慧，杨林华，赵芳，等.6种李子果实香气成分的分析研究[J]. 安徽农业科学，2012，40(27)：13601-13604.

南 瓜

别 名 笋瓜、麦瓜、倭瓜、金冬瓜、方瓜、番瓜、北瓜、金瓜。

英文名称 pumpkin。

植物学名 *Cucurbita moschata* Duchesne。

植物科属 葫芦科 南瓜属。

品种来源 南瓜 *Cucurbita moschata* Duchesne 的成熟果实。

形态特征 南瓜，葫芦科南瓜属一年生蔓生草本植物。藤长近6～8m，生根节处，实壮，具棱沟，被短细刚毛，乳白色卷须约4叉。单叶互生，大心形或宽卵形叶片，浅绿色，5浅裂具5角，柔软，长约20cm，正、背面密被黄白色刚性细茸毛，叶脉隆起，沿边缘及叶面常具白斑，边缘具不规则锯齿状。单生花，雌雄异花同株。雄花钟形花萼筒，长约6mm，条形裂片，长约1cm，细柔毛被，上部外展呈叶状，具皱纹。深黄色钟状花冠，长约8cm，花径约6cm，5中裂，裂片边缘皱褶反卷，先端尖。雄蕊3枚，腺体状花丝，长约9mm，花药靠合，长约16mm，药室折曲。雌花单生，子房1室，子房圆形或椭圆形，短花柱，膨大，柱头3个，各2裂。果具扁壶形、圆球形、柱形等，橘黄色、淡黄色或淡绿色表面具纵沟、隆起、光滑和瘤状突起等。果柄具明显棱槽，喇叭状瓜蒂。卵形或椭圆形小种子，长约2cm，薄边缘，淡黄色。花期约6～7月，果期近7～8月。

主要分布 南瓜原产于亚洲南部和中南美洲一带，世界各地普遍栽培，明代传入中国，现南北各地广泛种植。

利用部位 成熟果实。

香气成分 南瓜精油的香气成分为：

3-甲基丁醛(butanal，3-methyl)、2-甲基丁醛(butanal，2-methyl)、己醛(hexanal)、2-正戊基呋喃(furan，2-pentyl-2-)、壬醛(nonanal)、癸醛(decanal)、十四烷(tetradecane)、β-紫罗兰酮(β-ionone)、β-紫罗酮环氧化物(β-ionone epoxide)、十五烷(pentadecane)、1-环戊基-3-乙氧基-2-丙酮(2-propanone，1-cyclopentyl-3-ethoxy-1-)、二氢猕猴桃内酯(dihydroactindiolide)、十六烷

(hexadecane)、十七烷(heptadecane)、十六醛(hexadecanal)、十八烷(octadecane)、植酮(perhydrofarnesyl acetone)、棕榈酸甲酯(hexadecanoic acid)和亚麻酸甲酯(linolenic acid methyl ester)等，其中主要成分是吡喃酮(pyranone)和棕榈酸(n-hexadecanoic acid)等[1-3]。

感官特性 南瓜精油具果甜香气。

应用情况 南瓜营养丰富，具有较高的食用价值。在医药方面具有降血糖、降血压、助消化、清热解毒、消炎止痛、防癌抗癌等功效。

参考文献

[1] 李瑜．新鲜南瓜和南瓜汁挥发性风味物质的成分比较[J]．食品科学，2010(2)：208-210.

[2] 张伟，卢引，顾雪竹，等．HS-SPME-GC-MS分析两种南瓜肉挥发性成分[J]．中国实验方剂学杂志，2013，19(7)：117-119.

[3] 李昌勤，王海燕，卢引，等．顶空固相微萃取法分析超甜蜜本南瓜肉挥发性成分[J]．河南大学学报：医学版，2013(1)：19-21.

火 棘

别　　名 红子刺、火把果、救军粮。

英文名称 Pyracantha fortuneana。

植物学名 *Pyracantha fortuneana*（Maxim.）Li。

植物科属 蔷薇科 火棘属。

品种来源 火棘 *Pyracantha fortuneana*（Maxim.）Li 的干燥根茎、叶片、花、果实。

形态特征 火棘，蔷薇科火棘属常绿灌木植物，株高约3m；枝弯下垂，枝嫩具棕红色细绒毛，刺状短侧枝，老枝呈暗褐色；倒卵状长椭圆形叶片，长约5cm，先端凹圆，钝锯齿状，基部全缘渐窄，正、背面无毛。复伞房状花序，乳白色、花径约1cm的花约25朵；花瓣近似圆形，长约4mm，宽约3mm，花丝长3~4mm，花药黄色；花期每年3~5月；球形果，果径约10mm，橙红色至橘红色球形果实，成穗状，每穗具果约22个。深秋始变红，艳至春节。

主要分布 主要分布在亚洲东南部至欧洲南部地区，在我国浙江、广西、江苏、湖南、湖北、云南、贵州、四川、福建、陕西等地有引种。

利用部位 干燥根茎、叶片、花、果实。

理化特性 火棘花经水蒸气蒸馏法提取得到的精油，是一种浅黄色油状液体。

香气成分 火棘花精油的香气成分为：

异戊醛(isovaleraldehyde)、异戊醇(isopentyl alcohol)、顺式-2-戊烯-1-醇(*cis*-2-penten-1-ol)、己醛(hehanal)、糠醛(furfural)、2-己烯醛(2-hexenal)、叶醇(leaf alcohol)、己醇(hexyl alcohol)、壬烷(nonane)、庚醛(heptaldehyde)、(*E*，*E*)-2,4-己二烯醛[(*E*，*E*)-2,4-hexadienal]、α-蒎烯(α-pinene)、苯甲醛(benzaldehyde)、辛醛(octanal)、3,5,5-三甲基-3-环己烯-1-酮(3,5,5-trimethyl-3-cyclohexen-1-one)、苯乙醛(phenylacetaldehyde)、芳樟醇(linalool)、壬醛(nonanal)、苯乙醇(phenethyl alcohol)、异佛尔酮(isophorone)、2,6,6-三甲基-2-环己烯-1,4-二酮(2,6,6-trimethyl-2-cyclohexene-1,4-dione)、α-松油醇(α-terpineol)、水杨酸甲酯(methyl salicylate)、2,3-二氢-2,2,6-三甲基苯甲醛(2,3-dihydro-2,2,6-trimethyl benzalhyde)、癸醛(decanal)、2-莰烯(2-bornene)、香叶醇(geraniol)、2,4,6-三甲基苯酚(2,4,6-trimethyl phenol)、吲哚(indole)、十一醛(undecanal)、3,4,5-三甲基苯酚(3,4,5-trimethyl phenol)、α-库毕烯(α-cubebene)、丁香酚(eugenol)、癸酸(decanoic acid)、β-大马酮(β-damascenone)、茉莉酮(jasmone)、2,7-二甲基萘(2,7-dimethyl-naphthalene)、环十二烷(cyclododecane)、d-杜松烯(d-cadinene)、吉马烯D(germacrene D)、β-紫罗兰酮(β-ionone)、二环倍半水芹烯(bicyclo sesquiphellandrene)、α-法尼烯(α-farnesene)、异喇叭烯(isoledene)、反式-橙花叔醇(*trans*-nerolidol)、苯甲酸己酯(hexyl benzoate)、十四醛(tetradecanal)、(+)-环苜蓿烯[(+)-cyclosativene]、十六醛(hexadecanal)、法尼醇(farnesol)、肉豆蔻酸(myristic acid)、植酮(perhydrofarnesyl acetone)、十九烷(nonadecane)、2-十七烷酮(2-heptadecanone)、法尼基丙酮(farnesyl acetone)、棕榈酸甲酯(methyl palmitate)、棕榈酸(palmitic acid)、二十烷(eicosane)、橙花叔醇(nerolidol)、植醇(plant alcohol)和反式-角鲨烯(*trans*-squalene)等，其中主要成分为β-杜松烯(β-cadinene)等[1]。

感官特性　火棘花精油具有浓郁青果香。

应用情况　火棘营养丰富，可食用，也可加工成饮料，火棘果实是可用于制作牙膏。在医药上具有清热解毒、消积止痢、活血止血等功效。

参考文献

[1] 葛丽娜，韩雪，任珂珂，等. 火棘花挥发油化学成分的GC-MS分析及抗氧化活性研究[J]. 植物研究，2014，34(2)：276-281.

柴　胡

别　　名　柴草、山菜、地熏、菇草。

英文名称　Radix Bupleurl。

植物学名　*Bupleurum chinense* DC.。

植物科属　伞形科　柴胡属。

品种来源　柴胡 *Bupleurum chinense* DC. 的干燥根。

形态特征　柴胡，伞形科柴胡属多年生草本植物。株高约50～60cm，主根坚硬、粗大。茎单生或数茎丛生，实心，有纵槽纹，茎上部多分枝，枝曲折生长。叶互生；基生叶呈倒披针形或长椭圆形，长约5cm，宽约7cm，先端尖，基部缩成柄；茎生叶呈椭圆形披针状，长约9cm，宽约11mm，先端钝尖，短头，基部抱茎、成叶鞘，脉9条，叶正面浅绿色，背面淡绿色，乳白霜。顶生或侧多分枝伞形花序，细梗，水平伸出，呈疏松锥状；约3片总苞，狭披针形，长约3mm，宽约0.8mm，约5条脉；伞辐约8条，不等长；披针形，小总苞片约7片，长约3.1mm，宽0.9mm，先端尖，脉3条，叶背呈凸出；约9朵小花集成伞形花序，柄长约1.1mm，花径约1.6mm；浅黄色花瓣，上部内弯，中肋隆起，半圆形小舌片，先端2浅裂；棕黄色花柱基，比子房宽。棕色长圆形双悬果，两侧扁，果长近3mm，棱狭翼状，淡棕色，每棱槽中具3条油管。花期近8~9月，果期近10~11月。

主要分布 分布于我国西北、华北、华东、四川、湖北、东北等地，广西、湖南等地也有生长。

利用部位 干燥根。

理化特性 根经干燥后用水蒸气蒸馏获得精油，为淡黄色液体。柴胡精油理化参数如下表所示。

表 柴胡精油理化参数

理化参数	柴胡精油
相对密度(20℃)	0.894~0.932
折光指数(20℃)	1.474~1.499

香气成分 柴胡精油的香气成分为：

香芹醇(carveol)、绿叶烯(patchoulene)、β-愈创木烯(β-guaiene)、香橙烯(aromadendrene)、己醛(hexanal)、庚醛(heptanal)、辛醛(octanal)、甲基萘(methylnaphthalene)、榄香烯(elemene)、荜澄茄烯(cubebene)、杜松烯(cadinene)、3,3,5,5-四甲基-1-环戊烯(3,3,5,5-tetramethyl-1-cyclopentene)、(-)-斯巴醇[(-)-spathulenol]、蓝桉醇(globulol)、杜松醇(cadinol)、芹子烯(selinene)、2,2,7,7-四甲基三环-6,2,1,0[1.6]十一碳-4-烯-3-酮{2,2,7,7-tetramethyltricyclo-6,2,1,0[1.6]undec-4-en-3-one}、六氢法尼醇丙酮(hexahydrofarnesylacetone)、亚油酸(linoleic acid)、油酸(oleic acid)、龙脑(borneol)、α-松油醇(α-terpineol)、β-石竹烯氧化物(β-caryophyllene oxide)、α-石竹烯氧化物(α-caryophyllene oxide)、香草醇(vanillyl alcohol)、硬脂酸(stearic acid)、α-蒎烯(α-pinene)、α-古巴烯(α-copaene)、八氢-7-甲基-3-亚甲基-4-(1-甲基乙基)-1*H*-五环[1.3]三环[1.2]苯{octahydro-7-methyl-3-methylene-4-(1-methylethyl)-1*H*-pentacyclo-[1.3]-tricyclo-[1.2]benzene}、3,5-二氯苯甲酸甲酯(3,5-dichloromethyl benzoate)、1,3,5-庚三酸(1,3,5-heptantrioic acid)、γ-杜松烯(γ-cadinene)、橙花酮(nerylacetone)、α-葎草烯(α-humulene)、α-紫穗槐烯(α-amorphene)、吉玛烯D(germacrene D)、1,2,3,4,4A,7-六氢-1,6-二甲基-4-(1-甲基乙基)萘[1,2,3,4,4A,7-hexahydro-1,6-dimethyl-4-(1-methylethyl)naphthalene]、朱栾倍半萜(valencene)、δ-杜松烯(δ-cadinene)、1*S*，顺-菖蒲烯(1*S*，*cis*-calamene)、α-白菖考烯(α-calacorene)、β-石竹烯(β-caryophyllene)、(*Z*)-5-十五烯-7-炔[(*Z*)-5-pentadecen-7-yne]、双表-α-雪松烯(diepi-α-cedrene)、香橙烯

Ⅵ(aromadendrene Ⅵ)、正十七烷(n-heptadecane)、硫化薄荷(mintsulfide)、5-环十六烯-1-酮(5-cyclohexadecen-1-one)、十四碳酸(tetradecanoic acid)、十八烷(octadecane)、十六烷醛(hexadecanal)、3-二十碳炔(3-eicosyne)、6,10,14-三甲基-2-十五烷酮(6,10,14-trimethyl-2-pentadecanone)、十九烷(nonadecane)、邻苯二甲酸二丁酯(dibutyl phthalate)、β-葑醇(β-fenchol)、二十烷(eicosane)、二十一烷(heneicosane)、十六碳酰胺(hexadecanamide)和二十二烷(docosane)等，其中主要成分为棕榈酸(palmitic acid)等[1-4]。

感官特性 柴胡精油具药香和果香。

应用情况 柴胡精油可作为日化产品、化妆品、食品的原料。

在医药上，已研制出柴胡颗粒、胶囊等产品，为患者带来很好的便利。

管理及参照标准 柴胡(*Bupleurum chinense* DC.)精油的管理及参照标准参见 CAS 20736-09-8。

参考文献

[1] 刘群，葛发欢．柴胡挥发油化学成分分析[J]．中药材，2003，26(9)：641-642.

[2] 廖远熹，王昊阳，郭寅龙，等．中药柴胡挥发性成分的静态顶空-气相色谱-质谱分析[J]．质谱学报，2005，26(3)：187-192.

[3] 刘玉法，阎玉凝，武莹，等．GC-MS 分析北柴胡地上部分的挥发油化学成分[J]．北京中医药大学学报，2004，27(5)：59-61.

[4] 孙宗喜，吕晓慧，徐桂花，等．甘肃产柴胡挥发油化学成分 GC-MS 分析[J]．中国实验方剂学杂志，2012，18(9)：75-78.

巴 戟 天

别　　名 鸡肠风、兔仔肠、三角藤、鸡眼藤、黑藤钻、糠藤。

英文名称 Radix morindae officinalis。

植物学名 *Morinda officinalis* How.。

植物科属 茜草科 巴戟天属。

品种来源 巴戟天(*Morinda officinalis* How.)的根。

形态特征 巴戟天，茜草科巴戟天属缠绕或攀缘藤本植物。根茎肉质肥厚，圆柱形，念珠状支根，鲜时外皮白色，干时淡褐色。有蜿蜒状条纹，断面紫红色。茎圆柱状，具纵条棱，小枝幼时有褐色粗毛，老时毛脱落后表面粗糙。对生长约 8cm，宽约 3.5cm，长椭圆形叶片，先端短渐尖，基部楔形或阔楔形，全缘，下面沿中脉上被短粗毛，叶缘常有稀疏的短毛；叶柄褐色粗毛；托叶鞘状。花序头状，花约 6 朵，生于小枝顶端，罕为腋生；花萼倒圆锥状，长约 3.5mm，先端具不规则的齿裂或近平截；花冠白色肉质，花冠管的喉部收缩，内面密生短毛，常 4 深裂；雄蕊 4 枚，花丝极短；子房下位，4 室，花柱 2 深裂。浆果近球形，直径约 7mm，成熟后红色，顶端有宿存的筒状萼管。花期 4～5 月。果期 9～10 月。

主要分布 主要生于山地疏、密林下和灌丛中，在我国广东、海南、福建、广西等热带和亚热带地区均有种植。

利用部位 根。

理化特性 由水蒸气蒸馏法得到的挥发油是黄白色胶状物。

香气成分 巴戟天精油的香气成分是：

龙脑(borneol)、2,6-二叔丁基对甲酚[2,6-bis(1,1-dimethylethyl)-4-methylphenol]、正十七烷(n-heptadecane)、正十七烷异构体(iso-heptadecane)、十四酸(tetradecanoic acid)、正十八烷(*n*-octadecane)、支链二十烷(iso-eicosane)、十五酸(pentadecanoic acid)、十五酸乙酸(ethyl-pentadecanoic acid)、9-十六烯酸(9-hexadecenoic acid)、十六酸(hexadecanoic acid)、十六酸乙醋(ethyl-hexadecanoic acid)、顺-9-十八烯酸[*cis*-9-octadecenoic acid]、顺-9-十八烯酸乙酯(*cis*-9-octadecenoic acid-ethyl)和*N*-苯基-1-萘胺(*N*-phenyl-1-naphthalenamine)等，其中主要香气成分是十六酸(hexadecanoic acid)等[1-2]。

感官特性 巴戟天精油具青甜香。

应用情况 巴戟天有许多的作用功效，被广泛应用于日常食膳养生，是一种很名贵的保健品。

管理及参照标准 巴戟天(*Morinda officinalis* How.)的管理及参照标准见Morinda officinalis How in Acta Phytotax. Sinica 7：325. 1958；海南植物志 3：332. 1974；中国高等植物图鉴 4：243，图 5899. 1975.

参考文献

[1] 林励，徐鸿华，王淑英，等. 巴戟天挥发性成分的GC-MS分析[J]. 广州中医学院学报，1992，9(4)：208-210.

[2] 白成科，张媛，马瑜娟，等. 巴戟天不同部位脂溶性成分的GC-MS分析[J]. 中草药，2007，38(6)：828-830.

麦 冬

别　　名 麦门冬、沿阶草、书带草。

英文名称 radix ophiopgonis。

植物学名 *Ophiopogon japonicus*(Thunb.)Ker-Gawl.。

植物科属 百合科 沿阶草属。

品种来源 百合科植物麦冬[*Ophiopogon japonicus*(Thunb.)Ker-Gawl.]的块根及其成熟果实中的种子。此外，西藏所用麦冬为百合科植物蜈蚣七(*Ophiopogon intermedius* D. Don)的块根。

形态特征 麦冬，百合科沿阶草属多年生草本植物，聚生长，株高约 30cm。深绿色叶细长、丛生，长实如韭菜。花小，花茎自叶丛中生出，单生或成对生，呈紫色，成总状花序。圆球形浆果，成熟后为蓝黑色。根茎不长，须根，在部分须根的中部或尖端长成膨大成纺锤形的肉质块根或带圆形的果肉质根，即药用的麦冬。花期 5~8 月，果期 8~9 月。

主要分布 我国大部分地区均有野生分布和栽培，如四川、贵州、广东、广西、湖南等地，其著名产地有四川三台(川麦冬)和浙江杭州(杭麦冬)。在国外主要分布于日本、越南、印度等地。喜阴生、潮湿的地区。

利用部位 块根或成熟果实的种子。

理化特性 油呈浅黄色油状液体。

香气成分 麦冬精油的香气成分有：

长叶烯(longifolene)、樟脑(camphor)、芳樟醇(linalool)、松油醇-4(terpineol-4)、β-氨叶烯(β-patchoulene)、香附烯(cyperene)、α-葎草烯(α-humulene)、α-绿叶烯(α-patchoulene)、愈创木醇(guaiol)、4-羟基–茉莉醇(4-hydroxy-jasminol)[1-2]。

感官特性 麦冬精油具青甜香、略带泥土气。

应用情况 中药常用于清热解毒，是夏天的良饮。

参考文献

[1] 张存兰. 麦冬挥发油成分的提取与GC-MS分析[J]. 食品工业科技，2010(1)：149-150.
[2] 朱永新，刘林拮，王维，等. 麦冬挥发油化学成分的研究[J]. 药物分析杂志，1991(1)：21-23.

川 木 香

别　　名 木香。

英文名称 Radix vladimiriae。

植物学名 *Dolomiaea souliei* (Franch.) Shih. 。

植物科属 菊科　川木香属。

品种来源 川木香 *Dolomiaea souliei*(Franch.) Shih. 的根。

形态特征 川木香，菊科川木香属多年生草本植物，几乎无茎。根系粗壮，直伸，圆柱形根形。叶丛生、呈莲座状，矩圆状披针形或椭圆形或卵状披针形状，长约30cm，宽约20cm，羽状、中裂，约具7对裂片，部分不分裂，裂片边缘具有不规则齿裂，两面具有被毛及黄色小腺点；叶柄长约20cm。枝顶数个头状花序集生；总苞片约6层，质地坚硬、绿色带紫、顶端尖、边缘带睫毛；花为紫色管状花形，长约4cm，外层向下皱曲反折包围并紧贴瘦果。果瘦、扁平、带棱；冠毛呈芒状。花期在7~8月，果期在8~9月。

主要分布 主要分布在海拔为3000m以上的高山草地及灌丛中，主产四川西部(康定新都桥、大金)、西藏东部(昌都、盐井、芒康、江达)等地。

利用部位 干燥根茎。

理化特性 通过水蒸气蒸馏法从干燥的根中蒸得淡黄色透明油状液体。根含挥发油约为2%、木香碱约为(saussurine)0.05%、菊糖约为16%。

香气成分 川木香精油的香气成分为：

木香内酯(costuslactone)、二氢木香内酯(dinydrocostus-lactone)、α-木香醇

(α-costol)、α-木香酸(α-costic acid)、风毛菊内酯(saussurea lactone)、去氢木香内酯(denydcrostus lactone)、异土氢木香内酯(iso-alantolactone)，以及单紫杉烯(aplotaxene)、α及β-木香烯(α-、β-costene)、α-及β-紫罗兰酮(α-、β-ionone)、木香内酯(mokkolactone)，分离可得土木香内酯(alantolactone)。α-佛手柑油烯(α-bergamotene)、β-榄香烯(β-elemene)、香附烯(cyperene)、α-葎草烯(α-humulene)、γ-绿叶烯(γ-patchoulene)、菖蒲二烯(aeoradiene)、α-姜黄烯(α-curcumene)、长叶烯(longifolene)、β-绿叶烯(β-patchoulene)、杜松烯(cadinene)、γ-榄香烯(γ-elemene)、β-桉叶醇(β-eudesmol)、γ-古芸烯(γ-gurjunene)、香橙烯(aromadendrene)、依兰烯(muurolene)、努特卡酮(nootkatone)、木香醇(costol)、二氢白菖考烯(calamenene)、二氢去氢木香内酯(dihydro-dehydrocostuslactone)、3-乙基-4-甲基戊醇(3-ethyl-4-methylpentanol)、樟脑(camphor)、β-石竹烯(β-caryophyllene)、雪松烯(cedrene)、土青木香烯(aristolene)、α-石竹烯((α-caryophyllene)、α-长叶蒎烯(α-longipinene)、绿叶烯(patchoulene)、姜黄烯(curcumene)、α-古芸烯(α-gurjunene)、β-桉叶烯(β-eudesmene)、β-葎草烯(β-humulene)、α-雪松烯氧化物(α-cedreneoxide)、榄香醇(elemol)、橙花叔醇(nerolidol)、桉叶醇(eudesmol)、芹子-6-烯-4-醇(selina-6-en-4-ol)、沉香螺萜醇(agarospirol)、苍术醇(hinesol)、库贝醇(cubenol)、α-桉叶醇(α-eudesmol)、川木香内酯(mokkolactone)、异土木香内酯(isoalantolactone)、坚果醇(nuciferol)、α-红没药醇(α-bisabolol)、澳白檀醇(1anceol)、香橙烯氧化物(aromadendreneoxide)、呋喃雅槛蓝酮(furanoeremophilone)、广木香内酯(costunolide)、棕榈酸(palmitic acid)、红没药烯(bisabolene)等，其中主要香气成分为木香内酯(costuslactone)[1-2]。

感官特性 川木香精油具有浓郁的木香和药香。

应用情况 川木香具行气止痛药效，在治疗脘腹胀痛、肠鸣腹泻、里急后重、两肋不舒、肝胆疼痛等疾病方面治疗显著。川木香的水提物、精油对大鼠离体小肠具兴奋作用，对乙酰胆碱、组胺与氯化钡所致肠痉挛有阻滞作用，对中枢神经的兴奋和解痉具有较好的疗效。也可用于香精、香精的加香香原料之一。

参考文献

[1] 黄好武，施文科，梁晟．川木香挥发性成分的气相色谱-质谱分析[J]．中国医院用药评价与分析，2008，8(9)：675-676.

[2] 李兆琳，薛敦渊，王明奎，等．川木香挥发油化学成分的研究[J]．兰州大学学报，1991，27(4)：94-97.

毛 茛

别　　名 鱼疔草、鸭脚板、野芹菜、山辣椒、辣子草、水辣草、老虎脚爪草、毛芹菜、起泡菜。

英文名称 Ranunculus asiaticus。

植物学名 *Ranunculus ternatus* Thunb.。

植物科属 毛茛科 毛茛属。

品种来源 毛茛 *Ranunculus ternatus* Thunb. 的全草。

形态特征 毛茛，毛茛科毛茛属一年生草本植物。簇生多数肉质小块根，块根卵球形或纺锤形，顶端质硬，形似猫爪，直径约4mm。茎铺散，中空，高约12.5cm，多分枝，较柔软，大多无毛。基生叶有长柄；叶片形状多变，单叶或3出复叶，宽卵形至椭圆形，长约22.5mm，宽约15mm，小叶3浅裂至3深裂或多次细裂，末回裂片倒卵形至线形，无毛；叶柄长约8cm。茎生叶无柄，叶片较小，全裂或细裂，裂片线形，宽约2mm。花单生茎顶和分枝顶端，直径约1.2cm；萼片6，长约3.5mm，外面疏生柔毛；花瓣6或更多，黄色或后变白色，倒卵形，长约7mm，基部有长约0.8mm的爪，蜜槽棱形；花药长约1mm；花托无毛。聚合果近球形，直径约6mm；瘦果卵球形，长约1.5mm，无毛，边缘有纵肋，喙细短，长约0.5mm。花期早，春季3~4月开花，果期5~7月。

主要分布 原产于地中海沿岸，广布于温带和寒温带地区，多数分布于亚洲和欧洲。我国主要分布于江西、湖南、贵州、安徽、浙江、陕西、广西等地区。在国外主要分布于日本、朝鲜、俄罗斯远东等地。

利用部位 全草。

理化特性 用水蒸气蒸馏所得的精油是一种淡黄色油状物。

香气成分 毛茛精油的香气成分是：

6,10,14-三甲基-2-十五烷酮(6,10,14-trimethyl-2-pentadecanone)、植醇(phytol)、糠醛(furfural)、4-甲基辛烷(4-methyl octane)、乙苯(ethyl benzene)、羧酸乙基-2-丙烯酯(carbonic acid-ethyl-2-propenylester)、对二甲苯(*p*-xylene)、乙酸乙酯(ethyl acetate)、4-环戊烯-1,3-二酮(4-cyclopenten-1,3-dione)、二乙基二硫醚(diethyl disulfide)、苯甲醛(benzaldehyde)、己酸(hexanoic acid)、辛醛(octanal)、柠檬烯(limonene)、3-辛烯-2-酮(3-octene-2-one)、2,6-二甲基癸烷(2,6-dimethyl decane)、4,6-二甲基十二烷(4,6-dimethy dodecane)、2-十一烯醛(2-undecenal)、庚酸(enanthic acid)、十一烷(undecane)、2,6,11-三甲基十一烷(2,6,11-trimethyl undecane)、丙三醇(glycerol)、樟脑(camphor)、辛酸(octanoic acid)、2-甲基-2-庚烯-4-酮(2-methyl-2-hepten-4-one)、萘(naphthalene)、1-乙基-2,4,5-三甲基苯(1-ethyl-2,4,5-trimethylbenzene)、癸醛(decanal)、4-氧-戊酸丁酯(4-oxo-butyl pentanoate)、苯并噻唑(benzothiazole)、2,3-二氢-4,7-二甲基-1*H*-茚(2,3-dihydro-4,7-dimethyl-1*H*-indene)、3-苯基-2-丙烯醛(3-phenyl-2-propenal)、五甲基苯(pentamethyl benzene)、1-甲基萘(1-methyl naphthalene)、2-甲基萘(2-methyl naphthalene)、苯甲酸异丁(isobutyl benzoate)、8-甲基-1-十一碳烯(8-methyl-1-undecene)、二氢-5-甲基-2(3*H*)-呋喃[dihydro-5-methyl-2(3*H*)-furan]、联苯(biphenyl)、5-丙基癸烷(5-propyl decane)、2-乙基萘(2-ethyl naphthalene)、2,6-二甲基萘(2,6-dimethyl naphthalene)、1,2-二甲基萘(1,2-dimethyl naphthalene)、二苯基甲烷(diphenyl methane)、丁二酸二异丁酯(diisobutyl succinate)、2,3-二甲基-1,1-联苯(2,3-dimethyl-1,1-biphenyl)、3-甲基-十五烷

（3-methyl-pentadecane）、丁二酸甲基二异丁酯（methyl diisobutyl succinate）、十六烷（hexadecane）、邻苯二甲酸二乙酯（diethyl phthalate）、己二酸二异丁酯（diisobutyl adipate）、2，6，10，14-四甲基十五烷（2，6，10，14-tetramethyl pentadecane）、2,6,10,14-四甲基十六烷（2,6,10,14-tetramethyl hexadecane）、邻苯二甲酸二异丁酯（isobutyl phthalate）、十九烷（nonadecane）、棕榈酸（palmitic acid）、棕榈甲酯（methyl hexadecanoate）、邻苯二甲酸二丁酯（dibutyl phthalate）、（*Z*）-7-十六烯醛［（*Z*）-7-hexadecenal］、二十一烷（heneicosane）、（*Z*）-9-十八烯酸甲酯［（*Z*）-9-methyl octadecenoate］、硬脂酸甲酯（methyl stearate）、二十二烷（docosane）、二十四烷（tetracosane）、二十五烷（pentacosane）、乙酸十八烷基酯（octadecyl acetate）、2,2-亚甲基–双［6-（1,1-二甲基乙基）］-苯酚｛2,2-methylene-bis-［6-（1，1-dimethylethyl）］-phenol｝、2-邻苯二甲酸二异辛酯（2-ethylhexyl phthalate）、四十烷（tetracontane）、四十四烷（tetratetracontane）、1-辛烯-3-酮（1-octen-3-one）、1,8-萜二烯（1,8-terpadiene）、α-古巴烯（α-copaene）、α-紫罗兰酮（α-ionone）、β-紫罗兰酮（β-ionone）、巨豆三烯酮（megastigmatrienone）、α-雪松醇（α-cedrol）、十七烷（heptadecane）、菲（phenanthrene）、十八烷（octadecane）、3-甲基-2-（3，7，11-三甲基–月桂烯基）呋喃［3-methyl-2-（3，7，11-trimethyl-dodecyl）furan］、异植醇（isophytol）、二十烷（eicosane）、二十三烷（tricosane）、4，8，12，16-四甲基十七烷基-4-内酯（4，8，12，16-tetramethyl heptadecan-4-olide）。其中主要香气成分是6，10，14-三甲基-2-十五烷酮和植醇[1-2]。

感官特性 毛茛精油具有清甜的花香香气。

应用情况 块根药用，内服或外敷，能散结消瘀，主治淋巴结核，也可用于化工。

参考文献

［1］张海松，岳宣峰，张志琪．猫爪草挥发油的提取及其化学成分的GC-MS分析［J］．中国中药杂志，2006，31（7）：609-611.

［2］刘香，郭琳，吴春高．扬子毛茛中挥发油的化学成分分析［J］．中成药，2006，27（11）：1335-1336.

悬 钩 子

别　　名 乌藨子、攀美头、蛇莓、蛇头莓、覆盆子、桑莓、红莓、泡泡。

英文名称 Raspberry。

植物学名 *Rubus idaeus* L.。

植物科属 蔷薇科　悬钩子属。

品种来源 悬钩子 *Rubus idaeus* L. 的果实。

形态特征 悬钩子，蔷薇科悬钩子属落叶灌木植物，株高约3m，绿色幼枝，具倒刺；单叶互生，叶柄长约4cm，披针形线状托叶，掌状深裂叶片，叶面径约为9cm，中裂片卵形菱状，基部近三角形，重锯齿缘，叶两面脉上有白色细柔毛。花呈两性，单生于短枝的顶端，花萼为长圆形卵状，两面萼裂片有细柔毛；卵状长圆形白色花瓣，顶端圆钝，花径约3cm，梗约3cm；雄蕊多数，宽扁花丝；雌蕊多数，子房柔毛，在花托上着生。球状果，由许多小核果组成，整果直径约2cm，果下垂，红色，密被细柔毛。花期约4～5月，果期约8～9月。

主要分布　悬钩子主要分布于山东、山西、浙江、江苏、河南、河北、安徽、云南、江西、广西、陕西、湖南、湖北、福建、广东、甘肃等地。在国外主要分布于朝鲜、日本、缅甸、越南等地。

利用部位　果实。

理化特性　悬钩子精油香气成分是固相微萃取法提取，是一种淡黄色液体，得油率约0.1%。

香味成分　悬钩子香气成分为：

2,2,4-三甲基戊烷(pentane，2,2,4-trimethyl)、α-侧柏烯(α-thujene)、α-蒎烯(α-pipene)、桧烯(sabinene)、β-蒎烯(β-pipene)、α-甲基代苏合香烯(α-methylstyrene)、月桂烯(myrcene)、δ-3-蒈烯(δ-3-carene)、α-松油烯(α-terpinene)、对聚伞花素(*p*-cymene)、1,8-桉树脑(1,8-cineole)、反式-β-罗勒烯(*trans*-β-ocimene)、γ-松油烯(γ-terpinene)、反式－水合桧烯(*trans*-sabinenehydrate)、顺－芳樟醇氧化物(*cis*-linalooloxide)、(+)-2-蒈烯[(+)-2-carene]、芳樟醇(linalool)、反式－罗勒烯(*trans*-ocimene)、顺－对2-薄荷烯-1-醇(*cis*-*p*-2-menthen-1-ol)、萜品烯醇-4(terpineol-4)、1-α-松油醇(l-α-terpineol)、2-羟基-6-甲基苯甲醛(benzaldehyde，2-hydroxy-6-methyl)、藏花醛(safranal)、百里香甲醚(thymylmethylether)、枯茗醛(cuminal)、乙酸芳樟酯(linalylacetate)、胡椒酮(piperitone)、反式－茴香脑(*trans*-anethole)、十三烷(tridecane)、δ-榄香烯(δ-elemene)、α-乙酸松油酯(α-terpinyl acetate)、α-荜澄茄油烯(α-cubebene)、乙酸橙花酯(nerylacetate)、α-珣玑烯(α-copaene)、α-柏木烯(α-cedrene)、β-榄香烯(β-elemene)、α-雪松醇(α-cedrol)、反式－丁香烯(*trans*-caryophyllene)、γ-依兰油烯(γ-muurolene)、白菖油萜(calarene)、反-β-金合欢烯(*trans*-β-farnesene)、α-葎草烯(α-humulene)、别香橙烯(alloaromadendrene)、γ-姜黄烯(γ-curcumene)、紫穗槐烯(α-amorphene)、大香叶烯(germacrened)、β-芹子烯(β-selinene)、α-芹子烯(α-selinene)、β-甜没药烯(β-bisabolene)、(+)-花侧柏烯[(+)-cuparene]、γ-杜松烯(γ-cadinene)、石竹烯氧化物(caryophylleneoxide)和α-雪松醇(α-cedrol)等。其中主要香气成分为芳樟醇(linalool)、萜品烯醇-4(terpineol-4)、乙酸芳樟酯(linalylacetate)、α-雪松醇(α-cedrol)和反式－丁香烯(*trans*-caryophyllene)等[1]。

感官特性　悬钩子精油具有令人愉快的酸甜果香香气。

应用情况　悬钩子是人们喜爱的水果之一，汁可直接食用，也可酿成悬钩子酒，果汁浓缩后用于制备糖浆、糖果和巧克力等食品的填充物。

管理及参照标准　悬钩子(*Rubus idaeus* L.)精油的管理及参照标准见：Nat1和IOFI等。

参考文献

[1] 李维，林顾姻，宋长铣，等．悬钩子果实的挥发性成分[J]．植物资源与环境学报，1997，6(2)：56-57.

千 年 健

别　　名　一包针、丝棱线。

英文名称　Rhizoma Homalomenae。

植物学名　*Homalomena occulta*(Lour.) Schott.。

植物科属　天南星科　千年健属。

品种来源　千年健 *Homalomena occulta*(Lour.) Schott. 的干根茎。

形态特征　千年健，天南星科千年健属植物，外形呈圆柱形，稍弯曲，部分略扁，长约 14cm，直径约 1.5cm。外皮粗糙呈黄棕色至红棕色，多数呈扭曲的纵沟纹、圆形根痕和黄色针状纤维束状。断面红褐色，质地坚硬而脆，黄色针状纤维束多而明显，另一断面呈多数针眼状小孔及有少数黄色针状纤维束状，呈深褐色具光泽的油点状。

主要分布　主要分布在我国广西、云南、广东、海南等地。

利用部位　干燥根茎。

理化特性　通过水蒸气蒸馏法从干的根茎中蒸得淡黄色或黄色透明液体。

香气成分　千年健精油的香气成分为：

芳樟醇(linalool)、α-水芹烯((α-phellandrene)、香桧烯(sabinene)、月桂烯(myrcene)、1-水芹烯(1-phellandrene)、δ-3-蒈烯(δ-3-carene)、α-松油烯(α-terpinene)、对伞花烃(*p*-cymene) α-香桧烯(α-sabinene)、1,8-桉叶素(1,8-cineole)、反式-β-罗勒烯(*trans*-β-ocimene)、γ-松油烯(γ-terpinene)、顺式–芳樟醇氧化物(*cis*-linalool oxide)、α-异松油烯(α-terpinolene)、反式-1-甲基-4-(1-甲基乙基)-2-环己烯-1-醇-[*trans*-1-methyl-4-(1-methylethyl)-2-cyclohexen-1-ol]、松油醇-4(terpineol-4)、对伞花-8-醇(*p*-cymen-8-ol)、4-异丙基-2-环己烯-1-酮(4-isopropyl-2-cyclohexen-1-one)、α-松油醇(α-terpineol)、乙酸芳樟酯(linalyl acetate)、胡椒酮(piperitone)、十三烷(tridecane)、α-荜澄茄烯(α-cubebene)、乙酸橙花酯(neryl acetate)、α-古巴烯(α-copaene)、β-榄香烯(β-elemene)、γ-依兰烯(γ-muurolene)、β-石竹烯(β-caryophyllene)、(+)-香橙烯[(+)-aromadendrene]、反式-β-金合欢烯(*trans*-β-farnesene)、α-葎草烯(α-humulene)、香橙烯(aromadendrene)、(−)-β-菖蒲二烯[(−)-β-acoradiene]、δ-杜松烯(δ-cadinene)、α-紫穗槐烯(α-amorphene)、α-姜黄烯(α-curcumene)、吉玛烯 D(germacreneD)、β-芹子烯(β-selinene)、十五烷(pentadecane)、α-芹子烯(α-selinene)、(−)-α-依兰烯[(−)-α-muurolene]、β-红没药烯(β-bisabolene)、(+)-古巴烯[(+)-copaene]、β-紫穗槐烯(β-amorphene)、杜松烷-1,4-二烯(cadina-1,4-diene)、γ-1-杜松烯(γ-1-cadinene)、白菖考烯(calacorene)、橙花叔醇

(nerolidol)、4-烯丙氧基亚氨基-2-蒈烯(4-allyloxyimino-2-carene)、(-)-石竹烯氧化物[(-)-caryophyllene oxide]、反式-2-异丙基双环[4.3.0]壬-3-烯-8-酮{*cis*-2-isopropyl-bicyclo[4.3.0]non-3-ene-8-one}、α-雪松醇(α-cedrol)、(-)-葎草烯环氧化物[(-)-humuleneepoxide]、α-古芸烯(α-gurjunene)、1,2,3,4,4a,7-六氢-1,6-二甲基-4-(1-甲基乙基)萘[1,2,3,4,4a,7-hexahydro-1,6-dimethyl-4-(1-methylethyl)naphthalene]、叔杜松醇(*tert*-cadinol)、叔依兰醇(*tert*-muurolol)、十七碳-8-烯(heptadec-8-ene)、十七碳-1-烯(heptadec-1-ene)、α-红没药醇(α-bisabolol)、十七烷(heptadecane)、(*Z*)-6,10-二甲基-5,9-十一碳二烯-2-酮[(*Z*)-6,10-dimethyl-5,9-undecadien-2-one]、(3S, 4R, 5S, 6R, 7S)-马兜铃-9-烯-3-醇[(3S, 4R, 5S, 6R, 7S)-aristol-9-en-3-ol]、2-氨基-3-羟基苯甲酸(2-amino-3-hydroxy-benzoicacid)、乙酸雪松醇酯(cedryl acetate)、西柏烯(cembrene)、柠檬烯(limonene)、4-甲基-1-(1-甲基乙基)-双环[3.1.0]庚-2-烯{4-methyl-1-(1-methylethyl)-bicyclo[3.1.0]hept-2-ene}、3-蒈烯(3-carene)、苯乙醇(phenylethyl alcohol)、2,6-二甲基-1,7-辛二烯-3,6-二醇(2,6-dimethyl-1,7-octadien-3,6-diol)、4-(1-甲基乙基)-苯甲醇乙酸酯[4-(1-methylethyl)-benzenemethanol acetate]、2-乙基-4,5-二甲基-苯酚(2-ethyl-4,5-dimeth-yl-phenol)、2,6-二甲基-2,6-辛二烯(2,6-dimethyl-2,6-octadiene)、丁酸香叶酯(geranyl butyrate)、香叶醇(geraniol)、古巴烯(copaene)、喇叭茶醇(1edol)、长叶醛(longifolenaldehyde)、α-蒎烯(α-pinene)和β-蒎烯(β-pinene)等，其中主要成分为芳樟醇(linalool)等[1-4]。

感官特性　千年健精油具辛香、味微苦的特点，是香料工业的重要香原料之一。

应用情况　千年健精油中的主要香气成分芳樟醇具有祛痰解痉等功效，对正常人体的心脏和呼吸功能具有较好的改善作用，有益于高血压患者症状的缓解；γ-松油烯具有较强的抗真菌作用，对皮肤病具有较好的治疗效果；松油醇-4具有天然防腐作用，还具有杀虫活性，是较好的天然杀虫防腐剂；柠檬烯具有很强的溶解胆结石作用，对胆结石的治疗具有较好的效果。

以千年健为原料制成的中成药产品有追风舒筋活血丸、豹骨壮筋丸、虎骨木瓜酒、参茸虎骨酒、风寒膏药、风湿百草膏、风寒双离拐片、舒筋片等20多种，对风湿性疾病的防治具有较好的效果。

管理及参照标准　千年健[*Homalomena occulta*(Lour.)Schott.]的管理及参照标准参见《中国药典》2010版一部。

参考文献

[1] 陈耀祖，薛敦渊，李兆琳，等．中药千年健挥发油化学成分研究[J]．色谱，1986，4(6)：324-327.

[2] 邱琴，丁玉萍，赵文强，等．千年健挥发油化学成分的研究[J]．上海中医药杂志，2004，38(3)：51-53.

[3] 杨再波，赵超．固相微萃取/气相色谱/质谱法分析千年健中挥发性化学成分[J]．精细化工，2007，24(2)：149-153.

[4] 韩辉，陈耀祖，薛敦渊，等．闪蒸-毛细管色谱/质谱法分析中草药——千年健挥发油化学成分[J]．兰化科技，1985，4(4)：215-217.

水 半 夏

别　　名　土半夏、半夏、田三七、疯狗薯。

英文名称　RhizomaTyphonii Flagelliformis。

植物学名　*Typhonium flagelliforme*(Lodd.)Blume。

植物科属　天南星科　犁头尖属。

品种来源　水半夏 *Typhonium flagelliforme*(Lodd.)Blume 的块茎。

形态特征　水半夏，天南星科犁头尖属多年生草本植物。块茎呈圆锥形、椭圆形或倒卵形，直径约1.5cm，上部以下具宽鞘；叶片戟状长圆形，前裂片为长圆形或长圆披针形，较大，侧裂片呈长三角形，较小。花序柄细长；佛焰苞管部为绿色，檐部为绿色至绿白色，顶端长鞭状或较短而渐尖，长7.5～25cm。肉穗花序比佛焰苞长或短，顶端具淡黄绿色的附属器，具2.5mm长的柄。雌花序为近球形；中性花序为上弯锥形，黄色，先端有紫色；雄花序黄色倒卵形或近球形，无花柱。浆果为绿色卵圆形。花期4～5月前后，果期6～7月。

主要分布　水半夏为中国特有，主要分布于广西、广东、云南等地，主产广西。一般生于田边、山溪或低洼湿地。

利用部位　块茎。

理化特性　用有机溶剂萃取法所得的精油是一种淡黄色液体。

香气成分　水半夏精油的香气成分是：

亚油酸-2-羟基-1-(羟甲基)-乙酯[linoleic acid-2-hydroxy-1-(hydroxymethyl)-ethyl ester]、*N*-甲基-氨基甲酸(*N*-methyl-carbamic acid)、4-羟基-3-戊烯-2-酮(4-hydroxy-3-penten-2-one)、4-羟基-4-甲基-2-戊酮(4-hydroxy-4-methyl-2-pentanone)、3-甲氧基-1-异丙烯基苯(3-methoxy-1-isopropenyl benzene)、2-羟基-4-甲氧基-苯乙酮(2-hydroxy-4-methoxy-acetophenone)、4-羟基-3-甲氧基-苯乙酮(4-hydroxy-3-methoxy-acetophenone)、十五烷(pentadecane)、十六烷(hexadecane)、雪松醇(cedrol)、十七烷(heptadecane)、十六烷醛(hexadecanal)、十八烷(octadecane)、棕榈酸(palmictic acid)、2,6,10,14-四甲基-十五烷(2,6,10,14-tetramethyl-pentadecane)、十七碳酸(heptadecanoic acid)、十六碳酸乙酯(ethyl hexadecanoate)、十九烷(nonadecane)、二十烷(eicosane)、15-十七碳烯醛(15-heptadecanal)、油酸(oleic acid)、3-甲基-十九烷(3-methyl-nonadecane)、十八碳烯(octadecene)、11-十八碳烯酸(11-octadecenoic acid)、2-甲基-十九烷(2-methyl-nonadecane)、3-二十碳烯(3-eicosene)、十八碳烯酸(octadecenoic acid)、油酸乙酯(ethyl oleate)、8,11-十八碳二烯酸(8,11-octadecedienoic acid)、亚油酸(linoleic acid)、亚油酸乙酯(ethyl linoleate)、13-十四碳烯-1-醇乙酸酯(13-tetradecene-1-ol-acetate)、14-甲基-十五碳酸(14-methyl-pentadecanoic acid)、亚麻酸(linolenic acid)、9,17-十八碳二烯醛(9,17-octadecadienal)、二十碳烯

(eicosene)、二十一烷(heneicosane)、3-二十一烷(3-heneicosane)、7,10,13-十六碳三烯酸(7,10,13-hexadecatrienoic acid)、十九碳酸(nonadecanoic acid)、二十碳酸(eicosane acid)、亚麻酸乙酯(ethyl linoleicate)、柠檬菌素酸(citromycetin acid)、二十二烷(docosane)、二十三烷(tricosane)、二十四烷(tetracosane)、8,11-二十碳二烯酸(8,11-eicosedienoic acid)、2-羟基-1-羟甲基-十六酸乙酯(2-hydroxy-1-hydroxymethyl-ethyl hexadecanoate)、二十五烷(pentacosane)、二十六烷(hexacosane)、油酸-2-羟基-1-羟甲基-乙酯(oleic acid-2-hydroxy-1-hydroxymethyl-acetate)、二十七烷(heptacosane)、二十八烷(octacosane)。其中主要香气成分是亚油酸-2-羟基-1-羟甲基-乙酯[1-2]。

感官特性　水半夏精油具药香和甜果香。

应用情况　水半夏可应用于医药、香精、香料等方面。

参考文献

[1] 黄平，Karagianis Glroria，Waterman Peter G. 水半夏化学成分研究[J]. 中药材，2004，27(3)：173-175.

[2] 刘布鸣，梁凯妮，黄平. 中药水半夏挥发油化学成分分析[J]. 广西科学，2004，11(1)：52-54.

迷　迭　香

别　　名　艾菊、臭旦草。

英文名称　Rosemary。

植物学名　*Rosmarinus officinalis* Linn.。

植物科属　唇形科　鼠尾草属。

品种来源　迷迭香 *Rosmarinus officinalis* Linn. 的花和叶片。

形态特征　迷迭香，唇形科鼠尾草属常绿石楠状灌木，株高约 2m，圆柱形长短枝，皮层浅灰色，呈不规则裂块，剥落，幼枝呈四棱形，密被乳白色星形细绒毛。叶在枝上丛生，全缘，边缘外卷，革质呈线形。具短柄或无柄，长约 2cm，宽约 1mm，基部稍狭，背面卷曲，正面光泽，无毛。花近无梗且对生，部分汇集短枝顶端成总状花序；小苞片，具柄。卵状钟形花萼，长约 4mm，外面密被乳白色掌状绒毛及腺体，喉内无毛，11 脉，二唇状，上唇全缘或具很短的 3 齿，下唇 2 齿，呈三角齿卵圆状。花冠紫色、淡紫色、淡蓝色或乳白色，长约 50mm，外被疏短细柔毛，内面无毛，冠筒外展，冠檐二唇形，上唇 2 浅裂直伸，椭圆形裂片，下唇 3 裂，宽大，中裂片内凹、下倾、齿状边缘，最大，基部成柄，侧裂片呈椭圆形。花冠下唇下方发育雄蕊 2 枚，花丝中部具一向下小齿，药室平行分布，仅一室能育。细长花柱，超雄蕊，先端浅裂不相等，钻形裂片，片短。平顶花盘，相等裂片，花盘裂片与子房裂片互生。花期为每年 10～11 月。果实为卵状近球形平滑小坚果，油质体。

主要分布　原产欧洲、北非、地中海沿岸地区，我国长江、黄河中下游地区有生长，广西的巴马地区有引种。在国外主要种植于法国、西班牙、意大利等地区。

利用部位 全株、花、叶片。

理化特性 通过水蒸气蒸馏法得一种浅黄色液体。迷迭香精油理化参数如下表所示。

表 迷迭香精油理化参数

理化参数	迷迭香精油
相对密度(20℃)	0.895 ~ 0.922
折光指数(20℃)	1.463 ~ 1.476
旋光度(20℃)	−6° ~ +25°

香气成分 迷迭香精油的香气成分为：

莰烯(camphene)、γ-松油烯(γ-terpinene)、α-松油烯(α-terpinene)、β-蒎烯(β-pinene)、水芹烯(phellandrene)、樟脑(camphor)、龙脑(borneol)、芳樟醇(1inalool)、乙酸龙脑酯(bornyl acetate)、β-石竹烯(β-caryophyllene)、α-石竹烯(α-caryophyllene)、三环烯(tricyclene)、月桂烯(myrcene)、香叶醇(geraniol)、桃金娘烯醇(myrtenol)、马鞭草酮(verbenone)、α-侧柏烯(α-thujene)、α-水芹烯(α-phellandrene)、柠檬烯(1imonene)、异松油烯(terpinolene)、蒈烯(carene)、(−)-异胡薄荷醇[(−)-isopulegol]、松油醇-4(terpineol-4)、α-松油醇(α-terpieol)、顺式－香芹醇(*cis*-carveol)、香茅醇(citronellol)、马鞭草烯(verbenene)、3-辛酮(3-octanone)、异长叶薄荷醇(isopulegol)、对伞花烃(*p*-cymene)、长叶薄荷醇(pulegone)和菊烯酮(chrysanthenone)等，其中主要成分是1,8-桉叶素(1,8-cineole)和α-蒎烯(α-pinene)等[1-6]。

感官特性 迷迭香精油具有强烈清凉感，药草香，留香时间短。

应用情况 迷迭香精油广泛用于医药制品、化妆品、食品的加香，是香用香料的重要香原料之一。

另外，精油具有抗氧化、抗癌、降脂、消炎杀菌防腐等功效。

管理及参照标准 迷迭香(*Rosmarinus officinalis* Linn.)精油的管理及标准参见：FEMA 2991；Nat 1；FDA 182.10；IOFI；GB 2；COE 406；CAS 8000-25-7 等。

参考文献

[1] 陈振峰，杨建莉，王春德，等．国产迷迭香挥发油化学成分分析及含量测定[J]．中草药，2001，32(12)：32-33.

[2] 周永红，纪良霞．广西产迷迭香挥发油化学成分的分析[J]．林产化工通讯，2004，38(6)：34-36.

[3] 张冲，李嘉诚，周雪晴，等．超临界 CO_2 萃取迷迭香精油及其化学成分分析[J]．精细化工，2008，25(1)：62-64.

[4] 周欣. 迷迭香挥发性成分的质谱分析[J]. 贵州科学, 2002, 20(1): 78-80.
[5] 樊红日, 张立颖, 陈宝, 等. 广西巴马迷迭香精油化学成分分析[J]. 湖北农业科学, 2012, 51(12): 2582-2585.
[6] 吴桂玲, 孙成斌, 杨再波, 等. 固相微萃取法快速分析迷迭香精油的化学成分[J]. 黔南民族师范学院学报, 2013, 33(3): 112-115.

芸　香

别　　名　香草、臭草、荆芥七。

英文名称　Rue。

植物学名　*Ruta graveolens* Linn.。

植物科属　芸香科　芸香属。

品种来源　芸香 *Ruta graveolens* Linn. 的全株。

形态特征　芸香是芸香科芸香属多年生木质草本，株高约为0.5m，各部有浓烈特殊气味，约有3回羽状全裂或深裂复叶，长约6~12cm，羽片倒卵状长圆形、刺卵形或匙形，灰绿或带蓝绿色。花期为3~6月，金黄色，短花柱，花径约2cm萼片4片，花瓣4片，雄蕊8枚；果期为每年7~9月，果为球形，果长6~10mm，顶端开裂至中部，果皮有凸起的油点；种子甚多，肾形，长约1.5mm，褐黑色。其他品种有 *R. bracteossa*、*R. montana* L. 及 *R. calepensis*。不同品种呈示不同的理化特性。

主要分布　原产于地中海沿岸地区，在我国主要分布在南方各地，如广西、广东、四川、贵州、湖南等地区，广西玉林制药厂以"芸香精"消肿止痛外用药而著名。

利用部位　叶和新鲜的开花期植株。

理化特性　用水蒸气蒸馏法获取得率约为0.8%的精油，是一种具脂肪气息的黄色、黄琥珀色液体。芸香油理化参数如下表所示。

表　芸香精油理化参数

理化参数	芸香油
颜色	黄色、黄琥珀色液体
相对密度(20℃)	0.827~0.839
折光指数(20℃)	1.4301~1.4410
旋光度(20℃)	−1°~3°
溶解度	1:2~1:4溶于70%乙醇
酮含量(按甲基壬基甲酮计)	>90%

香气成分　芸香精油的香气成分：①主要成分：2-十一酮(2-undecanone)。②其他成分：2-壬酮(2-nonanone)、2-壬醇(2-nonanol)、乙酸-2-壬酯(2-nonyl acetate)、2-癸酮(2-decanone)、异-2-十二酮(iso-2-dodecanone)、乙酸-2-十

一醇酯(2-undecyl acetate)、α-蒎烯(α-pinene)、2-辛酮(2-octanone)、2-辛醇(2-octanol)、柠檬烯(limonene)、对伞花烃(*p*-cymene)、1,8-桉叶素(1,8-cineole)、乙酸-2-辛酯(2-octyl acetate)、1-甲基-5,6-二乙基环己烯(1-methyl-5,6-diethyl cyclohexene)、草蒿脑(estragole)、乙酸辛酯(octyl acetate)、异-2-十一酮(iso-2-undecanone)、乙酸壬酯(nonyl acetate)、乙酸-2-癸酯(2-decanyl acetate)、2-十二酮(2-dodecanone)、2-十三酮(2-tridecanone)、榄香醇(elemol)、当归素(angelicin)、邻苯二甲酸二丁酯(dibutyl phthalate)和植醇(phytol)等[1-2]。

感官特性 芸香精油具药香、带橙子果香，尖刺、辛辣味。

应用情况 作为香料，主要用于冷冻乳制品、软糖等。

尽管芸香被列入“GRAS”范围，但在许多国家是控制销售的。有报道芸香油内服后会产生确定的出血效果，不能做食品香料，它对皮肤黏膜有刺激性，故也不用于日用香精中。芸香流浸膏及酊剂在食品香精中有小剂量的应用(用量低到只有轻微苦味)。香料工业用其主要成分甲基壬基甲酮作中间体合成其他香料。药用可清热解毒、散瘀止痛；也可作驱蚊剂。

管理及参照标准 芸香(*Ruta graveolens* L.)及其精油：FEMA 2994，2995；Nat 1；IOFI；GB 2；FDA 184.1698，184.1699；COE 412；CAS 8014-29-7；FCC Ⅲ；RIFM；EOA 90；IFRA R；GRAS(Ⅰ)，(Ⅱ)。

参考文献

[1] 徐汉虹，赵善欢，周俊，等. 芸香精油的化学成分和杀虫活性初探[J]. 天然产物研究与开发，1994，6(4)：56-60.

[2] 薛敦渊，宋茂森，陈宁，等. 芸香草精油化学成分的研究[J]. 高等学校化学学报，1992，12(12)：1551-1552.

藏红花

别　　名 西红花、番红花。

英文名称 Saffron Crous。

植物学名 *Crocus sativus* L.。

植物科属 鸢尾科　番红花属。

品种来源 藏红花 *Crocus sativus* L. 的花。

形态特征 藏红花，鸢尾科番红花属多年生宿根草本植物，株高约20cm，地下扁圆形球茎，茎基部有包鳞，直径约3cm，外包黄褐色膜质；长窄叶形，呈灰绿色，边缘反卷，长约15～20cm，宽约2～3mm；橙红色或淡红色柱头顶端扩张，柱头稍扁，乳头状突起，向下渐细呈尾状，先端边缘具不整齐的齿状；秋季开花，花1～2朵，花瓣为紫色、蓝色或白色，气味浓郁芬芳，花朵直径约3～4cm。

主要分布 藏红花原产于地中海沿岸的南欧、小亚细亚一带，经由印度传入我国西藏，现在我国主要分布在西南、西北地区，如新疆、云南、甘肃、四川、广西等地均有引栽。在国外主要分布于布于西班牙、法国、希腊、伊朗等地。

利用部位 花瓣、花柱头。

理化特性 藏红花精油将藏红花花瓣、花柱头通过水蒸气蒸馏制得，是一种淡黄色液体，得油率约 0.08%。

香味成分 藏红花精油香气成分为：

环己醇(cyclohexanol)、藏红花醛(safranal)、苯并噻唑(benzothiazole)、4-乙基癸烷(4-ethyldecane)、2-甲基-5-丙基壬烷(2-methyl-5-propyl nonane)、4-甲基十四烷(4-methyltetradecane)、丁羟甲苯(butylated hydroxytoluene)、2,4-二叔丁基苯酚(2,4-ditertiarybutylphenol)、正十五烷(*n*-pentadecane)、正十六烷(*n*-hexadecane)、柏木脑(cedrol)、正十七烷(*n*-heptadecane)、2-甲基十七烷(2-methylheptadecane)、正十八烷(*n*-octadecane)、11-十六碳烯酸甲酯(11-hexadecenoic acid methyl ester)、棕榈酸甲酯(palmitic acid methyl ester)、棕榈酸乙酯(palmitic acid ethyl ester)、正二十一烷(*n*-heneicosane)、亚油酸甲酯(linoleic acid methyl ester)、油酸甲酯(oleic acid methyl ester)、硬脂酸甲酯(stearic acid methyl ester)、正二十四烷(*n*-tetracosane)、正二十五烷(*n*-pentacosane)、花生酸甲酯(eicosanoic acid methyl ester)、11-丁基二十二烷(11-butyldocosane)、正二十六烷(*n*-hexacosane)、山嵛酸甲酯(behenic acid methyl ester)和11-癸基二十四烷(11-decyltetracosane)等。其中主要的香气成分为藏红花醛(safranal)、2,4-二叔丁基苯酚(2,4-ditertiarybutylphenol)、正十五烷(*n*-pentadecane)、棕榈酸甲酯(palmitic acid methyl ester)、棕榈酸乙酯(palmitic acid ethyl ester)、11-丁基二十二烷(11-butyldocosane)和正二十六烷(*n*-hexacosane)等[1-2]。

感官特性 藏红花精油具有甜的辛香和药草气底韵的花香。

应用情况 藏红花主要用于食品烹调的加香和着色等，特别是在食品上着色深受消费者的喜爱。在医药上藏红花与酒并用，具有活血化瘀、清热解毒、安神解闷之功效，可抑制肝炎病毒，提高机体免疫力，抑制肿瘤细胞活性具有较好的药效作用，被称为“植物的黄金”，具有很高的应用价值。

管理及参照标准 藏红花(*Crocus sativus* L.)的管理及参照标准见：FDA 182.10，182.20；COE 157；IOFI；GB 2；FEMA 2998，2999；Nat 1；CAS 8022-19-3 和 GRAS(Ⅰ)(Ⅱ)等。

参考文献

[1] 王晓萌，叶扬，周双，等. 藏红花花瓣和雄蕊挥发油化学成分 GC-MS 分析及比较[J]. 天然产物研究与开发，2012，9：18.

[2] 刘绍华，黄世杰，胡志忠，等. 藏红花挥发油的 GC-MS 分析及其在卷烟中的应用[J]. 中草药，2010(11)：1790-1792.

鼠尾草

别　名 洋苏草、普通鼠尾草。

英文名称 Sage。

植物学名 *Salvia japonica* Thunb.。

植物科属 唇形科 鼠尾草属。

品种来源 鼠尾草 *Salvia japonica* Thunb. 的叶片。

形态特征 鼠尾草，唇形科鼠尾草属，绿色亚灌木植物，木质茎。直立茎，株高约50cm，具沟、钝四棱形，沿稜上被疏长细柔毛或近无毛。茎下部叶是二回羽毛形复叶，含长约8cm叶柄，正面凹、背面凸，被疏细长柔毛或无毛，叶片长约9cm，宽约8cm，茎上部叶为一回羽毛状复叶，含短柄，披针形或菱形顶生小叶，长约8cm，宽约4cm，先端尖或尾状尖，长楔形基部，边缘具锯齿，被疏细柔毛或正背两面无毛，草质，卵圆状披针形侧生小叶，长约4cm，宽约2cm，先端尖或短尖，基部偏斜。约6花、轮伞花序，生成伸长的总状花序或分枝生成总状圆锥花序，形成顶生花序。披针形苞片和小苞片，长约4mm，宽约0.6mm，全缘，先端尖，基部小楔形无毛。长约1mm的花梗，被短细柔毛；花序轴密被具腺或无腺细疏柔毛。长约6mm的筒形花萼，外面疏被具腺细疏柔毛，内面在喉部具白色的长硬毛圈，二唇形，唇裂达花萼长三分之一，上唇为三角形或近半圆形，长约3mm，宽4mm，全缘，先端具3小尖头，下唇和上唇长度近等，宽约4mm，半裂成2齿，齿长三角形，长尖。花冠为浅红、浅紫、浅蓝至乳白色，长约13mm，外面密被细长柔毛，内面离基部约4mm处具斜生疏细柔毛环，长约9mm筒状冠筒直伸外展，基部宽约3mm，上伸渐宽，至喉部宽约4mm，二唇形冠檐，上唇呈椭圆形，长约3mm，宽约3mm，先端略缺，下唇长约4mm，宽约5mm，3裂，中裂片稍大，倒三角形，边缘具小圆齿，卵圆形侧裂片。雄蕊2能育，外展，长约1mm花丝，长约6mm药隔，有弯曲，上臂长，二下臂瘦小，不育，分离。花柱外展，先端不等2裂，前裂片稍长。花盘前方有膨大。光滑、棕褐色、椭圆形小坚果，长约1.8mm，直径约0.6mm。花期的8~9月。

主要分布 鼠尾草主要分布在我国主要生长在广东、广西、江西、湖南、湖北、安徽、江苏、浙江、福建、台湾等地区。

利用部位 叶片。

理化特性 精油为浅黄色液体。鼠尾草精油理化参数如下表所示。

表 鼠尾草精油理化参数

理化参数	鼠尾草精油
相对密度(20℃)	0.913~0.938
折光指数(20℃)	1.445~1.476
旋光度(20℃)	+4°~+35°

香气成分 鼠尾草精油的香气成分是：

α-蒎烯(α-pinene)、α-葎草烯(α-humulane)、β-蒎烯(β-pinene)、1,8-桉叶素(1,8-cineole)、莰烯(camphene)、樟脑(camphor)、泪杉醇(manool)、龙脑(borneol)、柠檬烯(1imonene)、乙酸龙脑酯(bornyl acetate)、顺式-石竹烯(*cis*-

caryophyllene）和香橙烯（aromadendrene）等，其中主要香气成分是 α-侧柏酮（α-thujone）等[1,2]。

感官特性 鼠尾草精油具樟脑样清凉香气。

应用情况 精油广泛用于饮料、酒类、糖果、烘焙食品、调味品、肉类、肥皂等的加香。

管理及参照标准 鼠尾草（*Salvia japonica* Thunb.）油：FEMA 3000；Nat 1；IOFI；FDA 182.20；COE 414；CAS 8016-64-6 等。

参考文献

[1] 赵文军，吴雪萍，高林，等．鼠尾草挥发油提取及成分分析[J]．中草药，2007，38(1)：28-30.

[2] 蔡亚玲，阮金兰．紫背鼠尾草挥发油成分的气相-质谱分析[J]．中国医院药学杂志，2006，26(10)：1319-1320.

檀香

别　　名 白檀、浴香。

英文名称 Sandalwood。

植物学名 *Santalum album* Linn.。

植物科属 檀香科　檀香属。

品种来源 檀香 *Santalum album* Linn. 的树木、根枝。

形态特征 檀香树，檀香科檀香属，常绿寄生小乔木植物。棕褐树皮，具纹、粗糙或纵裂。披针形长椭圆状，对生叶，阔楔形基部，全缘，无毛；具短叶柄。三歧聚伞式圆锥状花序腋生和顶生；小花，幼嫩时为淡黄色，熟渐为紫黑色；管钟形花被，先端为 4 裂卵圆形裂片，花被管中部 4 个蜜腺；雄蕊 4 歧，与蜜腺生。圆球形核果，熟果淡黑色。种子有光泽、光滑圆球形。

主要分布 主产印度尼西亚和马来西亚等。我国海南、云南、台湾、广东、广西等地也有分布。

利用部位 树木、根枝。

理化特性 檀香精油为黄色黏稠液体。檀香精油理化参数如下表所示。

表　檀香精油理化参数

理化参数	檀香精油
相对密度(20℃)	0.969 ~ 0.977
折光指数(20℃)	1.501 ~ 1.509
旋光度(20℃)	−13° ~ −22°

香气成分 檀香油的香气成分是：

α-檀香烯（α-santalene）、α-姜黄烯（α-curcumene）、α-佛手柑油烯（α-bergamotene)、α-红没药醇(a-bisabolol)、α-檀香醛(α-santalal)、顺式-α-檀香脑(*cis*-a-santalal camphor)、反式-α-佛手柑油醇(*trans*-a-bergamotenol)、β-檀香烯(β-santalene)、β-檀香醛(β-santalal)、β-檀香脑(β-santalal camphor)、表-β-檀香烯(epi-β-santalene)、表-β-檀香脑(epi-β-santalal camphor)、反式-β-檀香脑(*trans*-β-santalal camphor)、姜黄烯(curcumene)、*E*-顺式-表-β-檀香醇(*E*-*cis*-epi-β-santalol)、*E*-坚果醇(*E*-nuciferol)、荷叶醇(lotus alcohol)、橙花叔醇(nerolidol)、喇叭茶醇(1edol)、十四酸(tetradecanoic acid)、十五酸(pentadecanoic acid)、棕榈酸(palmitic acid)、油酸(oleic acid)、三环檀香醛(tricyclic santalal)、澳白檀醇(1anceol)、丁基羟基甲苯(butylated hydroxytoluene)、十一酸(undecanoate)、红没药烯醇A(bisabolol A)、红没药烯醇B(bisabolol B)、二甲基亚甲基十二碳三烯(dimethyl methylene dodecatriene)和红没药烯醇C(bisabolol C)等，其中主要香气成分是α-檀香醇(α-santalol)和β-檀香醇(β-santalol)等[1,2]。

感官特性 檀香精油有佛甜木香，微带玫瑰香、膏香；留香持久、香气沉稳；余味舒适。

应用情况 檀香精油是重要的香料品种之一，常用作定香剂，广泛应用于化妆品、饮料的加香。

管理及参照标准 檀香(*Santalum album* Linn.)油：COE 420；CAS 8006-87-9；FEMA 3005；Nat 1；IOFI；FDA 172.510 等。

参考文献

[1] 陈志霞，林励．不同提取方法对檀香挥发油含量及成分的影响[J]．广州中医药大学学报，2001，18(2)：174-177.

[2] 刘志刚，颜仁梁，罗佳波，等．檀香挥发油成分的GC-MS分析[J]．中药材，2003，26(8)：561-562.

肿节风

别　　名 九节茶、草珊瑚、接骨木。

英文名称 Sarcandra Glabra。

植物学名 *Sarcandra glabra*(Thunb)Nakai.。

植物科属 金粟兰科　草珊瑚属。

品种来源 肿节风 *Sarcandra glabra*(Thunb)Nakai. 的全草。

形态特征 肿节风是金粟兰科草珊瑚属半灌木植物，株高约1.5～2m，大节膨，对生叶，革质，呈长卵形或椭圆状、叶缘锯状，叶柄基部合生成鞘状，托叶微小。夏季开花，芳香、黄绿色小花，茎顶聚生2个穗状花序；卵状锥形苞片；棒状雄蕊1，乳白色，花药2室；柱头近头状球形雌蕊，子房下位。果为红色球状。

主要分布 肿节风主要分布于我国广西、云南、江西、湖南、湖北、广东、贵州、四川、安徽、福建、台湾等地区。

利用部位 干燥全株。

理化特性　由水蒸气蒸馏法得的精油是一种淡黄色液体。

香气成分　肿节风精油的香气成分是：

α-侧柏烯(α-thujene)、α-蒎烯(α-pinene)、α-罗勒烯(α-ocimene)、α-古芸烯(α-gurjunene)、吉玛烯D(germacrene D)、α-榄香烯(α-elemene)、α-依兰烯(α-muurolene)、β-蒎烯(β-pinene)、月桂烯(myrcene)、β-石竹烯(β-caryophyllene)、1-甲基-2-异丙基-苯(1-methyl-2-isopropyl-benzene)、β-水芹烯(β-phellandrene)、芳樟醇(linalool)、2,3,3-三甲基-1,4-戊二烯(2,3,3-trimethyl-1,4-pentadiene)、松油醇-4(terpineol-4)、乙酸香桧酯(sabinyl acetate)、2-羟基-3-癸炔(2-hydroxy-3-decyne)、香叶醇(geraniol)、反式-柠檬醛(*trans*-citral)、蓝桉醇(globulol)、[1*R*-(1α,3α,4α)]-α,α,4-三甲基-4-乙烯-3-(1-甲基乙烯基)环己烷甲醇{[1R-(1α,3α,4α)]-α,α,4-trimethyl-4-vinyl-3-(1-methylvinyl)-cyclohexan-methanol}、1,7,7-三甲基-双环[2.2.1]庚烷-2-基-乙酸酯{1,7,7-trimethyl-bicyclo[2.2.1]hept-2-yl-acetate}、(-)-乙酸桃金娘酯[(-)-myrtenyl acetate]、异喇叭烯(isoledene)、土青木香烯(aristolene)、榄香烯(elemene)、橙花叔醇(nerolidol)、(-)-别香橙烯[(-)-alloaromadendrene]、2-十一烷(2-undecane)、古伦宾(columbin)、γ-杜松烯(γ-cadinene)、1-菖蒲烯(1-calamene)、斯巴醇(spathulenol)、δ-杜松二烯(δ-cadinene)、反式-橙花叔醇(*trans*-nerolidol)、绿花白千层(viridiflorol)、顺式-*Z*-α-环氧红没药烯(*cis*-*Z*-α-bisabolene epoxide)、蓝桉醇(globulol)、表蓝桉醇(epiglobulol)、1-氯-庚烷(1-chloro-heptane)、1-羟基-13-十七炔(1-hydroxy-13-heptadecyne)、α-红没药醇(α-bisabolol)、δ-杜松醇(δ-cadinol)、β-侧柏烯(β-thujene)、β-桉叶醇(β-eudesmol)、(*Z*)-1,1-二甲氧基-9-十八碳烯[(*Z*)-1,1-dimethoxy-9-octadecene]、4,10-二甲基-7-异丙基-双环[4.4.0]-1,4-癸二烯{4,10-dimethyl-7-isopropyl-bicycle[4,4,0]-1,4-decadiene}、*N*-亚硝基-3-吡咯啉(*N*-nitroso-3-pyrroline)、金合欢醇(farnesol)、肉豆蔻醛(tetradecanol)、苯甲酸苄酯(benzyl benzoate)、乙酸橙花酯(neryl acetate)、1-羟基-10-十一炔(1-hydroxy-10-undecyne)、(*E*)-己酸-2-己酸酯[(*E*)-hexanoic acid-2-hexenyl ester]、亚麻仁醇(9,12,15-octadecatrien-1-ol)、3,3-二甲基癸烷苯(3,3-dimethyldecan-benzene)、绿叶烯(patchoulene)、莰烯(camphene)、棕榈酸(palmitic acid)、1-甲基-3-异丙基苯(1-methyl-3-isopropyl-benzene)、棕榈酸异丙酯(isopropyl palmitate)、苯乙烯异丁基乙酯(styryl isobutyl acetate)、4,11-二烯桉叶二烯酮(4,11-diene-eudesmadienone)、1,1-二甲基-十六碳烷(1,1-dimethyl-hexadecane)、1-羟基-13-十七碳炔(1-hydroxy-13-heptadecyne)、7,7-二甲基-3-亚甲基-双环[3.1.1]-庚烷(7,7-dimethyl-3-methylene-bicyclo[3.1.1]-heptane)、β-榄香烯(β-elemene)、α-松油烯(α-terpinene)、对伞花烃(*p*-cymene)、β-罗勒烯(β-ocimene)、β-罗勒烯-X(β-ocimene-X)、Δ^3-蒈烯(Δ^3-carene)、二甲基苯乙烯(dimethyl styrene)、葑醇(fenchol)、龙脑(borneol)、α-松油醇(α-terpineol)、乙酸龙脑酯(bornyl acetate)、1-对薄荷烯-8-基乙酸酯(1-*p*-menthen-8-yl-acetate)、α-荜澄茄烯(α-cubebene)、3,7-二甲基-2,6-辛二烯-1-醇(3,7-dimethyl-2,6-octadien-1-ol)、古巴烯

(copaene)、γ-榄香烯(γ-elemene)、反式-石竹烯(*trans*-caryophyllene)、α-葎草烯(α-humulene)、杜松烯(cadinene)、二氢白菖考烯(calamenene)、榄香醇(elemol)、喇叭茶醇(ledol)、2-异亚丙基-顺式，顺式-环癸-4,8-二烯酮(2-isopro-pyliden-*cis*，*cis*-cyclodeca-4,8-dienone)、顺式-金合欢醇(*cis*-farnesol)、α-石竹烯(α-caryophyllene)、(+)-4-蒈烯[(+)-4-carene]、月桂烯(myrcene)、1-甲基-4-(1-甲基亚乙基)-环已烯[1-methyl-4-(1-methylethyli-dene)-cyclohexene]、柠檬烯(limonene)、1,8-桉叶素(1,8-cineole)、反式-罗勒烯(*trans*-ocimene)、1-甲基-4-异丙基-1,4-环已二烯(1-methyl-4-isopropyl-1,4-cyclohexadiene)、顺式-罗勒烯(*cis*-ocimene)、3,7,7-三甲基-双环[4. 1. 0]-庚-2-二烯{3,7,7-trimethyl-bicyclo[4. 1. 0]hept-2-diene}、已醇(hexanol)、(*Z*)-3-已烯-1-醇[(*Z*)-3-hexen-1-ol]、异丙基苯甲醇(isopropyl benzyl alcohol)、2,4-二甲基-双环[4. 2. 0]辛-1,3,5-三烯{2,4-dimethyl-bicyclo[4. 2. 0]octa-1,3,5-triene}、2-甲基丁基已酸(2-methylbutyl hexanoatic acid)、β-荜澄茄烯(β-cubebene)、δ-榄香烯(δ-elemene)、(+)-环异蒜头素[(+)-cycloisosativene]、3,7-二甲基-1,6-辛二烯-3-醇(3,7-dimethyl-1,6-octadien-3-ol)、6,6-二甲基-2-亚甲基-双环[3. 1. 1]庚-3-酮{6,6-dimethyl-2-methylene-bicyclo[3. 1. 1]heptan-3-one}、(is-内)-1,7,7-三甲基-双环[2. 2. 1]庚-2-醇-乙酸酯{(is-endo)-1,7,7-trimethyl-bicyclo[2. 2. 1]heptan-2-ol-acerate}、(1aα,4aα,7α,7aβ,7aα)-1,1,7-三甲基-4-亚甲基-1*H*-十氢环丙[*e*]萘{(1aα,4aα,7α,7aβ,7aα)-1,1,7-trimethyl-4-methylene-1*H*-decahydro-cycloprop[*e*]naphthalene}、(+)-表-双环倍半水芹烯[(+)-epi-bicyclosespuiphellandrene]、[1*S*-(1α,7α,8aβ)]-1,4-二甲基-7-(1-甲基乙基)-1,2,3,5,6,7,8,8a-八氢薁{[1*S*-(1α,7α,8aβ)]-1,4-dimethyl-7-(1-methylethyl)-1,2,3,5,6,7,8,8a-octa-hydro-azulene}、α-芹子烯(α-selinene)、1-甲基-1-乙烯基-2-(1-甲基乙烯基)-4-(1-甲基亚乙基)-环已烷[1-methyl-1-vinyl-2-(1-methylvinyl)-4-(1-methyl-ethenylidene)-cyclohexane]、(*E*)-3,7-二甲基-2,6-辛二烯醇-乙酸酯[(*E*)-3,7-dimethyl-2,6-octadienol-acetate]、顺式-4,7-二甲基-1-异丙基-1,2,3,4,6,8a-六氢萘(*cis*-4,7-dimethyl-1-isopropyl-1,2,3,4,6,8a-hexahydro-naphthalene)、(*E*)-2,6-二甲基-3,5,7-辛三烯-2-醇[(*E*)-2,6-dimethyl-3,5,7-octatrie-2-ol]、吉玛烯 B(germacrene B)、莪术烯(curzerene)、(*E*)-9-十八酸[(*E*)-9-octadecenoic acid]、1,1,6-三甲基-1,2-二氢萘(1,1,6-trimethyl-1,2-dihydro-naphthalene)、β-石竹烯氧化物(β-caryophyllene oxide)、[*S*-(*Z*)]-3,7,11-三甲基-1,6,10-十二碳三烯-3-醇{[*S*-(*Z*)]-3,7,11-trimeth-yl-1,6,10-dodecatrien-3-ol}、γ-桉叶醇(γ-eudesmol)、吉玛酮(germacrone)、α-桉叶醇(α-eudesmol)、(1*Z*,3aα,7aβ)-7a-甲基-1-亚乙基-1*H*-八氢茚[(1*Z*,3aα,7aβ)-7a-methyl-1-ethylidene-1*H*-octahydro-indene]、α-杜松醇(α-cadinol)、甲酸香叶酯(geranyl formate)、(*E*，*E*)-3,7,11-三甲基-2,6,10-十二碳三烯-1-醇[(*E*，*E*)-3,7,11-trimethyl-2,6,10-dodecatrien-1-ol]、长叶蒎烯环氧化物(longpinene epoxide)、喇叭烯氧化物Ⅱ[ledene oxide-(Ⅱ)]、14-十五酸(14-pentadecanoic acid)、亚油酸(linoleic acid)和(*Z*，*Z*，*Z*)-9,12,15-十八碳三烯-1-醇[(*Z*，*Z*，*Z*)-9,12,15-octadecatrien-1-ol]等，其中主要的香气成分是α-

侧柏烯(α-thujene)和吉玛烯 D(germacrene D)等[1-3]。

感官特性 肿节风精油具药香和果香、味苦。

应用情况 肿节风精油主要应用于保健食品、饮料和药品等。

管理及参照标准 肿节风[*Sarcandra glabra*(Thunb) Nakai.]提取物的管理及参照标准见 CAS 486-21-5。

参考文献

[1] 杨荣平，王宾豪，励娜，等. GC-MS 法分析肿节风叶中挥发油化学成分[J]. 中成药，2008，30(11)：1703-1704.

[2] 黄荣清，谢平. 肿节风挥发油的气相色谱-质谱分析[J]. 中成药，1998，20(1)：37-38.

[3] 吴素香，张胜娜，陈素红，等. 野生和栽培鲜肿节风挥发油成分分析[J]. 安徽医药，2009，13(2)：128-130.

黄樟

别　　名 樟木、大叶樟、香樟、油樟。

英文名称 Sassafras。

植物学名 *Cinnamomum porrectum*(Roxb.) Kosterm.

植物科属 樟科　樟属。

品种来源 黄樟 *Cinnamomum porrectum*(Roxb.) Kosterm. 的枝、叶、树干。

形态特征 黄樟，樟科樟属，绿色乔木，株高约 10～15m，茎壮实，胸径 30～50cm；灰棕色树皮，上部为青黄或灰黄色，纵裂，不规则小片皮剥落，淡红色内皮，具樟脑气。枝条呈淡褐色、粗壮近圆形，浅绿色小枝，光滑无毛。圆形鳞片卵芽，被绢毛。革质叶互生，呈长椭圆形卵状，长约 10cm，宽约 4cm，花枝稍小，先端常短渐尖，基部楔形，正面绿色，背面浅绿色，腹凹、背凸，双面无毛或背面腺窝具毛簇，脉羽状，每边约具 5 条侧脉，侧脉脉腋正面无明显凸起、背面无明显腺窝，细脉网状小脉；叶柄约 2cm。枝条上部具腋生或顶生圆锥花序，长约 5cm，总梗长约 3.5cm。绿黄色小花，长约 3mm；花梗细，长约 3.5mm。花被内面长短细柔毛，外被光滑无毛，倒三角形花被筒，长约 1.2mm，花被裂片长椭圆形，长约 2.2mm，宽约 1.1mm，先端钝。雄蕊 9 育，花丝被短细柔毛，第一、二轮雄蕊长约 2.0mm，卵圆形花药，与扁平花丝约相等，第三轮雄蕊长约 2.0mm，花药呈椭圆形，长约 1.0mm，扁平花丝，近基部有短柄心形腺体一对。雄蕊 3 退化，在最内轮，心形三角状，连柄长约 0.6mm，柄被短细柔毛。无毛卵形子房，长约 1mm，花柱曲，长约 1.1mm，盘状柱头，三浅裂不明显。紫黑色圆形状果，径长约 7mm；狭长倒锥形果托，长约 1cm，淡红色基部宽约 1.2mm，具纵长条纹。每年 5～6 月花期、10～11 月果期。

主要分布 我国广西、广东、江西、湖南、云南、贵州、四川、福建等地有分布。

利用部位 枝、叶、树干。

理化特性 精油为浅黄色的液体。黄樟油理化参数如下表所示。

表 黄樟油理化参数

理化参数	黄樟油
相对密度(20℃)	0.856~0.907
折光指数(20℃)	1.466~1.479
旋光度(20℃)	0°~+5°

香气成分 黄樟油的香气成分为：

β-蒎烯(β-pinene)、水芹烯(phellandrene)、丁香酚(eugenol)和桂皮醛(cinnamaldehyde)等，其中主要成分是黄樟脑(safrole)[1,2]。

感官特性 黄樟油具樟脑特征香气，透发性强，留香时间短。

应用情况 黄樟精油用于日化产品的加香。在医药方面具有防腐消毒作用。

管理及参照标准 黄樟[*Cinnamomum porrectum*(Roxb.)Kosterm.]精油的管理及参照标准参见 ISO 590；EOA 99；CAS 8006-80-2 等。

参 考 文 献

[1] 刘布鸣，莫建光. 实用芳香精油手册[M]. 南宁：广西科学技术出版社，2011.
[2] 唐健. 巴西黄樟[J]. 北京日化，2002(2)：30-31.

香 榧 子

别　　名 赤果、玉山果、玉榧、野极子。

英文名称 Semen Topreyae。

植物学名 *Torreya grandis* Fort. ex Lindl。

植物科属 红豆杉科　榧属。

品种来源 香榧子(*Torreya grandis* Fort. ex Lindl)的种子。

形态特征 香榧，红豆杉科榧属，绿色乔木植物，高约20~25m，胸径可达50~55cm。灰褐色树皮，开张枝，具光滑无毛小枝。线状披针形叶，呈假二列状排列，长约2cm，宽约2.5mm，上部愈狭趋势，先端突刺尖，基部几成圆形，全缘，质坚硬，正面呈有光泽暗黄绿色，背面淡绿色，中肋显明，在其两侧分别有一条凹下气孔带，黄白色。花单性，通常雌雄异株；雌花无梗，成对生，只1花发育，基部含苞片，数对交互对生，胚珠1，直生；雄花序呈椭圆形至矩圆形，具总花梗，约6轮雄蕊，4室花药。种核形状不一、果状矩状椭圆形或倒卵状长圆形，长约2.5cm，先端有红褐色小短尖，不规则纵沟；胚乳内缩或微内缩。每年花期长达4月。次年10~11月种子成熟。生长于山坡，野生或栽培。

主要分布 分布于湖北、江西、湖南、广西、云南、贵州、安徽、江苏、浙江、福建等地区。

利用部位 种子。

理化特性 含有丰富的脂肪油，其种子含油率高达54.60%～61.49%。

香气成分 香榧子油的香气成分是：

棕榈酸(hexadecanoic acid)、亚油酸(linoleic acid)、硬脂酸(octadecanoic acid)、油酸(9-octadecenoic acid)、花生酸(eicosanoic acid)、亚油酸(9,12-octadecadienoic acid)、金松酸(eicosadienoic acid)、二十碳二烯酸(eicosadienoic acid)和二十碳一烯酸(11-eicosenoic acid)等。其中，主要香气成分是油酸(9-octadecenoic acid)和亚油酸(9,12-octadecadienoic acid)等[1]。

感官特性 香榧子油具清果香、味凉。

应用情况 香榧树干高大、枝叶嫩绿，对灰尘的抵抗性强，又具强的抗病虫害侵染能力，具有丰富的观赏价值，是一种园林和庭院绿化优良的树种。

此外，香榧树皮是工业栲胶的重要原料之一，香榧木还是造船、建筑、枕木、家具及工艺雕刻品等优质木材。

香榧果富含蛋白质和多种微量元素，具有很高的食用营养价值。

香榧入药具有杀虫、消积、润燥的药效。医学实验证实，香榧对驱除蛲虫效果明显，对治疗痔疮、小儿遗尿症疗效显著。

管理及参照标准 香榧子(*Torreya grandis* Fort. ex Lindl.)的管理及参照标准见Conifers of the World：The Complete Reference(2009)；The Gymnosperm Database(2011)。

参考文献

[1] 赵鄰，张星海，虞培力．香榧子超临界萃取物的气相色谱-质谱分析[J]．湖北农业科学，2013(1)：186-188.

黑芝麻

别　　名 油麻、脂麻、胡麻、巨胜。

英文名称 Sesame。

植物学名 *Sesamum indicum* L。

植物科属 胡麻科　脂麻属。

品种来源 黑芝麻 *Sesamum indicum* L. 种子或油籽。

形态特征 黑芝麻是胡麻科脂麻属一年生的草本生植物；株高约80～100cm，被茸毛长于全株，直立茎、方柱形；对生或互生叶，长椭圆形叶片，长约10cm，具长柄；花呈单生或众朵腋生，筒状四瓣，长约5cm，花色呈白紫色渐变；蒴果方柱状，果长约3cm；裹有黑色、白色种子。

主要分布 黑芝麻全国各地，如广西、四川、贵州、广东、湖南等地区均有种植，喜温耐旱。

利用部位 种子或油籽。

香气成分 黑芝麻油的香气成分是：

吡嗪(pyrazine)、2,6-二甲基吡嗪(2,6-dimethyl-pyrazine)、2,3-二甲基吡嗪(2,

3-dimethyl-pyrazine)、2-乙基-5-甲基吡嗪(2-ethyl-5-methyl-pyrazine)、2,3-二乙基-5-甲基吡嗪(2,3-diethyl-5-methyl-pyrazine)、3-甲基-1-丁醇(3-methly-1-butanol)、1-戊醇(1-pentanol)、丙酮(acetone)、2-丁酮(2-butanone)、5-乙基-2-壬醇(5-ethyl-2-nonanol)、2-丁基-3,5-二甲基吡嗪(2-butyl-3,5-dimethyl-pyrazine)、1-(2-呋喃甲基)1*H*-吡咯[1-(2-furanylmethyl)-1*H*-pyrrole]、5-甲基-2-甲醛-1*H*-吡咯(5-methyl-1*H*-pyrrole-2-carbox-aldehyde)、2-乙烯基-6-甲基吡嗪(2-ethenyl-6-methyl-pyrazine)、2-乙酰基吡嗪(acetylpyrazine)、2-甲基-5-(1-甲基乙基)吡嗪[2-methyl-5-(1-methylethyl)-pyrazine]、1-甲基乙烯基吡嗪[(1-methylethenyl)-pyrazine]、二甲基二硫(dimethyl disulfide)、环硫乙烷(thiirane)、二甲基三硫(dimethyl trisulfide)、3-乙基-2,5-二甲基吡嗪(3-ethyl-2,5-dimethyl-pyrazine)、3-甲基-3-(2-丙烯基)吡嗪[3-methyl-3-(2-propenyl)-pyrazine]、甲基吡嗪(methyl-pyrazine)、2-甲基丁醛(2-methyl-butanal)、正戊醛(pentanal)、2,3,5-三甲基-6-乙基吡嗪(2,3,5-trimethyl-6-ethylpyrazine)、3,5-二乙基-2-甲基吡嗪(3,5-diethyl-2-methyl-pyrazine)、1-(3,5-二甲基吡嗪)-乙酮[1-(3,5-dimethylptrazinyl)-ethanone]、2-甲氧基-3-(1-甲基乙基)吡嗪[2-methoxy-3-(1-methylethyl)-pyrazine]、乙基吡嗪(ethyl-pyrazine)、5-甲基–糠醛(5-methyl-2-furancarboxaldehyde)、乙酸糠酯(2-furanmethanol, acetate)、*S*-(2-呋喃甲基)硫代乙酸酯[ethanethioic acid, *S*-(2-furanylmethyl) ester]、2-呋喃甲醇(2-furanmethanol)、2-(2-呋喃甲基)-5-甲基呋喃[2-(2-furanylmethyl)-5-methyl-furan]、2-己基硫代呋喃(2-hexyl-thiophene)、吡啶(pyridine)、2-甲基吡啶(2-methyl-pyridine)、4-氨基吡啶(4-pyridinamine)、2-乙基吡啶(2-ethyl-pyridine)、5-甲基-2(1*H*)-吡啶酮[5-methyl-2(1*H*)-pyridinone]、2,6-二甲基-3-氨基吡啶(2,6-dimethyl-3-pyridinamine)、二氧化碳(carbon dioxide)、戊烷(pentane)、正十四烷(tetradecane)、噻吩(thiophene)、4-羟甲基吡啶(4-pyridinemethanol)、2,6-二甲基-4-氨基吡啶(2,6-dimethyl-4-pyridinamine)、2-乙基-6-甲基吡嗪(2-ethyl-6-methyl-pyrazine)、2-戊烯吡啶(2-pentyl-pyridine)、2-丁基吡啶(2-butyl-pyridine)、吡咯(pyrrole)、1-乙基-1*H*-吡咯(1-ethyl-1*H*-pyrrole)、3-氨基吡咯烷(3-aminopyrrolidine)、1*H*-2-吡咯甲醛(1*H*-pyrrole-2-carboxaldehyde)、1-乙基-1*H*-吡咯醛(1-ethyl-1*H*-pyrrole-2-carboxaldehyde)、2,5-二甲基-3-(1-丙烯基)吡嗪[2,5-dimethyl-3-(1-propenyl)-pyrazine]、乙酰基吡咯[1-(pyrrol-2-yl)-ethanone], 甲基吡咯-2-羧酸(methyl pyrrole-2-carboxylate)、4,5-二甲基噻唑(4,5-dimethyl-thiazole)、3,5-二甲基苯酚(3,5-dimethyl-phenol)、2-甲氧基苯酚(2-methoxy-phenol)、2-(1,1-二甲基乙基)苯酚[2-(1,1-dimethylethyl)-phenol]、4-硫基苯酚(4-mercaptophenol)、1,2,4-苯三酚(1,2,4-benzebetriol)、4-乙基-2-甲氧基苯酚(4-ethyl-2-methoxy phenol)、2-甲氧基-4-乙烯基苯酚(2-methoxy-4-vinylphenol)、甲苯(toluene)、乙苯(ethylbenzene)、3,4-二氟苯甲醚(3,4-difluoroanisole)、2-戊烯呋喃(2-pentyl-furan)、2,5-二甲基-1,3-苯二酚(2,5-dimethyl-1,3-benzenediol)、环氧乙烷(ethylene oxide)、乙烯基吡嗪(ethenyl-pyrazine)、二氯甲烷(methylene chloride)、2-甲基戊烷(2-methyl-pentane)、3-甲基戊烷(3-methyl-pentane)、己烷(hexane)、正辛烷(octane)、1,3-二甲基环戊(1,3-dimethyl-cyclopentane)、3-氟–邻二甲苯(3-fluoro-*o*-

xylene)、壬烷(nonane)、癸烷(decane)、环辛烷(cyclooctane)、十二烷(dodecane)、2-甲基噻唑(2-methyl-thiazole)、4-甲基噻唑(4-methylthiazole)、5-甲基噻唑(5-methyl-thiazole)、2,4-二甲基噻唑(2,4-dimethyl-thiazole)、2-乙基噻唑(2-ethyl-thiazole)、2-甲基噻吩(2-methyl-thiophene)、3-甲基噻吩(3-methyl-thiophene)、3-甲基-2-丁酮(3-methyl-2-butanone)、2-己酮(2-hexanone)、2-戊酮(2-pentanone)、2,4-戊二酮(2,4-pentanedione)、1-乙酰氧基-2-丙[1-(acetyloxy)-2-propanone]、2-庚酮(2-heptanone)、5,6-二氢-2*H*-吡喃-2-酮(5,6-dihydro-2*H*-pyran-2-one)、3-辛酮(3-octanone)、2-乙酰基噻唑(2-acetylthiazole)、3-甲基苯酚(3-methyl-phenol)、苯十八烷酮(octadecanophenone)、1-吡咯-2-基乙酮[1-(1*H*-pyrrol-2-yl)-ethanone]、2-羟基-3-甲基-2-环戊烯–酮(2-hydroxy-3-methyl-2-cyclopenten-1-one)、3-甲基-1,2-环戊二酮(3-methyl-1,2-cyclopentanedione)、1,3-二甲基-2(1*H*)-吡啶酮[1,3-dimethyl-2(1*H*)-pyridinone]、苯乙酮(acetophenone)、2-乙基-3-羟基-4*H*-吡喃-4-酮(2-ethyl-3-hydroxy-4*H*-pyran-4-one)、2,3-甲基苯酚(2,3-methylenedioxyphenol)、1-甲基-3-丙基苯(1-methyl-3-propyl-benzene)、丁基苯(butyl-benzene)、1,3-二甲氧基苯(1,3-dimethoxy-benzene)、2-氨基–肟–苯甲醛(2-amino-, oxime-benzaldehyde)、1,2-苯二胺(1,2-benzenediamine)、4-甲基苯甲腈(4-methyl-benzonitrile)、二丁基羟基甲苯(butylated hydroxytoluene)、乙醛(acetaldehyde)、2-甲基丙醛(2-methyl-propanal)、丁醛(butanal)、3-甲基丁醛(3-methyl-butanal)、己醛(hexanal)、庚醛(heptanal)、2-庚烯醛[(*E*)-2-heptenal]、2-甲基呋喃(2-methyl-furan)、2-(2-丙烯基)呋喃[2-(2-propenyl)-furan]、(*E*)-2-辛烯醛[(*E*)-2-octenal]、壬醛(nonanal)、2,4-癸二烯醛(2,4-decadienal)、(*E*, *E*)-2,4-壬二烯醛[(*E*, *E*)-2,4-nonadienal]、甲硫醇(methanethiol)、乙醇(ethyl alcohol)、己醇(1-hexanol)、2-庚醇(2-heptanol)、1-辛烯-3-醇(1-octeb-3-ol)、乙酸(acetic acid)、丙酸(propanoic acid)、己酸(hexanoic acid)、二硫化碳(carbon disulfide)、1,2-二硫戊环(1,2-dithiolane)、糠基二硫醚[bis(2-furfuryl)disulfide]、1-辛烯(1-octene)、*E*-4-甲氧基-2-己烯(*E*-4-methoxy-2-hexene)、(*Z*)-3,7-二甲基-1,3,6-辛三烯[(*Z*)-3,7-dimethyl-1,3,6-octatriene]、乙酸甲酯(acetic acid, methyl ester)、2-丙烯酸甲酯(2-propenoic acid, methyl ester)、乙烯基呋喃(vinylfuran)、2-氰基呋喃(2-furancarbonitrile)、糠醛(furfural)、3-呋喃甲醛(3-furaldehyde)、2-呋喃羧酸甲酯(methyl 2-furoate)、乙酸己酯(acetic acid, hexyl ester)和香兰素(vanillin)等。其中主要香气成分为甲基吡嗪(methyl-pyrazine)、2,6-二甲基吡嗪(2,6-dimethyl-pyrazine)、1-甲基乙烯基吡嗪[(1-methylethenyl)-pyrazine]、乙酸糠酯(2-furan-methanol, acetate)、2,3-二甲基吡嗪(2,3-dimethyl-pyrazine)、2,6-二甲基-3-氨基吡啶(2,6-dimethyl-3-pyridinamine)、乙基吡嗪(ethyl-pyrazine)、1*H*-2-吡咯甲醛(1*H*-pyrrole-2-carboxaldehyde)、乙酰基吡咯[1-(pyrrol-2-yl)-ethanone]、2-甲氧基苯酚(2-methoxy-phenol)和2-呋喃甲醇(2-furanmethanol)等[1-4]。

感官特性　黑芝麻油具有丰富的果香香气，油脂气势强。

应用情况　黑芝麻油是食品和糕点香料的主要加香原材料之一。

管理及参照标准　黑芝麻(*Sesamum indicum* L.)精油的管理及参照标准参见：

GRAS(I)等。

参考文献

[1] 秦早，杨冉，高桂园，等．顶空固相微萃取结合气质联用分析芝麻油和芝麻香精的挥发性成分[J]．食品科学，2012，33(24)：263-268.

[2] 陈晓明，朱鼎程．固相微萃取-气质联用分析芝麻油的挥发性成分的研究[J]．安徽农业科学，2010(2)：570-574.

[3] 陈俊卿，王锡昌．顶空萃取-气相色谱-质谱法分析芝麻油中的挥发性成分[J]．质谱学报，2005，26(1)：49-50.

[4] 刘平年．顶空气相色谱质谱联用法分析芝麻油的挥发性气味成分[J]．中国油脂，2006，30(10)：47-49.

柚

别　　名　壶柑、香架、文旦、雪柚。

英文名称　Shaddock。

植物学名　*Citrus grandis*(L.)Osbeck。

植物科属　芸香科　柑陆属。

品种来源　芸香科植物柚子 *Citrus grandis*(L.)Osbeck 的皮。

形态特征　柚，芸香科柑陆属常绿果树乔木植物，株高约 10～12m，树冠呈圆形或圆锥形；灰绿色树皮，光滑、卵圆形叶，乳白色花，每年 10～11 月，霜降季节后果实成熟，果大的如瓜，皮呈绿色或黄绿色，除皮留其瓤粒，果肉蜜甜可口，偶遇略带苦、酸味果肉。

主要分布　分布于我国四川、贵州、广东、江西、广西、浙江、福建和台湾等地区。

利用部位　果皮。

理化特性　用真空蒸馏方法可制得除萜精油，是一种溶解度和稳定性较好的浓缩精油。

柚皮精油理化参数如下表所示。

表　柚皮精油理化参数

理化参数	柚精油
溶解度	难溶于水，易溶于乙醇
相对密度(20℃)	0.853～0.864
相对密度(25℃)	0.857～0.869
折射率(20℃)	1.4741～1.4793
旋光度(20℃)	+90°～+98°
柠檬烯含量	90%

香气成分　柚皮精油的香气成分是：

柠檬烯(limonene)、α-古芸烯(α-gurjunene)、8-雪松烯-13-醇(8-cedren-13-ol)、月桂烯(myrcene)、β-蒎烯(β-pinene)、2,6-二甲基-1,3,5,7-辛四烯(2,6-dimethyl-1,3,5,7-octatetraene)、2-蒈烯(2-carene)、罗勒烯(ocimene)、γ-松油烯(γ-terpinene)、2-氯二苯甲酮(2-chloro-di-benzophenone)、氧化芳樟醇(linalool oxide)、葑酮(fenchone)、异松油烯(terpinolene)、β-芳樟醇(β-linalool)、1,2,3,5,8,8a-六氢化萘(1,2,3,5,8,8a-hexahydro-naphthalane)、二氢香芹醇(dihydrocarveol)、松油醇-4(terpineol-4)、对草蒿脑(*p*-allylanisol)、α-松油醇(α-terpineol)、7-外-乙烯基-双环[4.2.0]辛-1-烯(7-exo-vinyl-bicyclo[4.2.0]oct-1-ene)、对䓝-1-烯-9-醛(*p*-menth-1-en-9-al)、香芹酮(carvone)、紫苏醛(perillaldehyde)、茴香脑(anethole)、δ-榄香烯(δ-elemene)、乙酸香茅酯(citronellyl acetate)、丁香酚甲醚(methyleugenol)、β-榄香烯(β-elemene)、α-雪松烯(α-cedrene)、2-甲基-5-异丙基-8-次甲基三环[4.4.0]癸烷{2-methyl-5-isopropyl-8-methine-tricyclo[4.4.0]decane}、α-石竹烯(α-caryophyllene)、β-石竹烯(β-caryophyllene)、α-葎草烯(α-humulene)、吉玛烯D(germacrene D)、α-细辛脑(α-asarone)、γ-榄香烯(γ-elemene)、橙花叔醇(nerolidol)、α-柠檬醛(α-citral)、反式-佛手柑油烯醇(*trans*-bergamotol)、β-紫罗兰酮(β-ionone)、蓝桉醇(globulol)、努特卡酮(nootkatone)、长叶松香芹酮(longipinocarvone)、邻苯二甲酸丁酯(butyl phthalate)、棕榈酸(palmitic acid)、奥斯脑(ostole)、β-水芹烯(β-phellandrene)、α-蒎烯(α-pinene)、6-甲基-5-庚烯-2-酮(6-methyl-5-hepten-2-one)、癸醛(decanal)、(*R*)-(-)-对薄荷烯-1-醇[(*R*)-(-)-*p*-menthe-1-ol]、α,α-4-三甲基-3-环己烯-1-甲醇(α, α-4-trimethyl-3-cyclohexen-1-methanol)、β-柠檬醛(β-citral)、己酸己酯(hexyl hexanoate)、[8-(*Z*, *E*)]-1,5-二甲基-8-异丙基-1,5-环癸二烯{[8-(*Z*, *E*)]-1,5-dimethyl-8-isoproyl-1,5-cyclodecadiene)、乙酸橙花酯(neryl acetate)、乙酸香叶酯(geranyl acetate)、(3*R*-反式)-4-乙烯基-4-薄荷基-3-(1-薄荷基乙烯基)-环己烯[(3*R*-*trans*)-4-vinyl-4-menthyl-3-(1-menthylvinyl)-cyclohexene]、[1*R*-(1*R*, 4*Z*, 9*S*)-]-4,11,11-三甲基-8-亚甲基-双环[7.2.0]-4-十一烯{[1*R*-(1*R*, 4*Z*, 9*S*)-]-4,11,11-trimethyl-8-methylene-bicyclo[7.2.0]-4-undecene}、γ-依兰烯(γ-muurolene)、α-芹子烯(α-selinene)、α-人参烯(α-panasinsene)、δ-杜松烯(δ-cadinene)、2,6,10,10-四甲基-三环[7,2,0]-2-十一烯{2,6,10,10-tetramethyltricyclo[7,2,0]-2-hendecene}、反式-橙花叔醇(*trans*-nerolidol)、桉叶醇(eudesmol)、5,6-二甲基-8-异丙基-双环[4.4.0]癸-1-烯-3-酮{5,6-dimethyl-8-isopropyl-dicyclo[4.4.0]dec-1-en-3-one}、金合欢醇异构体(farnesol isomer)和3,7,11-三甲基-14-异丙基-1,3,6,10-环十四碳四烯(3,7,11-trimethyl-14-isopropyl-1,3,6,10-cyclotetradecatetraene)等。其中主要的香气成分是柠檬烯(limonene)、月桂烯(myrcene)等[1-5]。

感官特性　柚皮精油具香柠檬和香橼气息，香气较粗，透发性强，留香时间短。

应用情况　柚皮油可与柠檬、甜橙等精油共同用于古龙及其他柠檬甜橙的日用香精的调配。蒸馏油的质量较冷榨油的质量差，仅用于低档化妆品及日用香精中。冷榨油和柚甙萃取物已用于食品的加香，特别是软饮料。柚果是人们喜爱的果蔬之一，广西容县沙田柚是驰名中外的优良柚质品种，与泰国的“罗柚”一起，共称为“世界四大名柚”。

管理及参照标准 柚皮[*Citrus grandis*(L.)Osbeck]冷榨油的管理及参照标准见：COE 240；CAS 8016-20-4；FEMA 25301；IOFI；Nat 1；GB 2；FCC Ⅲ；FDA 182.20；RIFM；EOA 30；ISO 3053-25。

参考文献

[1] 周永红，乔红运，王立升，等．容县沙田柚果皮挥发油成分的GC-MS分析[J]．广西大学学报：自然科学版，2004，29(1)：70-72.
[2] 朱岳麟，郑晓梅，邹卓，等．GC-MS法分析红肉蜜柚果皮香精油的化学成分[J]．广东化工，2008，35(9)：129-131.
[3] 李移，徐美奕，李尚德，等．遂溪产沙田柚果皮中挥发油成分的GC-MS分析[J]．现代食品科技，2009，25(1)：103-104.
[4] 张捷莉，车奋勇，李学成，等．玉环柚果皮中香气成分的GC-MS分析[J]．食品科学，2008，29(10)：480-482.
[5] 谭斌，周双德，张友胜．江永香柚柚皮中挥发性化学成分的GC-MS联用分析研究[J]．现代食品科技，2008，24(5)：490-492.

益智果

别　　名 益智仁、益智子。

英文名称 Sharpleaf Galangal Fruit。

植物学名 *Alpinia oxyphylla* Miq.。

植物科属 姜科　山姜属。

品种来源 益智 *Alpinia oxyphylla* Miq. 的干燥成熟果实。

形态特征 益智，姜科山姜属，是多年生常绿草本植物，株高1~2m。茎直立，丛生。具窄披针形2列叶，长约32cm，宽约4cm，先端渐尖，基部楔形，边缘具小刚毛；叶舌具毛、膜状。总状花序长约14cm；筒状花萼，外被细柔毛；花冠管长约9mm，乳白色卵形唇瓣，淡红色脉纹；子房呈卵圆形，被细绒毛状包裹。长椭圆形蒴果，疏毛被。花期在4~5月，果期在6~7月。

主要分布 分布于我国广东、广西、海南等地区。喜生阴湿林下。

利用部位 干燥成熟果实。

理化特性 益智油是一种浅黄色的油状液体，具有刺激性辛辣味。

香气成分 益智油的香气成分是：

α-蒎烯(α-pinene)、乙酸异龙脑酯(isobornyl acetate)、甲基庚烯酮(6-methyl-5-hepten-2-one)、龙脑醛(campholene aldehyde)、马鞭草烯醇(*trans*-verbenol)、β-月桂烯(β-myrcene)、α-水芹烯(α-phellandrene)、δ-3-蒈烯(δ-3-carene)、柠檬烯(limonene)、β-罗勒烯(β-ocimene)、γ-松油烯(γ-terpinene)、芳樟醇

(linalool)、松香芹酮(pinocarvone)、β-红没药烯(β-bisabolene)、对-伞花烃-8-醇(*p*-cymen-8-ol)、松油烯-4-醇(4-terpinenol)、桃金娘烯醛(myrtenal)、α-松油醇(α-terpineol)、γ-红没药烯(γ-bisabolene)、桃金娘烯醇(myrtenol)、枯茗醛(cuminal)、β-蒎烯(β-pinene)、紫苏醛(perillyl aldehyde)、二氢诺卡酮(dihydro-nootkatone)、紫苏醇(perilla alcohol)、香芹酚(carvacrol)、乙酸松油-4-酯(4-terpinenyl acetate)、α-荜澄茄烯(α-cubebene)、α-古巴烯(α-copaene)、β-荜澄茄烯(β-cubebene)、石竹烯(caryophyllene)、香柠檬烯(*trans*-α-bergamotene)、香树烯(aromadendrene)、α-葎草烯(α-humulene)、α-松油烯(α-terpinene)、对伞花烃(*p*-cymene)、β-葎草烯(β-humulene)、别香树烯(alloaromadendrene)、侧柏烯[(+)-cuparene]、α-桉叶烯(α-selinene)、α-金合欢烯(α-farnesene)、麝香草(thymol)、δ-杜松烯(δ-cadinene)、β-甜旗烯(β-calacorene)、榄香醇(elemol)、α-甜旗烯(α-calacorene)、*E*-橙花叔醇(*E*-nerolidol)、α-杜松醇(α-cadinol)、β-榄香烯(β-elemene)、异斯巴醇(isospathulenol)、乙酸桃金娘烯酯(myrtenyl acetate)、α-莎草酮(α-cyperone)、云木香醇(b-costol)和α-香根醇(α-vetiverol)等，其中主要香气成分为香橙烯(valencene)和诺卡酮(nootkatone)等[1-3]。

感官特性　益智果精油具辛香、味辣。

应用情况　益智果具有温脾、暖肾、固气、涩精等功效。

参考文献

[1] 林敬明，吴忠．益智挥发油成分的GC-MS分析[J]．中药材，2000，23(8)：448-453.

[2] 罗秀珍，余竞光，徐丽珍，等．中药益智挥发油化学成分[J]．中国中药杂志，2001，26(4)：262-264.

[3] 王宁生，黄天来，刘启德，等．益智仁挥发油成分的分析[J]．中药材，1991，14(6)：38-40.

岗　松

英文名称　shrubby baeckea。

植物学名　*Baeckea frutescens* Linn.。

植物科属　细籽亚科　岗松属。

品种来源　桃金娘科植物岗松 *Baeckea frutescens* Linn. 带有花果的枝叶。

形态特征　岗松，细籽亚科岗松属，灌木或小乔木；多分枝、嫩枝纤细。叶含细小短柄或无柄，狭线形或线形叶片，长约10mm，宽约1mm，先端尖，上面有沟，下面略突起，有透明油腺点，干后呈棕黄色，仅1条中脉，无侧脉。白色小花为叶腋单生；苞片早落；花梗长约1.2mm；萼管呈钟状，长约1.5mm，萼齿5，呈细小三角形，先端急尖；花瓣分离呈圆状，长约1.5mm，基部狭窄呈短柄；雄蕊成对，一般少于10枚，与萼齿对生；子房下位有3室，花柱短，宿存。成熟果实较小，长约2mm；种子扁平，有角。每年夏秋季节开花。

主要分布　主要分布在云南、广东、贵州、广西、四川、江西、福建等地。

利用部位 花果的枝叶。

理化特性 淡黄色至浅棕黄色的澄清液体，气芳香。岗松油理化参数如下表所示。

表 岗松油理化参数

理化参数	岗松油
颜色	浅黄绿色或黄色油状液体
相对密度(20℃)	0.8661～0.8669
折光指数(20℃)	1.461～1.493
溶解度	易溶于乙醇、乙醚，微溶于水

香气成分 岗松的香气成分有：

1,8-桉叶素(1,8-cineole)、香叶醇(geraniol)、芳樟醇(linalool)、3-己烯醇(3-hexenol)、α-侧柏烯(α-thujene)、α-杜松烯(α-cadinene)、莰烯(camphene)、4-蒈烯(4-carene)、氧化芳樟醇(linalool oxide)、外葑醇(*exo*-fenchol)、橙花醇(nerol)、丁香酚(eugenol)、百里香酚(thymol)、龙脑(borneol)、乙酸橙花醇酯(neryl acetate)、β-杜松烯(β-cadinene)、异杜松烯(isocadinene)、D-香芹酮(D-carvone)、γ-杜松烯(γ-cadinene)、长叶烯(longifolene)、橙花叔醇(nerolidol)、氧化石竹烯(caryophyllene oxide)、氧化葎草烯(humulene oxide)、杜松醇(cadinol)、3(15)，7(14)-石竹二烯-6-醇[3(15)，7(14)-caryophylladien-6-ol]、α-水芹烯(α-phellandrene)、香芹醇(carveol)、α-石竹烯(α-caryophyllene)、桃金娘烯醛(myrtenal)、柠檬烯(limonene)、西岗醇(occidentalol)、愈创木薁(guaiazulene)、榄香醇(elemol)、石竹烯(caryophyllene)、对伞花烃(*p*-cymene)、菖蒲烯(calamene)、α-蒎烯(α-pinene)、δ-杜松醇(δ-cadinol)、β-蒎烯(β-pinene)、月桂烯(myrcene)、间伞花烃(*m*-cymene)、α-葎草烯(α-humulene)、古巴烯(copaene)、α-松油烯(α-terpinene)、松油醇-4(terpineol-4)、α-松油醇(α-terpineol)[1-4]。

感官特性 岗松油具有丰富的木香香气，香气细腻、柔和。

应用情况 以岗松油为主要原料制成的中成药制剂已获得较好的疗效，有杀虫、消毒、止痒等功效，可治疗皮肤病或妇科病。除主要应用在医药方面外，岗松油还可开发为香精香料，应用于香料工业和轻化工等领域。

管理及参照标准 岗松(*Baeckea frutescens* Linn.)精油：CAS 8002-09-3。

参考文献

[1] 刘布鸣，赖茂祥，梁凯妮，等．岗松油的质量分析研究[J]．中国中药杂志，2004，29(6)：50-53.

[2] 刘布鸣，赖茂祥，梁凯妮，等．岗松油的气相色谱指纹图谱研究[J]．中草药，2005，36(5)：695-699.

[3] 纪晓多，赵国立，濮全龙，等．岗松挥发油的色谱-质谱分析[J]．药学学报，1980，15

(12)：766-768.
[4] 沈美英，何正洪，刘虹．岗松挥发油化学成分的研究[J]．广西林业科技，1993，4(4)：157-158.

杜 鹃 花

别　　名　杜鹃花、山踯躅、山石榴、映山红、照山红、唐杜鹃。

英文名称　Sims Azalea。

植物学名　*Rhododendron simsii* Planch。

植物科属　杜鹃花科　杜鹃属。

品种来源　杜鹃花科植物杜鹃花 *Rhododendron simsii* Planch 的枝叶。

形态特征　杜鹃，杜鹃花科杜鹃属，落叶小灌木，株高约 1～2m；多分枝，纤细，亮黄棕色密被，扁平粗状伏毛。革质叶，集生枝端，呈卵形、椭圆状或呈倒卵形，长约 4cm，宽约 2cm，先端短渐尖，楔形基部，细齿状边缘，正面深绿色，疏被粗伏毛，背面淡黄色，密被棕黄色粗伏毛，正面中脉呈凹陷，背面呈凸出；叶柄长约 5mm，密被呈亮棕黄色扁平粗伏毛。

主要分布　主要分布在广西全部、西藏东南部、云南西北部、四川西南部、湖南南部等地。生长在山坡，春天开艳红色花朵，花期较短。

利用部位　枝叶。

理化特性　杜鹃花油淡黄色液体。

香气成分　杜鹃花油的香气成分有：

植醇(phytol)、棕榈酸(palmitic acid)、2,6-二甲基-6-(4-甲基-3-戊烯基)-双环[3.1.1]庚-2-烯{2,6-dimethyl-6-(4-methyl-3-pentenyl)-bicyclo[3.1.1]hept-2-ene}、2,6,6-三甲基-1,3-环己二烯-1-甲醛(2,6,6-trimethyl-1,3-cyclohexadien-1-formaldehyde)、2,6,6-三甲基-1-环己烯-1-甲醛(2,6,6-trimethyl-1-cyclohexen-1-formaldehyde)、6,10,14-三甲基-2-戊二烯酮(6,10,14-trimethyl-2-pentadienone)、2,6,6-三甲基-1-环己烯-1-乙醛(2,6,6-trimethyl-1-cyclohexen-1-acetadehyde)、5-(2-烯丙基)-1,3-苯并二噁茂[5-(2-allyl)-1,3-benzodioxole]、十一醛(undecanal)、2-甲氧基-4-乙烯基苯酚(2-methoxy-4-vinyl phenol)、1,2-二羟基-1,1,6-三甲基-萘(1,2-dihydro-1,1,6-trimethyl-naphthalene)、1,2,3,4-四羟基-1,1,6-三甲基-萘(1,2,3,4-tetrahydro-1,1,6-trimethyl-naphthalene)、9,12-十八碳二烯酸(9,12-octadecadienoic acid)、4-乙烯基-1,2-二甲氧基苯(4-vinyl-1,2-dimethoxy benzene)、石竹烯(caryophyllene)、4-(1,1-二甲基乙基)-苯乙醛[4-(1,1-dimethylethyl)-phenylacetaldehyde]、2-甲基-5-(1,1,5-三甲基-5-己烯基)-呋喃[2-methyl-5-(1,1,5-trimethyl-5-hexenyl)-furan]、α-石竹烯(α-caryophyllene)、4-(2,6,6-三甲基环己-1,3-二烯基)-3-丁烯-2-酮[4-(2,6,6-trimethylcyclohexa-1,3-dienyl)-3-buten-2-one]、(*Z*，*Z*，*Z*)-9，12，15-十八碳三烯酸乙酯[(*Z*，*Z*，*Z*)-9，12，15-octadecatrienoic acid ethyl ester]、4-(2,6,6-三甲基环已烯-1-基)-3-丁烯-2-酮[4-(2,6,6-trimethyl-cyclohexen-1-yl)-3-buten-2-one]、1,2,3,4,4a,5,6,8a-八氢-4a,

8-二甲基-2-(1-甲基乙基)-萘[1,2,3,4,4a,5,6,8a-octahydro-4a,8-dimethyl-2-(1-methylethyl)-naphthalene]、二十八烷(octacosane)、α-金合欢烯(α-farnesene)、棕榈醛(hexadecanal)、[1*S*, 顺式]-1,2,3,5,6,8a-六氢-4,7-二甲基-1-(1-甲基乙基)-萘{[1*S*, *cis*])-1,2,3,5,6,8a-hexahydro-4,7-dimethyl-1-(1-methylethyl)-naphthalene}、蓝桉醇(globu1ol)、β-朱栾倍半萜(β-valencene)、雪松醇(cedrol)、邻苯二甲酸二丁酯(debutyl phthalate)、3,4-二甲基-3-环己烯-1-甲醛(3,4-dimethyl-3-cyclohexen-1-carboxaldehyde)、1a,2,3,4,4a,5,6,7-八氢-1,1,4,7-四甲基-1*H*-环丙[*e*]薁{1a,2,3,4,4a,5,6,7-octahydro-1,1,4,7-tetramethyl-1*H*-cycloprop[*e*]azulen}、二十四酸甲酯(methyl tetracosanoate)、1a,2,3,3a,4,5,6-八氢-1,1,3a,7-四甲基-1*H*-环丙[*a*]萘{1a,2,3,3a,4,5,6-octahydro-1,1,3a,7-tetramethyl-1*H*-cycloprop[*a*]naphthalene}、十七烷(heptadecane)、十七烷基环氧乙烷(heptadecyl oxirane)、二十九烷(noncosane)、金合欢醇异构A(farnesol isomer A)、苯甲酸苄酯(benzyl benzoate)、十四酸(tetradecylic acid)、菲(phenanthrene)、2,4,5,6,7,8-六氢-1,4,9,9-四甲基-3*H*-3a,7-甲醇薁(2,4,5,6,7,8-hexahydro-1,4,9,9-tetramethyl-3*H*-3a,7-methanoazulen)、邻苯二甲酸二异辛酯(diisooctyl phthalate)、水杨酸苄酯(benzyl salicylate)、十九烷(nonadecane)、3,7,11-三甲基-1,6,10-十二烷三烯-3-醇(3,7,11-trimethyl-1,6,10-dodecatrien-3-ol)、[*E*, *E*]-6,10,14-三甲基-5,9,13-十五碳三烯酮-2{[*E*, *E*]-6,10,14-trimethyl-5,9,13-pentadecatrienone-2}、[*Z*]-3,7-二甲基-2,6-辛二烯-1-醇{[*Z*]-3,7-dimethyl-2,6-octadien-1-ol}、异植醇(isophytol)、[*E*, *E*, *E*]-3,7,11,15-四甲基十六烷-1,3,6,10,14-戊烯{[*E*, *E*, *E*]-3,7,11,15-tetramethylhexadeca-1,3,6,10,14-pentene)、贝壳杉烯(kaurene)、荧蒽(fluoranthene)、[*Z*, *Z*, *Z*]-9,12,15-十八碳三烯酸{[*Z*, *Z*, *Z*]-9,12,15-octadecatrienoic acid}、二十二烷(docosane)、二十四烷(tetracosane)、十二氢-1,1,7-三甲基-4-亚甲基-1*H*-环丙[*e*]薁-7-醇{decahydro-1,1,7-trimethyl-4-methylene-1*H*-cycloprop[*e*]azulen-7-ol}、二十五烷(pentacosane)、山嵛酸(methyl docosanoate)、邻苯二甲酸二辛酯(di-octyl phthalate)、二十三酸甲酯(methyl tricosanoate)、二十七烷(heptacosane)、二十五酸甲酯(methyl pentacosanoate)、3,7,11-三甲基–十二碳三烯-2,6,10-1-醇(3,7,11-trimethyl-2,6,10-dodecatrien-1-ol)、角鲨烯{[6*E*,10*E*,14*E*,18*E*]-2,6,10,15,19,23-hexamethyl-2,6,10,14,18,22-tetracosahexaene}、[+/−]-5,7-二羟基-2-(对甲氧基苯)-6,8-二甲基-苯并二氢吡喃-4-酮{[+/−]-5,7-dihydroxy-2-(*p*-methoxyphenyl)-6,8-dimethyl-4-centchromanone}、蜡酸甲酯(hexacosanoic acid methyl ester)、三十一烷(hentriacontane)、β-香树脂(β-amyrin)和α-香树脂(α-amyrin)[1-3]。

感官特性 大部分的杜鹃花是没有香味的，少量的品种有花香味，但是味道极淡。

应用情况 可用于香精、香料等方面。

参考文献

[1] 赵晨曦，梁逸曾，李晓宁，等．杜鹃嫩枝叶挥发油化学成分研究[J]．药学学报，2005,

40(9)：854-860.
[2] 李红霞，王文清．四川凉山杜鹃挥发油成分的同时蒸馏萃取与 GC/MS 分析[J]．药物分析杂志，2000，20(2)：78-81.
[3] 田光辉，刘存芳，王晓．四川杜鹃花中挥发性成分的研究[J]．陕西理工学院学报：自然科学版，2007，23(2)：49-52.

酸 枣

别　　名　棘、棘子、野枣、山枣、葛针。

英文名称　Sour Jujube。

植物学名　*Ziziphus jujuba* Mill. var. *spinosa*(*Bunge*) Hu ex H. F. Chow。

植物科属　鼠李科　枣属。

品种来源　鼠李科植物酸枣 *Ziziphus jujuba* Mill. var. *spinosa*(*Bunge*) Hu ex H. F. Chow 的果实。

形态特征　酸枣树，鼠李科枣属，是小乔木或落叶小灌木植物，株高约 3～4m；紫黑色小枝，成弯曲状。托叶刺有二形状，一种为直伸形，长约 3cm，另一种为弯曲形。椭圆形、互生叶、披针形，长约 3cm，宽约 1cm，边缘呈细锯齿状，约 2 朵淡黄绿色花，叶腋簇生。橄榄形核果，成熟时为深红色，长约 1cm，核两园钝。每年 7～8 月开花，9～10 月结果。

主要分布　酸枣主要产地有贵州、云南、广西、广东、四川、吉林、陕西、河南、山东、山西、江西、福建、甘肃、新疆、安徽、江苏、浙江。

利用部位　成熟的果实。

香气成分　酸枣的香气成分有：

正己醛(hexanal)、月桂烯(myrcene)、异戊酸(iso-valeric acid)、1-氯庚烷(1-chloroheptane)、2-庚醇(2-heptanol)、苯(benzene)、桧烯(sabinene)、(-)柠檬烯[(-)-limonene]、辛醛(octyl aldehyde)、桉树醇(cineole)、2-甲基十三烷(2-methyl-n-tridecane)、苯甲醛(benzaldehyde)、甲酸辛酯(octyl formate)、3-辛烯-2-酮(3-octen-2-one)、芳樟醇(linalool)、2-甲基-1-苯丙烯(2-methyl-1-phenyl-1-propene)、正壬醛(nonyl aldehyde)、α-甲基萘(1-methyl-naphthalene)、4-丁基壬烷(4-butyl-nonane)、苯乙醛(phenylacetaldehyde)、2,3,5,6-四甲基吡嗪(tetramethylpyrazine)、异薄荷(isomenthone)、1,3-二乙烯基苯(1,3-divinylbenzene)、正壬醇(1-nonanol)、(*E*)-2-壬烯醛[(*E*)-non-2-enal]、桉烯-4-醇(terpinen-4-ol)、樟脑(bornan-2-one)、癸醛(decyl aldehyde)、β-苯乙醇(phenethyl alcohol)、α-松油醇(α-terpineol)、5-丙基壬烷(5-propyl-nonane)、2-辛烯醛(*trans*-2-octen-1-al)、5-甲基十四烷(5-methyl-tetradecane)、2-壬酮(2-nonanone)、4-甲基十一烷(4-methyl-undecane)、2，6，10，14-四甲基十五烷(2，6，10，14-tetramethylpentadecane)、十四醇(1-tetradecanol)、2,4-壬二烯醛(2,4-nonadienal)、十四烷(tetradecane)、反式-2-癸烯醛(*trans*-2-decenal)、1-氯-7-十七烯(1-chlorine-7-heptadecene)、2-十一酮(2-undecanone)、5-甲基-2-(1-甲基亚乙基)环己酮(2-

isopropylidene-5-methylcyclohexanone)、十四烷(tetradecane)、大根香叶烯(germacrene)、α-依兰烯(α-ylangene)、十八烷(octadecane)、5-甲基十四烷(5-methyl-tetradecane)、十九烷(nonadecane)、β-波旁烯(β-bourbonene)、5-甲基-5-异丙基壬烷(5-methyl-5-isopropyl-nonane)、7-己基十三烷(7-*n*-hexyl-tridecane)、十二烷(dodecane)、环十酮(cyclodecanone)、β-榄香烯[(-)-β-elemene]、β-马榄烯(β-maaliene)、反式-2,4-癸二烯醛(*trans*-2,4-decadienal)、4-烯丙基苯甲醚(4-allylanisole)、茴香脑(anethole)、十五烷(pentadecane)、石竹烯(caryophyllene)、1,4-辛内酯(gamma-octanoic lactone)、α-榄香烯(α-elemene)、邻苯二甲酸丁酯异丁酯(butyl isobutyl phthalate)、5-甲基十四烷(5-methyl-tetradecane)、2-甲氧基-4-乙烯基苯酚(4-vinylguaiacol; 2-methoxy-4-vinylphenol)、2-甲基十五烷(2-methyl-pentadecane)、4,(14),11-桉叶二烯(β-selinene)、3-甲基十五烷(3-methyl-pentadecane)、甲基环已酮(2-methyl-cyclohexanone)、β-红没药烯(β-bisabolene)、α-姜黄烯(α-curcumene)、α-蒿醇(α-artemisia alcohol)、2,3,6-三甲基萘(2,3,6-trimethyl-naphthalene)、2,6,10,14-四甲基十六烷(2,6,10,14-tetramethyl-hexadecane)、(-)-δ-杜松烯[(-)-δ-artemisia alcohol]、2,6-二甲基萘(2,6-dimethyl-naphthalene)、棕榈酸甲酯(methyl hexadecanoate)、(+)-D-杜松烯[(+)-D-cadinene]、β-甲基萘(2-methyl-naphthalene)、(+)-花侧柏烯[(+)-cuparene]、(+)-γ-古芸烯[(+)-γ-curjunene]、(+)-α-长叶蒎烯[(+)-α-longipinene]、2,6-叔丁基对甲酚(2,6-di-tert-butyl-4-methylphenol)、3-丁基-1(3*H*)-异苯并呋喃酮(3-butyl-phthalide)、2,6,10,14-四甲基十五烷(2,6,10,14-tetramethylpentadecane)、十八醇(1-octadecanol)、癸基环已烷(decylcyclohexane)、十四烷(*n*-tetradecane)、油酸(oleic acid)、9-十八炔(octadec-9-yne)、臭樟脑(naphthalene)、丹皮酚(2′-hydroxy-4′-methoxyacetophenone)、4,6,8-三甲基甘菊兰(4,6,8-trimethyl-azulene)、2-十一烯醛(2-undecenal)、5-丁基十六烷(5-butyl-hexadecane)、反式-3,7-二甲基-2,6-辛二烯醛(*trans*-3,7-dimethyl-octa-2,6-dien-1-al)、二十二烷(*n*-docosane)、1,4,5-三甲基萘(1,4,5-trimethyl-naphthalene)、柏木脑[(+)-cedrol]、2,6,10,14-四甲基十六烷(2,6,10,14-tetramethyl-hexadecane)、十八烷(octadecane)、十九烷(nonadecane)、二十四烷(tetracosane)、棕榈酸乙酯(ethyl palmitate)、棕榈酸(palmitic acid)、邻苯二甲酸二异丁酯(diisobutyl phthalate)、油酸甲酯(methyl oleate)、亚油酸甲酯(methyl linoleate)、邻苯二甲酸二甲氧乙酯(dimethylglycol phthalate)、油酸乙酯(ethyl oleate)、亚油酸乙酯(ethyl linoleate)和亚油酸(linolic acid)等[1,2]。

感官特性 酸枣具酸果香。

应用情况 酸枣的果实味甜，含有丰富的维生素 C、P，除供鲜食外，常可以制成蜜枣、红枣、熏枣、黑枣、酒枣及牙枣等蜜饯和果脯，还可以作枣泥、枣面、枣酒、枣醋等，为食品工业原料。枣又供药用，有养胃、健脾、益血、滋补、强身之效，枣仁和根均可入药，枣仁可以安神，为重要药品之一。

参考文献

[1] 张军安，陈波. 顶空固相微萃取–气质联用分析酸枣仁挥发性成分[J]. 中药材，2012，35(2)：235-240.
[2] 侯冬岩，回瑞华，杨梅，等. 酸枣仁中挥发性化学成分分析[J]. 分析试验室，2003，22(3)：84-86.

留 兰 香

别　　名　升阳菜、香花菜、绿薄荷、鱼香菜、血香菜、狗肉香、假薄荷、香薄荷。

英文名称　spearmint。

植物学名　*Mentha spicata* L.。

植物科属　唇形科　薄荷属。

品种来源　留兰香　*Mentha spicata* L. 叶和茎。

形态特征　留兰香是唇形科薄荷属多年生芳香性草本植物，株高约 1m，对生叶，光滑无毛，多分枝，叶柄长约 2mm，叶长约 7cm，宽约 2cm，披针形、披针状卵形或长圆状披针形，先端锐尖，基部呈楔形，锯齿状边缘，绿色，正、反面含腺鳞。花序轮伞密集成顶生的穗状，长约 8cm，基部花序疏离；线形滤包片，长约 3mm，较花萼略长；钟形花萼，呈二唇形，长约 2mm，肋脉 13；紫色花冠，长约 4mm，两唇形，宽上唇，外略具短毛，先端微凹，下唇较狭，3 裂，花冠筒内、外光滑；雄蕊 4，长度一致，长约 5mm，花药 2 室，紫色渐变成棕色。核果为黑色细小卵形，具细小窝孔。每年 8~9 月开花，10~11 月结果。

主要分布　留兰香在美国、澳大利亚、匈牙利、荷兰、印度、日本和中国种植。我国的河北、广西、江苏、贵州、浙江、广东、四川、云南等地有栽培。

利用部位　茎和叶。

理化特性　留兰香精油是将带花序的留兰香茎和根经水蒸气蒸馏获得，得率约为 0.4%，是一种浅黄色的油状液体。

理化参数　留兰香精油理化参数如下表所示。

表　留兰香精油理化参数

理化参数	留兰香精油
相对密度(20℃)	0.913~0.936
折光指数(20℃)	1.4834~1.4911
旋光度(20℃)	−40°~−62°
含酮量(以香芹酮计)	53~70
酯值	64~80
溶解度	1∶1 于 80% 乙醇

香气成分 留兰香精油的香气成分是：

α-蒎烯(α-pinene)、β-蒎烯(β-pinene)、莰烯(camphene)、桧烯(sabinene)、β-月桂烯(β-myrcene)、香芹酮(carvone)、柠檬烯(limonene)、顺式-氧化柠烯(*cis*-limonene oxide)、反式-氧化柠烯(*trans*-limonene oxide)、薄荷酮(menthone)、乙酸薄荷酯(menthylacetate)、异-薄荷酮(iso-menthone)、新-二氢香芹醇(neo-dihydrocarveol)、二氢香芹酮(dihydrocarvone)、β-波旁烯(β-bourbonene)和β-石竹烯(β-caryophyllene)等。其中主要香气成分为异-薄荷酮(iso-menthone)、柠檬烯(limonene)、二氢香芹酮(dihydrocarvone)、薄荷酮(menthone)、香芹酮(carvone)和乙酸薄荷酯(menthylacetate)等[1-3]。

感官特性 留兰香精油清甜柔和微凉的香气，略带青草气。香气透发有力，稳定，留香时间不长。

应用情况 留兰香精油广泛应用于日用香精的主要香原料中，在牙膏、漱口水等卫生用品中等得到应用。在糖果等食品中也有很好的应用。

管理及参照标准 留兰香(*Mentha spicata* L.)精油的管理及参照标准参见：FDA 182.10，182.20；COE 285；Nat 1；FEMA 3030，3031，3032；GB2，CAS 8008-79-5；GRAS(Ⅰ)、(Ⅱ)；IOFI；FCC Ⅲ；IOFI；EOA 57；Nat 1；ISO 3033—1975 和 QB864—83 等。

参考文献

[1] 陈静威，吴振，闫鹏飞，等．留兰香挥发油化学成分的研究[J]．哈尔滨商业大学学报：自然科学版，2003(1)：72-74.

[2] 刘绍华，覃青云，杨卫豪，等．"Scotch"留兰香精油化学成分分析[J]．中草药，2005，36(4)：505-506.

[3] 窦宏涛，苟兴文，朱永利．陕西苏格兰留兰香精油的成分分析[J]．香料香精化妆品，2003(5)：10-12.

甘 松

别　　名 香松、甘松香。

英文名称 Spikenard。

植物学名 *Nardostachys chinensis* Batal。

植物科属 败酱科　甘松属。

品种来源 甘松 *Nardostachys chinensis* Batal 叶和茎。

形态特征 甘松是败酱科甘松属多年生草本植物，株高约 30cm，强烈松脂样气势。较少基生叶且疏生，窄线状倒披针形叶片，叶长约 15cm，宽约 1cm，先端呈椭圆，中下略窄成叶柄状，基部略扩展成鞘，绿色渐变为淡绿色；主脉三出倒长披针形叶片，先端呈椭圆，中下略窄似叶柄状，基部展成鞘，绿色渐变为淡绿色，主脉三出。圆头状聚伞花序，淡红色花，筒状花冠，花柱突出花冠，三角状柱头。瘦果呈卵形，花期 8～9 月。

主要分布　甘松香主要分布于云南、四川、广西、甘肃、青海、西藏等地。印度、尼泊尔、日本也有分布。

利用部位　茎和叶。

理化特性　甘松精油是将采收的甘松根状茎，阴干破碎，水蒸气蒸馏得油率约5%。

理化参数　甘松香精油理化参数如下表所示。

表　甘松香精油理化参数

理化参数	甘松香精油
相对密度(15℃)	0.924～0.979
折光指数(20℃)	1.5020～1.5174
旋光度(20℃)	−4°41′～−11°43′
酸值	0～7
皂化值	46
乙酰化后酯值	68

香气成分　甘松香精油的香气成分是：

戊酸(pentanoic acid)、1,8-桉树脑(1,8-cineole)、3-甲基丁酸乙酯(3-methylbutanoic acid ethyl ester)、α-蒎烯(α-pipene)、莰烯(camphene)、β-蒎烯(β-pipene)、柠檬烯(limonene)、松油烯-4-醇(terpinene-4-ol)、α-松油醇(α-terpineol)、棕榈酸乙酯(palmitic acid ethyl ester)、月桂醛(myrtenal)、香芹酚甲醚(carvacrolmethylether)、壬酸乙酯(nonanoic acid, ethyl ester)、十三烷(tridecane)、芳樟醇(linalool)、乙酸月桂酯(myrtenyl acetate)、α-衣兰烯(α-ylangene)、γ-古芸烯(γ-hurjunene)、α-古巴烯(α-copaene)、β-荜澄茄油烯(β-cubebene)、α-柏木烯(α-cedrene)、β-榄香烯(β-elemene)、β-马里烯(β-maaliene)、马兜铃烯[(−)-aristolene]、α-荜澄茄油烯(α-cubebene)、水菖蒲烯(calarene)、甘松酮及赛切烯(seychellene)、百里香甲醚(thymylmethyl ether)、α-古芸烯(α-gurjunene)、α-姜黄烯(α-curcumene)、β-紫罗兰酮(β-ionone)、β-芹子烯(β-selinene)、α-芹子烯(α-selinene)、喇叭茶烯(ledene)、β-红没药烯(β-bisabolene)、β-广藿香烯(β-patchoulene)、α-法尼烯(α-farnesene)、巴伦亚烯(alencene)、杜松烯(cadinene)、(+)匙叶桉油烯醇[(+)spathulenol]、桧烯(sabinene)、蓝桉醇[(−)-globulol]、雅槛蓝烯(eremophilene)、5,6,7,7A-四氢-4,4,7A-三甲基-2(4*H*)-苯并呋喃酮[2(4*H*)-benzofuranone, 5,6,7,7A-tetrahydro-4,4,7A-trimethyl]、α-雪松醇(α-cedrol)、大根香叶烯-B(germacrene-B)、4,4-二甲基-3-亚甲基双环[3.2.1]辛-6-烯-2-螺旋-1′-环戊烯{4,4-dimethyl-3-methylenebicyclo[3.2.1]oct-6-ene-2-spiro-1′-cyclopentane}、表姜烯酮(epizonaren)、广藿香醇(patchouli alcohol)、9-马兜铃烯-1-α-醇(9-aristolen-1-α-ol)、缬草酮(valeranone)、3,7-芹菜二烯(selina-3,7-diene)、正十四烷(*n*-

tetradecane)、9-十六烷酸乙酯(ethyl-9-hexadecanoate)、亚油酸乙酯(linoleic acid ethyl ester)、马兜铃酮(aristolone)和油酸乙酯(oleic acid, ethyl ester)等。其中主要香气成分为β-马里烯(β-maaliene)、水菖蒲烯(calarene)、马兜铃烯[(-)-sristolene]、甘松酮及赛切烯(seychellene)、9-马兜铃烯-1-α-醇(9-aristolen-1-α-ol)、α-古芸烯(α-gurjunene)和缬草酮(valeranone)等[1-4]。

感官特性 甘松香精油具药草香和木香，香气沉重而持久，有苦涩味。

应用情况 甘松香精油用日用香精中的主要香原料之一。甘松根茎为芳香性健胃药，有镇痉及镇静作用，并能驱蛔虫。

管理及参照标准 甘松(*Nardostachys chinensis* Batal)精油的管理及参照标准参见：Nat 1；IOFI 和 CAS 8022-22-8 等。

参考文献

[1] 邓维先，杨再波，康文艺．超临界 CO_2 萃取甘松挥发油化学成分的研究[J]．河南大学学报：医学版，2007，26(2)：27-29.
[2] 韩泳平，肖丹，向永臣，等．甘松挥发油成分分析[J]．中药材，2000，23(1)：34-35.
[3] 耿晓萍，石晋丽，刘勇，等．甘松地上和地下部位挥发油化学成分比较研究[J]．北京中医药大学学报，2011，34(1)：56-59.
[4] 武子敬．甘松挥发油化学成分 GC-MS 分析[J]．安徽农业科学，2010(31)：17465-17466.

白花蛇舌草

别　　名 蛇舌草、蛇舌癀、蛇针草。

英文名称 Spreading Hedyotis。

植物学名 *Oldenlandia diffusa* (willd.) Roxb. 。

植物科属 茜草科　耳草属。

品种来源 白花蛇舌草 *Oldenlandia diffusa* (willd.) Roxb. 的干燥全草。

形态特征 白花蛇舌草，茜草科耳草属，一年生草本植物，高约 20~35cm。茎纤较细，呈方形或圆柱形，光滑无毛。对生叶，具短柄或无柄；叶片线形至线状披针形，长约 2.5cm，宽约 2mm，革质；托叶膜质，基部合生成鞘状，长约 1.5mm，顶端有细齿。单生花或 2 朵叶腋花，约为无柄；筒状花萼，4 裂，裂片边缘含短刺毛；漏斗形花冠，长约 3mm。纯白色，先端 4 深裂，光滑；雄蕊 4；子房 2 室，2 浅裂半球状柱头。扁球形蒴果，直径约 2.5mm，室背开裂，花萼宿存。细小、棕黄色种核。每年约 7~8 月开花，约 9~10 月结果。

主要分布 主产于我国云南、广东、广西等地。

利用部位 全草。

香气成分 白花蛇舌草油的香气成分是：

十四烷醛(tetradecanal)、维生素 E(vitamin E)、肉豆蔻酸(tetradecanoic acid)、十五烷酸(pentadecanoic acid)、7-十六碳炔-1-醇(7-hexadecyn-1-ol)、棕榈酸(hexadecanoic acid)、十七酸(heptadecanoic acid)、叶绿醇(phytol)、17-乙酰

氧基-3-甲氧基-4,4-二甲基-3,19-环氧雄甾烷-8,9-二酮[17-acetoxy-3-methoxy-4,4-dimethyl-3,19-epoxyandrostane-8,9-dione]、(*Z*, *Z*)-9,12-亚油酸[(*Z*, *Z*)-9,12-octadecadienoic acid]、十八烷酸(octadecanoic acid)、丹蒽醌甲基衍生物(danthron methyl derivative)、*Z*-5-甲基-6-二十一碳烯-11-酮(*Z*-5-methyl-6-heneicosen-11-one)、顺式-10-十七碳烯酸(*cis*-10-heptadecenoic acid)、花生酸(eicosanoic acid)、3-乙酰氧基-24-降胆甾-5-烯(3-acetoxy-24-norchol-5-ene)、顺式-十八碳烯酸(*cis*-vaccenic acid)、3-(2-苯硫基)亚甲基-二氢苯并呋喃-2-酮[3-(2-methiophenyl)-methylene-dihydrobenzofuran-2-one]、蓖麻酸正丁酯(*n*-butyl ricinoleate)、二十四烷醛(tetracosanal)、6,10,14-三甲基-2-十五烷酮(6,10,14-trimethyl-2-pentadecanone)、二十七烷(heptacosane)、鲨鱼烯(squalene)、二十二烷酸(docosanoic acid)、1-(2,5-二-甲氧基-苯基)-3,7,11-三甲基-十二-2,6,10-三烯[1-(2,5-bis-methoxy-phenyl)-3,7,11-trimethyl-dodeca-2,6,10-triene]、二十九烷(nonacosane)、邻苯二甲酸二丁酯(dibutyl phthalate)、3π-乙酸酯-9,19-环羊毛甾-24-烯-3-醇[3π-acetate-9,19-cyclolanost-24-en-3-ol]、(全-*E*)-2,2-二甲基-3-(3,7,12,16,20-五甲基-3,7,11,15,19-二十一碳五烯基)-环氧乙烷[(all-*E*)-2,2-dimethyl-3-(3,7,12,16,20-pentamethyl-3,7,11,15,19-、heneicosapentaenyl)-oxirane]、(*Z*)-甲酯-15-二十四碳烯酸[(*Z*)-15-tetracosenoicacid, methylester]、三十一烷(hentriacontane)、芸苔甾醇(campesterol)、豆甾醇(stigmasterol)、3π-4,4-二甲基-胆甾基-5-烯-3-醇(3π-4,4-dimethyl-cholest-5-en-3-ol)、胆甾基-4-烯-3-酮(cholest-4-en-3-one)和羊毛醇(lanosterol)等。其中主要香气成分是鲨鱼烯(squalene)等[1]。

感官特性　白花蛇舌草油具药香和花香，味甘。

应用情况　白花蛇舌草在临床上多用于治疗各类肿瘤，如原发性支气管癌、淋巴癌、卵巢子宫内膜样癌、肺癌、直肠癌、鼻咽癌、肝癌、食道癌、胃癌等肿瘤疾病的治疗，均具有一定的效果。

管理及参照标准　白花蛇舌草[*Oldenlandia diffusa* (willd.) Roxb.]的管理及参照标准见 Species Plantarum. Editio quarta 1: 566. 1797. (Sp. Pl.); Flora of China Editorial Committee. 2011. Flora of China。

参考文献

[1] 胡金芳，杨文文，杨帅，等. 正交试验优选白花蛇舌草超临界二氧化碳萃取条件及 GC-MS 分析[J]. 中国实验方剂学杂志，2013，19(5)：96-100.

八　角

别　　名　大茴香、大料、八角、五香八角、舶茴香、八角珠。

英文名称　Star Aniseed。

植物学名　*Illicium verum* Hook. f. 。

植物科属　木兰科　八角属。

品种来源 八角茴香 *Illicium verum* Hook. f. 的新鲜枝叶或成熟果实。

形态特征 八角，木兰科八角属，绿色乔木，株高约10～20m。灰红色树皮，生成裂纹；互生单叶，壮实叶柄，厚实叶片，呈椭圆状倒卵形至椭圆状倒披针形，全缘，花两性，单生于叶腋内，粉红色、深红色花瓣，心皮约9个，离生形，圆圈状排列，果梗壮实，放射星芒状果核，呈红褐色八角，红棕色或灰棕色扁卵形种子，带光泽。共2期花期，2～3月收春果，9～10月收秋果，秋果为收获果。

主要分布 原产我国广西南部和西南部，广西防城、玉林和德保等地区，为全国的主要产区。此外，云南，福建、浙江、广东等也有栽培生产。谅山(越南)也是八角茴香的集中生产区。

利用部位 果实种子或枝叶。

理化特性 八角茴油，是分别从果实和枝叶中用水蒸气蒸馏法提取。鲜果得率约为3.0%(干果：10%)，鲜枝叶得率为1.0%，是一种淡黄色或琥珀色的油状液体，低温时易成固体。

理化参数 果油和叶油的理化参数如下表所示。

表 八角精油理化参数

理化参数	果油	叶油
相对密度(20℃)	0.9771～0.9779	0.9773～0.9883
折射率(20℃)	1.5581～1.5590	1.5570～1.6581
凝固点	15.4℃～18.3℃	12.3℃～16℃
溶解点	1∶2于90%乙醇中	1∶2于90%乙醇中
含脑量(以大茴香脑计)	88.2%以上	70.2%～86%

香气成分 八角茴油的香气成分是：

反式–茴香脑(*trans*-anethole)、α-庚醇(α-heptanol)、1,8-桉叶素(1,8-cineole)、莰烯(camphene)、香桧烯(sabinene)、4-烯丙基-2,6-二甲氧基–苯酚(4-allyl-2,6-dimethoxy-phenol)、草蒿脑(estragole)、茴香醛(anisaldehyde)、α-蒎烯(α-pinene)、月桂烯(myrcene)、4-顺式–丙烯基茴香脑(4-*cis*-propenylanisole)、1-(3-甲基-2-丁烯氧基)-4-反式–丙烯基苯[1-(3-methyl-2-butenoxy)-4-(*E*)-1-propenyl-benzene]、β-蒎烯(β-pinene)、异乙酸庚酯、(isoheptylacetate)、β-水芹烯(β-phellandrene)、α-水芹烯(α-phellandrene)、对伞花烃(*p*-cymene)、α-侧柏烯(α-thujene)、龙脑(borneol)、反式–芳樟醇氧化物(*trans*-linalooloxide)、顺式–芳樟醇氧化物(*cis*-linalooloxide)、黄樟脑(safrole)、二甲基苯乙烯(dimethylstyrene)、异松油烯(ter-pinolene)、反式–松香芹醇(*trans*-pinocarvol)、桃金娘烯醇(myrtenol)、古巴烯(copaene)、甲基丁香酚(methyleugenol)、反式–石竹烯(*trans*-caryophyllene)、葎草烯(humulene)、肉豆蔻醚(myristicin)、α-依兰烯(α-muurolene)、δ-松油醇(δ-terpineol)、细辛脑(asarone)、γ-杜松烯(γ-cadinene)、β-反式-罗勒烯(β-*trans*-ocimene)、斯巴醇(spathulenol)、δ-杜松醇(δ-cadinol)、γ-桉叶醇(γ-eudesmol)、茴香醛(anisaldehyde)、β-桉叶醇(β-eudesmol)、α-杜松醇(α-cadinol)、香叶醇(geraniol)、芳樟醇(linalool)、β-石竹烯(β-caryophyllene)、松油醇(ter-pin-eol)、α-佛手柑油烯(α-bergamotene)、小茴香醇(fenchol)、δ-3-蒈烯(δ-3-carene)、环已烷(cyclohexane)、顺式-水合蒎烯(*cis*-pinenehydrate)、α-松油醇(α-terpineol)、反式-水合蒎烯(*trans*-pinenehydrate)、乙酸龙脑酯(bornylacetate)、乙酸香叶醇酯(geranylacetate)、榄香素(elemicin)、柠檬烯(limonene)、4,10-二甲基-7-异丙基双环[4.4.0]-1,4-癸二烯{4,10-dimethyl-7-iso-propyl-bicyclo-[4.4.0]-1,4-decadiene}、乙酸金合欢酯(farnesylacetate)、γ-杜松醇(γ-cadinol)、β-金合欢烯(β-farnesene)、4-反式-丙烯基茴香醚(4-*trans*-propenylanisole)、橙花叔醇(nerolidol)、α-古芸烯(α-gurjunene)、对甲基异丙基苯(*p*-methylisopropyl-benzene)、α-荜澄茄烯(α-cubebene)、β-荜澄茄烯(β-cubebene)、β-榄香烯(β-elemene)、异石竹烯(isocaryophyllene)、α-愈创木烯(α-guaiene)、β-红没药烯(β-bisabolene)、β-雪松烯(β-cedrene)和异香橙烯(isoaromadendrene)等，其中主要香气成分是反式-茴香脑(*trans*-anethole)[1-6]。

感官特性 八角茴油清而辛香的大茴香香气，味甜。

应用情况 八角茴油在香料工业上的主要用途是单离大茴香脑，制备大茴香醛、大茴香醇、大茴香酸及其酯等香料的初始原料。

作为食品香精、牙膏、牙粉和酒类、糖果、饮料的加香原料之一。

可用做畜禽饲料的加香剂，能促进畜禽进食，防治疯牛病、口蹄疫等疾病的发生，提高畜禽抗病、抗寒能力，也能提高产肉、产奶能力。以八角茴香油为主要原料研制开发的生物杀虫剂，具有低毒、对人畜危害低、效果佳等特点；八角茴香油也是无氰电镀的添加剂及涂料的天然助剂。

八角茴香果实也是惯用的调味辛香料之一，在医药方面有开胃下气、暖胃、暖肾驱寒等功效。

管理及参照标准 八角(*Illicium verum* Hook. f.)茴油的管理及参照标准见：FEAM 2095，2096；IOFI；RIFM；GB 2；COE 238；CAS 8007-70-3；FDA 182.10；ISO 3475-1974(E)；Nat 1；GRAS(I)等。

参 考 文 献

[1] 黄建梅，赵仁．大八角和小花八角果皮挥发油的气相色谱-质谱分析[J]．中国中药杂志，1996，21(11)：679-681.

[2] 黄建梅，唐恢天．短柱八角和假地枫皮果皮挥发油的气相色谱-质谱分析[J]．中国中药杂志，1996，21(10)：618-620.

[3] 刘绍华．广西岑溪产八角精油化学成分简报[J]．广西科学，1996，4(4)：57.

[4] 谢良，许时婴．GC/MS 分析八角茴香油[J]．中国油脂，1997，22(5)：43-45.

[5] 李寿芬，刘绍华．岑溪优质八角精细的化学成分[J]．广西植物，2000，20(1)：69-70.

[6] 黄相中，古昆，李聪，等．云南富宁八角茴香茎和叶挥发油化学成分研究[J]．云南化工，2002，29(6)：17-18.

草 莓

别　　名　欧洲草莓、瓢儿。

英文名称　Strawberry。

植物学名　*Fragaria vesca* L.。

植物科属　蔷薇科　草莓属。

品种来源　草莓　*Fragaria vesca* L. 鲜果。

形态特征　草莓是蔷薇科草莓属多年生草本植物。株高约20cm，茂密的根状茎，长根生叶，柔毛茎被展开，稀脱落。稀羽状5小叶，无柄叶或顶端叶长短柄；倒卵圆形或椭圆形叶片，长约5cm，宽约4cm，顶端圆钝，有宽楔形顶生小叶，楔形侧生小叶，锯齿状边缘，锯齿圆钝或急尖，深绿色叶面，疏被短柔毛，绿色叶背，被短柔毛，叶柄长约15cm，柔毛疏被展开，稀脱落。倒卵形聚伞状花序，花朵约4，白色花瓣，基部具短爪；雄蕊约20枚；长不等；多数为雌蕊，卵球状红果，多浆，表面脉纹不明著。每年5~6月开花，8~9月结果。

主要分布　草莓分布于我国吉林、广东、陕西、四川、云南、甘肃、新疆、贵州、广西、湖南、四川、湖北等地区。

利用部位　草莓浆果。

香气成分　草莓香气成分是：

乙酸乙酯(acetic acid，ethyl ester)、2-甲基丁酸乙酯(butanoic acid，2-methyl，ethyl este)、2-甲基丁酸甲酯(butanoic acid，2-methyl，methyl ester)、呋喃(furans)、丁酸乙酯(butanoic acid，ethyl ester)、己酸乙酯(hexanoic acid，ethyl ester)、(*Z*)-3-己烯-1-醇[3-hexen-1-ol，(*Z*)]、3-甲基-2-丁烯-1-醇乙酸酯(2-buten-1-ol，3-methyl-，acetate)、(*Z*)-3-己烯-1-醇乙酸酯[3-hexen-1-ol，acetate，(*Z*)]、(*E*)-3-己烯-1-醇乙酸酯[3-hexen-1-olacetate，(*E*)]、乙酸桃金娘烯醇酯(myrtenyl acetate)、3-甲基丁酸乙酯(butanoic acid，3-methyl，ethyl ester)、丙酮(acetone)、4-甲基-2-己酮(2-hexanone，4-methyl)、2-戊酮(2-pentanone)、2-庚酮(2-heptanone)、甲基壬基甲酮(2-undecanon)、1-戊醇(1-pentanaol)、2-庚醇(2-heptanol)、丙酸乙酯(propanoic acid，ethyl ester)、1-己醇(1-hexanol)、乙醇(ethanol)、(*E*)-2-己烯-1-醇[2-hexen-1-ol，(*E*)]、6,6-二甲基二环[3,1,1]庚烷-2-烯-2-甲醇{bicyclo[3,1,1]heptane-2-methanol，6,6-dimethyl-}、乙酸丁酯(scetic acid，butyl ester)、6,6-二甲基二环[3,1,1]庚-2-烯-2-甲醇{bicyclo[3,1,1]hept-2-ene-2-methanol，6,6-dimethyl-}、己醛(hexanal)、二环[3,3,0]辛-2-烯-4β，6β-碳内酯{bicyclo[3,3,0]oct-2-ene-4β，6β-carbolactone}、(*E*)-2-己烯醛[2-hexenal，(*E*)]、4-甲氧基-2,5-二甲基-3(2*H*)-呋喃酮[3(2*H*)-furanone，4-methoxy-2,5-dimethyl]、芳樟醇(linalool)、丁酸(butanoic acid)、乙酸己酯(acetic acid，hexyl ester)、2-甲基–丁酸(butanoic acid，2-methyl)和己酸(hexanoic acid)等。其中主要香气成分为乙酸乙酯(acetic acid，ethyl ester)、己酸乙酯(hexanoic acid，ethyl ester)、(*E*)-3-己烯-1-醇乙酸酯[3-hexen-1-ol，acetate，(*E*)]、丁酸

乙酯(butanoic acid, ethyl ester)、乙酸桃金娘烯醇酯(myrtenyl acetate)、2-甲基丁酸乙酯(butanoic acid, 2-methyl, ethyl este)、丙酮(acetone)、芳樟醇(linalool)、2-戊酮(2-pentanone)、2-庚酮(2-heptanone)和丁酸(butanoic acid)等[1,2]。

感官特性 草莓具有丰富的酸甜香酯。

应用情况 草莓汁用于配制糖浆、冰制品、糖果和巧克力等食品的配方。鲜草莓可作浆果食用。

管理及参照标准 草莓(*Fragaria vesca* L.)管理及参照标准参见: Nat1 和 IOFI 等。

参考文献

[1] 赵密珍, 生静雅, 袁骥, 等. 自然五倍体野生草莓果实风味物质分析[J]. 园艺学报, 2010, 37(4): 613-618.
[2] 张运涛, 王桂霞, 董静, 等. 草莓5个品种的果实香味成分分析[J]. 园艺学报, 2008, 35(3): 433-437.

灵香草

别　　名 零陵香、广零陵香、驱蛔虫药、薰香、广灵香、蕙草。

英文名称 Strong fragrant Loosestrife。

植物学名 *Lysimachia foenum-graecum* Hance。

植物科属 报春花科　珍珠菜属。

品种来源 报春花科植物灵香草 *Lysimachia foenum-graecum* Hance 的全草。

形态特征 灵香草,报春花科珍珠菜属,多年生草本植物。直立茎、底部匍匐生长,光滑无毛,具棱和薄翅。互生单叶,叶片较薄,呈椭圆形,卵形或卵状披针形。初夏开圆形黄色花,单生于叶腋,膜质花瓣。淡黄色球形蒴果。棕色小腺点长于叶与茎的表面。作为香料植物的还有细梗香草 *L. wilsoni* Hemsl.,均为一年生草本。

主要分布 灵香草主要分布在我国四川、广西、贵州等地以及湖南西南部、云南东南部、广东北部等地区。

利用部位 地上植株部分。

理化特性 灵香草干燥的植株用浸提法提取酊剂和浸膏,浸膏得率约为13%,膏体呈棕黑色,挥发油呈淡黄色挥发油。

灵香草精油理化参数如下表所示。

表　灵香草精油理化参数

理化参数	灵香草油
颜色	淡黄色液体
相对密度(25℃)	0.919
旋光度(25℃)	−18°60′

续表

理化参数	灵香草油
酸值	26.66～30.12
酯值	85.31～92.65
溶解度	1∶5 溶于 70% 乙醇

香气成分 灵香草精油的香气成分是：

亚油酸(linoleic acid)、亚麻酸甲酯(methyl linolenate)、3-甲基-1-茚酮(3-methyl-1-indanone)、3-甲基-1,2-环戊酮(3-methyl-1,2-cyclopentanedione)、2-甲基-苯酚(2-methyl-phenol)、*N*-甲基-2-吡咯酮(*N*-methyl-2-pyrrolidinone)、2-甲基-3-丁烯-2-醇(2-methyl-3-buten-2-ol)、2-乙酰吡咯(2-acetylpyrrole)、异丙氰酸(isopropyl cyanate)、苯乙醇(phenyl ethanol)、2,4-二甲基苯酚(2,4-dimethylphenol)、3,5-二甲基苯酚(3,5-dimethylphenol)、龙脑(borneol) 甲氧甲酚(creosol)、二甲基香豆灵(mesitene lactone)、苯酚(phenol)、2,3-二甲基琥珀酰亚胺(2,3-dimethylsuccinimide)、3-乙基-5-甲基-苯酚(3-ethyl-5-methyl-phenol)、4-乙基-2-甲基-苯酚(4-ethyl-2-methyl-phenol)、2,3-二氢-1-茚酮(2,3-dihydro-1-indanone)、2-羟基-5-甲基-苯乙酮(2-hydroxy-5-methyl-acetophenone)、戊二酸二丁酯(dibutyl dimethyl glutarate)、2,6-二甲氧基-苯酚(2,6-dimethoxy-phenol)、丁香酚(eugenol)、2-甲氧基-4-丙基-苯酚(2-methoxy-4-propyl-phenol)、3,4,5-三甲氧基甲苯(3,4,5-trimethoxy-toluene)、香草醛(vanillin)、2-甲基对苯二甲醛(2-methylterephthaldehyde)、邻甲氧基苯酚(*o*-methoxyphenol)、3-乙酰基-6-甲基-2,4-二氢吡喃-2,4-二酮(3-acetyl-6-methyl-2,4-dihydropyran-2,4-dione)、9-十六碳烯酸(9-hexadecenoic acid)、邻苯二甲酸二丁酯(dibutyl phthalate)、异丁香酚(isoeugenol)、乙酰香兰酮(acetovanillone)、2,6-二羟基-4-甲氧基苯乙酮(2,6-dihydroxy-4-methoxyacetophenone)、二苯呋喃(dibenzofuran)、愈创木丙酮(guaiacylacetone)、二氢猕猴桃内酯(dihydroactinidiolide)、植醇(phytol)、2-萘甲醇(2-naphthalenemethanol)、甲氧基丁香酚(methoxyleugenol)、高香草酸(homovanillic acid)、亚联苯(biphenylene)、丁香醛(syringaldehyde)、3,4,5-三甲基苯乙酮(3,4,5-trimethyl acetophenone)、芴酮(fluorenone)、3,4,5-三甲氧基-苯甲醚(3,4,5-trimethoxy-anisole)、芳樟醇(1inalool)、1-(2,4,6-三羟基-3-甲苯)-1-丁酮[1-(2,4,6-trihydroxy-3-toluene)-1-butanone]、菲(phenanthrene)、六氢法尼基丙酮(hexahydrofarnesyl acetone)、1,4-二氢-1,4-乙烯蒽(1,4-dihydro-1,4-vinylanthraquinone)、咕吨酮(xanthenone)、1-甲苯菲(1-toluene phenanthrene)、10-十一烯醇-1-乙酸酯(10-undecenyl-1-acetate)、周萘酮(perinaphthenone)、2-苯萘(2-benzen-naphthalene)、9,10-蒽醌(9,10-anthraquinone)、乙酰丁香酮(acetosyringone)、十六酸乙酯(ethyl palmitate)、亚油酸甲酯(methyl linoleate)、补骨脂素(psoralen)、芘(pyrene)、亚油酸乙酯(ethyl linoleate)、邻苯二甲酸二乙酯(diethyl phthalate)、亚油酸(linoleic acid)、角鲨烯(squalene)、二酞酸酯

（PAES）、铃兰醛（lilialilestralis）、2-羟基-2，4，6-环庚三烯-1-酮（2-hydroxy-2，4，6-cycloheptatrien-1-one）、氨苯噻唑（amiphenazole）、二氢茉莉酮酸甲酯（methyl dihydrojasmonate）、磷酸三丁酯（tributyl phosphate）、苯甲醇（benzenemethanol）、己二酸双（2-甲基丙基）-酯［bis（2-methylpropyl）-hexanedioate］、四氢-1*H*-1，3a-乙醇并戊二烯-4（5*H*）-酮［tetrahydro-1*H*-1，3a-ethanopentadien-4（5*H*）-one］、1，6-二甲基-4-（1-甲基乙基）-萘［1，6-dimethyl-4-（1-methylethyl）-naphthalene］、3，3，8，8-四甲基－三环［5. 1. 0. 02. 4］辛-5-烯-5-丙酸｛3，3，8，8-tetramethyl-tricyclo［5. 1. 0. 02. 4］oct-5-ene-5-propanoic acid｝、4-羟基-3-甲氧基–苯甲酸甲酯（4-hydroxy-3-methoxy-methyl benzoate）、2-（苯亚甲基）-辛醛［2-（phenylmethylene）-octanal］、肉豆蔻异丙酯（isopropylmyristate）、6，10，14-三甲基-2-十五烷酮（6，10，14-trimethyl-2-pentadecanone）、4-羟基苯甲酸苄酯（benzyl 4-hydroxubenzoate）、胆甾烯（cholestenol）、邻苯二甲酸丁辛酯（butyl octyl phthalate）、十七酸（heptadecanoic acid）、9，12-十六碳二烯酸甲酯（9，12-methyl hexadecadienoate）、十七酸乙酯（ethyl heptadecanoate）、9，12，15-十八碳三烯酸乙酯（9，12，15-ethyl octadecatrienoate）、10-（2-已基环丙烯基）-癸酸［10-（2-hexylcyclopropyl）-decanoic acid］和2，4′-双（1-苯乙基）-苯酚［2，4′-bis（1-phenylethyl）-phenol］等[1-3]。

感官特性　灵香草精油味甘，具有辛香料特有的香气，透发性强。

应用情况　①药用原料：用于治疗感冒、头疼、咽喉肿痛等，可驱蛔虫；②全草在医药中有驱虫、清热、行气、止痛等作用。

参考文献

［1］龚复俊，王有为．广西灵香草挥发油化学成分［J］．植物资源与环境学报，2004，13（3）：59-61.

［2］袁萍，袁晓．灵香草净油化学成分分析及杀虫活性组分的应用研究［J］．武汉植物学研究，2007，25（4）：417-420.

［3］朱凯，毛连山，朱新宝．超临界 CO_2 萃取灵香草精油及其化学成分研究［J］．精细化工，2005，22（9）：681-684.

甜罗勒

别　　名　矮糠、兰香、九层塔、金不换、罗勒、香荆芥、蒿里、香草、零陵香、光明子、省头草、香佩兰。

英文名称　Sweet Basil。

植物学名　*Ocimum basilicum* L.。

植物科属　唇形科　罗勒属。

品种来源　甜罗勒 *Ocimum basilicum* L. 的叶和花。

形态特征　甜罗勒是唇形科罗勒属一年生草本植物，株高约 60 ~ 70cm，四棱形茎，绿色或紫色植株。叶对生，呈卵形，长约 7cm，全缘或有锯齿，灰绿色长叶柄，有油胞点。微红色或白色小花，在顶生的穗状轮散花序上，也间隔生长着总状花，约8个花轮生。种子为黑色卵圆形小坚果。

主要分布 甜罗勒主要分布亚洲、太平洋群岛、欧洲和北非等地区，我国的海南、广西、四川、广东、湖南、贵州等地区有引种。

利用部位 甜罗勒的叶和花。

理化特性 甜罗勒精油用水蒸气蒸馏叶和花获得率约0.5%的精油，该精油是一种浅黄色的油状液体。

理化参数 甜罗勒精油理化参数如下表所示。

表 甜罗勒精油理化参数

理化参数	甜罗勒精油
相对密度(20℃)	0.894～0.926
折光指数(20℃)	1.4731～1.4911
旋光度(20℃)	-7°32′～-14°54′
酸值	12
溶解度	1∶4于80%乙醇中

香气成分 甜罗勒精油的香气成分是：

β-蒎烯(β-pinene)、1,8-桉叶油素(1,8-cineole)、α-愈创木烯(α-guaiene)、反式-氧化芳樟醇(*trans*-linalool oxide)、芳樟醇(linalool)、α-松油醇(α-terpieol)、香叶醇(geraniol)、3-烯丙基-6-甲氧基苯酚(3-allyl-6-methoxyphenol)、反式-氧化芳樟醇(*trans*-linalool oxide)、胡椒烯(copaene)、β-波旁烯(β-bourbonene)、β-石竹烯(β-caryophyllene)、α-香柠檬烯(α-bergamotene)、β-榄香烯(β-elemene)、α-石竹烯(α-caryophyllene)、(+)表-双环倍半水芹烯[(+)-epi-bicycle sesquiphellan-drene]、丁香酚甲醚(eugenol methyl ether)、β-荜澄茄烯(β-cubebene)、荜澄茄油烯醇(cubenol)、δ-愈创木烯(δ-guaiene)、γ-杜松烯(γ-cadinene)、斯巴醇(spathulenol)、(+)表-双环倍半水芹烯[(+)-epi-bicyclosesquiphellandrene]、杜松脑(juniper camphor)、棕榈酸乙酯(ethyl palmitate)、菖烯(calamenene)、反式植醇(*trans*-phytol)、亚油酸乙酯(ethyl linoleate)、亚麻酸乙酯(linolenic acid, ethyl ester)和植醇(phytol)等，其中主要香气成分为芳樟醇(linalool)、1,8-桉叶油素(1,8-cineole)和α-香柠檬烯(α-bergamotene)等[1-5]。

感官特性 甜罗勒精油具有强烈清凉的辛香，香气柔甜，带有花香香气，留香持久。

应用情况 甜罗勒精油是日用香精的主要香原料之一。

管理及参照标准 甜罗勒[*Ocimum basilicum* L.]精油的管理及参照标准参见：FDA 182.10，182.20；COE 308；Nat 1；FEMA 2118，2119，2120；IOFI；CAS 8015-73-4；RIFM；GB 2；FCC Ⅲ和EOA 120等。

参考文献

[1] 李建文，陈贵林，何洪巨．GC-MS法测定罗勒中芳香成分[J]．现代仪器，2003(2)：

19-20.
[2] 兰瑞芳，冯珊. 闽产罗勒油化学成分的研究[J]. 海峡药学，2001，13(1)：51-52.
[3] 何道航，庞义，李广宏，等. 粤产紫罗勒精油的化学成分研究[J]. 广西植物，2005，25(1)：90-92.
[4] 胡西旦·格拉吉丁. 气相色谱–质谱法分析罗勒中挥发油的化学成分[J]. 光谱实验室，2008，25(2)：127-131.
[5] 卢汝梅，李耀华. 桂产罗勒挥发油化学成分的分析[J]. 广西植物，2006，26(4)：456-458.

桂 花

别　　名 木犀、九里香。
英文名称 Sweet Seented Osmanthus。
植物学名 *Osmanthus fragrans*(Thunb.) Lour. 。
植物科属 木樨科 木樨属。
品种来源 桂花 *Osmanthus fragrans*(Thunb.) Lour. 的花朵。
形态特征 桂花，木樨科木樨属，绿色乔木或灌木植物，高约 6 ~ 8m；灰褐色树皮。棕褐色小枝，光滑无毛。长椭圆状披针形革质叶，长约 10cm，宽约 3cm，先端急尖，基部呈小钻形或大钻形，全缘或上半部具锯齿状，正、背面无毛，有连成小水泡状突起腺点，正面凹入中脉，背面凸起，侧脉约 9 对，在正面凹入，背面凸起；具叶柄，长约 1cm，光滑无毛。聚伞花序簇长于叶腋，众花腋生；宽卵形苞片，质厚实，具尖头，无毛，长约 3mm；短细花梗，长约 7mm，光滑无毛；香味足；花萼长约 1mm，裂片不齐；花冠显乳白色、淡黄色、黄色要、橙黄色或丹红色，长约 3mm，花冠管长约 0.6mm；雄蕊长于花冠管中部，短花丝，长约 0.4mm，花药长约 0.8mm；雌蕊长约 1.2mm，花柱长约 0.6mm。黑紫色椭圆状斜果，长约 0.9cm。花期约 10 ~ 11 月，次年 3 ~ 5 月结果。
主要分布 分布在广西、安徽、广东、江苏、福建、浙江和江西等地区。
利用部位 花朵。
理化特性 通过水蒸气蒸馏法从花朵中蒸得淡黄色液体。
香气成分 桂花精油的香气成分为：

芳樟醇氧化物(linalool oxide)、3-甲基-5-己烯-1-醇(3-methyl-5-hexylen-1-ol)、3,7-二甲基-2,6-辛二烯-1-醇(3,7-dimethyl-2,6-octadien-1-ol)、2-(4-甲氧基苯基)-乙醇[2-(4-methoxyphenyl)-ethanol]、3-甲基-2-丁醇(3-methyl-2-butanol)、邻苯二甲酸二乙酯(diethyl phthalate)、邻苯二甲酸二异丁酯(diisobutyl phthalate)、2,6-二甲基-3,7-辛二烯-2,6-二醇(2,6-dimethyl-3,7-octadien-2,6-diol)、邻苯二甲酸单(2-乙基已基)-酯(mono-ethylhexyl-phthalate)、苯甲醇(phenylmethanol)、苯乙醛(phenyl acetaldehyde)、巨豆-5,7-二烯-9-羟基-4-酮(megastigma-5,7-dien-9-hydroxy-4-one)、辛酸乙酯(ethyl caprylate)、对羟基苯乙醇(4-hydroxyphenylethanol)、黄樟脑(safrole)、反式–桂皮酸甲酯(*trans*-methyl cinnamate)、间甲氧基苯乙醇(*m*-methoxy phenylethanol)、苯乙醇(phenylethanol)、

癸酸乙酯(ethyl caprate)、十氢萘(decahydronaphthalene)、石竹烯(caryophyllene)、3,8,8-三甲基-6-亚甲基-1*H*-3α,7-亚甲基八氢薁-5-醇(3,8,8-trimethyl-6-methylene-1*H*-3α,7-methylene-octahydroazmulene-5-ol)、喇叭烷(ledane)、1,2-二甲氧基-4-丙烯基苯(1,2-dimethoxyl-4-propenyl-benzene)、异薄荷酮(isomenthone)、顺式-十氢化萘(*cis*-decahydronaphthalene)、榄香素(elemicin)、α-松油醇(α-terpineol)、香叶醇(geraniol)、巨豆-4,7-二烯-9-醇(megastigma-4,7-dien-9-ol)、3,7-二甲基-1,5,7-辛三烯-1-醇(3,7-dimethyl-1,5,7-octatrien-l-ol)、二氢-β-紫罗兰酮(dihydro-β-ionone)、橙花叔醇(nerolidol)、3-己烯丁酸酯(3-hexenyl butanoate)、1-十一烯(1-undecene)、6-甲基-5-庚烯-2-酮(6-methyl-5-hepten-2-one)、3-己烯-1-乙酸酯(3-hexenyl-1-acetate)、壬酸(nonancic acid)、十三烷(tridecane)、巨豆-4,7-二烯-9-羟基-3-酮(megastigma-4,7-dien-9-hydroxy-3-one)、壬醛(nonanal)、巨豆-5-烯-7-氧杂-2-酮(megastigma-5-en-7-oxo-2-one)、巨豆-5-烯-9-羟基-4-酮(megastigma-5-en-9-hydroxy-4-one)、十四烷(tetradecane)、肉豆蔻酸(myristic acid)、α-雪松烯(α-cedrene)、硬脂酸(stearic acid)、α-紫罗兰酮(α-ionone)、β-紫罗兰酮(β-ionone)、二氢-β-紫罗兰酮异构体(dihydro-β-ionone isomer)、四氢-β-紫罗兰酮异构体(tetrahydro-β-ionone isomer)、二十碳三烯酸甲酯(methyl eicosatrienoate)、4,8-二甲基十一烷(4,8-dimethyl undecane)、4,4,7α-三甲基-5,6,7,7α-四氢-2(4*H*)萘-苯并呋喃酮[4,4,7α-trimethyl-5,6,7,7α-tetrhydro-2(4*H*) naphthalene-benzofuranone]、反式-十氢化萘(*trans*-decahydronaphthalene)、榧素(dendrolasin)、十六烷(hexadecane)、棕榈酸(palmitic acid)、雪松醇(cedrol)、2,6-二甲基十一烷(2,6-dimethyl undecane)、2,6-二甲基十五烷(2,6-dimethyl pendecane)、2,4,4-三甲基-3,3-氧化丁烯基-2-环己烯-1-酮(2,4,4-trimethyl-3,3-butenyloxide-2-cyclohexen-1-one)、4-羟基-β-紫罗兰酮(4-hydrox-β-ionone)、十七烷(heptadecane)、、β-紫罗兰酮异构体(β-ionone isomer)、2,6,10,14-四甲基十五烷(2,6,10,14-tetramethyl pentadecane)、十六醇(hexadecanol)、十八烷(octadecane)、2,4,6,10-四甲基十五烷(2,4,6,10-tetramethyl pentadecane)、甲基十五烷(methyl pentadecane)、6,10,14-三甲基-*Z*-十五烷酮(6,10,14-trimethyl-*Z*-pentadecanone)、2,6-二甲基十七烷(2,6-dimethyl heptadecane)、十九烷(nonadecane)、棕榈酸甲酯(methyl hexadecanoate)、反式-2,6-二甲基-1,5,6-辛三烯-3-醇(*trans*-2,6-dimethyl-1,5,6-octatrien-1-ol)、2,6-二甲基十六烷(2,6-dimethyl-hexadecane)、9-辛基十七烷(9-octylheptadecane)、邻苯二甲酸二丁酯(dibutyl phthalate)、二十烷(eicosane)、1-乙氧基十八烷(1-ethoxyl-octadecane)、十二烷(dodecane)、棕榈酸乙酯(ethyl palmitate)、六氢法泥基丙酮(hexahydro farnesylacetone)、十八碳醛(octadecanal)、十七碳三烯酸乙酯(9,12,15-ethyl octadecatrienoate)、亚油酸乙酯(ethyl linoleate)、5-己基二氢-2(3*H*)-呋喃酮-癸内酯[5-hexyldihydro-2(3*H*)-furanon-decanlactone]、3-(3-羟基丁基)-2,4,4-三甲基-2-环己烯-1-酮[3-(3-hydroxybutyl)-2,4,4-trimethyl-2-cyclohexen-1-one]、9,12,15-十八碳三烯-1-醇(9,12,15-octadecatrien-1-ol)、二苯并呋喃(dibenzofuran)、4-(3-羟基-1-丁烯基)-3,5,5-三甲基-2-环己烯-1-酮[4-(3-

hydroxy-1-butenyl)-3,5,5-trimethyl-2-cyclohexen-1-one]、四氢紫罗兰酮(tetrahydro ionone)等，其中主要香气成分为芳樟醇(linalool)、紫罗兰酮(ionone)和γ-癸内酯(γ-decalactone)等[1-4]。

感官特性 桂花精油具蜜甜花香，香气浓郁，留香持久。

应用情况 广泛应用于饮料、食品、糖果、酒类、化妆品的加香。

管理及参照标准 桂花[*Osmanthus fragrans*(Thunb.) Lour.]油的管理及标准参见：FEMA 3750；IOFI；Nat 1；CAS 68917-05-5 等。

参考文献

[1] 刘虹，何正洪．超临界二氧化碳萃取桂花净油化学成分的研究[J]．广西林业科学，1996，25(3)：127-131.
[2] 丁成斌，熊光同，王强．贵州桂花净油的成分研究[J]．贵州科学，1993，11(3)：40-45.
[3] 巫华美，陈训，何香银，等．贵州桂花净油的化学成分[J]．云南植物研究，1997，19(2)：113-116.
[4] 徐继明，吕金顺．桂花精油化学成分研究[J]．分析试验室，2007，26(1)：37-41.

川芎

别　　名 生川军。

英文名称 Szechwan Lovage Rhizome。

植物学名 *Ligusticum chuanxiong* Hort.。

植物科属 伞形科　藁本属。

品种来源 川芎(*Ligusticum chuanxiong* Hort.)的根茎。

形态特征 川芎，伞形科藁本属，是多年生草本植物，高约50～60cm。根茎较发达，有不规则的结节状团块状，有浓郁的甜香气。直立茎，圆柱形，纵条纹状，上部多分枝，下部有膨大呈盘状茎节(苓子)。茎下叶含叶柄，柄长约10cm，基部扩大成鞘形状；三角形卵状叶片，长约15cm，宽约12cm，披针形卵状羽片约4对，长约6cm，宽约6cm，末回裂片线状披针形或长卵形状，长约5mm，宽约2mm，小尖头形；茎上叶较疏。伞形花序顶生或侧生；约为6片线形状总苞片，长约2.5cm；伞辐约为20，不等长，长约为4cm，内侧较粗糙；线形状小总苞约为8片，长约5mm，粗糙；萼齿不发育；白色倒卵形或似心形花瓣，长约2mm，内折小尖头；圆锥状花柱基，花柱为2，长约3mm，反曲向下。幼果两侧挤压，长约3mm，宽约1mm；背棱槽内油管约为3，侧棱槽内油管约为3，合生面油管约为8。花期约为8～9月，10～11月为幼果期。

主要分布 主要分布四川、云南、湖南、贵州、湖北、江西、广西、浙江、陕西、江苏、甘肃等地。

利用部位 干根茎。

理化特性 通过水蒸气蒸馏法从干根中蒸得无色至淡黄色液体，得率约为1%。

香气成分 川芎精油的香气成分为：

藁本内酯(Z-ligustilide)、1,1-二甲氧基-2-甲基丙烷(1,1-dimethoxy-2-methylpropane)、左旋石荠苧烯[(-)-orthodene]、δ-松油烯(δ-terpinene)、β-水芹烯(β-phellandrene)、β-蒎烯(β-pinene)、α-乙基-2-己烯醛(α-ethyl-2-hexenal)、α-侧柏烯(α-thujene)、4-蒈烯(4-carene)、3-乙基-4-甲基-戊醇(3-ethyl-4-methylpentanol)、2,2-二甲氧基丙烷(2,2-dimethoxypropane)、对伞花烃(p-cymene)、(E)-藁本内酯[(E)-ligustilide]、7-松油烯(7-terpinene)、β-芳樟醇(β-linalool)、顺式-2-对-薄荷烯-1-醇(cis-2-p-menthen-1-ol)、松油醇-4(terpineol-4)、橙花醇乙酯(nerol acetate)、对伞花-8-醇(p-cymen-8-ol)、α-松油醇(α-terpineol)、黄樟脑(safrole)、对乙烯基愈创木酚(p-vinylguaiacol)、γ-榄香烯(γ-elemene)、α-水芹烯(α-phellandrene)、1,3-环已二烯-1,2-二甲酸酐(1,3-cyclohexadien-1,2-dicarboxylicanhydride)、对丁香酚(p-eugenol)、正苯戊酮(n-valerophenone)、反式-2-对薄荷烯-1-醇(trans-2-p-menthen-1-ol)、间苯二酚单苯甲酸酯(resorcinol monobenzoate)、3-癸烯-2-醇(3-decen-2-ol)、β-榄香烯(β-elemene)、甲基丁香酚(methyl eugenol)、荜澄茄烯(cubebene)、白菖烯(calarene)、α-柠檬烯(α-limonene)、环癸烯(cyclodecene)、α-金合欢烯(α-farnesene)、(-)-β-芹子烯[(-)-β-selinene]、苯乙烯(styrene)、γ-古芸烯(γ-gurjunene)、斯巴醇(spathulenol)、6-丁基-1,4-环庚二烯(6-butyl-1,4-cycloheptadiene)、左旋蓝桉醇[(-)-globulol]、1-双环[4.1.0]庚烷-1-戊酮{1-bicyclo[4.1.0]hept-1-pentanone}、8β-H-雪松烷-8-醇(8β-H-cedran-8-ol)、4,5-二氢-3,1′-二羟基-3-戊基苯酞(4,5-dihydro-3,1′-dihydroxy-3-pentylphthalide)、2,2′,4′-三甲基-1-苯基丙酮(2,2′,4′-trimethyl-1-propiophenone)、正丁烯基苯酞(butylidenephthalide)、川芎酚(chuanxingol)、4,5-二氢-3β-丁基苯酞(4,5-dihydro-3β-butylphthalide)、β-侧柏烯(β-thujene)、4,5-二氢-3α-丁基苯酞(4,5-dihydro-3α-butylphthalide)、3,1′-二羟基-3-丁基苯酞(3,1′-dihydroxy-3-butylphthalide)、八氢-3-甲基-1H-2-苯骈吡喃(octahydro-3-methyl-1H-2-benzopyran)、十六醇(hexadecanol)、棕榈酸(palmitic acid)、棕榈酸乙酯(ethyl hexadecanoate)、4,5-二氢-3,1′-二羟基-3-丁基苯酞(4,5-dihydro-3,1′-dihydroxy-3-butylphthalide)、亚油酸(linoleic acid)、油酸(oleic acid)、亚油酸乙酯(ethyl linoleate)、油酸乙酯(ethyl oleate)、3-环已烯-1-醇(3-cyclohexen-1-ol)、β-香桧烯(β-sabinene)、3-丁叉苯酞(3-butylidene phthalide)、棕榈酸甲酯(methyl hexadecanoate)、二氢藁本内酯(dihydroligustilide)、α-蒎烯(α-pinene)、反式-β-罗勒烯(trans-β-ocimene)、戊基苯(pentyl-benzene)、α-香桧烯(α-sabinene)、香芹薄荷醇(carvomenthenol)、丙酸芳樟酯(linalyl propionate)、十五烷(pentadecane)、吉玛烯(germacrene)、β-芹子烯(β-selinene)、α-芹子烯(α-selinene)、β-金合欢烯(β-farnesene)、双环吉玛烯(bicyclogermacrene)、蓝桉醇(globulol)、α-雪松醇(α-cedrol)、双藁本内酯(2,2′-diligustilide)，含氮化合物有四甲基吡嗪(tetramethylpyrazine)、川芎嗪(chuanxiongzine)、perlolyrine、丁烯酞内酯(butylidene phthalide)、川芎内酯(sankyunolide)、新蛇床内酯(neocnidilide)、大黄酸(chrysophic acid)、4-羟基-3-

丁酞内酯(4-hydroxy-3-butyl phthalide)、盐酸L-异亮氨酰-L-缬氨酸酐(L-isobutyl-L-valine anhydride)、瑟丹酸(sadanic acid)、阿魏酸(ferulic acid)、5,5′-联呋喃甲酰醚(bis-5,5′-formylfurfuryl ether)、匙叶桉油烯醇(spathulenol)等，其中主要香气成分为藁本内酯(*Z*-ligustilide)[1,2]。

感官特性　川芎精油具有浓郁厚实的药甜香，渗透力强，留香持久。

应用情况　目前，川芎在止痛、活血化瘀、治疗心脑血管疾病方面的治疗研究具有较好成效，值得进一步挖掘，具有很好的开发应用价值。除药用外，川芎在食品、化妆品、日用品及添加剂等方面的开发中也有广泛的应用价值。

参考文献

[1] 吴琦，杨秀伟. 国家中药材GAP基地产川芎挥发油化学成分的GC-MS分析[J]. 中国中药杂志，2008，33(3)：276-280.

[2] 谢静，张浩，易涛，等. 高效液相和气质联用色谱法检测不同方法提取川芎挥发油的化学成分[J]. 中国医院药学杂志，2008，28(6)：418-421.

万寿菊

别　　名　蜂窝菊、金盏菊、臭菊花、臭芙蓉、芙蓉花。

英文名称　Tagetes。

植物学名　*Tagetes erecta* L.。

植物科属　菊科　万寿菊属。

品种来源　万寿菊 *Tagetes erecta* L. 的叶和茎。

形态特征　万寿菊，是菊科万寿菊属一年生草本植物，株高约80～90cm，直立茎、较粗壮、绿色。羽状单叶，全裂对生、含锯齿状或披针形裂片，裂片边缘具油腺，上部有锯齿状互生叶，枝顶头状花序，深黄或橙色花，形状较大，花径约为10cm，舌状花瓣，总花梗壮大，每年9月开花，长花期。淡黄色黑色瘦果。

主要分布　万寿菊原产墨西哥，在我国各地都有人栽培用于观赏。喜光、耐寒、耐旱，还可生长在海拔一千多米的地区，常长在路边草地。

利用部位　万寿菊的叶和茎。

理化特性　万寿菊精油用水蒸气蒸馏叶和茎获精油，得率约0.4%的精油，该精油是一种深红黄色的油状液体。

香气成分　万寿菊精油的香气成分是：

4-辛醇(4-octanol)、6-甲基-1-庚醇(1-heptanol, 6-methyl-)、3-甲基戊醛(pentanal, 3-methyl-)、(*E*)-2-己烯-1-醇[2-hexen-1-ol, (*E*)]、2-甲基-4-庚醇(4-heptanol, 2-methyl-)、2,4-己二烯-1-醇(2,4-hexadien-1-ol)、1-壬烯(1-nonene)、4-茶香酮(4-oxoisophorone)、壬烷(nonane)、庚醛(heptanal)、3-甲基己醛(hexanal, 3-methyl-)、4-蒈烯(4-carene)、侧柏烯(thujene)、叶醇(3-hexen-1-ol)、α-蒎烯(α-pinene)、(*Z*)-3-十二烯[3-dodecene, (*Z*)-]、莰烯

(camphene)、桧烯(sabinen)、β-蒎烯(β-pinene)、香芹醇(carveol)、1-辛烯-3-醇(1-octen-3-ol)、正己基丙烯酸酯(*n*-hexyl acrylate)、月桂烯(myraene)、3-蒈烯(3-carene)、2-十一醛(2-undecenal)、辛醛(octanal)、顺-乙酸-3-己烯-1-醇酯(*cis*-3-hexenyl acetate)、法尼烯(farnesene)、2-蒈烯(2-carene)、柠檬烯(D-limonene)、1-己醇(1-hexanol)、反-罗勒烯(*trans*-ocimene)、波旁烯(bourbonene)、罗勒烯(ocimene)、紫丁香醇(lilacalcohol)、马鞭烯醇(berbenol)、萜品油烯(terpinolene)、氧化芳樟醇(linalool oxide)、4,6-癸二炔(4,6-decadiyne)、芳樟醇(linalool)、壬醛(nonanal)、己醛(hexanal)、紫苏烯(perillene)、2-乙基己酸(hexanoic acid, 2-ethyl-)、2,2-二乙基丁酸(butanoic acid, 2,2-diethyl-)、水芹烯(phellandrene)、异丁酸己酯(hexyl isobutyrate)、木罗烯(muurolene)、紫丁香醛(blilac aldehyde)、(*E*)-2-壬烯醛[2-nonenal, (*E*)-]、丁酸庚酯(heptyl butyrate)、环氧芳樟醇(epoxylinalol)、臭樟脑(naphthalene)、伞花烃(*m*-cymene)、3,7,11-三甲基十二醇(1-dodecanol, 3,7,11-trimethyl-)、橙花叔醇(nerolidol)、水杨酸甲酯(methyl salicylate)、1-癸醇(1-decanol)、癸醛(decanal)、新癸酸(neodecanoic acid)、戊酸-2-十三醇酯(valeric acid)、顺-氧化芳樟醇(*cis*-linalooloxide)、3-羟基十二酸(dodecanoic acid, 3-hydroxy-)、荜澄茄油烯(cubebene)、乙酸冰片酯(bornyl acetate)、丁酸丁酯(butanoic acid, butyl ester)、可巴烯(copaene)、榄香烯(elemene)、长叶蒎烯(longipinene)、雪松烯(cedrene)、甜没药烯(bisabolene)、石竹烯(caryophyllene)、佛手柑油烯(bergamotene)、芹子烯(selinene)、大牻牛儿烯(dgermacrene D)、倍半水芹烯(sesquiphellandrene)和丁酸异丁酯(isobutyl butyrate)等。其中主要香气成分为莰烯(camphene)、β-蒎烯(β-pinene)、桧烯(sabinen)、月桂烯(myraene)、水芹烯(phellandrene)、3-蒈烯(3-carene)、辛醛(octanal)、壬醛(nonanal)、顺-氧化芳樟醇(*cis*-linalool oxide)和癸醛(decanal)等[1-4]。

感官特性 万寿菊精油具有清爽带甜的花香香气，香气强烈、透发性好，留香持久。

应用情况 万寿菊精油在日用香精中具有很好的应用效果，是饮料、糖果的调味品之一，具有消热利湿、止咳、止痛的药效。

管理及参照标准 万寿菊(*Tagetes erecta* L.)精油的管理及参照标准参见：COE 443；FDA 172.510；FEMA 3040；GB 3；IOFI；CAS 8016-84-0；Nat 1 和 RIFM 等。

参考文献

[1] 吴云骥，周海梅，赵萍，等. 万寿菊化学成分的研究(Ⅰ)——万寿菊挥发油的 GC/MS 分析[J]. 信阳师范学院学报：自然科学版，2004，17(4)：417-419.

[2] 陈红兵，宋炜，王金胜，等. 气相色谱-质谱法分析万寿菊根挥发油化学成分[J]. 农药，2007，46(2)：114-115.

[3] 石皖阳，何伟，文光裕，等. 万寿菊精油成分研究[J]. Journal of Integrative Plant Biology，1988，30(6)：629-634.

[4] 李健，宋帅娣，刘宁，等. 万寿菊叶精油的提取及化学成分分析[J]. 食品科学，2010 (18)：359-362.

罗 望 子

别　　名　酸角、酸豆、夯木、罕酸酸、酸荚、酸饺、酸酸、酸枣、通血图、通血香、乌梅。

英文名称　Tamariad。

植物学名　*Tamarindus indica* L.。

植物科属　豆科　酸荚罗望子属。

品种来源　罗望子 *Tamarindus indica* L. 的果实。

形态特征　罗望子，豆科酸荚罗望子属，常绿色大乔木植物，株高约 15～20m。偶数羽状双叶，卵球状对生小叶；顶生黄色圆锥花序；深灰色树皮，片状开裂。深棕色荚果肉，质肥厚，外果皮薄而脆，成熟果肉为深红色，甜酸味，人们称之为"酸角"。

主要分布　罗望子原产于非洲，我国三亚、广西、广东、澳门、福建、台湾、四川、云南等地均有分布。

利用部位　罗望子的果实。

理化特性　罗望子精油用水蒸气蒸馏果肉获得，得率约 0.1%，该精油是一种深红黄色的油状液体。

香气成分　罗望子精油的香气成分是：

丙酸乙酯(ethyl propanoate)、5-甲基-2(3*H*)-呋喃酮[5-methyl-2(3*H*)-furanone]、γ-丁内酯(γ-butylactone)、已酸乙酯(ethyl hexanoate)、2-乙酰基呋喃(2-acetylfuran)、氧化芳樟醇(linalool oxide)、辛醛(octanal)、2,4-二氢-2,5-二甲基-1-3(2*H*)-呋喃[2,4-dihydroxy-2,5-dimethyl-1-3(2*H*)-furanone]、糠醛(furfural)、苄醇(benzyl alcohol)、2-环戊稀-1,4-二酮(2-cyclopentene-1,4-dione)、麦芽酚(maltol)、5-甲基-2(3*H*)-呋喃酮[5-methyl-2(3*H*)-furanone]、苯甲醛(benzaldehyde)、5-甲基-糠醛(5-methyl-furfural)、2-乙酰基-5-甲基-呋喃(2-acetyl-5-methyl-furan)、5-甲基-3-己烯-2-酮(5-methyl-3-hexen-2-one)、已酸乙酯(ethyl hexanoate)、3-甲基-1,2-环已二酮(3-methyl-1,2-cyclopentane-dione)、癸酸乙酯(ethyl decanoate)、苯乙醛(benzeneacetaldehyde)、糠酸乙酯(ethyl furoate)、β-苯乙醇(β-phenylethyl alcohol)、壬醛(nonanal)、辛酸乙酯(ethyl octanoate)、3-甲基-6-异丙基-环已烯(3-methyl-6-isopropylcyclo-hexene)、十四酸(tetradecanoic acid)、辛酸(octanoic acid)、糠酸(furoatic acid)、亚油酸乙酯(ethyl linoleate)、壬酸(nonanoic acid)、4-氧代-戊酸乙酯(pentanoic acid, 4-oxo-ethyl ester)、水杨酸甲酯(methyl salicylate)、壬酸乙酯(ethyl nonanoate)、油酸(oleic acid)、3-乙酰基-1-甲基-吡咯(3-acetyl-1-methylpyrrole)、十六酸(hexadecanoic acid)、丁二酸二丁酯(diethyl succinate)、5-乙酰基糠醛(5-acetylfurfural)、5-羟甲基糠醛(5-hydroxylmethyl-furfural)、丁香酚(eugenol)、月桂酸乙酯(ethyl laurate)、油酸乙酯

(ethyl oleate)、肉豆蔻酸乙酯(ethyl myristate)、邻苯二甲酸二丁酯(dibutyl phthalate)、亚油酸(linoleic acid)、亚麻酸乙酯(ethyl linolenate)和亚麻酸(linolenic acid)等。其中主要香气成分为糠醛(furfural)、5-甲基-2(3*H*)-呋喃酮[5-methyl-2(3*H*)-furanone]、4-氧代-戊酸乙酯(pentanoic acid, 4-oxo-ethyl ester)、5-甲基-糠醛(5-methylfurfural)、3-乙酰基-1-甲基-吡咯(3-acetyl-1-methylpyrrole)、油酸(oleic acid)、十六酸(hexadecanoic acid)和亚麻酸(linolenic acid)等[1]。

感官特性 罗望子精油具有酸甜香气，酸香味浓郁，口感舒适。

应用情况 罗望子提取物可用于糖浆和饮料的生产原料，可用做清凉饮料的调味和调料品，果实也可清热解暑、消食化积。

管理及参照标准 罗望子(*Tamarindus indica* L.)的管理及参照标准参见：Nat 1；FDA 182.20；IOFI 和 GRAS(Ⅱ)等。

参考文献

[1] 张峻松，姚二民，徐如彦，等. 罗望子挥发油的超临界 CO_2 萃取及其 GC-MS 分析[J]. 中国农学通报，2007，23(1)：330-333.

龙 蒿

别　　名 香艾菊、狭叶青蒿、蛇蒿、椒蒿、青蒿、他拉根香草。

英文名称 Tarragon 或 Estragole。

植物学名 *Artemisia dracunculus* Linn.。

植物科属 菊科 蒿属。

品种来源 龙蒿 *Artemisia dracunculus* Linn. 的全草。

形态特征 龙蒿，菊科蒿属，半灌木状草本。垂直木质根，径粗大或略细；根状茎粗，木质，直立或斜上长，直径约 1.5cm，地下茎较短。茎多数丛生或分枝多生，斜上开展，高约 100～150cm，呈绿褐色弯曲状，方棱，下部木质；茎、嫩枝具短细柔毛，渐脱落。叶无柄，嫩叶正背面具短细柔毛，渐脱落至无毛态，下部叶于花期凋谢；线状披针形或直线形中部叶，长约 5.5cm，宽约 2.8mm，先端急尖，基部钻，全缘；上部叶与苞片叶短小，呈直线形或线状披针形，长约 2.5cm，宽约 1.5mm。多数为头状花序，近圆形，径约 2.5mm，具短梗或无梗，斜伸或稍下垂，基部具线形小苞叶，在茎分枝上列成总状花序，并在茎上组成开展的锥状花序；3 层总苞片，外层有卵形苞片，背面淡绿色，光滑无毛，中、内层有椭圆形或卵形总苞片，边缘宽膜质花序托，突起；约 8 朵雌花，狭管状花冠或狭圆锥状花冠，檐部 2 裂齿，花柱突出花冠，先端叉 2；约 11 朵两性花，非孕育，管状花冠，线形花药，先端附属物渐尖，三角形，基部钝，短花柱，上端 2 裂，呈棒状，不开叉，退化子房小。倒卵形或椭圆状倒卵形核果。花果期于每年 7～10 月。

主要分布 国外主要分布于蒙古国、巴基斯坦、锡金、印度、阿富汗、克什米尔、苏联等国；在我国主要分布于华北、东北、西北等地区。广西、云南、贵州、四川等地区均有生长。

利用部位　叶和顶端花。

理化特性　用水蒸气蒸馏法所得的精油是一种淡黄色至琥珀色液体。由水蒸气蒸馏的精油得率约1.2%。

理化参数　龙蒿精油理化参数如下表所示。

表　龙蒿精油理化参数

理化参数	龙蒿精油
相对密度(25℃)	0.925～0.945
折光指数(25℃)	1.506～1.517
旋光度(20℃)	+3°～+6°
沸点	205℃

香气成分　龙蒿精油的香气成分是：

草蒿脑(estragole)、α-蒎烯(α-pinene)、莰烯(camphene)、6-[(1*Z*)-1,3-丁二烯基]-1,4-环庚二烯{6-[(1*Z*)-1,3-butadienyl]-1,4-cycloheptadiene}、顺式–罗勒烯(*cis*-ocimene)、反式–罗勒烯(*trans*-ocimene)、1,3-丙二醇(1,3-propanediol)、庚烷(heptane)、反式-2,3-环氧癸烷(*trans*-2,3-epoxydecane)、4-乙基–庚烷(4-ethyl-heptane)、1-丁烯(1-butene)、1*R*-α-蒎烯(1*R*-α-pinene)、1,2,5-己三烯(1,2,5-hexatriene)、石竹烯(caryophyllene)，1,1′-亚乙烯基双环丙烷(1,1′-ethenylidene-bicyclopropane)、圣亚麻三烯(santolina triene)、2,7-二甲基-3-辛烯-5-炔(2,7-dimethyl-3-octen-5-yn)、4-亚甲基-1-(1-甲基乙基)-环已烯[4-methylene-1-(1-methylethyl)-cyclohexene]、6,6-二甲基-2-亚甲基–双环[3.1.1]庚烷{6,6-dimethyl-2-methylene-bicyclo[3.1.1]heptane}、芳樟醇(linalool)、3,7-二甲基-2,6-辛二烯-1-醇(3,7-dimethyl-2,6-octadien-1-ol)、3,7,11-三甲基-2,6,10-十二碳三烯-1-醇(3,7,11-trimethyl-2,6-10-dodecatrien-1-ol)、3,7-二甲基-1,3,7-辛三烯(3,7-dimethyl-1,3,7-octatriene)、3,3,6-三甲基-1,5-庚二烯-4-酮(3,3,6-trimethyl-1,5-heptadien-4-one)、柠檬烯(limonene)、1-乙基-2-甲基–顺式–环丙烷(1-ethyl-2-methyl-*cis*-cyclopropane)、3-甲基-6-(1-甲基亚乙基)-环已烯[3-methyl-6-(1-methylethylidene)-cyclohexene]、1*S*-α-蒎烯(1*S*-α-pinene)、8-(1-甲基亚乙基)-双环[5.1.0]辛烷{8-(1-methylethylidene)-bicyclo[5.1.0]octane}、α-金合欢烯(α-farnesene)、2,4-二甲基-1-庚烯(2,4-dimethyl-1-heptene)、三甲基(2-甲基-1-亚丙烯基)-环丙烷[trimethyl(2-methyl-1-propenylidene)-cyclopropane]、1-甲氧基-4-(2-丙烯基)-苯[1-methoxy-4-(2-propenyl)-benzene]、乙酸龙脑酯(bornyl acetate)、甲酸乙酯(ethyl formate)、5-甲基-3-(1-甲基亚乙基)-1,4-己二烯[5-methyl-3-(1-methylethylidene)-1,4-hexadiene]、2-(2-丙烯基)-环已酮[2-(2-propenyl)-cyclohexanone]、1,2-二甲氧基-4-(2-丙烯基)-苯[1,2-dimethoxy-4-(2-

propenyl)-benzene]、4,5-脱氢异长叶烯(4,5-dehydro-isolongifolene)、β-倍半水芹烯(β-sesquiphellandrene)、丁酸酐(butyric anhydride)和4-甲基-2-己酮(4-methyl-2-hexanone)等。其中主要香气成分是草蒿脑(estragole)等[1,2]。

感官特性 龙蒿精油有似甘草和鲜罗勒特殊药草香、甜香，味甜，透发性强，香气持久。

应用情况 已被广泛应用于医药、肉类调味品、酒类、糖果、烧烤食品、饮料等多种食品中。

管理及参照标准 龙蒿(*Artemisia dracunculus* L.)FEMA 3043；COE 64；FDA 182.10；Nat 1；GB 2；IOFI；CAS 8016-88-4。

参考文献

[1] 张燕，张继，姚健，等．龙蒿挥发油成分研究[J]．中国中药杂志，2005，30(8)：594-596.
[2] 曾浩洋，阿布拉江·克依木，刘艳，等．宽裂龙蒿地上部分化学成分研究[J]．中草药，2013(9)：1096-1100.

茶

别　　名 红茶、绿茶。

英文名称 Tea。

植物学名 *Camellia sinensis*(L.)O. Ktze.。

植物科属 山茶科　山茶属。

品种来源 茶 *Camellia sinensis* (L.)O. Ktze. 叶和茎。

形态特征 茶，山茶科山茶属乔木或小灌木植物，绒毛或无绒毛长于嫩枝上；羽状、革质叶，侧脉、网状细脉，有齿、端尖叶、楔形；约3朵乳白色花，花径约6cm；约6片萼片，瓦状重叠；约15片花瓣，近离生；雄蕊约3轮；子房约5室，花柱约6裂，时有完全分离；蒴果约5室，有中轴；圆形种子。

主要分布 茶主要产云南勐海、耿马、勐腊、思茅、沧源、大理、屏边、双江、河口、文山、西畴、临沧、马关、麻栗坡、广南；贵州有盘县、榕江，广西有扶绥、昭平，福建有南靖，广东有乳源、连山、茂名，海南有昌江、琼中、保亭、陵水、乐东等地。生长于海拔约1300m的亚热带、热带山地森林中。东南亚地区的越南北部、缅甸、泰国和印度也有分布。

利用部位 叶。

理化特性 茶挥发性成分是将鲜茶叶经水蒸气蒸馏或同时蒸馏法得。

香气成分 茶挥发性成分为：

反-2-戊烯醛[(*E*)-2-pentenal]、反-2-己烯醛[(*E*)-2-hexenal]、十六烷(hexadecane)、青叶醇[(*Z*)-3-hexen-1-ol]、己醇(hexanol)、香叶烯(β-myrcene)、顺-3-己烯乙酸[(*Z*)-3-hexenylacetate]、乙酸己酯(hexanyl acetate)、柠檬烯(limonene)、6-甲基-5-庚烯-2-酮(6-methyl-5-hepten-2-one)、2-乙基己醇

(2-ethylhexanol)、苯甲醛(benzaldehyde)、苯甲醇(benzyl alcohol)、反-β-罗勒烯[(*E*)-β-ocimene]、苯乙酮(acetophenone)、氧化芳樟醇(顺式呋喃型)[(*Z*)-linalool-3,6-oxide]、顺-2-戊烯-1-醇[(*Z*)-2-penten-1-ol]，已醛(hexanal)、2,6-二甲基-2,4,6-辛三烯(2,6-dimethyl-2,4,6-octatriene)、芳樟醇(linalool)、十三烷(tridecane)、壬醇(nonanol)、(*Z*)-丁酸-3-已烯酯[(*Z*)-3-hexenyl butyrate]、癸醛(decanal)、苯乙醇(phenylethanol)、顺-3,7-二甲基-2,6-辛二烯-1-醇[(*Z*)-3,7-dimethyl-2,6-octadien-1-ol]、α-蒎烯(α-pinene)、香叶醛(gerenial)、癸烷(decane)、吲哚(indole)、(顺，反)-2,6-二甲基-2,4,6-辛三烯[(*Z*, *E*)-2,6-dimethyl-2,4,6-octatriene]、十二烷(dodecane)、叶绿醇(phytol)、十四烷(tetradecane)、α-古巴烯(α-copanene)、α-法尼烯(α-farnesene)、石竹烯(caryophyllene)、香叶醇(geraniol)、十五烷(pentadecane)、二十烷(eicosane)和顺-茉莉酮[(*Z*)-jasmone]。其主要的香气成分为顺-2-戊烯-1-醇[(*Z*)-2-penten-1-ol]、青叶醇[(*Z*)-3-hexen-1-ol]、已醛(hexanal)、顺-3-已烯乙酸酯[(*Z*)-3-hexenylacetate]、十五烷(dodecane)和十二烷(pentadecane)等[1-3]。

感官特性 茶具有清雅柔润、香气浓厚、口感润甜。

应用情况 茶主要用途是作为饮料品。茶提取物是用于茶香的调香香原料之一。

管理及参照标准 茶树[*Camellia sinensis* (L.) O. Ktze.]茶提取物的管理及参照标准参见：Nat 1；CAS 68647-73-4；IOFI；EOA 198 和 GRAS(Ⅱ)等。

参考文献

[1] 穆丹，吴甘霖，刘正奎，等. 同时蒸馏萃取-气质联用法分析鹞落坪自然保护区茶鲜叶挥发性成分[J]. 中药材，2014(5)：811-815.
[2] 李辛雷，孙振元，李纪元，等. 气相色谱-质谱联用分析杜鹃红山茶挥发性成分[J]. 食品科学，2012，33(16)：130-136.
[3] 王亨洪，童华荣，李兰英，等. 川渝地区野生大茶树的挥发性组分及萜烯指数分析[J]. 食品科学，2011,32(2)：168-172.

吴 茱 萸

别　　名 吴萸、茶辣、漆辣子、臭辣子树、左力纯幽子、米辣子。

英文名称 Tetradium ruticarpum。

植物学名 *Evodia rutaecarpa*(Juss.) Benth.。

植物科属 芸香科 吴茱萸属。

品种来源 芸香科植物吴茱萸 *Evodia rutaecarpa*(Juss.) Benth.、石虎 *Evodia ru taecarpa* (Juss.) Benth. var. *officinalis* (Dode) Huang 及疏毛吴茱萸 *Evodia rutaecarpa*(Juss.) Benth. var. *ibodinier*(Dode) Huang 的干燥近成熟果实。

形态特征 吴茱萸，芸香科吴茱萸属，有小叶约 11 片，小叶呈薄或厚纸质，卵形至椭圆形或披针形，长约 16cm，叶轴下部的较小，吴茱萸原植物形状两侧呈对称或一侧的基部稍偏斜，全缘或浅波浪状轮廓，长细柔毛长于小叶两面及叶轴被，毡状毛，中脉两侧被短毛，油点大、多。

主要分布 主要分布在我国贵州、湖南、广西、云南、四川等地。

利用部位 干燥成熟果实。

理化特性 淡黄色液体。

香气成分 吴茱萸精油的香气成分有：

β-反式-罗勒烯(β-*trans*-ocimene)、吴茱萸内酯醇(evodol)、β-榄香烯(β-elemene)、β-侧柏烯(β-thujene)、柠檬烯(limonene)、α-金合欢烯(α-farnesene)、3,7-二甲基-1,6-辛二烯-3-醇(3,7-dimethyl-1,6-octadien-3-ol)、[1*S*-(1α, 2β, 4β)]-1-乙烯基-1-甲基-2,4-二(1-甲基乙烯基)-环己烷{[1*S*-(1α, 2β, 4β)]-1-vinyl-1-methyl-2,4-bis(1-methylvinyl)-cyclohexane}、β-顺式-罗勒烯(β-*cis*-ocimene)、月桂烯(myrcene)、(1α, 4aα, 8aα)-1,2,3,4,4a,5,6,8a-八氢-7-甲基-4-亚甲基-1-(1-甲基乙基)-萘[(1α,4aα,8aα)-1,2,3,4,4a,5,6,8a-octahydro-7-methyl-4-methylene-1-(1-methylethyl)-naphthalene]、芳樟醇(linalool)、α-石竹烯(α-caryophyllene)、6-甲基-3,5-庚二烯-2-酮(6-methyl-3,5-heptadien-2-one)、吴茱萸内酯(evodine)、反式-2,6-二甲基-3,5,7-辛三烯醇-2(*trans*-2,6-dimethyl-3,5,7-octatrienol-2)、α-杜松醇(α-cadinol)、2-十五烷酮(2-pentadecanone)、γ-榄香烯(γ-elemene)、β-石竹烯(β-caryophyllene)、金合欢烯(farnesene)、α-蒎烯(α-pinene)、桉叶油二烯(eudesmadiene)、氧化石竹烯(caryophyllene oxide)、吴茱萸烯(evodene)、斯巴醇(spathulenol)、棕榈酸酰胺(palmitic amide)、硬脂酸酰胺(octadecanamide)[1-4]。

感官特性 吴茱萸精油具有香甜的花果气势，味甘。

应用情况 ①对储粮害虫赤拟谷盗和玉米象有一定的驱除作用；②作为天然的抗氧化剂应用于功能食品的配料和添加剂中，用于开发可预防和治疗部分与氧自由基有关疾病的营养保健食品；③可作为天然促透剂。

参考文献

[1] 黄慕斌，李蓓蓓，闫长泰，等．气相色谱法分析吴茱萸挥发油中化学的成分[J]．色谱，1991，9(6)：384-385.

[2] 宫海明，赵桦．不同产地吴茱萸果实挥发油成分的 GC-MS 分析及与小花吴茱萸的比较[J]．西北植物学报，2008，28(3)：595-605.

[3] 滕杰，杨秀伟．不同产地吴茱萸挥发油气相色谱-质谱联用分析[J]．中国现代中药，2009，11(11)：17-20.

[4] 张慧芳，张志杰，武露凌，等．GC-MS 分析不同贮藏条件对吴茱萸挥发油成分的影响[J]．中药新药与临床药理，2006，17(3)：205-209.

百　里　香

别　　名 麝香草、千里香、地椒叶、地角花。

英文名称 Thyme。

植物学名 *Thymus mongolicus* Ronn.。

植物科属 唇形科 百里香属。

品种来源 唇形科植物百里香 *Thymus mongolicus* Ronn. 的全株。

形态特征 百里香，唇形科百里香属植物，半灌木，茎多，上伸或匍匐生；茎基部无枝出，匍匐或上伸，被短细柔毛；花枝高约 8cm，在花序下密被向下曲或稍平展的稀疏细柔毛，下部毛变短而稀疏，约 3 对叶。长卵圆形叶，长约 8mm，宽约 4mm，尖端，楔形基部，全缘，正、背两面光滑无毛，在背面约 2 对侧脉微突起，腺点稍明显，具叶柄，上部较短，而近下部的叶柄长约为叶片一半；苞叶、叶相近，边缘在下部近 1/3 具缘毛。

头状花序，短梗花。钟形管状花萼，长约 4mm，上部光滑无毛，下部长疏细柔毛，下唇稍长、上唇稍短或两唇长度相等，三角形上唇、含缘毛或无毛。深紫红花冠，长约 7mm，被稀疏短细柔毛，冠筒向上微增大，长约 5mm。扁状或卵圆形坚果，光滑。于 7～8 月开花。

主要分布 百里香主要分布在我国黑龙江、辽宁、内蒙古、吉林、河北、山西、陕西、甘肃、山东、新疆、四川、江苏、贵州和广西等地。

利用部位 进入开花期的整株植物(除根)。

理化特性 经深加工可变无色或黄色百里香精油。百里香精油理化参数如下表所示。

表 百里香精油理化参数

理化参数	百里香油
颜色	红褐色液体
相对密度(25℃)	0.916～0.938
折射率(20℃)	1.494～1.507

香气成分 百里香精油的香气成分有：

百里香酚(thymol)、倍半水芹烯(sesquiphellandrene)、1,1-二乙氧基乙烷(1,1-diethoxy ethane)、1-亚甲基-4-(1-甲基乙烯基)-环已烷[1-methylene-4-(1-methylvinyl)-cyclohexane]、莰烯(camphene)、芳樟醇(linalool)、β-水芹烯(β-phellandrene)、1-辛烯-3-醇(1-octen-3-ol)、月桂烯(myrcene)、柠檬烯(1imonene)、1-甲基-4-(1-甲基－亚乙烯基)-环已烯[1-methyl-4-(1-methyl-vinylidene)-cyclohexene]、邻甲基异丙苯(methyl glyoxalidine isopropyl benzene)、1,8-桉叶素(1,8-cineole)、4-蒈烯(4-carene)、1-甲基-4-异丙基-1,4-环已二烯(1-methyl-4-isopropyl-1,4-cyclohexadiene)、2-甲基辛烯(2-methyl octene)、顺式-1-甲基-4-异丙基-2-环已烯-1-醇(*cis*-1-methyl-4-isopropyl-2-cyclohexen-1-ol)、樟脑(camphor)、龙脑(borneol)、α-水芹烯(α-phellandrene)、4-甲基-1-异丙基-3-环已烯-1-醇(4-methyl-1-isopropyl-3-cyclohexen-1-ol)、乙酸异龙脑酯(isobornyl acetate)、α,α,4-三甲基-3-环已烯-1-甲醇(α,α,4-trimethyl-3-cyclohexen-1-methanol)、2-甲氧基-5-甲基–异丙基–苯(2-methoxy-5-methyl-isopropyl-benzene)、2,3,5,6-四甲基–对苯

醌(2,3,5,6-tetramethyl-*p*-benzeoquinone)、2-甲氧基-4-甲基-1-异丙基-苯(2-methoxy-4-methyl-1-isopropyl-benzene)、异百里香酚(isothymol)、对薄荷烯醇(*p*-menthenol)、α-蒎烯(α-pinene)、石竹烯(caryophyllene)、吉玛烯D(germacrene D)、乙酸百里香酚酯(thymol acetate)、α-荜澄茄烯(α-cubebene)、香芹酮(carvone)、(+)-3-蒈烯[(+)-3-carene]、对伞花烃(*p*-cymene)、β-蒎烯(β-pinene)、α-松油烯(α-terpinene)、松油醇-4(terpineol-4)、3,7-二甲基-1,6-辛二烯-3-醇(3,7-dimethyl-1,6-octadien-3-ol)、香芹酚(carvacrol)、β-红没药烯(β-bisabolene)、香桧烯(sabinene)、3-辛酮(3-octanone)、3-辛醇(3-octanol)、δ-松油醇(δ-terpineol)、γ-榄香烯(γ-elemene)、香桧烯水合物(sabinene hydrate)、异松油烯(terpinolene)、丙酸香叶酯(geranyl propionate)、香芹酚甲醚(carvacrol methyl ether)、柠檬醛(citral)、波旁烯(bourbonene)、乙酸香芹酯(carvacrl acetate)、石竹烯氧化物(caryophyllene oxide)、杜松烯(cadinene)、波旁醇(bourbonanol)和金合欢醇(farnesol)等[1-4]。

感官特性 百里香精油主要表现为清凉带干焦的药草香，又兼有芳樟醇、松油烯等清香气息。香气透发性强烈且粗糙，留香较长。好的油有甜和温和草香带辛香。

应用情况 干制品、酊剂(20%、20%或70%乙醇)和流浸膏用于配制甜酒；精油用于软饮料、糖果、焙烤食品、调味品、肉类制品等。也用于牙膏、牙粉、爽身粉和剃须后制品的香精中。微量用于香皂、洗涤剂、盥用水、喷雾水用的香精中，是用其辛香作头香。常与薄荷、桉叶油同用于止咳糖或止咳糖浆之中。百里香油具有强杀菌力，故用于医药卫生制品。也可用于单离百里香酚。精油有导致变色的因素。

管理及参照标准 百里香(*Thymus serpyllum* L.)及其精油、提取物：FEMA 3063，3064，3065；COE 456；FDA 182.1O，182.20；Natl；GB 2；IOFI；CAS 8007-46-3，99999-27-6；FCC Ⅲ；RIFM。

参考文献

[1] 徐世千，李晓东，张建国. 不同方法提取组培百里香精油质量及成分的比较分析[J]. 植物科学学报，2013，31(6)：609-615.

[2] 程霜，马清温，孙震晓. 百里香挥发油化学成分的GC/MS分析[J]. 香料香精化妆品，2002(5)：1-3.

[3] 罗嘉梁，宋永芳. 百里香精油化学成分的研究[J]. 林产化学与工业，1989，9(3)：73-77.

[4] 马莉，姚雷，吴亚妮，等. 2种百里香的植物学性状和精油成分的比较[J]. 上海交通大学学报：农业科学版，2008，26(2)：150-152.

晚 香 玉

别　　名 月下香、夜来香。

英文名称 Tuberose。

植物学名　*Polianthes tuberosa* L.。

植物科属　石蒜科　晚香玉属。

品种来源　晚香玉 *Polianthes tuberosa* L. 的花。

形态特征　晚香玉，石蒜科晚香玉属，多年生草本植物，株高约1m。块状根状茎，直立茎、不分枝。基生叶簇生，线条形，叶长约5cm，宽约1cm，顶端尖，绿色，花茎叶散生，呈苞片状。穗状花序顶生，绿色苞片含2花；乳白色花，香气浓，花长约5cm；花被管长约4cm，基部略显弯曲，花被裂片近似，披针状长圆状，长约2cm，头钝；雄蕊6，藏于花被管中；子房下位，有3室，细长状花柱，柱头有3裂。卵球形蒴果，花被宿存于顶端；种子多为扁形。于8～9月开花。

主要分布　晚香玉主要分布于产墨西哥，我国有引种栽培，如云南、湖南、贵州、湖北、四川、广西、河南等地。

利用部位　花。

理化特性　晚香玉精油用水蒸气蒸馏花获得，得率约0.1%的精油，该精油是一种黏稠的褐色油状液体。

理化参数　晚香玉精油理化参数如下表所示。

表　晚香玉精油理化参数

理化参数	晚香玉精油
凝固点(℃)	22～23
相对密度(25℃)	0.9814～1.1215
折光指数(25℃)	1.4912～1.4919
旋光度(20℃)	-17°5′～-5°44′
酸值	20～32.9
酯值	225～261
溶解度	1∶4于90%乙醇中

香气成分　晚香玉精油的香气成分：

苯甲酸甲酯(benzoic acid，methyl ester)、2-甲基-3-戊烯-1-醇(2-methyl-3-penten-1-ol)、5*H*-1-氮茚(5*H*-1-pyrindine)、棕榈酸(n-hexadecanoic acid)、丁香酚(eugenol)、丁基苯乙醇(benzeneethanol，butyl-)、α-松油醇(3-cyclohexene-1-methanol，trimethyl-)、异丁香酚[phenol，2-methoxy-4-(1-propenyl)-]、苯甲酸苄酯(benzyl benzoate)、异丁香酚甲醚[benzene，1,2-dimethoxy-4-(1-propenyl)-]、邻氨基苯甲酸甲酯(benzoic acid，2-amino-，methyl ester)、3-巯基己醇己酸酯(3-mercaptohexyl hexanoate)、苯甲酸-2-苯乙酯(benzoic acid，2-phenylethyl ester)、1-庚烯-4-醇(1-hepten-4-ol)、2-硝基-1-辛醇(1-octanol，2-nitro-)、水杨酸苄酯(benzoic acid，2-hydroxy-，phenylmethyl ester)、邻苯二甲酸二丁酯(dibutyl phthalate)、溴化香叶酯(geranyl bromide)、苯甲酸香叶酯(geranyl benzoate)、10-

氟–甲基硅基癸酸酯(decanoic acid, 10-fluoro-, trimethylsilyl ester)、三甲基硅环己醇[cyclohexanol, 2-(trimethylsilyl)-, *trans*-2-]、10-十一炔醇(10-undecyn-1-ol)、三甲基硅亚麻酸酯(linolenic acid, trimethylsilyl ester)、3-(1-乙氧基)-1-丁醇[3-(1-ethoxy)-butan-1-ol]、金合欢醇[2,6,10-dodecatrien-1-ol, 3,7,11-trimethyl-, (*E*, *E*)-]、柠檬酸三丁酯(butyl citrate)等，其主要的香气成分为邻氨基苯甲酸甲酯(benzoic acid, 2-amino-, methyl ester)、金合欢醇[2,6,10-dodecatrien-1-ol, 3,7,11-trimethyl-, (*E*, *E*)-]、异丁香酚甲醚[benzene, 1,2-dimethoxy-4-(1-propenyl)-]、水杨酸苄酯(benzoic acid, 2-hydroxy-, phenylmethyl ester)和苯甲酸苄酯(benzyl benzoate)等[1,2]。

感官特性 晚香玉精油香气幽雅带花香，口感浓甜。

应用情况 晚香玉精油用于高档日用香精的配方中。同时也作为别的净油修饰剂。

管理及参照标准 晚香玉(*Polianthes tuberosa* L.)精油的管理及参照标准参见：FEMA 3084；Nat 1；COE 354；FDA 182.20；GB 2；IOFI；CAS 8024-05-3 和 GRAS(Ⅱ)等。

参考文献

[1] 张承曾. 天然香料手册[M]. 北京：中国轻工业出版社，1989.

[2] 周斌，任洪涛，张劲松，等. 气相色谱–质谱联用分析晚香玉净油的成分[J]. 现代食品科技，2012，28(9)：1215-1218.

松节油

别　　名 笃耨松脂、松油、松脂精。

英文名称 Turpentine、Chian turpentine。

植物学名 *Pinus palustris* Mill。

植物科属 松科 松属。

品种来源 松节油是 *Pinus palustris* Mill 树脂的蒸出物。

形态特征 松树，松科松属植物，长叶松为乔木，株高约 40m，茎径约 1m；树枝向上伸展，近伞形树冠；灰褐色树皮，裂成鳞状薄块片脱落；橙褐色枝，粗壮；银灰色圆柱形冬芽，粗大，顶端尖；披针形芽鳞。

主要分布 长叶松原产美国东南沿海及亚热带南部，喜湿热气候环境。中国的南京、上海、无锡、杭州、福州、绍兴、湖南、广西、湖北、四川、庐山、河南、青岛等地引种栽培。

利用部位 松脂。

理化特性 松节油是从长叶松树干切口处渗出的松脂经水蒸气蒸馏而得。得油率约 20%，松节油是一种淡黄色液体。

理化参数 松节油理化参数如下表所示。

表　松节油理化参数

理化参数	松节油
相对密度(15.5℃)	0.863～0.875
折光指数(20℃)	1.4653～1.4789
旋光度(20℃)	11°17′～12°48′
沸点(℃)	153～160
溶解度	1∶4 于95%乙醇中

香气成分　松节油的香气成分为：

2-己烯醛(2-hexenal)、1-已醇(1-hexanol)、β-桉叶烯(β-eudesmene)、三环(tricyclene)、α-蒎烯(α-pinene)、1,2,3,4,4a,7-六氢-1,6-二甲基-4-(1-甲基乙基)-萘[1,2,3,4,4a,7-hexahydro-1,6-dimethyl-4-(1-methylethyl)-naphthalene]、莰烯(camphene)、桧烯(sabinene)、α-水芹烯(α-phellandrene)、别香树烯(alloaromadendrene)、3-蒈烯(3-carene)、柠檬烯(limonene)、1,8-桉叶油素(eucalyptol)、顺式-罗勒烯(*cis*-ocimene)、反式-罗勒烯(*trans*-ocimene)、顺-3-己烯-1-醇(*cis*-3-hexen-1-ol)、γ-松油烯(γ-terpinene)、氧化α-蒎烯(α-pinene oxide)、β-芳樟醇(β-linalool)、葑醇(fenchol)、4-异丙基-1-甲基-2-环己烯-1-醇(4-isopropyl-1-methyl-2-cyclohexen-1-ol)、γ-杜松烯(γ-cadinene)、α-龙脑烯醛(α-campholenal)、氧化石竹烯(caryophyllene oxide)、反式-松香芹醇(*trans*-pinocarveol)、斯巴醇(spathulenol)、松莰酮(pinocamphone)、3-蒎烷酮(3-pinanone)、4-松油烯醇(4-terpinenol)、龙脑(borneol)、α-松油醇(α-terpineol)、对-烯丙基茴香醚(*p*-allylanisole)、橙花醇(nerol)、乙酸芳樟酯(linalyl acetate)、乙酸龙脑酯(bornyl acetate)、α-毕澄茄烯(α-cubebene)、β-月桂烯(β-myrcene)、α-乙酸松油酯(α-terpinyl acetate)、乙酸橙花酯(neryl acetate)、可巴烯(copaene)、乙酸香叶酯(geranyl acetate)、顺式-3-已烯醇乙酸酯(*cis*-3-hexenyl acetate)、β-榄香烯(β-elemene)、长叶烯(longifolene)、β-石竹烯(β-caryophyllene)、香树烯(aromadendrene)、β-蒎烯(β-pinene)、α-石竹烯(α-caryophyllene)、β-金合欢烯(β-farnesene)、异松油(terpinolene)、γ-依兰油烯(γ-muurolene)、β-毕澄茄烯(β-cubebene)、α-松油烯(α-terpinene)、表双环倍半水芹烯[(+)-epi-bicyclosesquiphellandrene]、苯甲酸苄酯(benzyl benzoate)、甘香烯(elixene)、α-依兰油烯(α-muurolene)、金合欢醇(farnesol)、1,2,4a,5,8,8a-六氢-4,7-二甲基-1-(1-甲基乙基)-萘[1,2,4a,5,8,8a-hexahydro-4,7-dimethyl-1-(1-methylethyl)-naphthalene]、α-白菖考烯(α-calacorene)、对伞花烃(*p*-cymene)、反式-橙花叔醇(*trans*-nerolidol)、蓝桉醇(globulol)、马鞭草烯酮(verbenone)、喇叭茶醇(ledol)、tau-依兰油醇(tau-muurolol)、桃金娘烯醇(myrtenol)、δ-杜松醇(δ-cadinol)、α-杜松醇(α-cadinol)、乙酸金合欢酯(farnesyl acetate)、苯甲酸苯乙酯(phenethyl benzoate)、泪柏醚(manoyl oxide)、tau-杜松醇(tau-cadinol)、山达海松酸甲酯(methyl sandaracopimarate)和脱氢枞酸甲酯(methyl dehydroabietatate)等。

其中主要的香气成分为α-蒎烯(α-pinene)、柠檬烯(limonene)、β-毕澄茄烯(β-cubebene)、甘香烯(elixene)、β-蒎烯(β-pinene)、1,2,4a,5,8,8a-六氢-4,7-二甲基-1-(1-甲基乙基)-萘[1,2,4a,5,8,8a-hexahydro-4,7-dimethyl-1-(1-methylethyl)-naphthalene]、β-榄香烯(β-elemene)、1,2,3,4,4a,7-六氢-1,6-二甲基-4-(1-甲基乙基)-萘[1,2,3,4,4a,7-hexahydro-1,6-dimethyl-4-(1-methylethyl)-naphthalene]、β-石竹烯(β-caryophyllene)、tau-依兰油醇(tau-muurolol)和α-杜松醇(α-cadinol)等[1-5]。

感官特性 松节油具有松脂气息的暖膏香，香气透发力强烈，令人清爽，留香不久，略带苦味。

应用情况 松节油广泛地用作香料、医药、油漆、塑料等工业产品的重要原料，同样也是合成香料、药物的重要原料。在日用香精中松香作为定香剂应用。

管理及参照标准 长叶松(*Pinus palustris* Mill)精油的管理及参照标准参见：Nat 1；COE 34O；FEMA 3088，3089；FDA 172.510；GB 3、EOA 252，133 和 IOFI；等。

参 考 文 献

[1] 伍苏然，马艳粉，李正跃，等. 思茅松松节油化学成分分析[J]. 西部林业科学，2009，38(3)：90-92.

[2] 熊淑玲，周小迎. 干馏松节油化学成分分析[J]. 江西科学，1996，14(4)：239-241.

[3] 阮付贤，周龙昌. 广西几种林化产品化学成分气相色谱分析[J]. 广西大学学报：自然科学版，2008，33(B06)：96-100.

[4] 段文贵，周永红. GC-MS 法分析松节油及其氢化产物的化学成分[J]. 林产化工通讯，2000，34(4)：7-11.

[5] 王石发. 柬埔寨南亚松松香和松节油的化学组成特征[J]. 林产化学与工业，2007，27(5)：31-36.

缬 草

别　　名 心叶排草、马蹄香、半边愁、大救驾、蛇头细辛，鬼见愁、蜘蛛香、土细辛、臭草、地麝、拔地麻、鹿子草。

英文名称 Valerian。

植物学名 *Valeriana officinalis* L.。

植物科属 败酱科 缬草属。

品种来源 缬草 *Valeriana officinalis* L. 的根茎和全草。

形态特征 缬草，败酱科缬草属，多年生草本植物，株高约 1.5m。茎为空心，长粗白毛。根状茎、香气浓，显粗短。深裂羽状对生叶，约 7 对。聚伞圆锥状，花序顶生，粉红色花冠。卵形瘦果、茎长约 4mm，伴冠毛。有特异臭气势，先甜而后略带苦辣。以须根粗长、壮实、整齐、深黄色表皮、乳白色断面、气势强烈者为优品。

主要分布 缬草主要分布在亚洲西部和欧洲等地。我国的陕西、青海、甘肃、新疆、贵州、四川、湖南、广西、湖北、四川、河南、山东、河北、山西、台湾等地均有生长。喜湿润，常种植于地下水位高处或低洼地，灌溉需充足，耐涝，也较耐旱。土壤以中性或弱碱性的砂质壤土为好。

利用部位　根茎或全草。

理化特性　缬草精油是将干根茎粉碎后，用水蒸气蒸馏提取精油而得。得率约0.5%，是一种淡绿色透明油状体。

理化参数　缬草精油理化参数如下表所示。

表　缬草油理化参数

理化参数	缬草油
相对密度(15℃)	0.9531～0.9935
折光指数(20℃)	1.4865～1.5028
旋光度(20℃)	−2°29′～−28°31′
酸值	8～46
酯值	32～108.9
溶解度	1：12.5于90%乙醇中

香气成分　缬草精油的香气成分为：

α-松油烯(α-terpinene)、α-蒎烯(α-pinene)、β-蒎烯(β-pinene)、1,4-二甲基-2-乙基苯(1,4-dimethyl-2-ethylbenzene)、β-月桂烯(β-myrcene)、γ-松油烯(γ-terpinene)、α-异松油烯(α-terpinonene)、δ-杜松烯(δ-cadinene)、芳樟醇(L-linalool)、樟脑(camphor)、异大花桉油醇(isospathulenol)、龙脑((borneol)、α-杜松醇(α-cadinol)、桃金娘烯醇(myrtenol)、百里酚甲醚(thymyl methylether)，马鞭草烯酮(verbenone)、α-雪松烯(α-cedrene)、反式–乙酸松香芹酯(*trans*-pinocarveyl acetate)、乙酸桃金娘烯酯(myrtenyl acetate)、桧烯(sabinene)、α-乙酸松油酯(α-terpinenyl acetate)、三环烯(tricyclene)、α-小茴香烯(α-fenchene)、α-荜澄茄油烯(α-cubebene)、2,3,4-可力丁(2,3,4-collidine)、β-榄香烯(β-elemene)、β-石竹烯(β-caryophyllene)、二氢β-紫罗兰酮(dihydro-β-ionone)、3-丁基-1,2-二甲氧基苯(3-butyl-1,2-dimethoxybenzene)、1,2,9,10-四氢马兜铃烯(1,2,9,10-tetrahydroaristolene)、对孟三烯(*p*-methatriene)、α-石竹烯(α-caryophyllene)、柠檬烯(limonene)、环异长叶烯(cycloisolongifolene)、δ-榄香烯(δ-elemene)、β-蛇床烯(β-selinene)、法尼烯(farnesene)、乙酸龙脑酯(bornyl acetate)、9,10-二氢异长叶烯(9,10-dihydroisolongifolene)、α-蛇床烯(α-selinene)、莰烯(camphene)、大根香叶烯D(D-germacrene)、对伞花烃(*p*-cymene)、β-紫罗兰酮(β-ionone)、环大根香叶烯(bicyclegermacrene)、大根香叶烯B(B-germacrene)、大花桉油醇(spathulenol)、4-松油醇(4-terpineol)、反式香芹醇(tran-carveol)、T-杜松醇(T-cadinol)、α-古芸烯(α-gurjunene)、2-氨基芴酮(2-aminofluorenon)、香橙烯(aromadendrene)和邻苯二甲酸二丁酯(butyl phthalate)等。其中主要的香气成分为α-蒎烯(α-pinene)、β-蒎烯(β-pinene)、莰烯(camphene)、乙酸龙脑酯(bornyl acetate)、环异长叶烯(cycloisolongifolene)、乙酸桃金娘烯酯(myrtenylacetate)和反式香芹醇(*trans*-carveol)等[1-4]。

感官特性 缬草精油具有温甜的木香和膏香，细微的清香，留香持久。

应用情况 缬草精油在医药制剂中常作补强剂或兴奋剂用。

管理及参照标准 缬草(*Valeriana officinalis* L.)精油的管理及参照标准参见：Natl；IOFI；FDA 172.510；FEMA 3099，3100；CAS 8008-88-6 和 EOA 165 等。

参考文献

[1] 薛存宽，蒋鹏，沈凯，等．缬草挥发油成分分析及其含量影响因素探讨[J]．中草药，2003，34(9)：779-781.

[2] 王立群，熊义涛，陶福华，等．宽叶缬草挥发油成分分析[J]．中药材，1999，22(6)：298-299.

[3] 黄龙，宋旭艳，孙海辉，等．缬草油化学成分 GC/MS 分析研究[J]．氨基酸和生物资源，2002，24(2)：11-14.

[4] 阚颖，陈加林．缬草精油化学成分的 GC/MS 研究[J]．烟草科技，1999(1)：24-25.

香荚兰

别　　名 香子兰、香兰草、香果兰、扁叶香草兰、上树蜈蚣。

英文名称 Vanilla。

植物学名 *Vanilla fragrans*(Salisb.)Ames。

植物科属 兰科 香子兰属。

品种来源 香荚兰 *Vanilla fragrans*(Salisb.)Ames 的荚果。

形态特征 香荚兰，兰科香子兰属，是攀爬性藤本浅根植物，茎粗、厚肥，每节伴有片叶；叶片扁平肥粗、肉质厚实；花序长于叶腋；肉质荚果形果实，称为豆荚。种植成长需 18 个月植株才开花结荚，开花到结荚成熟需 12 个月完成，耗时 30 个月。果熟后需生香加工。

主要分布 20 世纪 60 年代，我国从印度尼西亚成功引种香荚兰，先后在福建、海南等地区栽培成功，现在云南、广东和广西等地均有引种，云南西双版纳成为引种栽培并发展最快的地区之一。香荚兰喜生长在含丰富腐殖质、土质疏松、排水良好的微酸性土壤。空气湿度需高于 76%、海拔低于 1510m、20～33℃气温最适、日照时数 2480～2570h 的湿热地带区。

利用部位 荚果。

香气成分 香荚兰的香气成分：

乙酸(acetic acid)、3-辛烯-2-酮(3-octen-2-one)、(-)-β-红没药烯[(-)-β-bisabolene]、苯甲醛(benzaldehyde)、苯甲醇(benzenemethanol)、己酸(hexanoic acid)、苯乙醛(benzeneacetaldehyde)、辛醇(octanol)、棕榈酸甲酯(methyl palmitate)、2,3,5,6-四甲基吡嗪(2,3,5,6-tetramethylpyrazine)、愈创木酚(2-methoxyphenol)、十八烷(octadecane)、壬醛(nonanal)、二十烷(ecosane)、10-甲基

二十烷(10-methyl-eicosane)、2-甲氧基-4-甲基苯酚(2-methoxy-4-methylphenol)、2,3-二氢苯并呋喃(2,3-dihydrobenzofuran)、二十二烷(docosane)、大茴香醛(anisaldehyde)、壬酸(*n*-nonanoic acid)、2,3,5,6-四甲基苯酚(2,3,5,6-tetramethyl phenol)、二十四烷(tetracosane)、桂酸甲酯[methyl-(*E*)-cinnamate]、香草醛(vanillin)、1,3-二甲基萘(1,3-dimethylnaphthalene)、香叶基丙酮(geranyl acetone)、α-紫罗兰酮(α-ionone)、香兰酸(vanillic acid)、大根香叶烯(germacrene)、糠醛(2-furancarboxaldehyde)、芳姜黄烯(arcurcumene)、α-香柠檬烯(α-bergamotene)、十七烷(heptadecane)、卡达烯(cadalene)、对羟基苯甲(*p*-hydroxybenzaldehyde)、对甲酚(4-methylphenol)、苯甲酸苄酯(benzyl benzoate)、棕榈酸乙酯(ethyl palmitate)、苯乙醇(phenylethanol)、辛酸(octanoic acid)、二十一烷(henicosane)、水杨酸甲酯(methyl salicylate)、亚油酸乙酯(ethyl linoleate)、(顺)-二十三碳-9-烯[(*Z*)-9-tricosene]、桂醛(*trans*-cinnamaldehyde)、二十三烷(tricosane)、二十五烯(1-pentacosene)和二十五烷(pentacosane)等。其中主要的香气成分为辛醇(octanol)、壬醛(nonanal)、愈创木酚(2-methoxyphenol)、2-甲氧基-4-甲基苯酚(2-methoxy-4-methylphenol)、2,3,5,6-四甲基苯酚(2,3,5,6-tetramethyl phenol)、大茴香醛(anisaldehyde)、桂酸甲酯[methyl-(*E*)-cinnamate]、二十一烷(henicosane)、香兰素，香草醛(vanillin)、亚油酸乙酯(ethyl linoleate)、(顺)-二十三碳-9-烯[(*Z*)-9-tricosene]、二十二烷(docosane)、二十三烷(tricosane)、二十四烷(tetracosane)、二十五烷(pentacosane)和二十五烯(1-pentacosene)等[1,2]。

感官特性 香荚兰净油具有浓厚的清甜香，留香相当持久。

应用情况 香荚兰净油及其衍生物是食品香精的重要香原料之一，尤其是在糖果、冰淇淋，以及烘烤食品中更为重要；是高档香水香精的重要香原料之一。

管理及参照标准 香荚兰[*Vanilla fragrans*(Salisb.)Ames]精油的管理及参照标准参见：COE 474；FEMA 3104，3105，3106；Nat 1；FDA 182.10，182.20；GB 2；IOFI；RIFM；CAS 8024-06-4，8047-24-3 和 GRAS(Ⅰ)、(Ⅱ)等。

参考文献

[1] 任洪涛，周斌．云南香荚兰挥发性成分研究[J]．热带农业科技，2007，30(1)：25-26.
[2] 卢金清，李雨玲，张锐，等．HS-SPME-GC-MS 分析香荚兰豆中挥发性成分[J]．中国实验方剂学杂志，2014，20(3)：79-82.

马 鞭 草

别　　名 铁马鞭、紫顶龙芽草、凤颈草。

英文名称 Vervain。

植物学名 *Verbena officinalis* Linn.。

植物科属 马鞭草科　马鞭草属。

品种来源 马鞭草 *Verbena officinalis* Linn. 的地上部分。

形态特征 马鞭草，马鞭草科马鞭草属，多年生草本植物，高约 50 ~ 70cm。茎呈四方形，基部呈圆形，节和棱上有硬毛。卵圆形至倒卵形或长圆状披针形叶片，长约 6cm，宽约 3cm，粗锯齿和缺刻基生叶轮廓，茎生叶多数 3 深裂，裂片边缘具不整齐锯齿，两面均有硬毛，背面脉上尤多。穗状花序生于顶上和腋上，细弱，结果时长达 25mm，无叶柄，小花，初长时密集，后慢慢疏离；花萼长于苞片，具硬毛；花萼长约 2mm，有硬毛，有 5 脉，脉间凹穴处质薄而色淡；淡紫至蓝色花冠，长约 6mm，外面有微毛，裂片 5；雄蕊 4 着生于花冠管的中部，花丝短；子房无毛。圆形核果，长约 2mm，外皮薄，成熟时 4 瓣裂。每年 6 ~ 8 月开花，7 ~ 10 月结果。

主要分布 全世界的温带至热带地区均有分布。我国山西、甘肃、陕西、浙江、福建、安徽、江苏、江西、广西、湖北、四川等地区也有分布。

利用部位 全草。

理化特性 提取方法为水蒸气蒸馏法。它是一种黄绿色澄清液体，具有柑橘香气，香甜的柠檬味。折光指数(25℃)为 1. 490。

香气成分 马鞭草精油的香气成分是：

柠檬醛(citral)、罗勒烯(ocimene)、蒎烯(pinene)、香桧烯(sabinene)、芳樟醇(linalool)、橙花醇(nerol)、柠檬烯(limonene)、香叶醇(geraniol)、β-石竹烯(β-caryophyllene)、十五烷(pentadecane)、姜烯(zingiberene)、α-雪松烯(α-cedrene)、橙花叔醇(nerolidol)、斯巴醇(spathulenol)、乙酸香叶酯(geranylacetate)、石竹烯氧化物(caryophyllene oxide)、乙酸(acetic acid)、1,8-桉叶素(1,8-cineole)、反式-β-金合欢烯(*trans*-β-farnesene)、姜黄烯(curcumene)、α-葎草烯(α-humulene)、γ-芹子烯(γ-selinene)、双环吉玛烯(bicyclogermacrene)、β-红没药烯(β-bisabolene)和 β-杜松烯(β-cadinene)等，其中主要香气成分是柠檬醛(citral)等[1,2]。

感官特性 马鞭草精油具有强烈的柠檬香气及特有的苦甜味，是马鞭草风味特征。

应用情况 马鞭草全草作药用，可清热解毒，截疟杀虫，利尿消肿，通经散瘀。亦可作农药(防芽虫)。马鞭草精油的主要功效有镇静作用，可以减轻支气管炎、鼻炎、消化不良等疾病的症状。

管理及参照标准 马鞭草(*Verbena officinalis* L.) FDA 172. 510；Nat 1；COE 476；IOFI；GB 26。

参 考 文 献

[1] 沈校军，姚雷，黄健. 柠檬马鞭草在不同生长期精油含有率及组分变化的研究[J]. 上海交通大学学报：农业科学版，2004，22(1)：22-25.

[2] 杨再波. 顶空萃取-气相色谱-质谱法分析马鞭草的挥发油组分[J]. 理化检验：化学分册，2008，44(6)：514-516.

岩 兰 草

别　　名　香根草、香根。

英文名称　Vetiver。

植物学名　*Vetiveria zizanioides*(Linn.)Nash。

植物科属　禾本科　香根草属。

品种来源　岩兰草 *Vetiveria zizanioides*(Linn.)Nash 的根。

形态特征　岩兰草，禾本科香根草属，多年生粗壮草本植物。株高约 2m，直立茎，簇生叶。条形叶片，质硬，含背脊，短叶舌，长约 0.5mm，细纤毛长于边缘；线形叶片，伸直，扁平，与叶鞘相连无界线，长约 60cm，宽约 6mm，光滑无毛，边缘显粗糙，顶生叶片较小。锥状顶生花序，为淡紫色或深红色。花径红心，约 5mm。主茎壮实，各节均含多数轮生的分枝，分枝细长，呈上伸长；小穗柄与总状花序轴节间光滑无毛；无柄小穗，线形披针状，长约 4mm，基盘光滑无毛；有柄小穗背扁平，或等长于无柄小穗。每年 9～10 月结果。

主要分布　国外主要分布于泰国、印度、缅甸、斯里兰卡、马来西亚、印度尼西亚等地。我国浙江、福建、江苏、广东、台湾和广西等地均有生长。

利用部位　根茎、须根。

理化特性　洗净的小根和根茎，晒干后进行水蒸气蒸馏(通常是加压蒸馏)获得岩兰草精油，得率约 3%，是一种稠厚的淡褐色到棕褐色液体。

岩兰草精油理化参数如下表所示。

表　岩兰草精油理化参数

理化参数	岩兰草精油
相对密度(20℃)	0.985～1.027
折射率(20℃)	1.517～1.533
旋光度(20℃)	+20°～+40°
含醇量(按岩兰草醇计)	40～60%
酸值	≥39
酯值	2～37
溶解度(80% 乙醇)	1∶3

香气成分　岩兰草精油的香气成分是：

岩兰草醇(vetiverol)、1,3-二羟基丙酮二醚(1,3-dihydroxyacetone diether)、丙三醇(propanetriol)、4-甲氧基-2-异戊烯–苯酚(4-methoxy-2-isopenten-phenol)、2-甲基-3,5-二羟基吡喃-4-酮(2-methyl-3,5-dihydroxy-pyran-4-one)、2-羟甲基糠醛(2-hydroxymethyl furaldehyde)、4-乙烯基-2-甲氧基苯酚(2-methoxy-4-vinylphenol)、3-呋喃甲醇(3-furanmethanol)、异丁香酚(isoeugenol)、苯并二氢呋喃

(dihydrobenzofuran)、香草醛(vanillin)、3-羟基-4-甲氧基苯甲酸(3-hydroxy-4-methoxy benzoic acid)、7-甲氧基香豆素(7-methoxy-coumarin)、3-甲基-*N*-苯基-吡咯-2,4-二酮(3-methyl-*N*-phenyl-pyrrol-2,4-dione)、2-丁基-5-异丁基噻吩(2-butyl-5-isobutyl thiophene)、5-甲基咪唑-2,4-二酮(5-methyl-lmildazol-2,4-dione)、3-甲氧基-2-羟基-桂皮醇(3-methoxy-2-hydroxy-cinnamic alcohol)、γ-十二内酯(γ-dodecalactone)、3-甲基-4-(2-羟基-4-甲氧基)-2-苯丁烯[3-methyl-4-(2-hydroxy-4-methoxy)-2-phenylbutylene]、β-二氢大马士酮(β-dihydrodama scenone)和*N*-羟基-*N*-(4-甲氧基)-苯基-乙烯二胺酮[*N*-hydroxy-*N*-(4-methoxy)-phenyl-ethylendiamine ketone]等，其中主要的香气成分是岩兰草醇(vetiverol)等[1-3]。

感官特性 岩兰草精油具甜木香，兼草香、壤香，留香持久。

应用情况 岩兰草精油及浸膏具有特征性香韵和定香作用，广泛用于日用香精中。精油可单离得岩兰草醇，再可经乙酰化制得其乙酸，也是较好的香料。蒸馏后的根可做熏香或高级纸的原料。岩兰草油头馏及岩兰草醇被有限地用于食品加香，主要是增强芦笋的风味。

管理及参照标准 岩兰草(*Vetiveria zizanioides*)精油的管理及参照标准见：FDA. 172. 510，COE 479；IOFI；Nat 1；CAS 8016-96-4；EOA 24；RIFM。

参考文献

[1] 黄京华，黎华寿，杨军，等. 香根草挥发物化学成分的分析[J]. 应用生态学报，2004，15(1)：170-172.

[2] 王飞生，文媛，赵鹏飞，等. 香根草油香气成分分析[J]. 天然产物研究与开发，2009(6)：980-983.

[3] 蔡波，杨清，杨蕾，等. 香根草净油挥发性成分分析及其作为烟草香料的应用评价[J]. 云南大学学报(自然科学版)，2013，2(S2)：323-331.

琼花

别　　名 木绣球、聚八仙花、蝴蝶花、牛耳抱珠。

英文名称 Wild Chinese Viburnum。

植物学名 *Viburnum macrocephalum* Fort. f. keteleeri(Carr.)Rehd.。

植物科属 忍冬科　荚蒾属。

品种来源 琼花 *Viburnum macrocephalum* Fort. f. keteleeri(Carr.)Rehd. 的枝、叶、果。

形态特征 琼花，忍冬科荚蒾属，是落叶或半常绿灌木植物，株高约3～4m；灰褐色或灰白色树皮；芽、叶柄、幼枝及花序均有灰白色或黄白色簇状短毛，后渐变无毛。叶在临冬至翌年春季逐渐落尽。纸质，卵形至椭圆形或卵状矩圆形，长约8cm，顶端钝或稍尖，基部圆或有时微心形，轮廓有小齿，初长时长有簇状短毛，后仅中脉有毛，背面被簇状短毛，侧脉5～6对，近缘前互相网结，连同中脉上面略凹陷，背面凸起；叶柄长约13mm。大型不孕花组成聚伞花序，径约12cm，总花梗长约1.5cm，第一级有5条辐射枝，花生于第三级辐射枝上；筒状萼筒，长约2.5mm，宽约1mm，无毛，萼齿等长于萼筒，矩圆形，顶钝；白色辐状花冠，直径约3cm，圆状倒卵形裂片，筒部甚短；雄蕊长约3mm，花药小，近圆形；雌蕊不育。每年于5~6月开花。

主要分布　主要分布于江苏、浙江、广西、江西、安徽、广东、湖北及湖南等地区。

利用部位　枝、叶、果。

香气成分　琼花精油的香气成分是：

3-己烯-1-醇(3-henxen-1-ol)、2,6-二甲基-1,3,5,7-辛四烯(2,6-dimethyl-1,3,5,7-octatetraene)、*N*-戊酸-顺式-3-乙烯酯[(*N*-valeric acid)-*cis*-3-hexenyl ester]、1-甲基-4-(1-甲基乙基)苯[1-methyl-4-(1-methylethyl)-benzene]、α-石竹烯(α-caryophyllene)、5,6-二亚甲基环辛烯(5,6-dimethylene-cyclooctene)、古巴烯(copaene)、十一烷(undecane)、2-乙烯基-1,1-二甲基-3-亚甲基环己烷(2-ethenyl-1,1-dimethyl-3-methylene-cyclohexane)、3-甲基-4-亚甲基-二环[3,2,1]辛-2-烯{3-methyl-4-methylene-bicyclo[3,2,1]oct-2-ene}、2,6-二甲基-2,4,6-辛三烯(2,6-dimethy-2,4,6-octatriene)、2,2,6-三甲基-6-乙烯基四氢-2*H*-吡喃-3-醇[6-ethenyltetrahydro-2,2,6-trimethyl-2*H*-pyran-3-ol]、十二烷(dodecane)、反式-β-罗勒烯(*cis*-β-octatriene)、α-荜澄茄烯(α-cubebene)、4-乙烯基-1,2-二甲基苯(4-ethenyl-1,2-dimethyl-benzene)、依兰烯(ylangene)、(+)-表-双环倍半水芹烯[(+)-epi-bicyclo sesqui phellandrene]、7-甲基-4-亚甲基-1-(1-异丙基)-1,2,3,4,4a,5,6,8a-八氢化萘[7-methy-4-methylene-1-(l-methylethyl)-1,2,3,4a,5,6,8a-octahydro-naphthalene]、石竹烯(caryophyllene)、2,6-二叔丁基-4-甲基苯酚(epizoraene)和δ-杜松烯(δ-cadinene)等，其中主要香气成分是石竹烯(caryophyllene)等[1]。

感官特性　琼花精油具药甜香，味甘。

应用情况　琼花的枝、叶和果均可入药，对通经络、活血液、解毒素、止痒痛等均具良好的疗效。茎具有祛湿、止痒、清热、解毒的特效药用效果。

管理及参照标准　琼花[*Viburnum macrocephalum* Fort. forma keteleeri (Carr.) Rehd.]的管理及参照标准见 Bibl. Cult. Trees and Shrubs 603. 1949；中国高等植物图鉴 4：312，图 6038. 1975. keteleeri Carr. in Rev. Hort. 1863：269, fig. 31. arborescens Hemsl. in Journ. Linn. Soc. Bot. 23：349. 1888；macrocephalum keteleeri Nichols. Ill. Dict. Gard. 4：155，fig. 168. 1887.；macracephalum auct. non Fort.；裴鉴等，江苏南部种子植物手册 716，图 1157. 1959。

参考文献

[1] 凌裕平，王波，王霏，等. 琼花挥发性成分的GC-MS分析[J]. 中国园艺文摘，2009，25(7)：21-25.

依 兰

别　　名 夷兰、依兰香、伊兰。

英文名称 Ylang-Ylang。

植物学名 *Cananga odorata*(Lamk.)Hook f.。

植物科属 番荔枝科　夷兰属。

品种来源 依兰 *Cananga odorata*(Lamk.)Hook f. 的花。

形态特征 依兰，番荔枝科夷兰属，高大常绿乔木植物，株高可达 15～20m，茎径约 60cm，茎直，小枝光滑无毛，伞形树冠，灰白色树皮。椭圆形单叶互生，纸质叶，形近矩圆形卵状或椭圆状，长约 20cm，宽约 10cm，叶背脉上被疏短柔细毛；每边侧脉约 10 条，叶正面扁平、背面凸起。绿黄色花大，似鹰爪，长约 8cm，芬芳，垂直；绿色卵圆形萼片，正、背两面被短柔细毛；内外轮花瓣近相等，均呈条形或条状披针形，长约 7cm，宽约 15mm；雄蕊呈倒披针形条状，顶端药隔被短柔细毛；矩圆形心皮，被微毛，柱头近羽裂。近圆形或卵状核果，长约 1.5cm，果径 1cm。单花生或数朵腋生丛生。

主要分布 原产于东南亚的缅甸、马来西亚、印度尼西亚、菲律宾等国。我国广东、福建、广西、四川、台湾、云南等地区有分布。

利用部位 花朵。

理化特性 由水蒸气蒸馏 18h 左右得到的精油为黄色液体，得率约为 1%～2.5%。

理化参数 Ⅰ、Ⅱ、Ⅲ级油是连续蒸馏过程中根据比重所取得的不同馏分，这些油为淡黄色液体，它们的理化参数如下表所示。

表　依兰精油理化参数

理化参数	Ⅰ级	Ⅱ级	Ⅲ级
相对密度(20℃)	0.925～0.946	0.916～0.934	0.908～0.925
折射率(20℃)	1.5001～1.5080	1.5067～1.5127	1.5076～1.5159
旋光度(20℃)	−34°～−63°	−42°～67°	−37°～68°
酸值	<2.9	<2.9	<2.9
酯值	89～131	56～85	34～57
溶解度(90%乙醇)	1∶0.5	1∶0.5	1∶0.5

全油是蒸馏后所得的综合馏分，此种精油为黄色至带有褐色，其理化参数如下如所示。

表　全油理化参数

理化性质	全油
相对密度(25℃)	0.923～0.937
折射率(20℃)	1.5051～1.5105
旋光度(20℃)	-46°～-61°
酸值	<2.9
酯值	80～100
溶解度(90%乙醇)	1∶0.5

香气成分　依兰精油的香气成分是：

β-石竹烯(β-caryophyllene)、吉玛烯D(germacrene D)、杜松烯(cadinene)、苯甲酸甲酯(methyl benzoate)、草蒿脑(estragole)、八氢-7-甲基-3-亚甲基-4-异丙基-1*H*-环戊基[1.3]环丙基[1.2]苯{octahydro-7-methyl-3-methylene-4-isopropyl-1*H*-cyclopentyl[1.3]cycloprop[1.2]benzene}、橙花醛(neral)、香叶醇(geraniol)、δ-杜松烯(δ-cadinene)、香叶醛(geranial)、丁香酚(eugenol)、β-榄香烯(β-elemene)、α-榄香烯(α-elemene)、甲基丁香酚(methyl eugenol)、β-荜澄茄烯(β-cubebene)、α-古巴烯(α-copaene)、α-葎草烯(α-humulene)、金合欢烯(farnesene)、γ-依兰烯(γ-muurolene)、芳樟醇(linalool)、α-金合欢烯(α-farnesene)、水杨酸苄酯(benzyl salicylate)、邻苯二甲酸二丁酯(dibutyl phthalate)、金合欢醇(farnesol)、α-蒎烯(α-pinene)、月桂烯(myrcene)、乙酸己烯酯(hexenyl acetate)、邻苯二甲酸双-(2-甲氧基乙基)-酯(dimethoxyethyl phthalate)、β-罗勒烯(β-ocimene)、1,2-二甲氧基苯(1,2-dimethoxy-benzene)、δ-杜松醇(δ-cadinol)、乙酸苄酯(ethyl benzoate)、β-香叶醇(β-geraniol)、β-蒎烯(β-pinene)、1-甲氧基-4-(1-丙烯基)-苯[1-methoxy-4-(1-propenyl)-benzene]、荜澄茄烯(cubebene)、4-甲基茴香醚(4-methyl-anisole)、古巴烯(copaene)、2-甲基丙酸橙花酯(2-Inethyl-neryl propi-noate)、石竹烯(caryophyllene)、α-荜澄茄烯(α-cubebene)、杜松烯异构体(cadiene isomer)、乙酸香叶酯(geranyl acetate)、1,2,3,4,4A,7-六氢-1,6-二甲基-4-(1-异丙基)-萘[1,2,3,4,4A,7-hexahydro-1,6-dimethyl-4-(1-isopropyl)-naphthalene]、1,2,4A,5,6,8A-六氢-4,7-二甲基-1-(1-异丙基)-萘[1,2,4A,5,6,8A-hexahydro-4,7-dimethyl-1-(1-isopropyl)-naphthalene]、苯甲酸苄酯(benzylbenzoate)、苯甲酸叶醇酯(*cis*-hexenyl benzoate)、乙酸金合欢酯(farnesylacetate)、6-乙基-2-甲基癸烷(6-ethyl-2-methyl-decane)、2,6,11-三甲基-癸烷(2,6,11-trimethyl-decane)、γ-杜松烯(γ-cadinene)、2-羟基苯甲酸甲酯(2-hydroxymethyl benzoate)、金合欢醇(*Z*、*E*)[farnesol(*Z*、*E*)]、邻二甲苯(*o*-xylene)、1,4-二甲氧基-二甲苯(1,4-dimethoxy-dimethyl benzne)和苯甲酸苯乙酯(phenethyl salicylate)，其中主要的香气成分是β-石竹烯(β-caryophyllene)和杜松烯(cadinene)等[1-4]。

感官特性　依兰精油清韵香、浓郁花香；味苦。

应用情况 依兰精油、浸膏和净油较广泛地用于日用香精中，可增加其花香香韵，具有较好的定香效果。根据精油的花香香韵，将其用作食品香料，如糖果、口香糖、焙烤食品的加香。

管理及参照标准 依兰[*Cananga odorata*(Lamk.)Hook. F.]精油、净油的管理及参照标准见：ISO 3063-2004 FEMA 3119；COE 103；FDA 182.20；Nat 1；GB 2；IOFI；CAS 8006-81-3；EOA 118；RIFM；ISO 3063；GRAS(Ⅱ)。

参考文献

[1] 张树珍，曾宪松．依兰香细胞离体培养及其精油成分分析[J]．热带作物学报，1998，19(1)：34-41.

[2] 陈沛扬，丁德生．矮依兰油化学成分分析[J]．亚热带植物通讯，1990，2：8.

[3] 张淑宏，金声，曹家驹．依兰精油化学成分的研究[J]．北京大学学报(自然科学版)，1991,6(6)：645-652.

[4] 郭玉华，赵俊凌，元超．依兰香花挥发油成分的气相色谱-质谱分析[J]．热带农业科技，2014(4)：17-19.

莪术

别　　名 文术、芋儿七、山姜黄、臭屎姜。

英文名称 Zedoary。

植物学名 *Curcuma zedoaria* (Christm.)Rosc。

植物科属 姜科 姜黄属。

品种来源 莪术 *Curcuma zedoaria*(Christm.)Rosc 的干燥根茎。

形态特征 莪术，姜科姜黄属植物，株高约1m；黄色或乳白色圆柱形根茎，肉质；根末端膨，成块状。椭圆状或椭圆形至椭圆状披针形叶，直立，长约30cm，宽约10cm，部分中部伴有紫斑，光滑无毛；叶柄长于叶片。

花葶由根茎独发出，先叶而生，长约15cm，被疏、数枚鳞片状鞘；椭圆形穗状花序，长约14cm，宽约6cm；卵形至倒卵形苞片，微开展，顶端圆，下部至顶端为浅绿色至淡红色，上部较长呈淡紫色；乳白色花萼长约1cm，顶端3裂；花冠管长约2cm，淡黄色椭圆形裂片，不等，后方1片较大，长约1.5cm，尖头顶端；唇瓣较大于雄蕊；倒卵形唇瓣显淡黄色，长约2cm，宽约1.3cm；花药长约4mm，药隔基部具叉开的距；子房光滑无毛。每年于6～7月开花。

主要分布 分布在我国福建、云南、台湾、贵州、江西、四川、安徽、广西和广东等地。

利用部位 地下干燥根茎。

理化特性 通过水蒸气蒸馏法从干燥的根茎中蒸得深绿色液体。莪术精油理化参数如下表所示。

表　莪术油精理化参数

理化参数	莪术油
相对密度(20℃)	0.979～1.011
折光指数(20℃)	1.504～1.513
旋光度(20℃)	+8°～+17°

香气成分　莪术精油的香气成分为：

α-蒎烯(α-pinene)、莰烯(camphene)、1,8-桉叶素(1,8-cineole)、异龙脑(isoborneol)、樟脑(camphor)、α-愈创木烯(α-guaiene)、松油醇(terpineol)、γ-榄香烯酮(γ-elemenone)、石竹烯(caryophyllene)、姜黄烯(curcumene)、姜烯(zingiberene)、莪术烯(curzerene)、莪术酮(curzerenone)、姜黄酮(turmerone)、莪术呋喃二烯(furanodiene)、α-雪松烯环氧化物(α-cedrene epoxide)、莪术双环烯酮(curcumenone)、(1*R*, 10*R*)-环氧-(-)-1,10-二氢莪术二酮[(1*R*, 10*R*)-epox-(-)-1,10-dihydrocurdione]、去甲氧基姜黄素(demethoxycurcumin)、γ-榄香烯(γ-elemene)、(4*S*, 5*S*)-吉玛酮-4,5-环氧化物[(4*S*, 5*S*)-germacrone-4,5-epoxide]、β-蒎烯(β-pinene)、δ-榄香烯(δ-elemene)、(1*S*,10*S*), (4*S*,5*S*)-吉玛酮-1(10), 4-双环氧化物[(1*S*,10*S*), (4*S*,5*S*)-germacrone-1(10), 4-diepoxide]、丁香酚(eugenol)、β-榄香烯(β-elemene)、β-石竹烯(β-caryophyllene)、双去甲氧基姜黄素(bisdemethoxycurcumin)、莪术醇(curcumol)、β-谷甾醇(β-sitosterol)、3-甲基-1-丁醇乙酸酯(3-methyl-1-butanol-acetate)、香桧烯(sabinene)、辛酸乙酯(ethyl caprylate)、棕榈酸(palmitic acid)、异龙脑乙酸酯(isobornyl acetate)、α-石竹烯(α-caryophyllene)、α-姜黄烯(α-curcumene)、已酸乙酯(ethyl caproate)、吉玛烯D(germacrene D)、β-芹子烯(β-selinene)、表莪术烯酮(epicurzerenone)、苯酚(phenol)、柠檬烯(1imonene)、龙脑(borneol)、间异丙基甲苯(*m*-isopropyltoluene)、4-乙烯基-4-甲基-3-(1-甲基乙烯基)-1-(1-甲基乙烯基)-环己烯[4-vinyl-4-methyl-3-(1-methylvinyl)-1-(1-methylvinyl)-cyclohexene]、β-葎草烯(β-humulene)、γ-桉叶醇(γ-eudesmol)、吉玛三烯(germacratriene)、10-表-桉叶-3,11-二烯(10-epi-eudesma-3,11-diene)、β-榄香酮(β-elemone)、姜黄素(curcumin)、芳樟醇(1inalool)、松油醇-4(terpineol-4)、温郁金萜醇(wenjin)、丁酸芳樟醇(1inaly butyrate)、α-荜澄茄烯(α-cubebene)、温郁金螺内酯(curcumalactone)、反式-6-乙烯基-4,5,6,7-四氢-3,6-二甲基-5-异丙烯基苯并呋喃(*trans*-6-vinyl-4,5,6,7-tetrahydro-3,6-dimethyl-5-isopropenyl benzofuran)、1,2,3,3a,8,8a-六氢-2,2,8-三甲基-5,6-甘菊环二羧醛(1,2,3,3a,8,8a-hexahydro-2,2,8-trimethyl-5,6-azulenedicarboxaldehyde)、亚油酸(linoleic acid)、邻苯二甲酸-2-乙基已醇单酯(2-ethyl-hexyl-phthalate)、1-乙烯基-1-甲基-2,4-双(1-甲基乙烯基)-环已胺[1-vinyl-1-methyl-2,4-di-(1-methylvinyl)-cyclohexylamine]、斯巴醇(spathulenol)、三甲代甲硅烷–十六烷酸酯[tris-trimethylsilyl-palmitate]、2,6,6-三甲基–双环[3.1.1]庚-2-烯{2,6,6-trimethyl-bicyclo[3.1.1]hept-2-ene}、3,7-二

甲基-1,6-辛二烯-3-醇(3,7-dimethyl-1,6-octadien-3-ol)、8,9-脱氢-9-甲酰环异长叶烯(8,9-dehydro-9-formyl cycloisolongifolene)、新莪术二酮(neocurdione)、1,7,7-三甲基–双环[2.1.1]庚-2-酮{1,7,7-trimethyl-bicyclo[2.1.1]hept-2-one}、十氢-α，α，4α，8-四甲基-2-萘甲醇(decahydro-α，α，4α，8-tetramethyl-2-naphthalene-methanol)、1a,2,5,5a,6,9,10,10a-八氢-5,5a,6-三羧基-1,4-二羧甲基-1,7,9-三甲基-1-氢-2,8a-亚甲基环戊二烯并环丙烷环芳烯-11-酮(1a,2,5,5a,6,9,10,10a-octahydro-5,5a,6-tricarboxyl-1,4-dicarboxymethyl-1,7,9-trimethyl-1-hydro-2,8a-methylene-cyclopentadienyl-cyclopropan-cyclophen-11-one)、1,7,7-三甲基–双环[2.2.1]庚烷-2-醇{1,7,7-trimethyl-bicyclo[2.2.1]heptan-2-ol}、3,7-二甲基-10-(1-甲基亚乙基)-3,7-环癸烯-1,4-二酮[3,7-dimethyl-10-(1-methylethylene)-3,7-cyclodecen-1,4-dione]和1-甲基-4-异丙基–螺-10-三环[5.5.0.0(5,9)]癸烷-7,8-二醇–环氧乙烷{1-methyl-4-isopropyl-spiro-10-tricyclo[5.5.0.0(5,9)]decan-7,8-diol-epoxyethane}等，其中主要香气成分为莪术二酮(curdione)和吉玛酮(germacrone)等[1-4]。

感官特性 莪术精油具有浓郁的辛香，带苦味。

应用情况 莪术精油用作辛香料和酒制品的加香。

管理及参照标准 莪术[*Curcuma zedoaria* (Christm.) Rosc]精油的管理及标准参见：FEMA 3122；IOFI；Nat 1；GB 2；COE 164；FDA 182.10；CAS 8024-37-1等。

参考文献

[1] 李红侠，杨铁耀，杨天亮，等. 超临界 CO_2 萃取法和水蒸气蒸馏法对温莪术油化学成分的影响研究[J]. 中国中药杂志，2006，31(17)：1445-1446.

[2] 李爱群，胡学军，邓远辉，等. 温莪术挥发油的成分[J]. 中草药，2001，32(9)：782-783.

[3] 金建忠. 超临界 CO_2 萃取温郁金和温莪术药材挥发油及其成分分析比较[J]. 药物分析杂志，2007，27(5)：668-672.

[4] 关怀，王地，贾富霞，等. 温莪术挥发油超临界 CO_2 萃取法与水蒸气蒸馏法提取的比较研究[J]. 北京中医，2007，26(2)：108-110.